高等职业教育示范专业系列教材

电路分析基础

主　编　翁黎朗
副主编　林晓鹏
参　编　罗郑升　黄宇平　王　玥
主　审　郭东辉

机械工业出版社

根据教育部高职高专培养目标和高职高专院校对本课程教学的基本要求，编写了《电路分析基础》这本教材。

本书以应用为目的，以“够用、实用”为度，突出实践，通过任务驱动、实例仿真和技能训练等方法讲述电路分析基础的相关知识和技能。本书主要内容包括：电路的基本物理量和基本定律、电路等效变换分析、线性电路的分析方法和网络定理、动态电路的瞬态分析、正弦稳态电路分析、三相电路、磁路及变压器、技能训练等，并有适量的例题、思考与练习、习题及实例仿真。

本书可作为高职高专院校电子、通信、自动化等相关专业的教材，也可以作为职工大学、广播电视大学、函授大学和网络教育学生用书，还可作为相关工程技术人员的参考资料。

为方便教学，本书有电子课件、习题参考答案、模拟试卷及答案、授课进程表等，凡选用本书作为授课教材的学校，均可通过电话（010-88379564）或QQ（2314073523）咨询，有任何技术问题也可通过以上方式联系。

图书在版编目（CIP）数据

电路分析基础/翁黎朗主编．—北京：机械工业出版社，2009.8（2022.9重印）

高等职业教育示范专业系列教材

ISBN 978－7－111－27843－6

Ⅰ．电…　Ⅱ．翁…　Ⅲ．电路分析－高等学校：技术学校－教材　Ⅳ．TM133

中国版本图书馆CIP数据核字（2009）第127189号

机械工业出版社（北京市百万庄大街22号　邮政编码100037）

责任编辑：曲世海　版式设计：霍永明　责任校对：吴美英

封面设计：马精明　责任印制：单爱军

北京虎彩文化传播有限公司印刷

2022年9月第1版·第14次印刷

184mm×260mm·13.25印张·323千字

标准书号：ISBN 978－7－111－27843－6

定价：42.00元

电话服务

客服电话：010-88361066

010-88379833

010-68326294

网络服务

机　工　官　网：www.cmpbook.com

机　工　官　博：weibo.com/cmp1952

金　　书　　网：www.golden-book.com

机工教育服务网：www.cmpedu.com

前　言

“电路分析基础”是高职高专院校电类相关专业的一门重要的专业基础课程，其基本理论已非常成熟，因此在传统教材中强调理论知识的完整性，侧重于对电路的分析和计算能力。但由于高职高专教育以培养高技能型人才为目标，强调以能力为本位，重视实践能力的培养，这就要求教学内容有针对性和实用性。

在教材的编写过程中，结合电子、通信类学科的专业特点，兼顾后续专业课程的需求，在理论知识点“必需、够用”的基础上突出技能要求。第1章至第3章以静态电路为基础，介绍了电路的基本概念、电路等效变换以及常用的电路分析方法；第4章介绍了电路的瞬态过程及分析方法；第5章介绍了正弦稳态电路的分析方法；第6章介绍了三相电路；第7章介绍了磁路及变压器；第8章介绍了相关理论的验证和实验；附录中对Multisim仿真软件的使用进行了简要介绍。

在内容组织上按“任务驱动、理论知识、仿真验证”的顺序展开，在每章的任务模块中提出问题，在理论知识模块中介绍解决问题的新方法，在仿真验证模块中用电路仿真软件对理论知识进行验证。各章节都配有相应的实验内容和习题。

本教材经集体讨论，分工执笔。王玥编写了第1章，罗郑升编写了第2章和第8章，林晓鹏编写了第3章和第7章，翁黎朗编写了第4章和第6章，黄宇平编写了第5章和附录。翁黎朗担任本教材的主编，负责对各章内容进行修改、统稿和定稿，林晓鹏担任副主编。郭东辉教授担任主审并认真详细地审阅了本教材，提出了许多宝贵意见，编者在此表示衷心的感谢！

本书中有些元器件符号及电路图采用的是Multisim软件的符号标准，有些与国家标准不符，特提请读者注意。

由于编者水平有限，书中难免会有错误或不妥之处，诚望读者及专家指正。

编　者

目　录

第 1 章　电路的基本物理量和基本定律

任务模块：手电筒电路模型的建立

1. 电路组成及元件分析

在图 1-1a 所示手电筒电路中，大致有四种元件：电池、白炽灯泡、开关和连接部件。

(1) 电池　电池为电路中的电源部分，为电路提供能量。电池中内阻的存在，使得其端电压随着负载的变化而变化，因此可用具有恒定端电压的电压源和一个电阻的串联来表征。

(2) 白炽灯泡　白炽灯泡为电路中的负载部分，消耗电能。工作时，一方面白炽灯泡耗能，将电能转换成光能，同时产生一部分热能；另一方面，白炽灯泡中也产生相应的磁场。如果考虑所有的因素，那么将会使白炽灯泡的模型变得很复杂，不利于分析研究。通过进一步的研究可知，白炽灯泡中耗能的因素远大于产生磁场的因素，转换成热能的能量远大于转换成光能的能量，因此在一定条件下，可以忽略灯泡的次要性质，仅用一个耗能的电阻元件来表征。

(3) 开关和连接部件　开关和连接部件均属于电路中的中间环节。其中，开关有接通或断开两种工作状态。在电气特性方面，实际的开关在接通时有一定的接触电阻，但若接触电阻比较小，则可以用理想开关来表示实际的开关。理想开关在接通时电阻为零，断开时电阻为无穷大。

手电筒中的导体和弹簧起到连接电路的作用。与灯泡相比，导体与弹簧的电阻很小，可以用理想化的导线来表示。

2. 手电筒电路模型

通过以上的分析可知，在一定的条件下，可以用理想的电压源和一个电阻的串联来表示干电池，用理想的电阻元件来表示灯泡，用具有断开、接通两种状态的理想开关来表示开关，电气连接部分可以用理想的导线来表示。由此构造的手电筒电路模型如图 1-1 所示。在此电路模型的基础上，可以分析各个元件的电压、电流、功率等物理量。

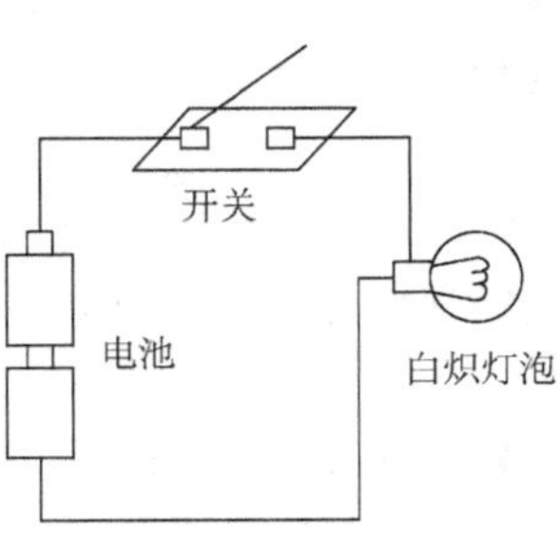

a) 手电筒电路

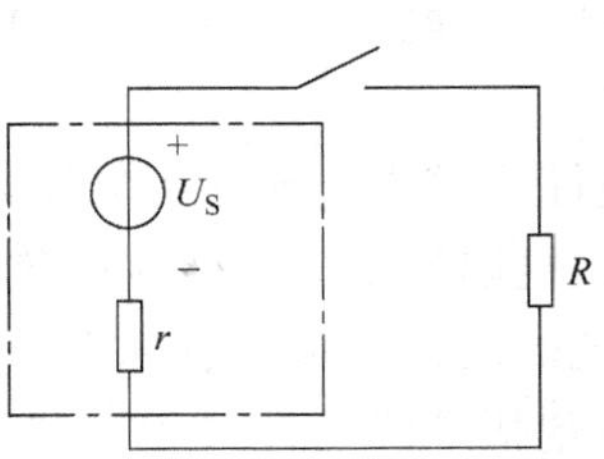

b) 电路模型

图 1-1　手电筒电路及其电路模型

3. 手电筒电路模型的讨论

电路模型可以近似地描述实际电路的电气特性。在一定条件下，各种实际电路及电路元件都可以找到与之对应的电路模型。电路理论分析的对象是电路模型而不是实际的电路。

由以上的分析可知，在构建一个电路模型时，应当分析影响每一个元件电气特性因素的主次关系，进行适当的取舍。也正因为如此，电路模型的分析结果只是近似的结果。另外需要强调的是，当条件发生变化时，各影响因素的主次关系也可能会发生变化，这时需要进一步研究，并对电路模型进行相应的调整。

【本章内容简介】

本章介绍了电路、电路模型的概念及电路中各基本物理量的概念，定义了电阻、独立电流源、独立电压源、受控源等多种基本电路元件，阐述了基尔霍夫电流定律（KCL）和电压定律（KVL）。

【重点与难点】

电路元件和电路模型，电压、电流的参考方向，基尔霍夫定律。

1.1 电路与电路模型

1.1.1 电路及其作用

1. 电路

实际电路是为了完成某种预期的目的而设计、安装、运行的，一般由电阻器、电容器、电感器、变压器、晶体管、运算放大器、仪表、传输线及电源等电气元器件和设备连接而成。在日常生活、生产和科学研究工作中，实际电路随处可见。

有些实际电路很简单，如手电筒电路，仅仅由干电池、白炽灯泡、开关和手电筒外壳（连接导体）组成。有些却很复杂，如电动机、电视机、计算机、电力传输系统等。实际电路无论简单还是复杂，一般情况下，其基本组成均可划分为电源、负载和中间环节三个部分。

1）电源是电路中提供电能的装置，它可以将其他形式的能量（如化学能、热能、机械能等）转化为电能。电路中，电压和电流都是在电源作用下产生的，所以电源又称激励源。由激励所引起的电压和电流则被称之为响应。根据这种因果关系，有时候，也把激励称为输入，响应称为输出。

2）负载是电路中接受电能并将电能转换为其他形式能量的装置。例如，电动机能把电能转换成机械能，电阻能把电能转换成热能，电灯泡能把电能转换成热能和光能，扬声器能把电能转换成声能。通常，负载也称为用电器。

3）中间环节包括导线、开关和一些保护装置（如变压器、熔断器、断路器等），它们是电源和负载之间不可缺少的连接和控制部件。

另外，根据实际电路的几何尺寸（d）与其工作信号波长（λ）的关系，可以将实际电路分为集总参数电路和分布参数电路两大类。在集总参数电路中，电路及电路元件的几何尺寸（d）远小于其工作信号的波长（λ）；反之称为分布参数电路。

在集总参数电路中，有关电、磁场的物理现象都由元件来“集总”表征，认为在元件外部不存在任何电场与磁场，其电磁过程都分别集中在元件的内部进行。本书只研究集总参数电路，为简单起见，以后简称为电路。

2. 电路的作用

实际电路形式多样，主要的功能可大体概括为两种：一种是实现电能的传输和转换，如电力输电系统；另一种是实现电信号的传输、变换、处理和存储，多用在电子、通信等领域。

1.1.2　电路模型

组成实际电路的各元件和导线之间存在相互影响的电磁现象。如果对实际电路元件中的电磁特性都加以考虑，那么势必会使问题复杂化，造成分析和计算上的不便。因此，对于实际电路的研究，通常只需要考虑各电路元件的主要电特性，在一定的条件下对实际电路进行理想化处理，将之抽象为电路模型，然后再运用电路理论分析计算电路的各种电特性。

电路模型由理想电路元件构成。理想电路元件是具有某种确定的电磁特性的假想元件，具有明确的数学定义。例如，理想电阻元件是一种只具有耗能特性的元件，理想电感元件是一种只能够储存磁场能量的元件。根据是否提供能量，可以将理想电路元件划分为两类：一类是有源理想电路元件，如理想电压源、理想电流源；另一类是无源理想电路元件，如电阻元件 R、电感元件 L、电容元件 C。表 1-1 列出了一些常用的理想电路元件及其符号。

表 1-1　常用的理想电路元件及其符号

名　称	符　号	名　称	符　号
理想电流源	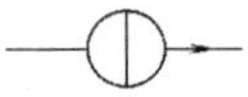	受控电流源	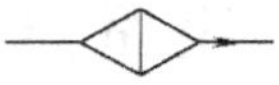
理想电压源	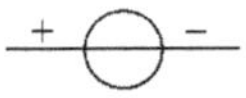	受控电压源	
电阻	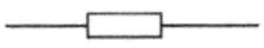	理想二极管	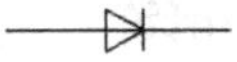
可变电阻	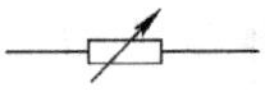	理想导线	
电容	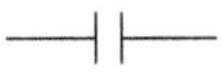	理想开关	
电感		二端元件	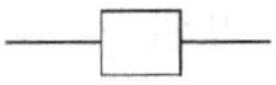

在一定条件下，各种实际电路及电路元件都可以找到与之对应的电路模型。在实际电路中，不同的电路元件只要有相同的电磁特性，在一定条件下，就可以用相同的电路模型来表示。例如，电阻器、灯泡、电炉在一定条件下均可用二端电阻元件作为电路模型。

但是，同一个电路元件，在不同的条件下所呈现的实际电磁特性可能是不同的，这时就要根据具体的情况用不同的电路模型来表示。例如：一个实际的电感器，在直流情况下，它所表现的电磁特性主要是耗能，可以用一个电阻元件来作为此时的电感器的电路模型，如图 1-2a 所示。在低频电路中，电感器的电磁特性主要包括耗能和储存磁场能量两个方面，这时就需要用一个理想电阻元件和一个理想电感元件串联作为它的电路模型，如图 1-2b 所示。在高频电路中，不仅要考虑电感器的耗能和储存磁场能量这两个方面的电磁特性，还要考虑导体表面的电荷作用所产生的电容效应，这时还需要与一个理想电容元件并联作为它的电路模型，如图 1-2c 所示。

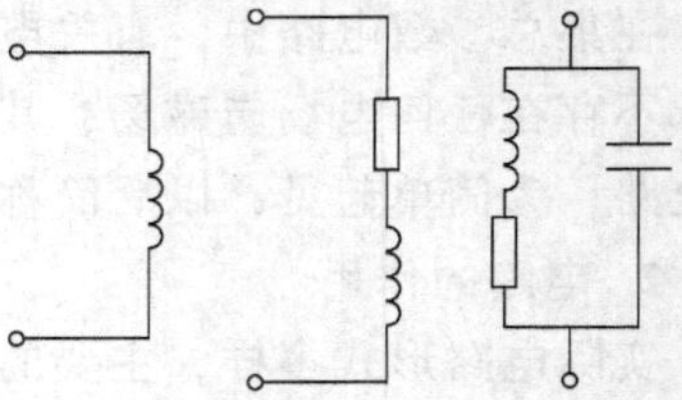

图 1-2　不同条件下电感器的电路模型

因此，在进行电路建模（用理想电路元件或它们的组合模拟实际元件，简称建模）时，要考虑具体的工作条件，按照不同的精确度要求，忽略实际电路的次要因素，抓住其主要的电磁特性，用合适的电路模型把实际电路的主要物理现象和功能反映出来，如任务模块中的手电筒电路模型。

在以后的章节中所分析的实际电路都是指电路模型，简称电路。在电路图中，各种电路元件都用规定的图形符号来表示。

思考与练习

1-1-1　试简述电路的基本组成和各部分的作用。

1-1-2　电路的主要功能有哪些？

1-1-3　谈谈应当如何理解理想电路元件和电路模型。

1.2　电路的基本物理量

1.2.1　电流

1. 电流

带电粒子或电荷在电场力的作用下作有规则的定向移动，从而形成电流。电流的大小用电流来衡量。所谓电流，就是指单位时间内通过导体横截面的电荷量，用符号 i 或 I 表示，其数学表示式为

$$i=\frac{\mathrm{d}q}{\mathrm{d}t} \tag{1-1}$$

式中，电量 q 的单位是库仑（C），时间 t 的单位是秒（s），电流 i 的单位是安培（A）。电流还有其他较小的单位，如毫安（mA）、微安（μA）和纳安（nA），它们之间的换算关系为

$$1\,\mathrm{A}=10^3\,\mathrm{mA}=10^6\,\mu\mathrm{A}=10^9\,\mathrm{nA}$$

大小和方向不随时间的改变而改变的电流，称为恒定直流，简称直流，一般用符号 I 来表示。此时，$\frac{\mathrm{d}q}{\mathrm{d}t}=\frac{q}{t}=$ 常数。大小和方向随时间的改变而改变的电流，称为时变电流，一般

用符号 i 来表示。大小和方向作周期性变化，且平均值为零的时变电流，称为交流电流。比较常见的正弦交流电路中，电流的大小和方向按照正弦规律变化。

2. 电流的参考方向

电流是有方向的物理量，将正电荷移动的方向规定为电流的实际方向。但是，在进行电路分析的过程中，电流的实际方向可能是未知的，也可能是随时间的变化而不断变化的，因此，为了电路分析和计算的需要，当涉及到电流这种既有大小又有方向的物理量时，有必要事先指定它的参考方向。

参考方向也称假定正方向，可以任意选定，并用箭头标示在电路图中。若计算结果 $i>0$，则表明该时刻电流的参考方向与实际方向相同；若计算结果 $i<0$，则表明该时刻电流的参考方向与实际方向相反。

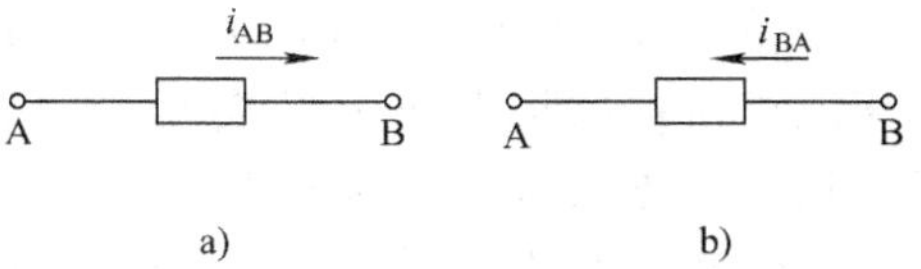

图 1-3　电流的参考方向

图 1-3 所示的二端元件，正电荷移动方向由 A 到 B。若选定参考方向由 A 到 B，此时电流的实际方向与所选参考方向一致，则电流为正值，即 $i>0$，如图 1-3a 所示。若选定参考方向由 B 到 A，此时电流的实际方向与所选参考方向相反，则电流为负值，即 $i<0$，如图 1-3b 所示。也可以采用双下标的形式来表示电流的参考方向，图 1-3 所示的二端元件中的电流还可以写为 $i_{AB}>0$、$i_{BA}<0$。其中，i_{AB}表示参考方向由 A 到 B，i_{BA}表示参考方向由 B 到 A。由此可知，$i_{AB}=-i_{BA}$。

例 1-1　电路如图 1-3 所示，已知图 1-3a 中 $i_{AB}=-5A$，图 1-3b 中 $i_{BA}=8A$，判断两图电路元件中电流的实际方向。

解： 图 1-3a 中，参考方向由 A 到 B，而电流 $i_{AB}=-5A<0$，所以电流的实际方向与参考方向相反，从 B 流向 A。

图 1-3b 中，参考方向由 B 到 A，电流 $i_{BA}=8A>0$，所以电流的实际方向与参考方向相同，也是从 B 流向 A。

1.2.2　电压

1. 电压

带电粒子或电荷在电路中移动，势必存在能量转换的过程。单位正电荷由电路中 A 点移动到 B 点电场力做功的大小，称为 AB 两点间的电压。用符号 u 或 U 表示，其数学表示式为

$$u=\frac{dW}{dq} \tag{1-2}$$

式中，dq 为从 A 点移动到 B 点的电荷量，单位是库仑（C）；dW 为电荷移动过程中，电场力做功的大小，单位是焦耳（J）；电压 u 的单位是伏特（V）。电压还有其他的单位，毫伏（mV）和千伏（kV），它们之间的换算关系为

$$1V=10^3mV=10^{-3}kV$$

大小和方向不随时间的改变而改变的电压，称为恒定电压或直流电压。一般用符号 U 来表示。此时，$U_{AB}=\dfrac{dW}{dq}=\dfrac{W_A-W_B}{q}=$常数。大小和方向随时间的改变而改变的电压，称为

时变电压，一般用符号 u 来表示。

2. 电压的参考方向

习惯上，规定电压的实际方向由高电位指向低电位，即电位降低的方向。其中，高电位称为正极，低电位称为负极。与电流相似，在进行电路分析的过程中，电压的实际方向往往也不能确定，不能事先在电路图中标出正确的电压极性，因此，为了电路分析和计算的需要，有必要事先指定电压的参考方向。

同样，电压的参考方向也可以任意选定，在电路图中，一般用“+”号标注电压的高电位端，用“-”号标注电压的低电位端，电压的参考方向就是从“+”号指向“-”号。如果电压 u 的实际方向和参考方向相同，那么电压取正值；如果电压 u 的实际方向和参考方向相反，那么电压取负值。对于图 1-4 所示的二端元件，A 点电位高于 B 点电位，即电压的实际方向由 A 点指向 B 点。若选定电压的参考方向由 A 到 B，此时电压的实际方向与所选参考方向一致，则电压为正值，即 $u>0$，如图 1-4a 所示。若选定电压的参考方向由 B 到 A，此时电压的实际方向与所选参考方向相反，则电压为负值，即 $u<0$，如图 1-4b 所示。如果采用双下标的形式来表示电压的参考方向，那么图 1-4 所示二端元件中的电压还可以写为 $u_{AB}>0$、$u_{BA}<0$。其中，u_{AB} 表示选定 A 点为正极，B 点为负极；u_{BA} 表示选定 B 点为正极，A 点为负极。同样可以得出结论：对于同一电压规定相反的参考方向时，相应的电压值互为相反数，即 $u_{AB}=-u_{BA}$。

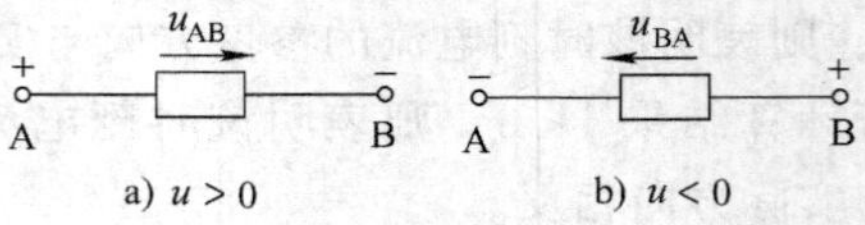

图 1-4 电压的参考方向

综上所述，在分析电路时，必须事先规定电压和电流的参考方向，在指定的参考方向下，可以根据电流和电压的正负来确定它们的实际方向。在分析计算中，电流和电压的正、负是以电路图上预先假定的参考方向为依据的，如果计算结果为正值，那么说明实际方向与参考方向相符；如果计算结果为负值，那么说明实际方向与参考方向相反。必须注意，在同一电路的计算与分析过程中，参考方向不可更改。

一个元件的电流或电压的参考方向可以分别任意指定。若指定电流的参考方向与电压的参考方向一致，则称为关联参考方向。反之，当两者的参考方向相反时，称为非关联参考方向。例如：对于二端元件，电压和电流参考方向的选择分别有四种（见图 1-5），其中关联参考方向有两种（见图 1-5a、b），非关联参考方向也有两种（见图 1-5c、d）。为了分析方便，电流、电压常选择关联参考方向。除非有特别说明，否则本书所指的电压和电流的参考方向均为关联参考方向。

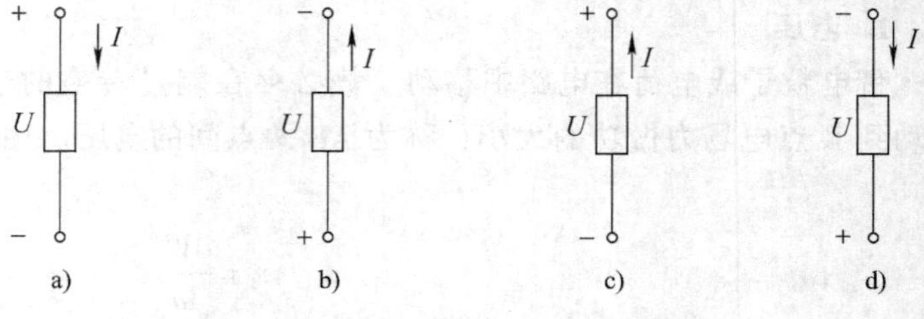

图 1-5 电压和电流参考方向的选择

例 1-2 电路如图 1-4 所示，已知图 1-4a 中 $u_{AB}=5V$，图 1-4b 中 $u_{BA}=-7V$，判断图中电路元件电压的实际方向。

解： 图 1-4a 中，参考方向由 A 指向 B，电压 $u_{AB}=5V>0$，所以电压的实际方向与参考方向相同，由 A 指向 B。

图 1-4b 中，参考方向由 B 指向 A，电压 $u_{BA} = -7V < 0$，所以电压的实际方向与参考方向相反，是由 A 指向 B。

3. 电位

在电路中还有一个非常重要的概念——电位。选取电路中的一点作为参考点，把 A 点到参考点之间的电压称为 A 点的电位，用符号 v_A 或 V_A 表示。

当参考点的位置确定之后，该点的电位也就确定了。当参考点改变时，该点的电位也会随之发生变化。理论上电位的参考点可以任意选取，但实际应用中常以大地或电路的公共回路作为零电位点。

必须注意，电位是一种由电路中的位置所确定的势能，它只有高低、正负，而没有方向之分。其高低、正负都是以参考点为基准的，具有明显的相对性。电压和电位之间的关系可以用下式来描述：

$$U_{AB} = V_A - V_B \tag{1-3}$$

即电路中任意两点间的电压在数值上等于这两点的电位之差。

例 1-3　图 1-4a 所示电路中，已知 $U_{AB} = 8V$，求分别以 A、B 点作为电位参考点时，各点的电位。

解：由式（1-3）$U_{AB} = V_A - V_B$ 可知：

（1）以 A 点作为电位参考点时，$V_A = 0V$，$V_B = V_A - U_{AB} = -8V$。

（2）以 B 点作为电位参考点时，$V_B = 0V$，$V_A = V_B + U_{AB} = 8V$。

1.2.3　电动势

电源力把电源内部的单位正电荷从负极移到正极所做的功，称为电动势。一般用符号 e 或 E 来表示，其数学表达式为

$$e = \frac{dW}{dq} \tag{1-4}$$

在直流情况下，用大写的符号 E 来表示。电动势和电位一样属于一种势能，它能够将低电位的正电荷推向高电位，如同水泵能够把低处的水抽到高处一样。它表明了电源能够将非电能转换为电能的本领。

电动势也是一个有方向的物理量，其实际方向与电压实际方向相反，由电源的负极指向电源的正极，即电位升高的方向。电动势的单位和电压一样，也是伏特。

电压和电位是衡量电场力做功本领的物理量，电动势则是衡量电源力做功本领的物理量。电动势只存在于电源内部。

1.2.4　电能

电能是指电以各种形式做功的能力。电灯发光、电炉发热等现象都反映了电流做功的能力。电流做功的同时，伴随着电能与其他形式能量的相互转换。电能的大小可以根据电压的定义求得。

因为　$u = \frac{dW}{dq}$，$i = \frac{dq}{dt}$，所以有

$$W = \int_{q(t_0)}^{q(t)} u\,dq = \int_{t_0}^{t} ui\,dt \tag{1-5}$$

在直流情况下，$U_{AB}=\dfrac{W_A-W_B}{q}$，$I=\dfrac{q}{t}$，故有

$$W=Uq=UIt \tag{1-6}$$

式中，当电压的单位是伏特，电流的单位是安培，时间的单位是秒时，电能的单位是焦耳(J)。在日常生活和工程运作中，常用千瓦时（kW·h）来作为电能的单位，1kW·h就是平常所说的1度电。

1.2.5 电功率

单位时间内电流所做的功称为电功率，它反映了单位时间内能量变化的快慢。电功率用符号 p 或 P 来表示，其数学表达式为

$$p=\frac{\mathrm{d}W}{\mathrm{d}t} \tag{1-7}$$

根据 $u=\dfrac{\mathrm{d}W}{\mathrm{d}q}$、$i=\dfrac{\mathrm{d}q}{\mathrm{d}t}$，可以得到

$$p=\frac{\mathrm{d}W}{\mathrm{d}t}=\frac{\mathrm{d}W}{\mathrm{d}q}\frac{\mathrm{d}q}{\mathrm{d}t}=ui \tag{1-8}$$

在直流情况下

$$P=\frac{W}{t}=\frac{UIt}{t}=UI \tag{1-9}$$

式中，当电压的单位是伏特，电流的单位是安培，能量的单位是焦耳，时间的单位是秒时，电功率的单位是瓦特（W）。

需要注意的是以上的功率推导过程是在电压和电流为关联参考方向的条件下得到的，如果元件的电压和电流是非关联参加方向，那么功率计算公式为 $p=-ui$ 或 $P=-UI$。

在式（1-8）中，电功率 p 是指元件吸收的功率。当 $p>0$ 时，元件吸收功率，元件性质为负载；当 $p<0$ 时，元件吸收负功率，即元件实际上释放能量，发出功率，元件的性质为电源。对于一个完整的电路来说，根据能量守恒定律，在任何一个时刻，所有元件吸收和发出的能量必须相等，即所有元件吸收功率的总和必须为零，可以表达为

$$\sum p_{吸}=\sum p_{发} \quad 或 \sum p_{吸}=\sum ui=0 \tag{1-10}$$

例 1-4 对于图1-5所示的二端元件，已知 $U=50\mathrm{V}$，$I=-2\mathrm{A}$。判断图1-5所示的四个元件哪些是电源，哪些是负载，并说明它们实际吸收功率和发出功率的情况。

解： 图1-5a中，电压和电流取关联参考方向，$P=UI=-100\mathrm{W}<0$，元件实际发出功率，元件性质为电源。

图1-5b中，电压和电流取关联参考方向，$P=UI=-100\mathrm{W}<0$，元件实际发出功率，元件性质为电源。

图1-5c中，电压和电流取非关联参考方向，$P=-UI=100\mathrm{W}>0$，元件实际吸收功率，元件性质为负载。

图1-5d中，电压和电流取非关联参考方向，$P=-UI=100\mathrm{W}>0$，元件实际吸收功率，元件性质为负载。

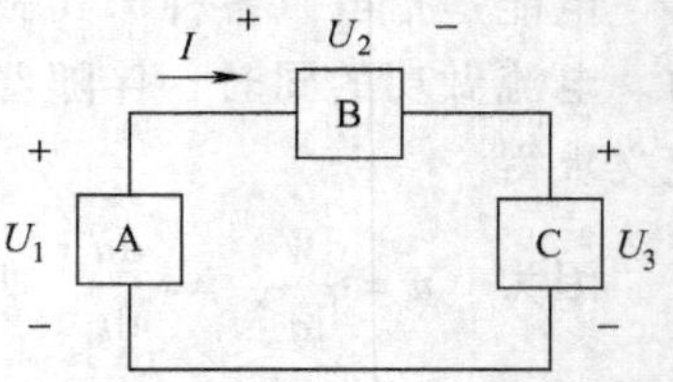

图1-6 例1-5电路图

例 1-5 图1-6所示电路中，已知 $U_1=5\mathrm{V}$，$U_2=-8\mathrm{V}$，$U_3=13\mathrm{V}$，$I=2\mathrm{A}$。试求：（1）A、B、C三个元件各自吸收

的功率。(2) 分析整个电路的功率平衡关系。

解：(1) 对于元件 A，电压和电流取非关联参考方向，则 $P_A = -U_1 I = -10\text{W}$，元件 A 发出 10W 的功率。

对于元件 B，电压和电流取关联参考方向，则 $P_B = U_2 I = -16\text{W}$，元件 B 发出 16W 的功率。

对于元件 C，电压和电流取关联参考方向，则 $P_C = U_3 I = 26\text{W}$，元件 C 吸收 26W 的功率。

(2) 对于整个电路

$\sum P = P_A + P_B + P_C = -10\text{W} + (-16)\text{W} + 26\text{W} = 0$，功率平衡。

思考与练习

1-2-1　电压、电位与电动势之间有什么区别与联系？

1-2-2　在电路分析中，引入参考方向的主要目的是什么？怎样通过电压、电流的正负和它们的参考方向判断电流和电压的实际方向？

1-2-3　电压和电流分别取关联参考方向和非关联参考方向，在求解电路元件吸收的电功率时，有什么异同？

1.3　基尔霍夫定律

电路中各个元件的电流和电压都要受到两种约束：一种是由元件本身的特性导致的约束，例如，欧姆定律 $i = \frac{u}{R}$（u、i 取关联参考方向）给出了线性电阻上电压、电流的约束关系（VCR），这种约束关系只与元件本身的特性有关，与其接入电路的方式无关。另一种是由元件的连接方式导致的约束，基尔霍夫定律正是反映了这种约束关系。基尔霍夫电压定律、电流定律和欧姆定律统称为电路的三大基本定律。

基尔霍夫定律是任何电路都满足的基本定律，它包括电流定律（Kirchhoff's Current Law，KCL）和电压定律（Kirchhoff's Voltage Law，KVL）。基尔霍夫电流定律描述电路中各电流的约束关系，基尔霍夫电压定律描述电路中各电压的约束关系，它们都是由德国科学家基尔霍夫提出的。

在介绍基尔霍夫定律之前，需要对电路中常用的几个术语作一些介绍和说明。

(1) 支路　由一个二端元件或若干个二端元件串联组成的、不分叉的一段电路称为支路。同一条支路中，通过每一个元件的电流相同，称为支路电流。支路两端节点间的电压称为支路电压。图 1-7 所示的电路有 6 条支路，分别是 ab、gc、afb、bdc、bec、ghc。支路不具有任何的分岔，只有两个端点。

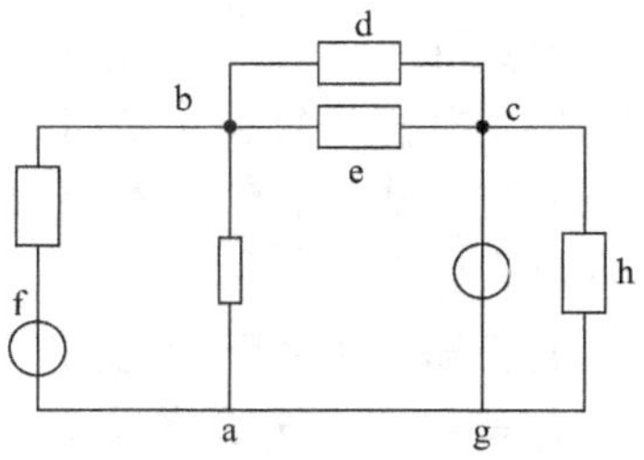

图　1-7

(2) 节点　三条或三条以上支路的连接点，称为节点。图 1-7 所示的电路有 3 个节点 a、b、c。其中，a 点和 g 点由理想导线相连，可视为一个节点。

(3) 回路　由支路构成的、电路中的任意闭合且不重复的路径，称为回路。图 1-7 所示电路中，afba、agceba、bdceb、gchg、afbecga、abdcga、afbdcga 均是电路的回路。

（4）网孔　电路中不包含其他支路的单一闭合回路，称为网孔。网孔是回路，但是回路不一定是网孔。图 1-7 所示的电路有四个网孔，分别是 afba、agceba、bdceb、gchg。

对于任意一个有 b 条支路、n 个节点、m 个网孔的电路都符合下式：

$$b=(n-1)+m \tag{1-11}$$

图 1-7 所示的电路中，$b=6$，$n=3$，$m=4$，则 $6=(3-1)+4$，满足式（1-11）。

1.3.1 基尔霍夫电流定律

基尔霍夫电流定律（KCL）又称基尔霍夫第一定律，是用来确定连接在同一节点上的各支路电流之间的约束关系的电路定律。它指出：对于任何电路中的任何节点，任何时刻，该节点的全部支路电流的代数和恒等于零。数学表达式为

$$\sum i=0 \tag{1-12}$$

对于直流电路，可表示为

$$\sum I=0 \tag{1-13}$$

在基尔霍夫电流定律中，支路电流的正负是由电流流入节点还是流出节点来决定的。至于电流是流出节点还是流入节点，对于已知实际方向的支路电流，可以直接用实际方向来标注。对于未知实际方向的电流，必须选取其参考方向，由此判定 KCL 中代数和的正负。若流出节点的电流的参考方向取“+”，则流入节点的电流取“-”；反之，若流入节点的电流取“+”，则流出节点的电流取“-”。无论按照哪种选取流入电流和流出电流正负的方法，KCL 均不失其正确性。一般情况下，约定流入节点的电流取正，此时 KCL 方程还可以写成：

$$\sum i_{流入}-\sum i_{流出}=0 \text{ 或 } \sum i_{流入}=\sum i_{流出} \tag{1-14}$$

由此可见，KCL 还可以表述为：任何时刻，流出任意节点的所有支路电流等于流入该节点的所有支路电流之和。

例如，对于图 1-8 所示的电路，各电流的参考方向见图中标示。

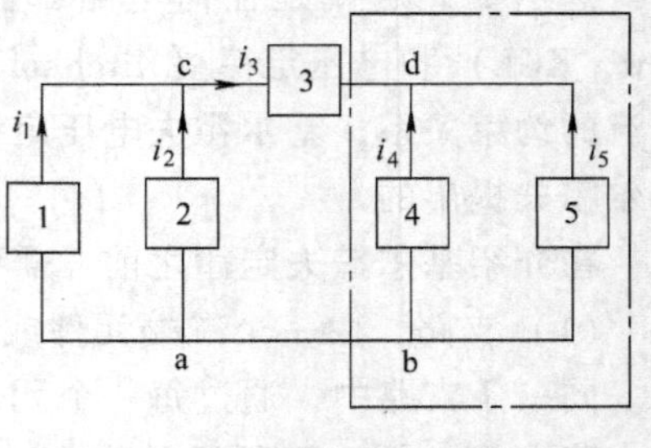

图 1-8　基尔霍夫电流定律举例

根据 KCL，对电路的三个节点（其中，a 和 b 中间只有一条导线相连，可以看做一个节点）列写方程为

节点 a：　$-i_1-i_2-i_4-i_5=0$

节点 c：　$i_1+i_2-i_3=0$

节点 d：　$i_3+i_4+i_5=0$

对于节点 c 的 KCL 方程，可以作一下变换，得到 $i_1+i_2=i_3$。方程左边的支路电流 i_1、i_2 为所有流入节点 c 的电流的和，方程右边的 i_3 是流出节点 c 的电流，满足式（1-13）和式（1-14）。

若已知图 1-8 所示电路中 $i_1=-2\text{A}$，$i_3=7\text{A}$，$i_5=9\text{A}$，则可通过 KCL 方程求出：$i_2=9\text{A}$，$i_4=-16\text{A}$。i_2 的值为正，说明该支路电流的实际方向与参考方向相同；i_4 的值为负，说明该支路电流的实际方向与参考方向相反。

可以看出，KCL 方程是以支路电流为变量的常系数线性齐次方程，可以根据这些方程，利用电路中已知的某些支路电流求出另一些支路电流。对于每一个节点都可以列写与其相关的 KCL 方程，每一条支路电流都对应两个节点，从一个节点流出，流入另一个节点。因此，电路中所有节点的 KCL 方程中，每条支路电流必然出现两次，且一次为正，一次为负。由此可以证明，对于有 n 个节点的电路，可以列写 $n-1$ 个独立的 KCL 方程。

例如，对于图 1-8 所示电路的三个 KCL 方程，将节点 c、d 对应的方程相加，所得方程为 $i_1+i_2+i_4+i_5=0$。与节点 a 对应的方程实质上是同一个方程。即对于图 1-8 所示的电路，有 3 个节点，即 $n=3$，可以列写出 $2(n-1=2)$ 个独立的 KCL 方程。

实际上，KCL 不仅适用于节点，同样也适用于任何假想的封闭曲面。仍用图 1-8 所示的电路作为例子，流入图中点画线框所围的封闭曲面的两个支路电流为 i_3、i_{ab}，其中：

对于节点 c，$i_1+i_2-i_3=0$　得　$i_3=i_1+i_2$　①

对于节点 a，$-i_1-i_2-i_{ab}=0$　得　$i_{ab}=-i_1-i_2$　②

由式①、式②可以得到 $i_3+i_{ab}=0$，即流入图中点画线框所围的封闭曲面的两个支路电流 i_3、i_{ab}之和等于零。

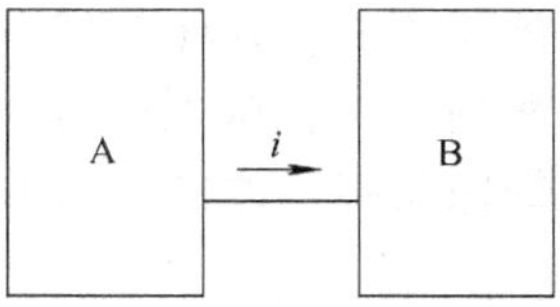

图 1-9　基尔霍夫电流定律的应用

对于由节点所围成的封闭曲面，KCL 还可以描述为：在任一瞬间，流出（或流入）封闭曲面的某支路电流，等于流入（或流出）该封闭曲面的其余支路电流的代数和。这也称为电荷的连续性，是电荷守恒的体现。对于只有一条支路相连的两个单独电路的特殊情况（见图 1-9），很容易判断出此时支路电流 $i=0$。

例 1-6　图 1-10a 所示电路中，已知流经元件 1、2、3、4 的电流分别为 $I_1=9\text{A}$，$I_2=-12\text{A}$、$I_3=5\text{A}$、$I_4=-7\text{A}$，试求流入点画线框所围闭合曲面的三个电流 I_a、I_b、I_c，并通过 KCL 对于封闭曲面的推广，验证计算结果的正确性。

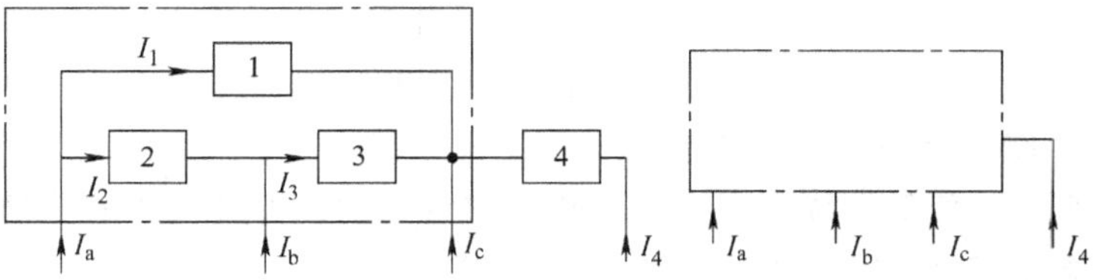

图 1-10　例 1-6 电路图

解：由图 1-10a 可得电路的 KCL 方程：

$$I_a-I_1-I_2=0 \quad ①$$

$$I_b+I_2-I_3=0 \quad ②$$

$$I_c+I_3+I_4+I_1=0 \quad ③$$

由式①可得　$I_a=I_1+I_2=(9-12)\text{A}=-3\text{A}$

由式②可得　$I_b=-I_2+I_3=(12+5)\text{A}=17\text{A}$

由式③可得　$I_c=-I_3-I_4-I_1=(-5+7-9)\text{A}=-7\text{A}$

将电路简化成图 1-10b，可以清楚地看出有四条支路电流流入闭合曲面，分别是 I_a、I_b、

I_c 和 I_4，根据计算结果，可得 $I_a+I_b+I_c+I_4=(-3+17-7-7)\mathrm{A}=0$，满足 KCL 对于封闭曲面的推广，所以，可以判断计算结果是正确的。

1.3.2 基尔霍夫电压定律

基尔霍夫电压定律（KVL）又称基尔霍夫第二定律，是用来确定回路中各段电压之间约束关系的电路定律。它指出：对于任何电路中的任一回路，任何时刻，该回路各段电压的代数和恒等于零。数学表达式为

$$\sum u=0 \tag{1-15}$$

对于直流电路，可表示为

$$\sum U=0 \tag{1-16}$$

在基尔霍夫电压定律中，需要任意指定一个回路的绕行方向，以此来判断各段电压的正负。一般情况下约定：若各段电压的参考方向与选取的回路绕行方向一致，则取“+”号；若支路电压的参考方向与选取的回路绕行方向不一致，则取“-”号。也就是说，在列写 KVL 方程时，电位降低的方向与选取的回路绕行方向一致的电压取正值，电位升高的方向与选取的回路绕行方向一致的电压取负值，所以，KVL 方程还可以写为

$$\sum u_{压升}-\sum u_{压降}=0 \quad 或 \tag{1-17}$$

$$\sum u_{压升}=\sum u_{压降} \tag{1-18}$$

所以，KVL 还可以表述为：在任一瞬间，从回路中的任一点出发，沿回路绕行一周，这个方向上电位升之和等于电位降之和。当然，若约定相反的情况，则 KVL 也不失其准确性。

例如：对于图 1-11 所示电路，各电压的参考方向见图中标示，根据 KVL，对电路中的三个回路Ⅰ、Ⅱ、Ⅲ列写方程为

回路Ⅰ： $-u_2-u_3+u_4=0$ ①

回路Ⅱ： $u_1-u_3+u_4=0$ ②

回路Ⅲ： $-u_5+u_4-u_6=0$ ③

对于回路Ⅲ的 KVL 方程，可以变化为 $u_4=u_6+u_5$ ④

其中，方程左边的项是沿绕行方向电位降低的电压和，方程右边的项是沿绕行方向电位升高的电压和。满足式（1-17）和式（1-18）。

对于 KVL，有这样的推论：电路中任意两点间的电压等于两点间任一条路径经过的各元件电压的代数和。图 1-11 所示的电路中，d、b 两点之间的电压就是 u_4，根据式④，可以得到 d、b 两点之间的电压等于元件 5 和元件 6 上的电压的代数和。可以看出，d、b 两点之间的电压不仅可以由 bd 这条路径得到，也可以用 bed 这条路径上所有元件电压的代数和来表示。同时说明：电路中任意两点之间的电压，与绕行路径无关。

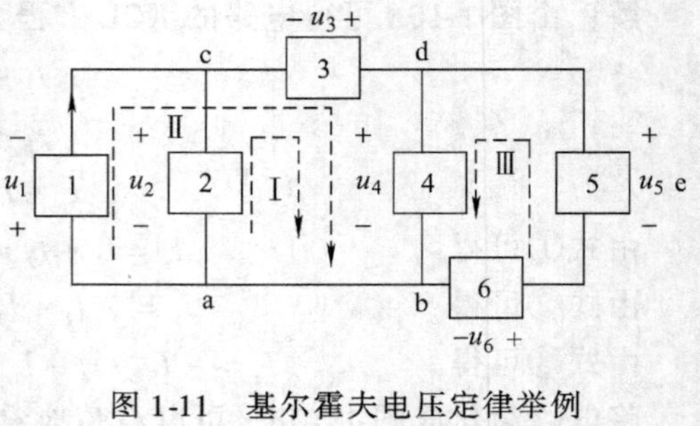

图 1-11 基尔霍夫电压定律举例

若已知图 1-11 所示电路中 $u_3=12\mathrm{V}$，$u_5=9\mathrm{V}$，$u_6=8\mathrm{V}$，则可通过 KVL 方程求出：$u_1=-5\mathrm{V}$，$u_2=5\mathrm{V}$，$u_4=17\mathrm{V}$。u_1 的值为负，说明该支路电压的实际方向与参考方向相反；u_2、

u_4 的值为正，说明这些支路电压的实际方向与参考方向相同。

可以看出，KVL 方程是以支路电压为变量的常系数线性齐次方程，可以根据这些方程，利用电路中已知的某些支路电压求出另一些支路电压。能够证明，对于一个平面电路，KVL 独立方程的个数等于网孔的个数。根据式（1-11），对于有 b 条支路、n 个节点的电路，网孔数 m 满足：$m=b-(n-1)=b-n+1$

即对于有 b 条支路、n 个节点的电路，可以列写 $b-n+1$ 个独立的 KVL 方程。

实际上，KVL 可以从闭合的回路推广到任意一个假想的回路。以图 1-12 所示的电路为例，对于支路 AO、OB，可以设定假想回路 AOBA，则根据 KVL 可得

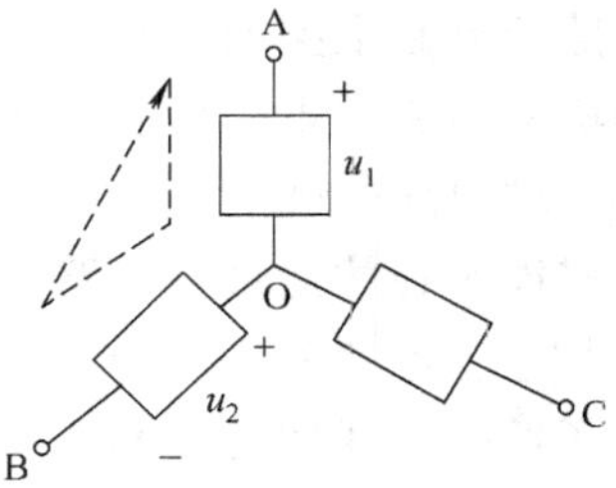

图 1-12　基尔霍夫电压定律的推广举例

$$u_1+u_2-u_{AB}=0 \text{ 或 } u_1+u_2=u_{AB}$$

沿着回路的任何绕行方向，回路中各段电压的代数和等于零，意味着单位正电荷沿任一闭合路径移动时，能量没有发生变化。这表明 KVL 是能量守恒定律的体现。

例 1-7　图 1-13 所示电路中，已知元件 1、2、3、4 的电压分别为 $u_1=12\text{V}$，$u_2=-7\text{V}$，$u_3=16\text{V}$，$u_4=-6\text{V}$，求电压 u 和元件 5、6、7 两端的电压。

解：如图 1-13 所示，选择顺时针方向作为回路绕行方向，根据基尔霍夫电压定律，分别对于回路Ⅰ、Ⅱ、Ⅲ、Ⅳ，列写 KVL 方程：

$$-u_1-u_5-u_2=0 \quad ①$$

$$u_2+u+u_3=0 \quad ②$$

$$-u_3+u_6+u_4=0 \quad ③$$

$$u_5+u_7-u_6-u=0 \quad ④$$

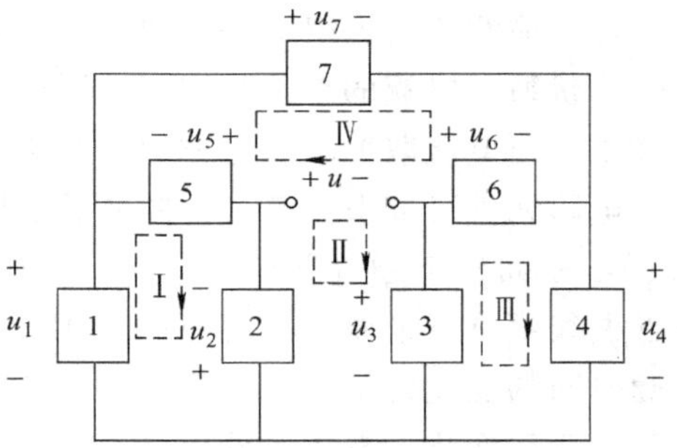

图 1-13　例 1-7 电路图

求得 $u_5=-5\text{V}$，$u=-9\text{V}$，$u_6=22\text{V}$，$u_7=18\text{V}$。

其中，u_5、u 的值为负，说明这些电压的实际方向与参考方向相反；u_6、u_7 的值为正，说明 6、7 元件两端电压的实际方向与参考方向相同。

在本例中，采用了假想的闭合回路Ⅱ和Ⅳ来分别求解电压 u 和元件 7 两端的电压 u_7。对于 u_7 的求解，还可以利用其他的方法，比如可以利用该电路中最大的闭合回路（由元件 1、4、7 构成的回路）来求解。若仍然选取顺时针方向作为回路绕行方向，则可列写 KVL 方程 $-u_1+u_7+u_4=0$，可求得 $u_7=u_1-u_4=12\text{V}-(-6)\text{V}=18\text{V}$，与前面所求结果相同。可见应用 KVL 时，对于回路的闭合是指电压的闭合，而非电路形式上的闭合。

思考与练习

1-3-1　指出图 1-13 所示电路的全部支路、节点和网孔。

1-3-2　基尔霍夫电流和电压定律中，如何确定代数和中电流和电压的正负？

1-3-3　基尔霍夫电流和电压定律反映了电路中什么样的约束关系？

1-3-4　基尔霍夫电流和电压定律的推广应该如何理解和应用？

1.4 基本电路元件

电路元件是电路的最基本组成单元，是为了建立电路模型而提出的一种理想元件，它们都有明确的定义。本书所研究的元件假定：任何时刻从元件两端流入和流出的电流恒相等，且元件的端电压值确定。

按照能否释放能量，电路元件可分为有源元件和无源元件；按照电路元件与外电路连接端点的数目，电路元件可分为二端元件、三端元件、四端元件等；按照其他的分类方法，电路元件还可分为线性元件和非线性元件，时不变元件和时变元件等。

1.4.1 电阻元件

1. 电阻的分类与伏安特性

本节主要介绍二端电阻。如果一个二端元件在任一时刻的电压 u 与其电流 i 的关系，由 u-i 平面（或 i-u 平面）上的一条曲线确定，那么此二端元件称为二端电阻元件，其数学表达式为

$$f(u,i)=0 \tag{1-19}$$

这条曲线称为电阻的特性曲线，它表明了电阻的电压与电流间的约束关系。因为电压的单位为伏特，电流的单位为安培，所以也称之为伏安特性曲线。通常情况下，伏安特性曲线是在电压与电流取关联参考方向下绘制的。

电阻元件可以根据其特性曲线的不同进行分类。其中，电阻元件的特性曲线为 u-i 平面（或 i-u 平面）上通过原点的直线，这样的电阻元件，称为线性电阻，如图 1-14a、b 所示。特性曲线不是通过原点的直线的电阻元件，称为非线性电阻，如图 1-14c、d 所示。特性曲线随时间的变化而变化的电阻元件，称为时变电阻，如图 1-14a、c 所示。特性曲线不随时间的变化而变化的电阻元件，称为时不变电阻，如图 1-14b、d 所示。

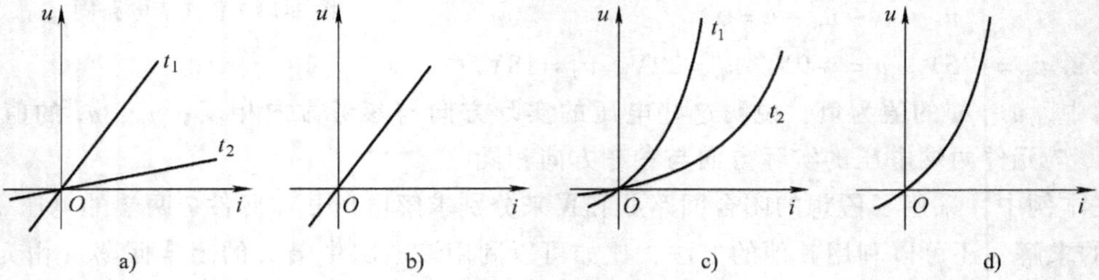

图 1-14 电阻元件的特性曲线

有一类比较特殊的电阻元件，其特性曲线不仅是 u-i 平面（或 i-u 平面）上通过原点的一条直线，而且这条直线也不随时间的变化而变化，这样的电阻元件称为线性时不变电阻，如图 1-15b 所示。线性时不变电阻在任何时刻，当电压和电流取关联参考方向时，两端的电压和电流满足欧姆定律，即

$$u=Ri \tag{1-20}$$

或

$$i=Gu \tag{1-21}$$

式（1-20）中，R 称为电阻，单位为欧姆（Ω）。它为 u-i 平面上通过原点的直线的斜率，是一个与电压、电流无关的量，如图 1-15a 所示。式（1-21）中，G 称为电导，单位为西门子（S）。电导等于电阻的倒数，即 $G=\frac{1}{R}$。它为 i-u 平面上通过原点的直线的斜率，也是一个与电压、电流无关的量，如图 1-15b 所示。电阻和电导均是电阻元件的参数。线性时不变电阻的图形符号如图 1-15c 所示。

线性时不变电阻是一种使用比较频繁的电路元件，本书讨论的大部分电阻均是指线性时不变电阻。为了叙述方便，以后简称为电阻。

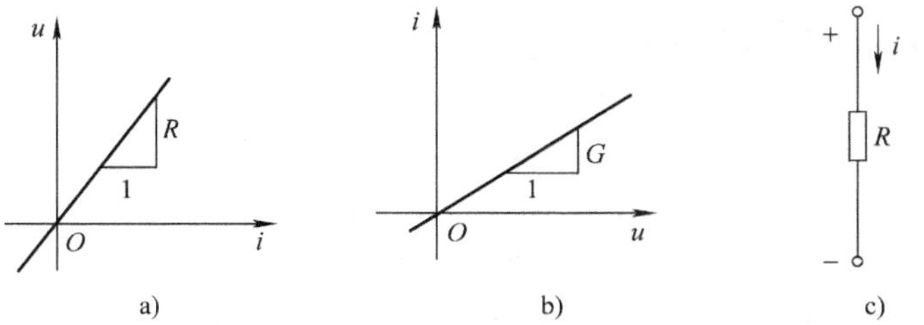

图 1-15　线性时不变电阻

对于工作中的电阻，需要注意开路、短路这两种工作状态。电阻两端的电压无论为何值，电流恒等于零的情况，称为开路。在电路模型中，表现为断开状态。如图 1-16a 所示，A、B 两端呈开路状态。开路时，电阻的特性曲线与 u 轴重合，是 $R=\infty$ 或 $G=0$ 的特殊情况，如图 1-16b 所示。

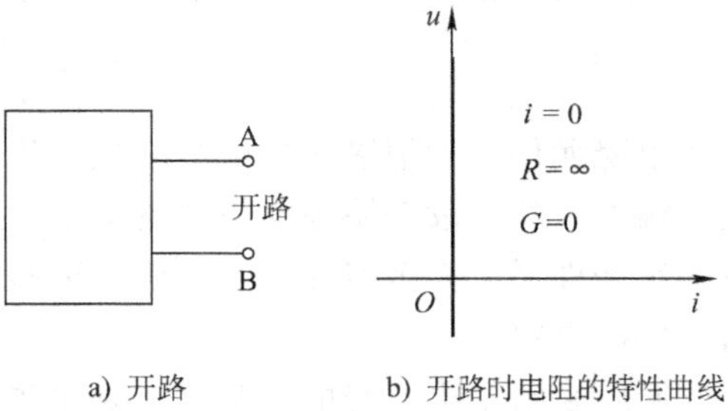

图 1-16　开路状态

电阻的电流无论为何值，电阻两端的电压恒等于零的情况，称为短路。在电路模型中，表现为导线直接连接的状态。如图 1-17a 所示，A、B 两端呈短路状态。短路时，电阻的特性曲线与 i 轴重合，是 $R=0$ 或 $G=\infty$ 的特殊情况，如图 1-17b 所示。

当 $0<R<\infty$ 时，电路处于有载工作状态，电阻的电流和其两端的电压满足欧姆定律，即满足式（1-20）和式（1-21）。

2. 电阻的功率与能量

当电压和电流取关联参考方向时，电阻吸收的功率为

$$p=ui=Ri^2=\frac{u^2}{R}=Gu^2=\frac{i^2}{G} \tag{1-22}$$

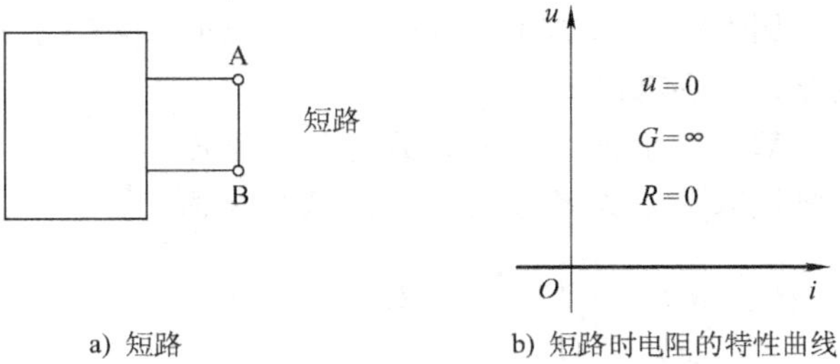

图 1-17　短路状态

线性电阻元件的伏安特性曲线一般在一、三象限，即 $ui>0$。此时，电阻 R 和电导 G 是正实数，电阻的功率恒为非负值（$p\geqslant 0$）。一般来说，实际的线性电阻元件吸收功率，是一种无源元件。对于伏安特性曲线在二、四象限的情况，即 $ui<0$，电阻 R 和电导 G 为负值，电阻的功率 $p\leqslant 0$，电阻元件发出功率。

这种线性负电阻一般需要专门设计才能得到。

作为理想化的电路元件，线性电阻的电压、电流和功率是没有限制的，而实际的很多电阻需要在一定的工作条件下才能正常工作。所以，大部分用电器在生产时，除了标注电阻值以外，还要标注它们的额定功率值，以便用户参考。额定值反映了用电器的使用安全性和使用能力。根据标注的电阻 R 和额定功率 P_N，由

$$P_N = U_N I_N = I_N^2 R = \frac{U_N^2}{R} \tag{1-23}$$

可以求出额定电流 I_N 和额定电压 U_N：

$$I_N = \sqrt{\frac{P_N}{R}} \tag{1-24}$$

$$U_N = \sqrt{RP_N} \tag{1-25}$$

电阻元件在正常使用时，实际的工作电压、电流、功率均应不大于额定值。当 $I = I_N$、$P = P_N$ 时的工作状态称为额定工作状态，在此状态下，经济合理且安全可靠。称 $I > I_N$、$P > P_N$ 时的工作状态为过载（或超载）；称 $I < I_N$、$P < P_N$ 时的工作状态为欠载（或轻载）。

电阻元件在 t_0 到 t 的时间里吸收的电能为

$$W = \int_{t_1}^{t_2} ui\,\mathrm{d}t = \int_{t_1}^{t_2} Ri^2\,\mathrm{d}t \tag{1-26}$$

电阻元件一般把吸收的电能转化为热能消耗掉。当电阻把吸收的电能转换为热能时，会改变温度，从而改变制作材料的电阻率，所以，实际电阻严格来讲都带有非线性因素。但是在一定条件下，许多实际电阻的伏安特性可以近似地看作一条直线，可以用线性电路元件作为它们的电路模型。

同时必须指出，当电流和电压采用非关联参考方向时，本小节中的各式应改为

$$u = -Ri \tag{1-27}$$

$$i = -Gu \tag{1-28}$$

$$p = -ui = Ri^2 = \frac{u^2}{R} = Gu^2 = \frac{i^2}{G} \tag{1-29}$$

例 1-8 电路如图 1-18 所示，已知 $U_1 = 6\text{V}$，$U_2 = 12\text{V}$，$R_1 = 3\Omega$，$I_2 = -6\text{A}$。根据欧姆定律，分别求出 I_1、R_2。

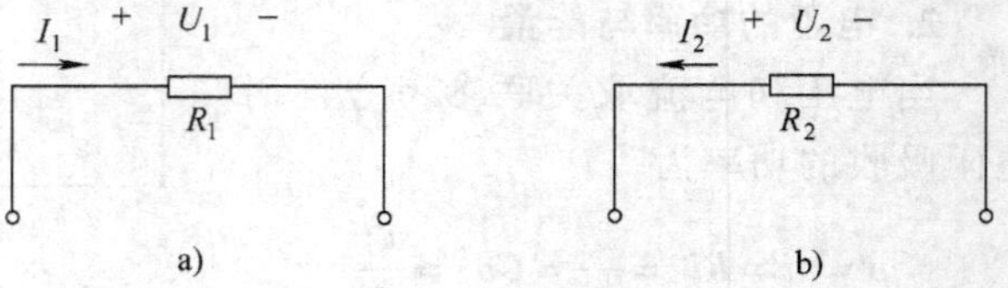

图 1-18 例 1-8 电路图

解：对于图 1-18a 所示电路，电压和电流取关联参考方向，根据欧姆定律 $U = IR$，得 $I_1 = \frac{U_1}{R_1} = \frac{6}{3}\text{A} = 2\text{A}$。

对于图 1-18b 所示电路，电压和电流取非关联参考方向，根据欧姆定律 $U = -IR$，得 $R_2 = -\frac{U_2}{I_2} = -\frac{12}{-6}\Omega = 2\Omega$。

例 1-9 图 1-19 所示电路中，已知电阻 R_1、R_2、R_3 两端的电压为 $U_1 = 12\text{V}$，$U_2 = -8\text{V}$，

$U_3=6V$，电流 $I=6mA$，$I_4=-1.2mA$，$I_5=-0.8mA$，$I_6=-0.4mA$。求：（1）电阻 R_1、R_2、R_3 的阻值。（2）电阻 R_1、R_2、R_3 上消耗的功率。

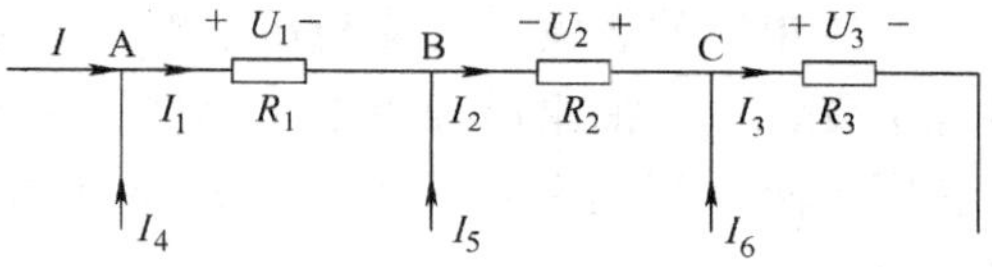

图 1-19　例 1-9 电路图

解：（1）对于节点 A 列写 KCL 方程：$I_1=I+I_4$，得 $I_1=(6-1.2)mA=4.8mA$。

根据欧姆定律，因为 U_1 和 I_1 取关联参考方向，所以

$$R_1=\frac{U_1}{I_1}=\frac{12V}{4.8\times10^{-3}A}=2.5k\Omega$$

对于节点 B 列写 KCL 方程：$I_2=I_1+I_5$，得 $I_2=(4.8-0.8)mA=4mA$。

因为 U_2 和 I_2 取非关联参考方向，所以 $R_2=-\frac{U_2}{I_2}=-\frac{-8V}{4\times10^{-3}A}=2k\Omega$。

同理，可求得 $I_3=I_2+I_6=(4-0.4)mA=3.6mA$，$R_3=\frac{U_3}{I_3}=\frac{6V}{3.6\times10^{-3}A}=1.67k\Omega$。

（2）对于电阻 R_1、R_3，因为电压和电流取关联参考方向，所以

$$P_1=U_1I_1=12\times4.8\times10^{-3}W=57.6\times10^{-3}W$$

$$P_3=U_3I_3=6\times3.6\times10^{-3}W=21.6\times10^{-3}W$$

对于电阻 R_2，因为电压和电流取非关联参考方向，所以

$$P_2=-U_2I_2=-(-8)\times4\times10^{-3}W=32\times10^{-3}W$$

例 1-10　一只“100Ω，64W”的电阻能否直接与电压为 120V 的电源串联？

解：电路如图 1-20 所示。

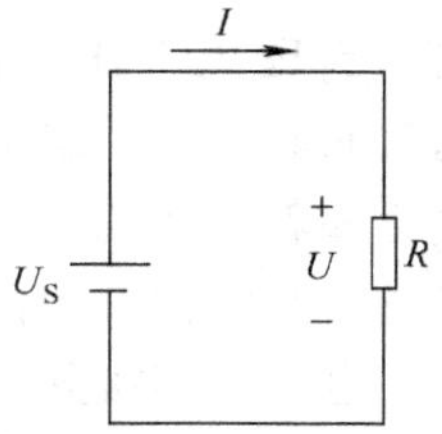

图 1-20　例 1-10 电路图

方法一：求出电阻的额定电压。

因为　$U_N=\sqrt{RP_N}=\sqrt{100\times64}V=80V$

若电阻直接接入电路，则由 KVL 可知电阻两端的电压 $U=120V>80V$。

所以，这只电阻不能直接接在该电源上。

方法二：求出电阻的额定电流。

因为　$$I_N=\sqrt{\frac{P_N}{R}}=\sqrt{\frac{64}{100}}A=0.8A$$

若电阻直接接入电路，电流 $I=\frac{120}{100}A=1.2A>0.8A$。

所以，这只电阻不能直接接在该电源上。

1.4.2　电压源和电流源

实际电源有很多种，常见的有电池、发电机、直流稳压电源、直流稳流电源、正弦交流电源、交流稳压电源和信号发生器等，这些电源在电路中为耗能元件提供了能量。为了得到各种实际电源的电路模型，定义两种理想的电路元件——理想电压源和理想电流源。

1. 理想电压源

一些常用的直流、交流稳压电源，其电流在较大范围内变动时，端电压仍能保持不变或接近不变，由此抽象出理想电路元件——理想电压源。实际电压源内阻的存在使得端电压总会有所下降，当内阻等于零时，就成为所谓的理想电压源。

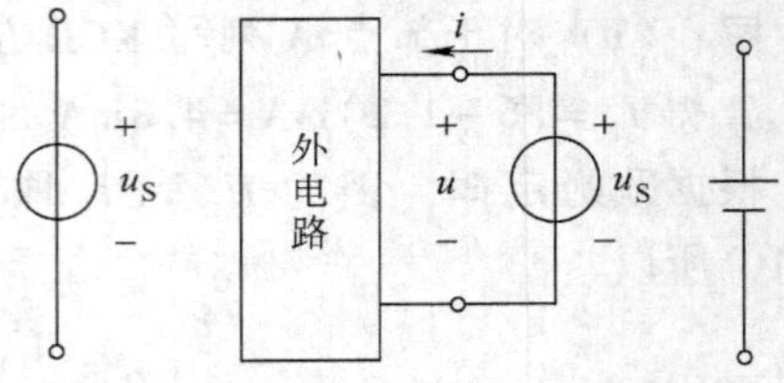

图 1-21 理想电压源

对于理想电压源，无论流经它的电流如何变化，它的端电压始终保持常量 U_S 不变，或者按照给定的时间函数 $u_S(t)$ 变化。理想电压源的图形符号如图 1-21a 所示，图中的“+”、“−”表示电压源端电压的参考极性。理想电压源为外电路提供恒定的电压，图 1-21b 反映了理想电压源接外电路的情况。其中，端电压保持常量 U_S 不变的电压源称为恒定电压源或直流电压源，恒定电压源不能短路，否则流过的电流为无限大。恒定电压源有时也用图 1-21c 所示符号来表示，长划线表示电压源的正极，短划线表示电压源的负极。端电压随给定的时间函数变化的电压源称为时变电压源。端电压随时间周期性变化且平均值为零的电压源称为交流电压源。

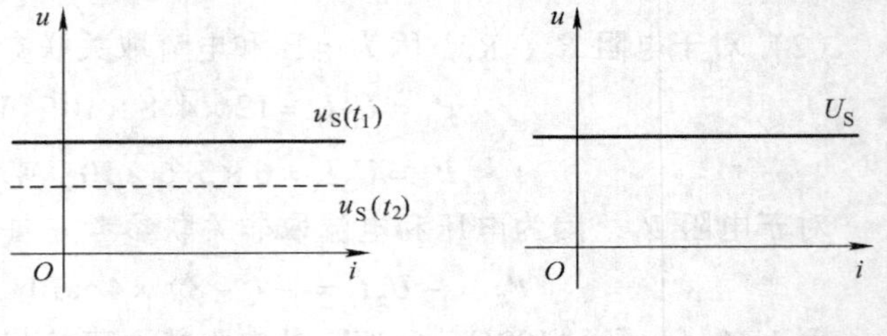

图 1-22 理想电压源的伏安特性曲线

理想电压源的端电压与流过电压源的电流无关，由电源本身确定。理想电压源的电流任意，其大小由外电路决定。理想电压源的伏安特性曲线是不通过原点且与 i 轴平行的直线。当理想电压源的端电压是给定的时间函数时，这条平行于 i 轴的直线会随着时间的变化而改变位置，如图 1-22a 所示。当理想电压源的端电压保持常量 U_S 不变时，它的伏安特性曲线是与 i 轴平行的一条直线，不随时间的变化而改变，如图 1-22b 所示。电压源不接外电路时，电流 $i=0$，此时电压源为开路状态。当电压源为短路状态时，端电压 $u_S(t)$ 等于零，这与电压源本身的特性不相容，所以把电压源短路是没有意义的。

电压源的端电压与电流取关联参考方向时，其吸收的功率为

$$p = ui \tag{1-30}$$

当 $p>0$ 时，电压源实际吸收功率；当 $p<0$ 时，电压源实际发出功率。随着电压源工作状态的不同，它既可发出功率，也可吸收功率。

例 1-11 电路如图 1-23 所示，设理想电压源 $U_S=12\text{V}$，求外接电阻 R_L 分别为 3Ω 和 6Ω 时，该电压源对外电路输出的电压和电流。

解： $U = U_S = 12\text{V}$

当 $R_L = 3\Omega$ 时，$I = \dfrac{U}{R_L} = \dfrac{12}{3}\text{A} = 4\text{A}$

当 $R_L = 6\Omega$ 时，$I = \dfrac{U}{R_L} = \dfrac{12}{6}\text{A} = 2\text{A}$

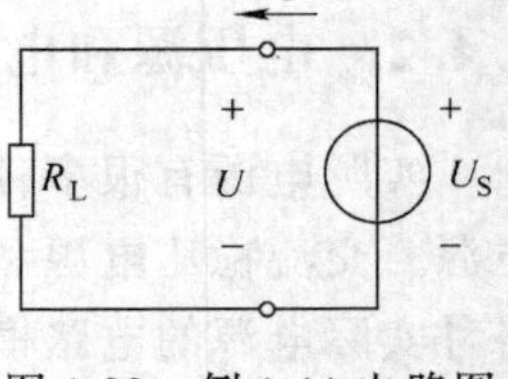

图 1-23 例 1-11 电路图

可以看出，无论外接电阻 R_L 如何变化，外电路两端的电压不

变，而电流随着负载的变化而变化。

例 1-12　电路如图 1-24 所示，已知 $U_{S1}=18V$，$I_1=-3A$，$I_3=2A$，$R_1=2\Omega$，$R_2=4\Omega$，求 U_{S2}、I_2、R_3 和 a 点的电位，验证整个电路的功率平衡。

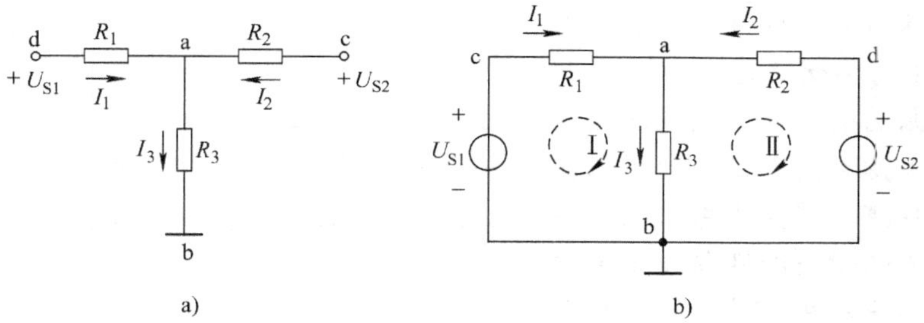

图 1-24　例 1-12 电路图

解：图 1-24a 所示的电路图是电子技术中的习惯画法，不画出电压源的符号，只标出极性和对参考点的电压值，即相对于零参考点的电位。对此，可以用相应的电压源代替电位，画出图 1-24b 所示电路。

对于节点 a 列写 KCL 方程：$I_1+I_2-I_3=0$。

将 $I_1=-3A$，$I_3=2A$ 代入上式，得 $I_2=5A$。

选取顺时针方向作为Ⅰ、Ⅱ两个回路的绕行方向，则

对于回路Ⅰ，列写 KVL 方程：$-U_{S1}+I_1R_1+I_3R_3=0$，可求得 $R_3=12\Omega$。

对于回路Ⅱ，列写 KVL 方程：$U_{S2}-I_3R_3-I_2R_2=0$，可求得 $U_{S2}=44V$。

因为 $U_{ab}=V_a-V_b$，其中 $U_{ab}=I_3R_3=2\times12V=24\ V$，b 点为零电位点，所以 a 点的电位 $V_a=24V$。

在回路中，电压源 U_{S1}吸收的功率 $P=-U_{S1}I_1=-18\times(-3)W=54W>0$，所以电压源 U_{S1}实际吸收功率。

电压源 U_{S2}吸收的功率 $P=-U_{S2}I_2=-44\times5W=-220W<0$，所以电压源 U_{S2}实际发出功率。所以电压源既可以吸收功率，也可以发出功率。

电阻 R_1 吸收的功率 $P=I_1^2R_1=(-3)^2\times2W=18W>0$，所以 R_1 实际吸收功率。

电阻 R_2 吸收的功率 $P=I_2^2R_2=5^2\times4W=100W>0$，所以 R_2 实际吸收功率。

电阻 R_3 吸收的功率 $P=I_3^2R_3=2^2\times12W=48W>0$，所以 R_3 实际吸收功率。

整个电路中，$\sum P_{吸}=(54+18+100+48)W=220W$，$\sum P_{发}=220W$，吸收的功率等于发出的功率，功率平衡。

2. 理想电流源

理想电流源是从实际电源抽象出来的另一种理想电路元件。在某些情况下，要求电源有很大的内阻，高电阻的电源能够有一个比较稳定的电流输出。当电流源的内阻为无穷大时，就成为理想电流源。

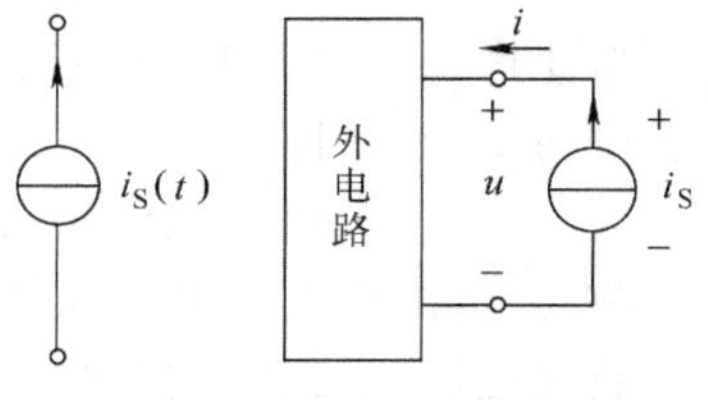

图 1-25　理想电流源

对于理想电流源，无论它两端的电压如何变化，其电流始终保持常量 I_S 不变，或者按照给定的时间函数 $i_S(t)$ 变化。理想电流源的图形符号如图 1-25a 所示，图中的箭头表

示电流源的参考方向。理想电流源为外电路提供恒定的电流，图 1-25b 反映了理想电流源接外电路的情况。其中，电流保持常量 I_S 不变的电流源称为恒定电流源或直流电流源，恒定电流源不能开路，否则两端的电压为无限大。电流随给定的时间函数变化的电流源称为时变电流源。电流随时间周期性变化且平均值为零的电流源称为交流电流源。

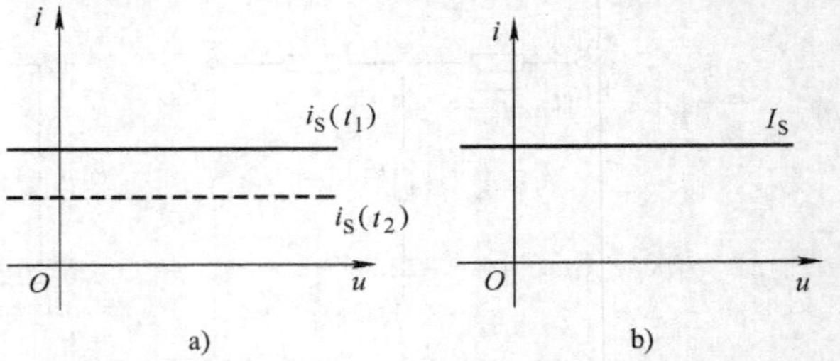

图 1-26 理想电流源的伏安特性曲线

理想电流源的电流与电流源两端的电压无关，由电源本身确定。理想电流源两端的电压任意，其大小由外电路决定。理想电流源的伏安特性曲线是不通过原点且与 u 轴平行的直线。当理想电流源的电流是给定的时间函数时，这条平行于 u 轴的直线会随着时间的变化而改变位置，如图 1-26a 所示。当理想电流源的电流保持常量 I_S 不变时，它的伏安特性曲线是与 u 轴平行的一条直线，不随时间的变化而改变，如图 1-26b 所示。当电流源两端短路时，其端电压等于零，电流源的电流即为短路电流。当电流源为开路状态时，电流 $i_S(t)$ 等于零，这与电流源本身的特性不相容，所以把电流源开路是没有意义的。

电流源的电流与端电压取关联参考方向时，其吸收的功率为

$$p = ui \tag{1-31}$$

当 $p>0$ 时，电流源实际吸收功率；当 $p<0$ 时，电流源实际发出功率。随着电流源工作状态的不同，它既可发出功率，也可吸收功率。

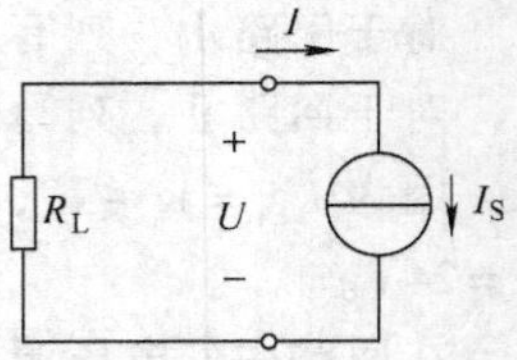

图 1-27 例 1-13 电路图

例 1-13 电路如图 1-27 所示，设理想电流源 $I_S = 12A$，求外接电阻 R_L 分别为 3Ω 和 5Ω 时，该电流源对外电路输出的电流和电压。

解： $I = I_S = 12A$

当 $R_L = 3\Omega$ 时，$U = IR_L = 12 \times 3V = 36V$

当 $R_L = 5\Omega$ 时，$U = IR_L = 12 \times 5V = 60V$

可以看出，无论外接电阻 R_L 如何变化，外电路电流不变，而电压随着负载的变化而变化。

例 1-14 电路如图 1-28 所示，已知 $u_{S1} = 5V$，$u_{S2} = 10V$，$i_S = 7A$，$R_1 = 1\Omega$，$R_2 = 2\Omega$。求：(1) 电流 i_1。(2) 电流 i_2。(3) 电压 u。

解： (1) 图 1-28 所示电路中，对于节点 a 列写 KCL 方程得 $i_1 + i_2 = i_S$ ①

对于回路 Ⅰ，选取顺时针方向作为回路的绕行方向，列写 KVL 方程，得

$$-u_{S1} + i_1R_1 - i_2R_2 + u_{S2} = 0 \quad ②$$

将 $i_S = 7A$ 代入式①，可得 $i_2 = 7 - i_1$ ③

将式③代入式②，利用已知条件，可求得 $i_1 = 3A$。

(2) 将 $i_1 = 3A$ 代入式③，可得 $i_2 = 4A$。

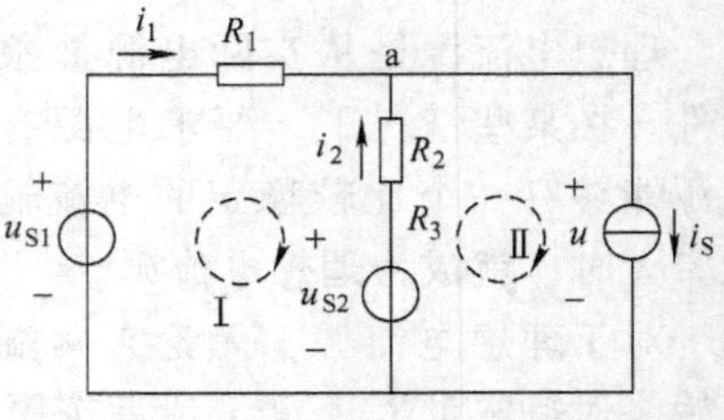

图 1-28 例 1-14 电路图

(3) 对于回路 Ⅱ 选取顺时针方向作为回路的绕行

方向，列写 KVL 方程，得

$$-u_{S2}+i_2R_2+u=0$$

可求得 $u=2V$。

3. 实际电压源

理想电压源和理想电流源在实际中并不存在，实际电源只是在一定范围内与理想电源接近。实际电源总是存在着一定的内阻，它们的电压（或电流）往往会随着电源电流（或电压）的增加而下降。

当把电源内阻视为恒定时，电源内部和外电路的消耗就主要取决于外电路负载的大小。在电压源形式的电路模型中，内外电路的消耗是以分压形式进行的。当实际电源输出的电压变化不大时，可用电压源和电阻相串联的电源模型表示，即实际电源的电压源模型，如图 1-29a 所示。在实际电压源的模型中，电阻 R_0 的电压降模拟实际电源电压随电流增加而下降的特性。电阻 R_0 越大的电源，其电压越稳定。实际电压源在直流情况下的外电路特性曲线如图 1-29b 所示。外电路电压为

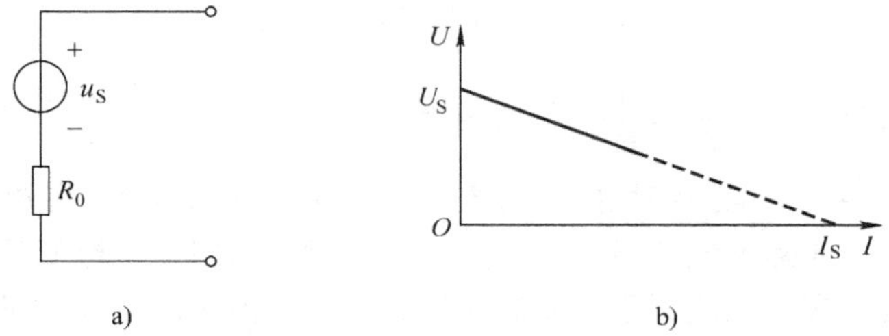

图 1-29 电压源及其外电路特性曲线

$$U=U_S-IR_0 \tag{1-32}$$

式中，$R_0=\dfrac{U_S}{I_S}$，称为电源内阻。外电路特性曲线与电压轴有交点（0，U_S），与电流轴有交点（I_S，0）。

电路中电源一般有三种工作状态：开路、短路和有载。以图 1-30 所示的电路为例，讨论开关指向 A、B、C 时，电源的工作状态。

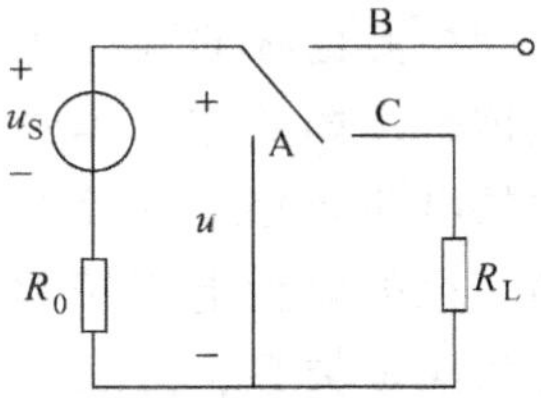

图 1-30 电源的工作状态

1）当开关指向 A 时，电源处于短路工作状态。此时，负载 $R_L=0$，外电路的电压 $u=0$，电路中的电流 $i=\dfrac{u_S}{R_0}$。负载的功率等于零，电源的功率全部被内阻消耗掉。

实际电工技术中，实际电压源常指相对负载而言具有较小内阻的电压源，在短路工作状态下，电路中的电流会很大，甚至烧毁电压源，所以这种工作状态应该尽量避免，需要熔体来保护电源。

2）当开关指向 B 时，电源处于开路工作状态。负载 $R_L=\infty$，电流 $i=0$。实际电压源不使用时应开路放置，因电流为零，不消耗电压源的电能。

3）当开关指向 C 时，$0<R<\infty$，电路处于有载工作状态。电路中的电流 $i=\dfrac{u_S}{R_0+R_L}$，其大小由负载大小决定。

4. 实际电流源

在电流源形式的电路模型中，内外电路的消耗是以分流形式进行的。当实际电源输出的电流变化不大时，可用电流源和电阻相并联的电源模型表示，即实际电源的电流源模型，如图 1-31a 所示。在实际电流源的模型中，电阻 R_0 的电流模拟实际电源电流随电压增加而减

小的特性。电阻 R_0 越大的电源，其电流越稳定。实际电流源在直流情况下的外电路特性曲线如图 1-31b 所示。外电路电流为

$$I = I_s - \frac{U}{R_0} = I_s - UG_0 \tag{1-33}$$

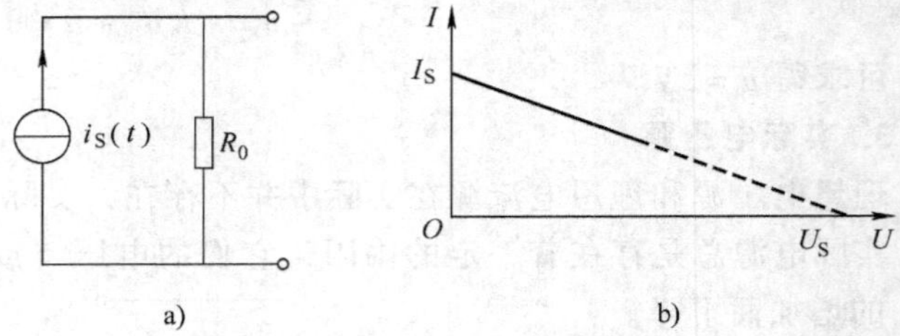

图 1-31 电流源及其外电路特性曲线

式中，$G_0 = \dfrac{I_S}{U_S} = \dfrac{1}{R_0}$，称为电源内电导。外电路特性曲线与电流轴有交点（0，I_S），与电压轴有交点（U_S，0）。

实际电流源不允许开路。开路时，内阻把电流源的能量消耗掉，而电源对外没有送出电能。实际电流源不使用时应短路放置，因实际电流源的内阻一般都很大，电流源被短路后，通过内阻的电流很小，损耗很小，而且外电路短路后电压为零，不消耗电能。

1.4.3 受控源

前面介绍的电压源和电流源的电压和电流是由非电能量提供的，其大小、方向和电路中的电压、电流无关，也称为独立电压源和独立电流源。它们的独立是相对于某些受控电源而言的。这一节将要介绍的受控源，其电压或电流不像独立电源那样由自身决定，而是受电路中某部分的电压或电流的控制。

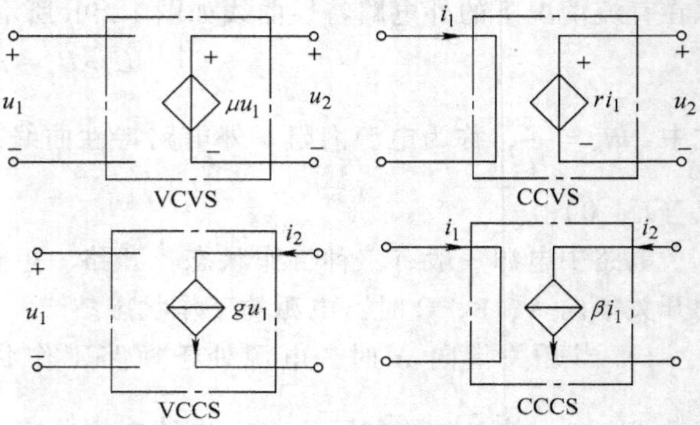

图 1-32 受控源

受控源也称非独立源，实际上是某些晶体管、场效应晶体管等电压或电流控件的电路模型。受控源既可以受电压控制，也可以受电流控制，因此一般可以分为四种类型，分别是电压控制的电压源（VCVS）、电压控制的电流源（VCCS）、电流控制的电压源（CCVS）、电流控制的电流源（CCCS）。它们的图形符号如图 1-32 所示。为了与独立源相区别，一般用菱形符号表示受控源。图中，u_1 和 i_1 分别是控制电压和控制电流，μ、β、γ 和 g 分别是相关的控制系数。

受控源和独立源的特性不同，在电路中所起的作用也不同。独立源是电路的激励源，为电路提供能量，从而在电路中产生一系列的响应。受控源则描述电路中控制与被控制的电流、电压之间的约束关系，受控源也可以向负载提供电压和电流，但是只有独立源产生控制作用后，受控源才能表现出电源性质。受控源是不能独立存在的，其电压电流的大小、方向由控制量决定。若电路中除了受控源外没有其他独立源，则此受控源和整个电路的电压和电流全部为零。

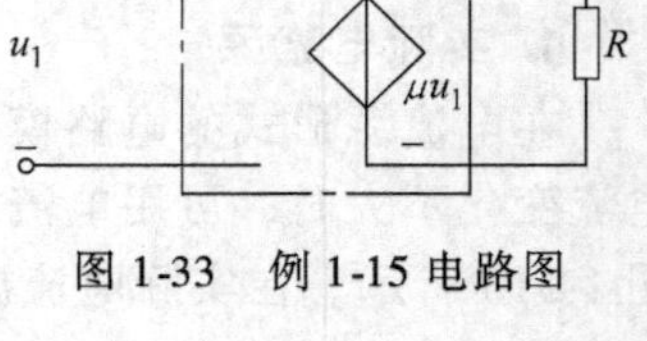

图 1-33 例 1-15 电路图

例 1-15 图 1-33 所示电路中，已知 $u_1 = 15\text{V}$，$\mu = 0.5$，R

$=3\Omega$，求电路中的电流 i。

解：图 1-33 所示是一个电压控制的电压源（VCVS）。可通过控制电压 u_1 和控制系数 μ 求出受控源电压，有

$u=\mu u_1=0.5\times15\text{V}=7.5\text{V}$，根据 KVL，可得 $iR=\mu u_1$。

所以
$$i=\frac{7.5}{3}\text{A}=2.5\text{A}$$

思考与练习

1-4-1　理想电压源、理想电流源各自有什么特点？它们和实际的电压源和电流源有什么异同？

1-4-2　受控源与独立源之间有什么异同？

1.5　支路电流法

在前面的学习中介绍了电路所需要满足的两类约束关系。其一，是由电路的连接方式所决定的，元件的电压和电流要满足基尔霍夫电压和电流定律。其二，是由电路元件本身的特性所决定的，例如线性电阻两端的电压和电流必须满足欧姆定律。由这两种约束关系，对于给定的电路模型，可以分别列写它们的 KCL、KVL 和 VCR 方程，然后根据已知的参数，求解未知量。

对于有 b 条支路、n 个节点的电路，可以列写出 $n-1$ 个独立的 KCL 方程，$b-n+1$ 个独立的 KVL 方程，b 个元件的 VCR 方程。由此，可以列写出 $2b$ 个方程，则可以解出 b 条支路上对应的 $2b$ 个电流和电压，这种方法简称为 $2b$ 法。

$2b$ 法所列写的方程都是最原始的电路方程，它是分析电路的基本依据。但是，$2b$ 法中方程数太多，联立求解未知数非常麻烦。为了减少方程的个数，对于由独立源和线性二端电阻构成的电路，可以利用元件的 VCR，将各支路的电压用支路的电流表示并代入方程，这样，原来的 $2b$ 个方程就变为 b 个以支路电流为未知量的方程，这种方法就称为支路电流法。

先以图 1-24b 所示电路为例说明支路电流法。图 1-24b 所示的电路有三条支路，可设三条支路的电流 I_1、I_2、I_3 为未知数。

对于电路中的两个节点，任意选取其中的一点如 a 点列写 KCL 方程：

$$I_1+I_2-I_3=0 \quad ①$$

对于电路中的两个网孔 Ⅰ、Ⅱ，列写 KVL 方程：

$$-U_{S1}+I_1R_1+I_3R_3=0 \quad ②$$

$$U_{S2}-I_3R_3-I_2R_2=0 \quad ③$$

这样，对于三个支路电流就得到了三个方程式①、②、③，即为图 1-24b 所示电路的支路电流法方程。其中，式②、式③两个方程可以变换为

$$I_1R_1+I_3R_3=U_{S1}$$

$$I_3R_3+I_2R_2=U_{S2}$$

因此，对于这两个 KVL 方程也可理解为：回路中全部电阻电位降的代数和等于回路中全部电压源电位升的代数和。

例 1-16　用支路电流法求解图 1-34 所示电路的各支路电流。

解：图 1-34 所示电路中有 6 条支路，可设支路电流分别为 I_1、I_2、I_3、I_4、I_5、I_6，其各自的参考方向见图中标示。

选取四个节点中的 a、b、c 三个节点列写 KCL 方程：

$$I_1 - I_2 - I_3 = 0 \quad ①$$

$$I_2 + I_4 - I_5 = 0 \quad ②$$

$$I_5 + I_3 - I_6 = 0 \quad ③$$

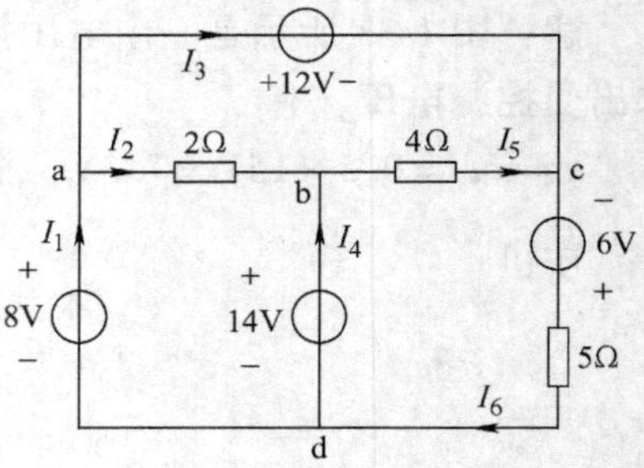

图 1-34　例 1-16 电路图

对于电路中的三个网孔列写 KVL 方程，其中，各支路的电压利用元件的 VCR 分别用支路电流表示。选取顺时针方向作为三个网孔对应回路的绕行方向。

$$-8\text{V} + 2\Omega \cdot I_2 + 14\text{V} = 0 \quad ④$$

$$12\text{V} - 4\Omega \cdot I_5 - 2\Omega \cdot I_2 = 0 \quad ⑤$$

$$-14\text{V} + 4\Omega \cdot I_5 - 6\text{V} + 5\Omega \cdot I_6 = 0 \quad ⑥$$

求解这 6 个方程，可得

$$I_1 = -7.1\text{A} \qquad I_2 = -3\text{A} \qquad I_3 = -4.1\text{A}$$

$$I_4 = 7.5\text{A} \qquad I_5 = 4.5\text{A} \qquad I_6 = 0.4\text{A}$$

由此，可归纳出支路电流法求解各支路电流的一般步骤如下：

1）确定已知电路的支路数 b，设定 b 个支路电流为未知数，并在电路图上标示出各支路电流的参考方向。

2）对于 n 个节点，应用 KCL 列写 $n-1$ 个独立节点方程式。

3）选取独立回路，指定回路的绕行方向，应用 KVL 列写 $b-n+1$ 个独立电压方程式。

4）联立求解方程，可得 b 个支路电流。

在支路电流法中，所谓独立节点或独立回路，是指该节点（或回路）相对已经选取过的节点（或回路），至少存有一条新的支路。应用支路电流法求解电路时，选取独立节点的原则比较简单，找出全部节点后，去掉其中的一个即可；选取独立回路的原则一般是以网孔为独立回路，实际中也可以计算方便为原则选取合适的回路。

支路电流法原则上适用于各种复杂电路，但当支路数很多时，方程数增加，计算量也比较大，因此，一般适用于支路数较少的电路。其他求解电路中电压和电流的方法将在后面的章节中具体讲解。

思考与练习

1-5-1　谈谈在支路电流法中，一般运用什么原则选取节点和回路。

1-5-2　支路电流法的一般步骤是什么？在使用支路电流法时应注意哪些问题？

1-5-3　根据对支路电流法的理解，考虑以支路电压作为未知量求解的方法和步骤。

仿真模块：基尔霍夫定律的验证

基尔霍夫定律是任何电路都满足的基本定律，它描述了电路中节点电流和回路电压的关系。除了通过实验进行验证之外，基尔霍夫定律还可以用仿真软件进行分析验证。下面用仿真软件 Multisim 求图 1-35 所示电路的各支路电流。

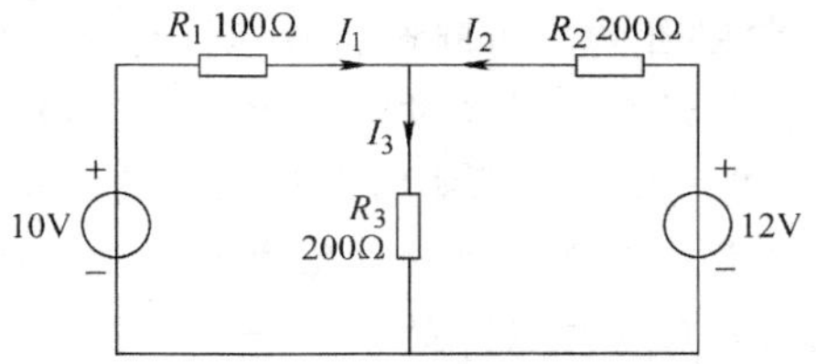

图 1-35　基尔霍夫定律的仿真验证

在仿真软件的元件库中选择电压源、电阻、接地点和电流表，组成图 1-36 所示的仿真电路。按图 1-35 所示电路设置各电路元件的参数，将电流表设置成直流状态，注意电压源和电流表的极性，最后启动仿真。

从图 1-36 中的仿真可以看到：$I_1 = 0.02\text{A}$，$I_2 = 0.02\text{A}$，$I_3 = 0.04\text{A}$，所以 $I_3 = I_1 + I_2$，仿真结果符合基尔霍夫定律。

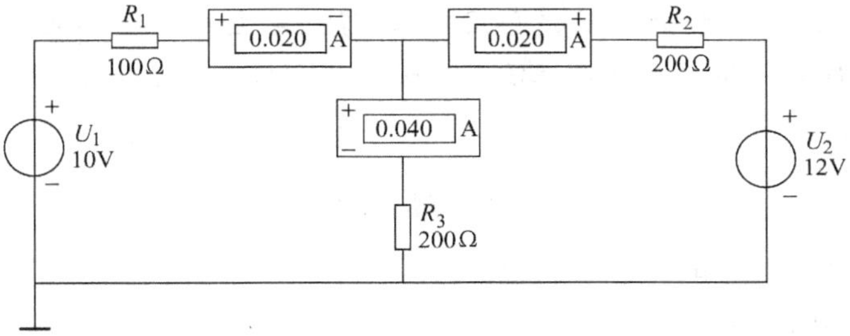

图 1-36　基尔霍夫定律的仿真电路

本 章 小 结

1）本章主要介绍电路分析基本理论的入门知识，为后续课程提供必要的理论基础。电路理论研究的主要任务是寻求实际电路共有的一般规律。研究的主要对象是由理想电路元件构成的电路模型。

2）电路主要由电源、负载和中间环节构成。本书主要研究由理想电路元件构成的电路模型。相对于实际电路元件的复杂、多元化的电磁特性，理想电路元件有准确的定义，电磁特性较为单一，便于分析和研究。本章主要介绍了电阻、电压源、电流源、受控源等电路模型。

3）电路分析中的主要物理量有电流、电压、电位、电能、电功率、电动势等。

①电流和电压都是既有大小又有方向的物理量，在分析和计算时，必须事先设定有关电流和电压的参考方向。只有设定了电压和电流的参考方向，才能确定相应的数值符号和公式，并进行分析计算。

②电路中某一点的电位等于该点与参考点之间的电压，计算电位时与所选路径无关。注意电位和电压的区别。

③电功率的计算。当电流和电压取关联参考方向时，吸收的功率 $p = ui$。当 $p > 0$ 时，吸收功率，元件为负载；当 $p < 0$ 时，发出功率，元件为电源。

4）基尔霍夫电流和电压定律是任何电路均满足的两条定律，它们取决于电路的连接方式，与元件本身的特性无关。KCL 指出，对于任何电路中的任何节点，在任何时刻，该节点的全部支路电流的代数和恒等于零。KVL 指出，对于任何电路中的任一回路，在任何时刻，该回路各段电压的代数和恒等于零。

应用 KCL 列写方程时，必须注意电流的参考方向，规定流入、流出节点电流的正负。应用 KVL 列写方程时，必须注意电压的参考方向，选择回路绕行的方向。

线性电阻满足欧姆定律（$u=Ri$），其特性曲线是 u-i 平面上通过原点的一条直线。

5）理想电压源的电压与流过电压源的电流无关，由电压源本身确定；理想电压源的电流任意，其大小由外电路决定。理想电流源的电流与电流源两端的电压无关，由电流源本身确定；理想电流源的电压任意，其大小由外电路决定。

6）实际电压源模型用电压源和电阻相串联的电源模型表示，实际电流源模型用电流源和电阻相并联的电源模型表示。实际电压源一般不允许短路，实际电流源一般不允许开路。

7）受控源是一种电压或电流受电路中其他部分的电压或电流控制的非独立电源。

8）用 b 条支路的电流作为变量，利用 VCR 将支路电压用支路电流表示，根据 KCL、KVL 列出 b 个方程的方法称为支路电流法。支路电流方程一般包括 $n-1$ 个 KCL 方程，$b-n+1$ 个 KVL 方程。

习 题 1

1-1 说明图 1-37 所示电路中：

(1) u 和 i 参考方向是否关联？

(2) 已知 $i_1=-2\text{A}$、$u_1=4\text{V}$，$i_2=4\text{A}$、$u_2=-6\text{V}$，判断各电流、电压的实际方向。

(3) 求两元件吸收的功率，判断两元件实际是吸收功率还是发出功率。

1-2 图 1-38 所示电路中，根据给出的元件电流、电压的参考方向和数值，校验电路是否满足功率平衡。

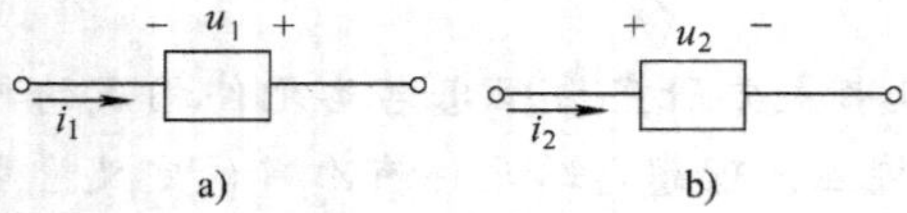

图 1-37 习题 1-1 电路图

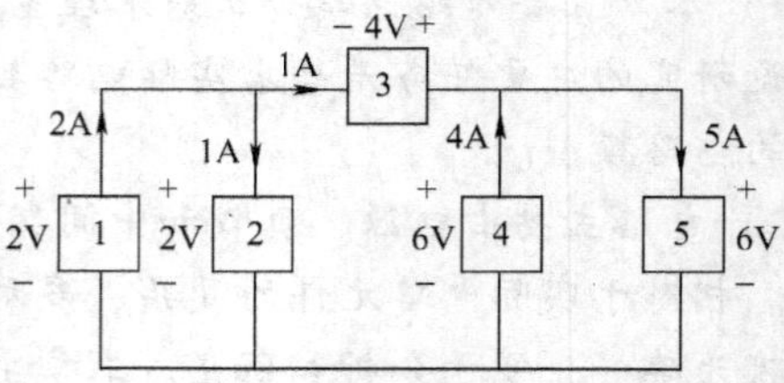

图 1-38 习题 1-2 电路图

1-3 根据图 1-39 所示电路，列出各支路的电压方程（参考方向见图中标示）。

1-4 列出图 1-40 所示电路的 KVL 方程。

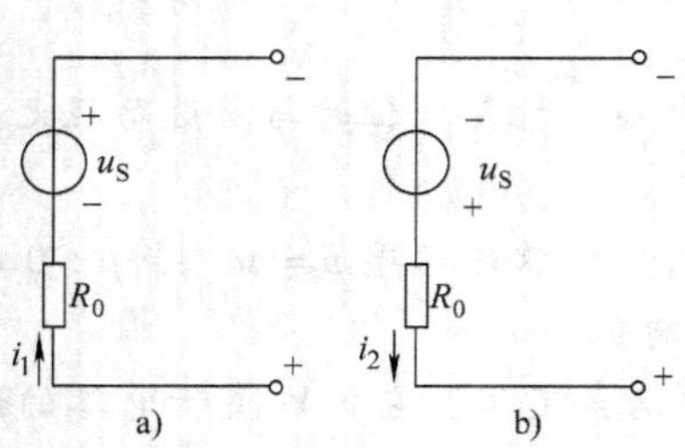

图 1-39 习题 1-3 电路图

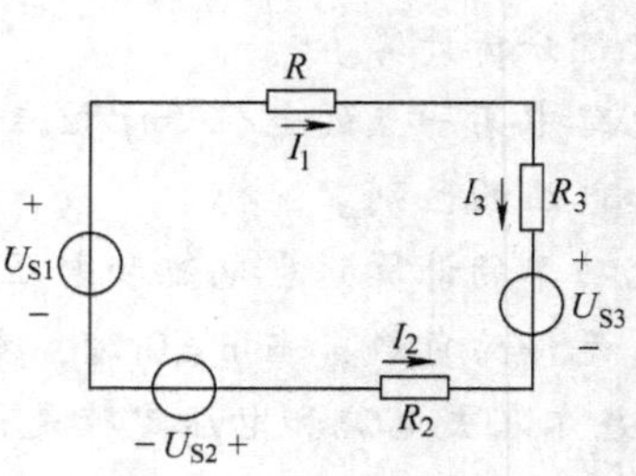

图 1-40 习题 1-4 电路图

1-5　一只“100Ω，100W”的电灯泡与220V的电压源串联，至少要串联多大的电阻才能使其正常工作？

1-6　两个额定值分别是“110V，80W”、“110V，60W”的灯泡，能否串联后接到220V的电源上使用？为什么？如果两个灯泡的额定功率相同，那么情况又如何？

1-7　图1-41所示电路中，求电阻 $R=$？

1-8　图1-42所示电路中，已知 $U_S=50V$，$R_0=5\Omega$，$R=10\Omega$，分别讨论下列三种情况下，R 两端的电压和电流：(1) $R_L=0$（短路）。(2) $R_L=\infty$（开路）。(3) $R_L=10\Omega$。

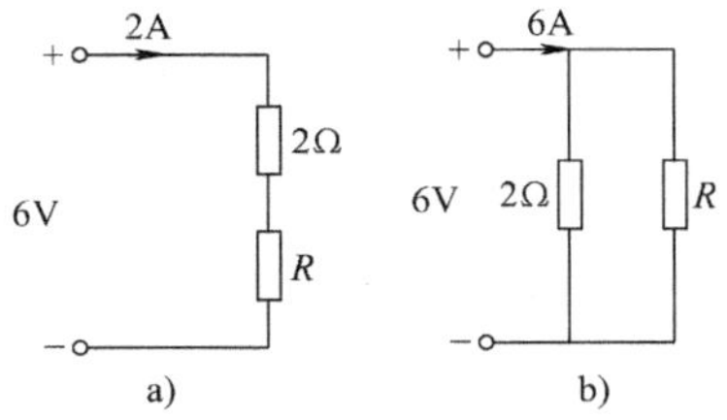

图1-41　习题1-7电路图

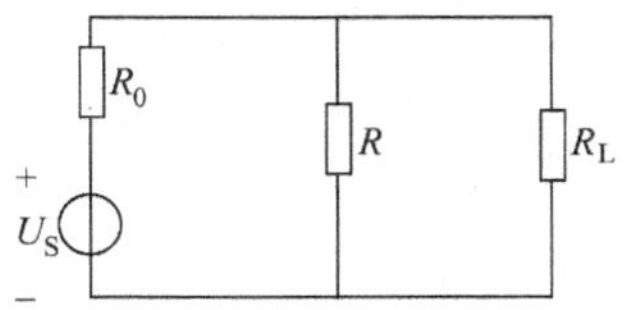

图1-42　习题1-8电路图

1-9　图1-43所示电路中，求a、b两点的电位。

1-10　图1-44所示电路中，有几条支路、几个节点？a、b两点间的电流、电压分别等于多少？

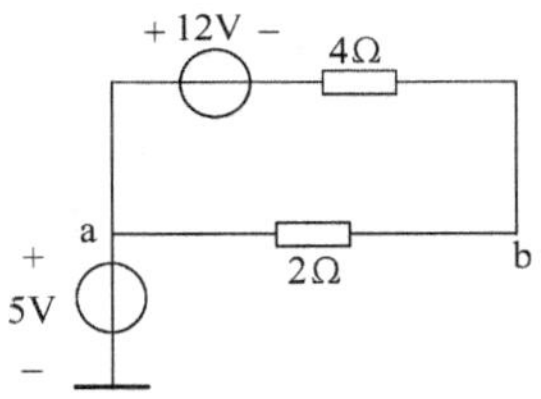

图1-43　习题1-9电路图

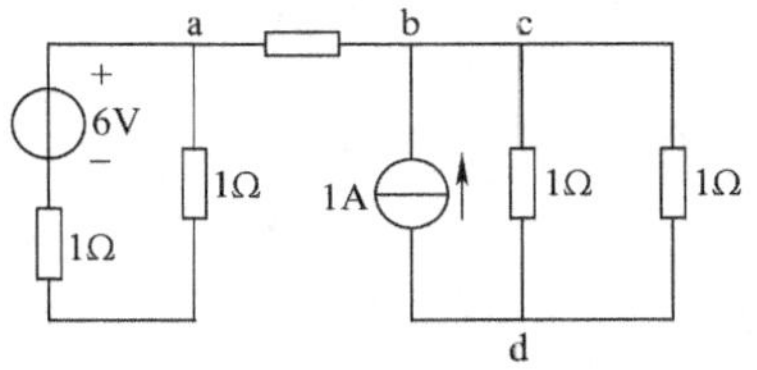

图1-44　习题1-10电路图

1-11　图1-45所示电路中，已知 $I_1=-7A$，$I_2=18A$、$I_3=12A$、$I_4=-6A$，试求 I_a、I_b、I_c。

1-12　图1-46所示电路中，用支路电流法求电流 I_1、I_2、I_3。

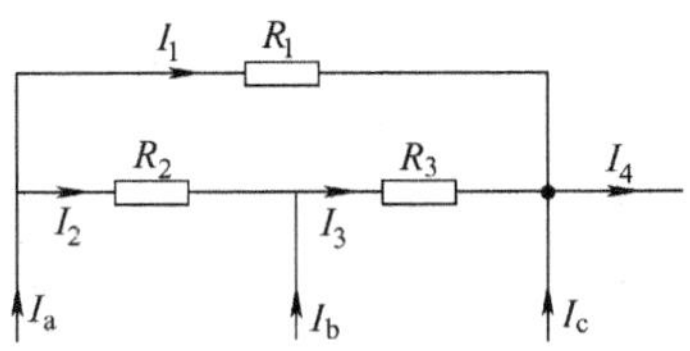

图1-45　习题1-11电路图

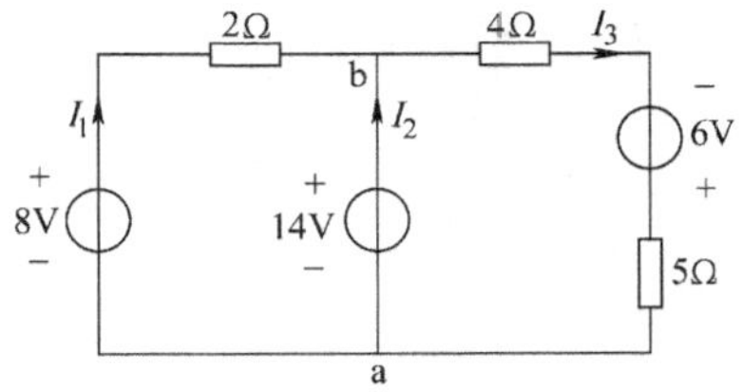

图1-46　习题1-12电路图

1-13　图1-47所示电路中，求开关断开和闭合时A、B点的电位。

1-14 图 1-48 所示受控源电路中，已知 $i_1=15\text{A}$，$\beta=0.4$，$R=3\Omega$，求电阻两端的电压 u。

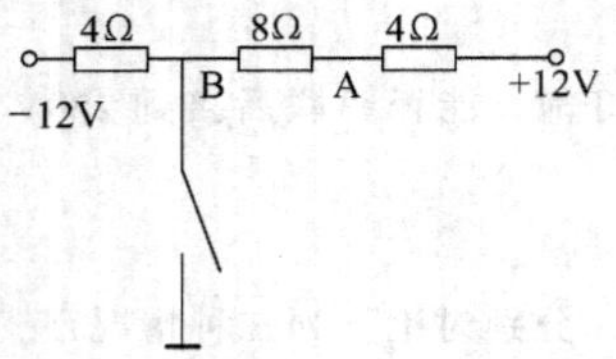

图 1-47 习题 1-13 电路图

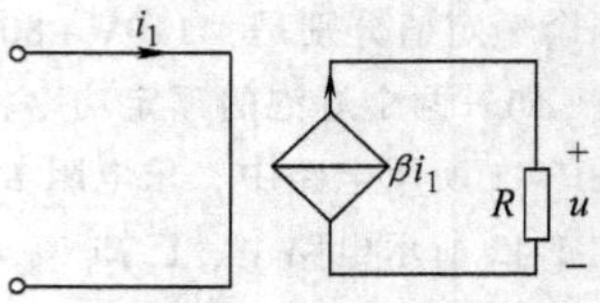

图 1-48 习题 1-14 电路图

1-15 求图 1-49 所示电路中，a、b 两点间的电压。

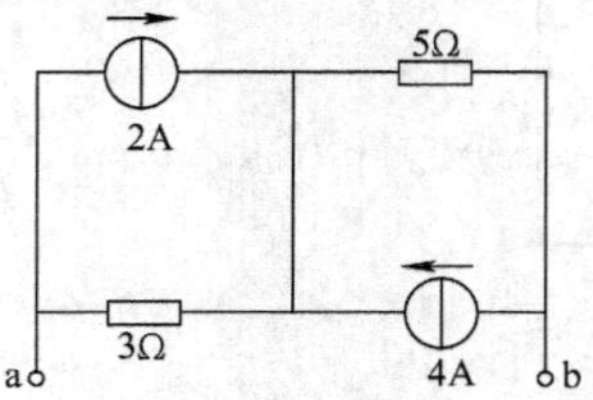

图 1-49 习题 1-15 电路图

第 2 章　电路等效变换分析

任务模块：单臂电桥测量原理的分析

1. 电路组成

单臂电桥电路用于精确地测量一定范围内的电阻值，电路中包含四个电阻、一个直流电压源和一个检流计，如图 2-1 所示。

2. 工作原理

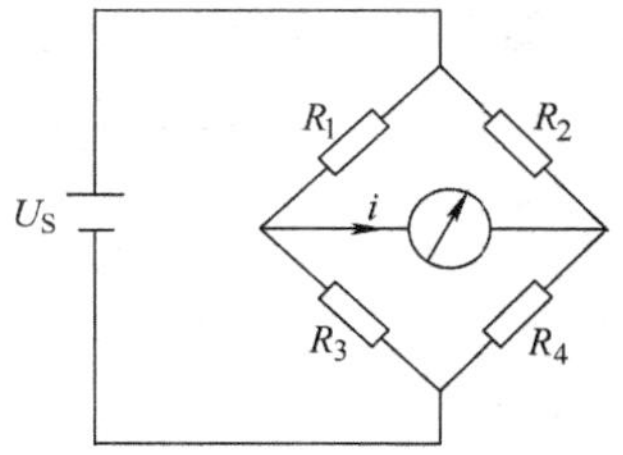

图 2-1　单臂电桥电路

电阻 R_1、R_2、R_3、R_4 组成电桥的四个臂，检流计用来检查它所在的支路有无电流。当检流计中无电流通过时，则称电桥达到平衡。平衡时，检流计两端的电位相等，四个臂的阻值满足：$\frac{R_1}{R_3}=\frac{R_2}{R_4}$，利用这一关系就可测量电阻。

测量时，选择适当的电阻作为 R_1 和 R_3，令被测电阻作为 R_2，用一个可变电阻作为 R_4，调节 R_4 使电桥平衡，根据电桥平衡条件可知：$R_2=R_4\frac{R_1}{R_3}$。

当电桥不平衡时，“检流计”应改称为“电流计”，其作用不是检查有无电流而是测量电流的大小。电流计的电流大小与 R_1、R_2、R_3、R_4 有关。利用这一关系也可根据电流计电流及三个臂的电阻值求得第四个臂的阻值，因此不平衡电桥原则上也可测量电阻。但不平衡电桥和平衡电桥的测量原理有原则上的区别，如果运用以前所学过的知识来分析该电路，十分困难，需要运用后续章节的内容进行分析。

【本章内容简介】

本章介绍电阻电路的等效变换方法，以及电压源和电流源的等效变换方法，运用等效概念和方法来化简和求解电路；受控源的特性以及含受控源简单电路的计算。

【重点与难点】

电阻的三角形联结与星形联结的等效变换；电压源、电流源的等效变换及其串并联连接；线性有源二端网络的等效变换分析方法；含受控源电路的分析。

2.1　简单电阻电路

在电路分析中，总有许多个电阻连接在一起使用。连接的方式多种多样，最常见的是串联、并联和串并联组合。这些组合有时候比较复杂，分析起来比较困难，可以用等效变换的方法简化。

电路的等效一般都是针对二端网络而言的。只有两个端钮与其他电路相连接的网络，称为二端网络，如图 2-2 所示。若二端网络 N 的内部含有电源，则称为有源二端网络；若二端网络 N 的内部不含电源，则称为无源二端网络。一个二端网络的特性可以由其端钮电压 U 和端钮电流 I 之间的关系（伏-安关系）来表征。若一个二端网络的端口电压、电流关系与另一个二端网络的端口电压、电流关系相同，则称其互为等效二端网络或等效电路。等效电路的内部结构虽然不同，但对外部而言，电路影响完全相同，因此，可以用一个简单的等效电路代替原来较复杂的网络，将电路简化。

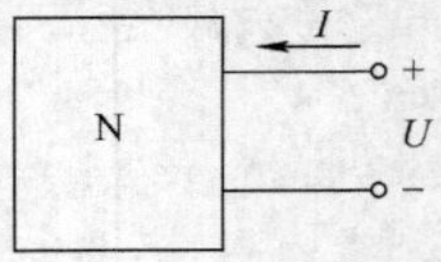

图 2-2　二端网络

2.1.1　电阻串联及电阻串联网络的应用

在电路中，几个电阻首尾依次相接，各电阻中流过同一电流的连接方式，称为电阻的串联。图 2-3a 所示是三个电阻串联的网络，它的特点是几个电阻首尾相接，中间没有分支。

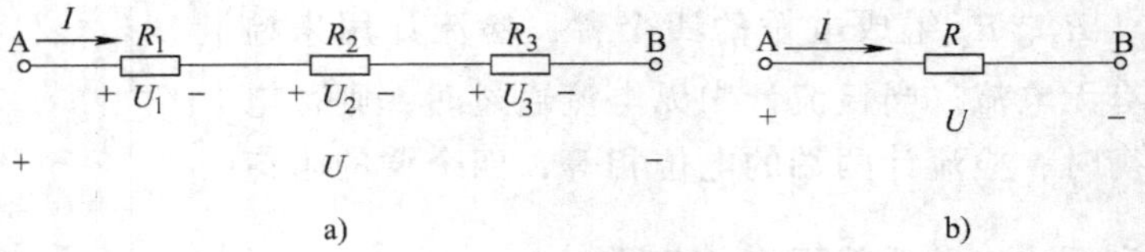

图 2-3　电阻的串联

1. 电阻串联电路的等效电阻

设各电压和电流的参考方向如图 2-3a 所示。

根据 KVL 可得　$U=U_1+U_2+U_3$

代入电阻的伏-安关系，得　$U=IR_1+IR_2+IR_3=I(R_1+R_2+R_3)$

用一个电阻 R 代替电阻串联网络，同样设电压与电流为关联参考方向，如图 2-3b 所示，则

$$U=IR$$

因两者等效，则有

$$R=R_1+R_2+R_3 \tag{2-1}$$

通过以上分析，可得出结论：电阻串联电路的等效电阻等于各串联电阻之和。

2. 电阻串联电路中各电阻的电压关系

因为　$U_1:U_2:U_3:U=IR_1:IR_2:IR_3:IR=R_1:R_2:R_3:R$

所以可得出结论：在电阻串联电路中，当外加电压一定时，各电阻上的电压与其电阻值成正比。

因为　$\dfrac{U_1}{U}=\dfrac{R_1}{R}$，所以　$U_1=\dfrac{U}{R}R_1=\dfrac{U}{R_1+R_2+R_3}R_1$

同理，有

$$U_2=\frac{U}{R}R_2 \qquad U_3=\frac{U}{R}R_3 \tag{2-2}$$

上述式子称为分压公式。

3. 电阻串联电路中各电阻的功率关系

由

$$P_1:P_2:P_3:P=I^2R_1:I^2R_2:I^2R_3:I^2R=R_1:R_2:R_3:R \tag{2-3}$$

可得出结论：在电阻串联电路中，各电阻所消耗的功率同样与其电阻值成正比。

4. 电阻串联网络的应用

（1）简化　分析电路时，几个电阻串联的网络可以用一个等效电阻代替。

（2）增大电阻　若一个电阻阻值太小（或电阻的电流太大），可串联一个适当的电阻，增大阻值（或减小电流）。

（3）限流　若一个支路电阻是可变的，为防止电阻变化时引起短路，则可串一个适当的电阻起限流作用，如图 2-4a 所示，R_P 为可变电阻，R 为限流电阻。

（4）取样　要取出某个电阻上的一部分电压，可把电阻分成适当比例的两个电阻，取出所需电压，如图 2-4b 所示。若要求取出的电压可变，可用可变电阻 R_P 代替，如图 2-4c 所示。

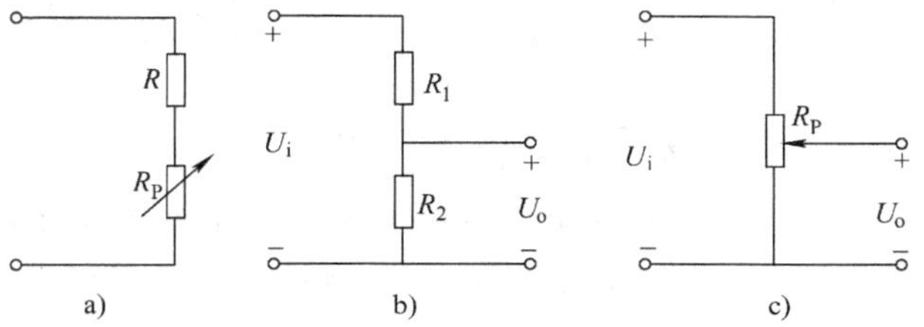

图 2-4　电阻的限流和取样作用

（5）电压表量程的扩展　可以通过将电压表与电阻串联的方式来实现。

例 2-1　如图 2-5 所示，欲将量程为 5V、内阻为 10kΩ 的电压表改装成量程分别为 5V、50V、100V 的多量程电压表，求所需串联电阻的阻值。

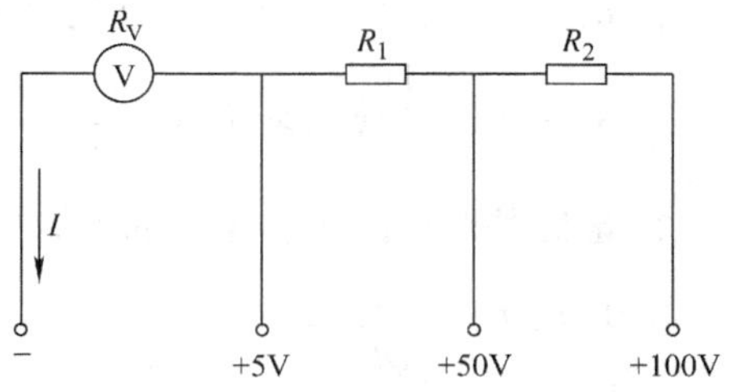

图 2-5　例 2-1 电路图（电压表量程的扩展）

解：设为了达到 50V 量程需串联电阻 R_1，达到 100V 量程需再串联电阻 R_2。

因为　　$U_V = 5\text{V}$　$R_V = 10\text{k}\Omega$

所以，表头允许通过的电流为

$$I = \frac{U_V}{R_V} = \frac{5}{10 \times 10^3}\text{A} = 0.5\text{mA}$$

对于 50V 的量程来说，分压电阻为 R_1，则

$$R_1 = \frac{50 - 5}{0.5 \times 10^{-3}}\Omega = 90\text{k}\Omega$$

对于 100V 的量程来说，分压电阻为 $R_1 + R_2$，则

$$R_2 = \frac{100 - 50}{0.5 \times 10^{-3}}\Omega = 100\text{k}\Omega$$

2.1.2　电阻并联及电阻并联网络的应用

在电路中，若干个电阻的首尾端分别相连，各电阻处于同一电压下的连接方式，称为电阻的并联。下面以两个电阻并联的电路为例来讨论，如图 2-6a 所示。

1. 电阻并联电路的等效电阻

设电压和各电流的参考方向如图 2-6a(取关联参考方向) 所示，根据 KCL，得

$$I = I_1 + I_2$$

代入电阻的伏-安关系，得

$$I = \frac{U}{R_1} + \frac{U}{R_2} = U\left(\frac{1}{R_1} + \frac{1}{R_2}\right)$$

用一个电阻 R 代替电阻并联网络，同样设电压、电流为关联参考方向，如图 2-6b 所示，则

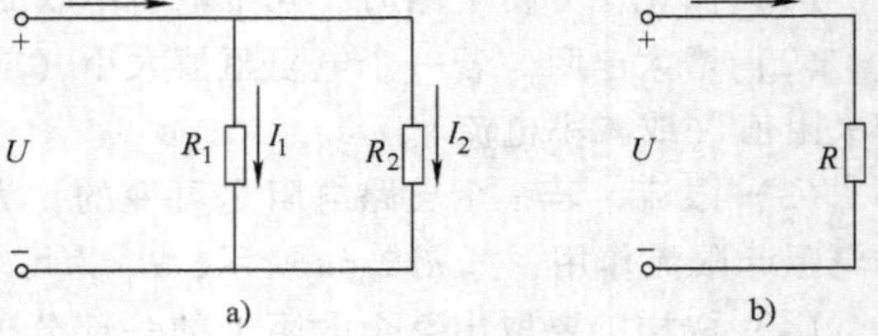

图 2-6 电阻的并联

$$I = \frac{U}{R}$$

因为两个网络的电压、电流关系均一致，所以两个网络等效，则有

$$\frac{1}{R} = \frac{1}{R_1} + \frac{1}{R_2} \text{或 } G = G_1 + G_2 \tag{2-4}$$

由以上分析可得出结论：电阻并联电路的等效电阻的倒数等于各电阻倒数之和（或电阻并联电路的等效电导等于各电导之和）。由式（2-4）很容易得出：电阻并联电路的等效电阻比任何一个分电阻都小。

对式（2-4）进行变换，得
$$R = \frac{R_1 R_2}{R_1 + R_2} \tag{2-5}$$

在电阻并联电路中有几种特殊的情况：

若 $R_1 = 0$(短路)，则等效电阻 $R = 0$(短路)。

若 $R_1 = \infty$（开路），则等效电阻 $R = R_2$。

若 $R_1 = R_2$，则等效电阻 $R = \frac{R_1}{2} = \frac{R_2}{2}$。

2. 电阻并联电路中各电阻的电流关系

因为 $I_1 : I_2 : I = \frac{U}{R_1} : \frac{U}{R_2} : \frac{U}{R} = \frac{1}{R_1} : \frac{1}{R_2} : \frac{1}{R} = G_1 : G_2 : G$

所以可得出结论：各电阻的电流与其电阻值的倒数成正比（或者说与电导成正比）。在并联电路只有两个电阻的情况下，也可说成是两电阻的电流与电阻值成反比。

因为
$$\frac{I_1}{I} = \frac{R}{R_1}$$

所以有
$$I_1 = \frac{IR}{R_1} = \frac{I}{R_1 + R_2} R_2 \tag{2-6}$$

同理，有
$$I_2 = \frac{IR}{R_2} = \frac{I}{R_1 + R_2} R_1 \tag{2-7}$$

通常把上述两式称为电阻并联电路的分流公式。分流公式表明，在电阻并联电路中，阻值越大的电阻分配到的电流越小，阻值越小的电阻分配到的电流越大，这就是电阻并联电路的分流原理。分流公式是最常用又容易弄错的公式之一，希望能够分清并记住。

3. 电阻并联电路中各电阻的功率关系

因为 $P_1 : P_2 : P = \frac{U^2}{R_1} : \frac{U^2}{R_2} : \frac{U^2}{R} = \frac{1}{R_1} : \frac{1}{R_2} : \frac{1}{R} = G_1 : G_2 : G$

所以可得出结论：各电阻所消耗的功率同样与其电阻值的倒数成正比（或者说与电导成正比）。如果只有两个电阻，也可说成是功率与电阻成反比，即

$$\frac{P_1}{P_2} = \frac{R_2}{R_1} \tag{2-8}$$

4. 电阻并联网络的应用

（1）简化　分析电路时，几个电阻并联的网络可以用一个等效电阻代替。

（2）减小电阻　电阻并联电路的等效电阻小于分电阻。在需要减小原电阻为某一数值时，可以不拆下和更换原电阻，只要在其两端并接一适当的电阻即可，如图 2-7a 中虚线所示。

（3）分流　利用并联电阻可分得原电路电流的一部分，比如图 2-7b 中，R_2 上的电流 I_2 是 I 的一部分。

（4）电流表量程的扩展　可以通过将电流表与电阻并联的方式来实现。

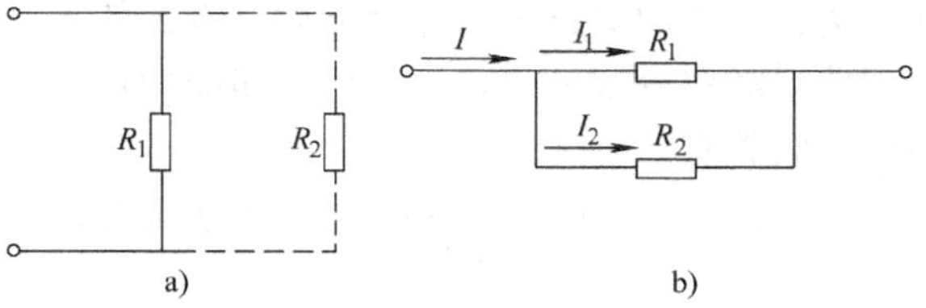

图 2-7　电阻并联网络的应用

例 2-2　如图 2-8 所示，欲将内阻为 2kΩ、满偏电流为 50μA 的表头，改装成量程为 10mA 的直流电流表，应并联多大的分流电阻？

解： 由题意知

$$I_A = 50\mu A \quad R_A = 2k\Omega \quad I = 10mA$$

则通过分流电阻 R 的电流为

$$I_R = I - I_A = (10 \times 10^{-3} - 50 \times 10^{-6})A = 9.95 \times 10^{-3}A$$

由分流公式可得　$\frac{I_A}{I_R} = \frac{R}{R_A}$

所以　$R = \frac{I_A}{I_R}R_A = \frac{50 \times 10^{-6}}{9.95 \times 10^{-3}} \times 2000\Omega = 10.05\Omega$

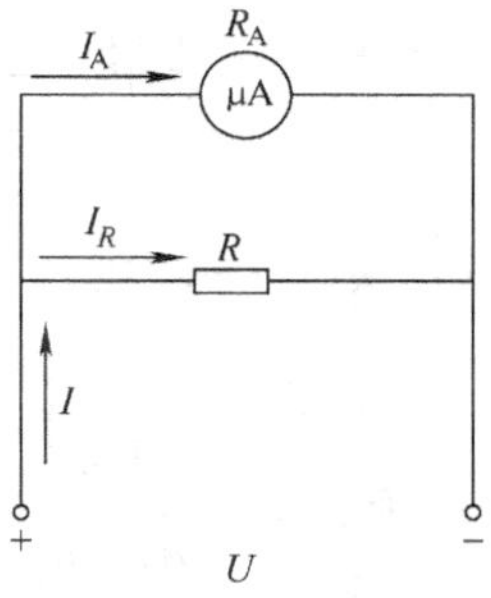

图 2-8　例 2-2 电路图（电流表量程的扩展）

（5）并联供电　工业用电和家庭用电的用电器是按供电电压设计的，同时使用多个用电器时，要做到每个用电器的电压一样，只能采用并联供电的方式。并联供电的另一优点是：各用电器可单独控制，互不影响。

同是电阻负载的用电器并联工作时，功率大的为重负载，其电阻小，而功率小的为轻负载，其电阻大。

如果电阻并联网络是由三个或三个以上的电阻组成，则其等效电阻表达式为

$$\frac{1}{R} = \frac{1}{R_1} + \frac{1}{R_2} + \frac{1}{R_3} + \cdots$$

或

$$G = G_1 + G_2 + G_3 + \cdots \tag{2-9}$$

2.1.3 电阻混联

当电路中既含有电阻串联结构，又含有电阻并联结构时，称为电阻混联网络。电阻混联网络比较复杂，分析起来比较困难，可以采用等效变换的方法予以简化，以便分析。二端电阻混联网络简化的基本思路是：利用电阻串联、并联电路等效电阻原理，逐步进行化简，直到最简形式——单个电阻为止。具体做法是：

1）看电路的结构特点，正确判断电阻的连接方式。若几个电阻是首尾依次相连，流过的是同一个电流，则为串联结构；若几个电阻是首尾分别相连，各电阻承受的是同一个电压，则为并联结构。

2）将所有无电阻的导线连接点用节点表示。

3）对电路连接进行变形，即在不改变电路连接方式的前提下，可以根据需要对电路作扭动变形、改画电路，以便更清楚地表示出各电阻的串、并联关系。如左边的支路可以扭动到右边，上面的支路可以翻到下面，弯曲的支路可以拉直，对电路中的短路线可以任意压缩与拉伸，对多点接地的点可以用短路线相连，通过这些做法，一般情况下都可以判别出电路的串并联关系。

图 2-9a 为原图，图 2-9b、c 为逐步简化的中间步骤，图 2-9d 为最终结果。

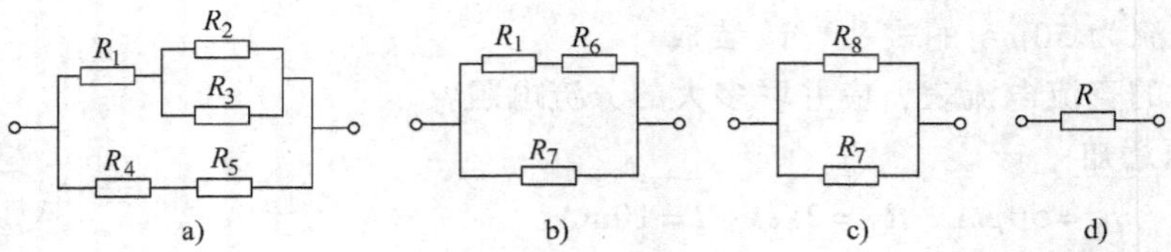

图 2-9 电阻混联网络的化简（一）

图中，$R_6=\dfrac{R_2R_3}{R_2+R_3}$，$R_7=R_4+R_5$，$R_8=R_1+R_6$，$R=\dfrac{R_7R_8}{R_7+R_8}$。

简化电阻混联电路的难点在于，如何判定哪些电阻是串联的，哪些电阻是并联的。对于图 2-10 所示的两个电路，初学者往往难以判定。

这里介绍一种易学的判定方法：第一步把两个端点整理，分在两边（上与下，或左与右）；第二步把电阻改画为同方向排列，并让流过各电阻的电流为同一方向（都是从上到下，或都是从左到右）。这种方法简单叙述为“端点分两边，电流顺向流”。

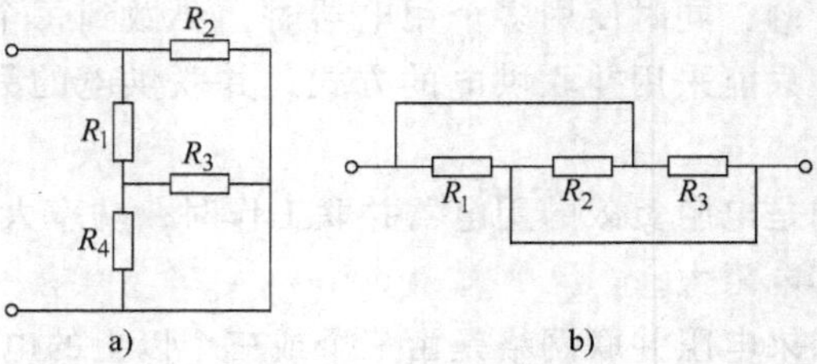

图 2-10 不易判断串并联关系的混联电路

图 2-10a 所示电路的改画步骤如图 2-11 所示。

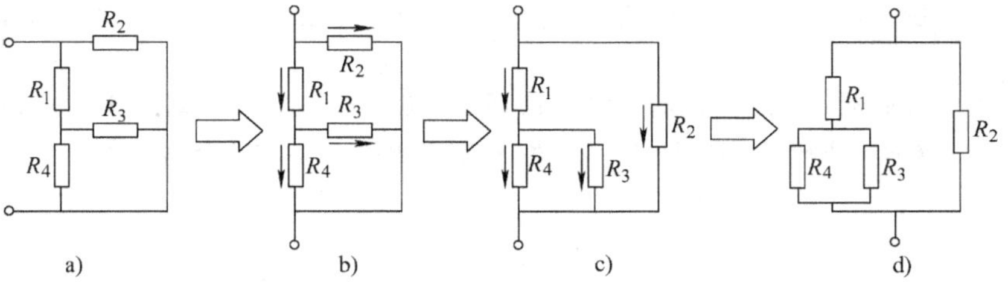

图 2-11 电阻混联网络的化简（二）

其中，图 2-11a 为原图，图 2-11b 中把端点改为上、下。这时各电阻电流方向（图中箭头所示）不是同一方向，改画为图 2-11c 所示形式，电流为同一方向了，则很容易得到最后形式，如图 2-11d 所示。

图 2-10b 所示电路的改画步骤如图 2-12 所示。

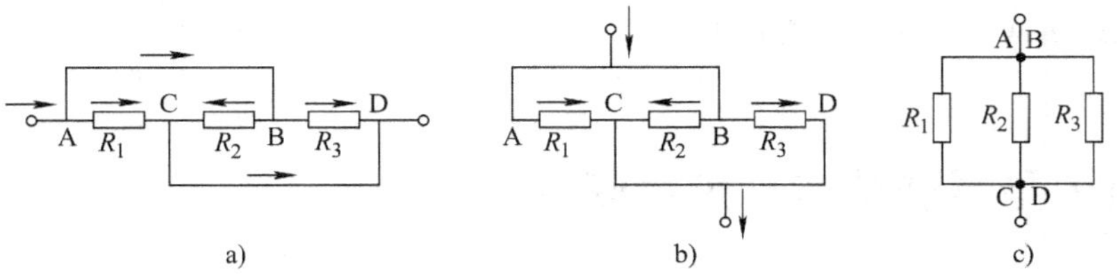

图 2-12 电阻混联网络的化简（三）

其中，图 2-12a 为原图，端点虽然已在两边，但各电阻电流方向是相背的，这时可先把端点改在上、下两端，然后再把同是电流流入端的 A 和 B 往上提，同是电流流出端的 C 和 D 往下拉，就成为图 2-12c 所示简单明了的形式。

在改画时，若遇到有的电阻是空中交叉的，如图 2-13a 所示，则应先把交叉的电阻改画为平面结构，如图 2-13b，再用上述方法进行简化。

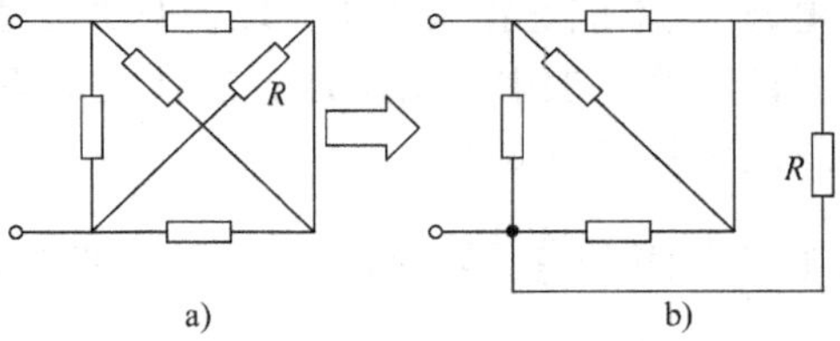

图 2-13 电阻混联网络的化简（四）

思考与练习

2-1-1 电路如图 2-14 所示，试求两图中 a、b 两端的电阻 R_{ab}。

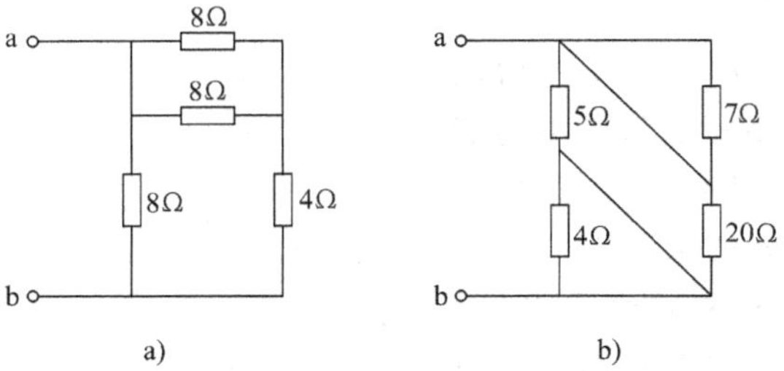

图 2-14 思考与练习 2-1-1 电路图

2-1-2　图 2-15 所示为一个连续可调的分压器，已知 ab 间输入电压 $U_{ab}=100V$，求 cd 间输出电压 U_{cd}的可调范围。

2-1-3　图 2-16 所示为一多级分压电路，已知 ab 间输入电压 $U_{ab}=100V$，要求 cd 间输出电压 U_{cd}分别为 100V、50V、10V，若限定电路的串联总电阻 $R_1+R_2+R_3=100\Omega$，则试计算各电阻值。

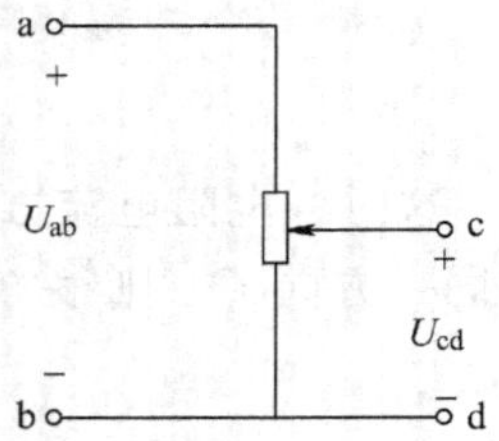

图 2-15　思考与练习 2-1-2 电路图

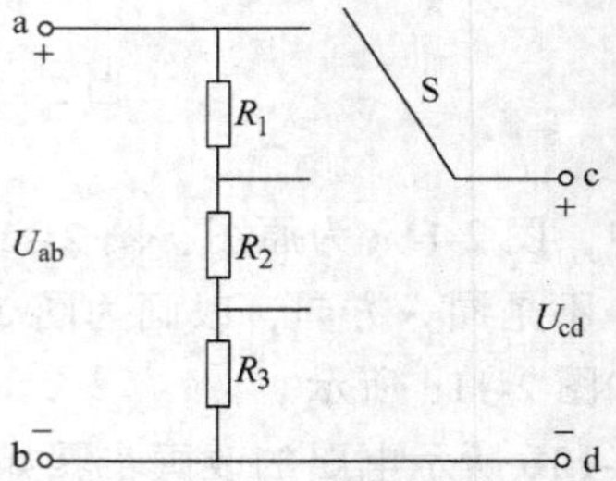

图 2-16　思考与练习 2-1-3 电路图

2.2　电阻的星形联结与三角形联结

对于一些电阻混联网络，可以采用串并联简化的方法去分析，但有时电路中的电阻既不是串联也不是并联，如图 2-17 所示的电路是一种具有桥形结构的电路，它是测量中常用的一种电桥电路。当电桥不平衡时，等效电阻 R_{ab}不能直接采用串并联简化的方法求得，而需采用一种专门的变换方法来化简求取，这就是电阻的星形联结和三角形联结之间的等效变换。

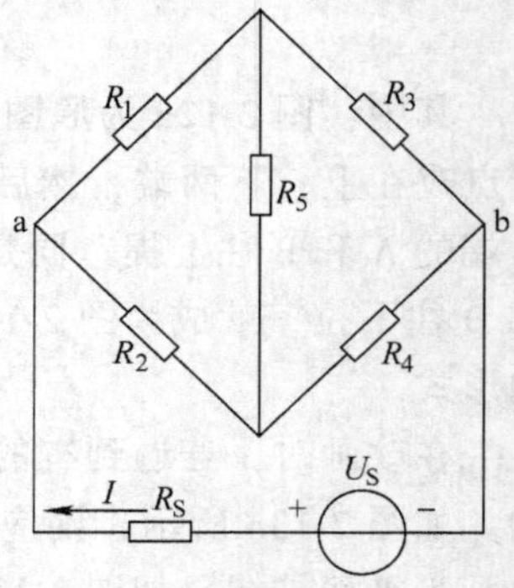

图 2-17　电桥电路

2.2.1　电阻的星形联结与三角形联结的概念

1. 电阻的星形联结

三个电阻的一端连接在一起形成一个公共点，另一端分别与外电路相连接的连接方式称为电阻的星形联结，如图 2-18a 所示。图 2-18a 的形状像“Y”，也称为Y联结；图 2-18b 的形状像“T”，也称为 T 联结，它其实也是Y联结的另一种形式，这些连接方式统称为电阻的星形联结。

2. 电阻的三角形联结

三个电阻首尾相连，形成一个闭合的回路，然后三个连接点再分别与外电路连接，这种连接方式称为电阻的三角形联结，如图 2-19a 所示。图 2-19a 的形状像“△”，也称为△联结；图 2-19b 的形状像“π”，也称为π联结，它其实也是△联结的另一种形式，这些连接方式统称为电阻的三角形

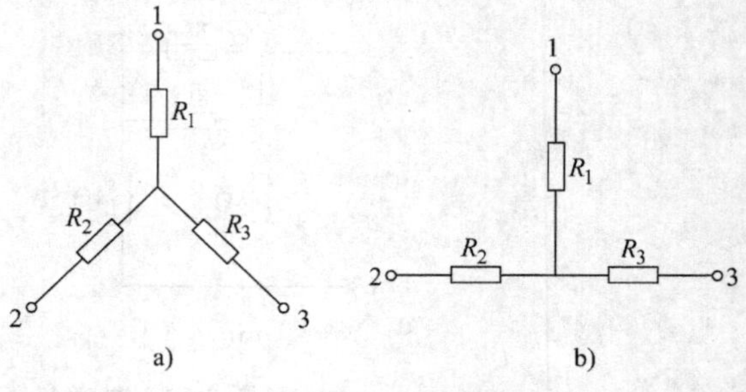

图 2-18　电阻的星形联结

联结。

2.2.2　电阻的星形联结与三角形联结的等效变换

上面已介绍过图 2-17 所示的桥式电路，不能用串、并联原理进行简化。如果用电阻的三角形网络与星形网络的等效变换就可以进行简化。

等效变换的条件是变换前后对应端钮间的电压不变，流入对应端钮的电流分别相等。

图 2-20 所示为电阻的三角形联结和星形联结之间的等效变换，在外部电流 I_1、I_2、I_3 对应相等，外部电压 U_{12}、U_{23}、U_{31} 对应相等的条件下，可以推导出它们之间等效变换的公式。

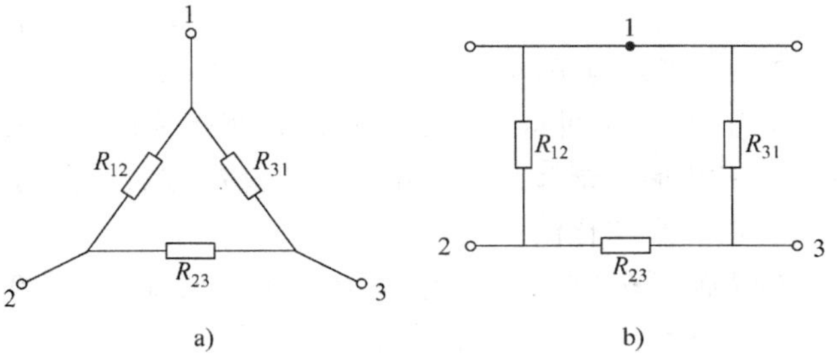

图 2-19　电阻的三角形联结

将三角形联结的电阻网络等效变换为星形联结的电阻网络时，已知电阻 R_{12}、R_{23}、R_{31}，求等效的电阻 R_1、R_2、R_3，其公式（△→Y）为

$$\begin{aligned} R_1 &= \frac{R_{12}R_{31}}{R_{12}+R_{23}+R_{31}} \\ R_2 &= \frac{R_{12}R_{23}}{R_{12}+R_{23}+R_{31}} \\ R_3 &= \frac{R_{23}R_{31}}{R_{12}+R_{23}+R_{31}} \end{aligned} \tag{2-10}$$

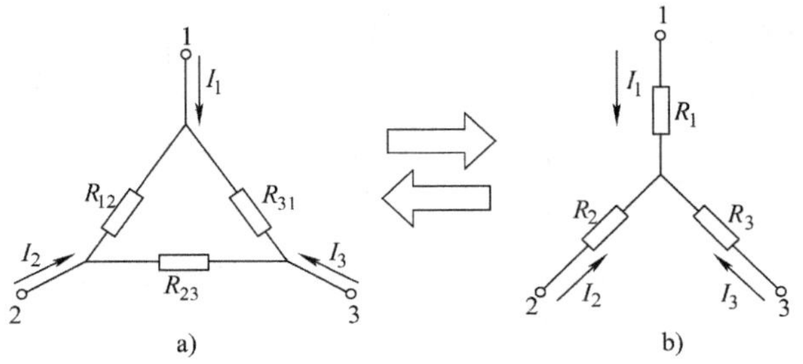

图 2-20　电阻的三角形联结和星形联结之间的等效变换

将星形联结的电阻网络等效变换为三角形联结的电阻网络时，已知电阻 R_1、R_2、R_3，求等效的电阻 R_{12}、R_{23}、R_{31}，其公式（Y→△）为

$$\begin{aligned} R_{12} &= \frac{R_1R_2+R_2R_3+R_3R_1}{R_3} \\ R_{23} &= \frac{R_1R_2+R_2R_3+R_3R_1}{R_1} \\ R_{31} &= \frac{R_1R_2+R_2R_3+R_3R_1}{R_2} \end{aligned} \tag{2-11}$$

如果 $R_{12}=R_{23}=R_{31}=R_{\triangle}$，那么 $R_1=R_2=R_3=R_{\curlyvee}=\frac{R_{\triangle}}{3}$；如果 $R_1=R_2=R_3=R_{\curlyvee}$，那么 $R_{12}=R_{23}=R_{31}=R_{\triangle}=3R_{\curlyvee}$。

在进行电阻的三角形联结和星形联结的等效变换时，应注意以下几点：

1）等效是对外部电路而言，等效变换时要认准与外界相连的三个端钮，对应的位置不能改变。

2）为了便于记忆，可利用下面的文字公式作为电阻的三角形联结和星形联结等效变换的通式：

$$\triangle\rightarrow\curlyvee\text{：星形联结电阻 } R_{\curlyvee}=\frac{\text{三角形联结中对应点的两相邻电阻之乘积}}{\text{三角形联结中三边电阻之和}}$$

$$\curlyvee\rightarrow\triangle\text{：三角形联结电阻 } R_{\triangle}=\frac{\text{星形联结中各电阻两两乘积之和}}{\text{星形联结中对应点的对角电阻}}$$

3）在复杂电阻网络的分析中，待求支路不能变换掉，否则无法计算。

对于图 2-17 所示的电桥电路，若直接采用串并联简化的方法很难分析，但若应用上述电阻的三角形联结和星形联结等效变换的方法，则可以先把它变成易于分析的混联电路后，再进行进一步的化简。

例 2-3 图 2-21a 所示电桥电路中，已知 $U_S=100\text{V}$，$R_S=10\Omega$，$R_1=20\Omega$，$R_2=100\Omega$，$R_3=R_4=40\Omega$，$R_5=80\Omega$，求电流 I。

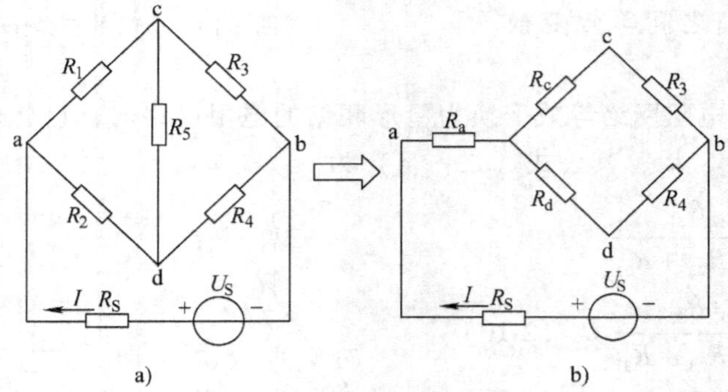

图 2-21 例 2-3 电路图

解： 根据电阻的三角形联结和星形联结的等效变换原则，将电路中的三角形联结电阻 R_1、R_2、R_5 等效变换为星形联结电阻 R_a、R_c、R_d，则原电路等效变换成图 2-21b 所示电路，根据电阻的三角形联结和星形联结等效变换公式，可得

$$R_a=\frac{R_1R_2}{R_1+R_2+R_5}=\frac{20\times100}{20+100+80}\Omega=10\Omega$$

$$R_c=\frac{R_1R_5}{R_1+R_2+R_5}=\frac{20\times80}{20+100+80}\Omega=8\Omega$$

$$R_d=\frac{R_2R_5}{R_1+R_2+R_5}=\frac{100\times80}{20+100+80}\Omega=40\Omega$$

由图 2-21b 所示电路，可得

$$R_{ab}=R_a+\frac{(R_c+R_3)(R_d+R_4)}{R_c+R_3+R_d+R_4}=10\Omega+\frac{(8+40)(40+40)}{8+40+40+40}\Omega=40\Omega$$

所以

$$I=\frac{U_S}{R_S+R_{ab}}=\frac{100}{10+40}\text{A}=2\text{A}$$

思考与练习

2-2-1　电路如图 2-22 所示，已知 $R_1=4\Omega$，$R_2=8\Omega$，$R_3=12\Omega$，$R_4=4\Omega$，$R_5=2\Omega$。试求电路的等效电阻 R_{AB}。

2-2-2　试求图 2-23 所示电路的等效电阻 R_{AB}。

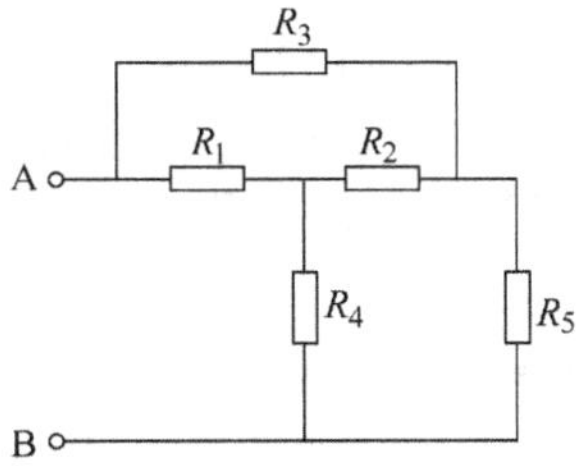

图 2-22　思考与练习 2-2-1 电路图

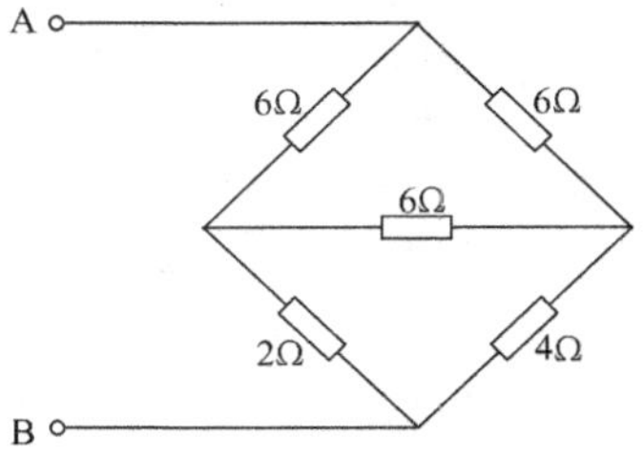

图 2-23　思考与练习 2-2-2 电路图

2-2-3　将图 2-24a 所示的 T 形电路等效变换为图 2-24b 所示的π形电路。已知 $R_a=R_b=4\Omega$，$R_c=8\Omega$，试求 R_{ab}、R_{bc}和 R_{ca}。

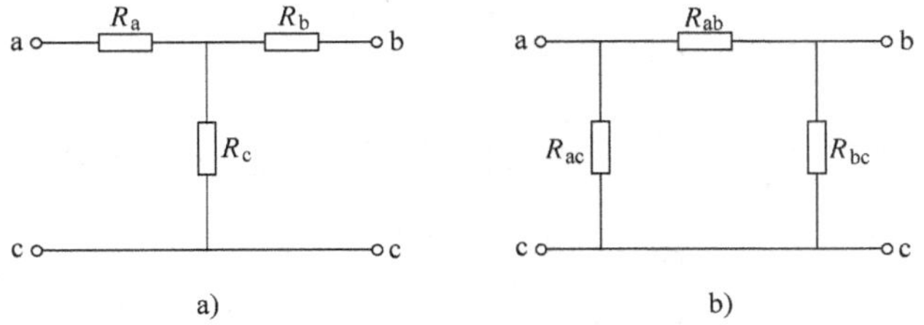

图 2-24　思考与练习 2-2-3 电路图

2.3　电源的等效变换

在第 1 章中已经介绍了理想电源的两种模型和实际电源的两种模型，一个实际的电源既可以用电压源模型等效代替，也可以用电流源模型等效代替。在对电路进行分析计算时，为了分析的方便，有时需要将电压源等效变换为电流源，有时又需要将电流源等效变换为电压源。而在实际电路中，经常需要多个电源以串联或并联的方式供电，这种以多个电源供电的电路可以利用等效变换的概念进行化简，使电路仅含有一个电源，以简化电路的分析计算。当然，所谓的等效变换是对外电路而言的，即变换前后，外电路的电压和电流关系不变。

在学习电源的等效变换之前，首先要理解电压源、电流源的特性，学习理想电源的串并联连接方式。

2.3.1　理想电压源串联

理想电压源简称电压源，当有 n 个电压源串联时，可以用一个电压源等效代替。根据基尔霍夫电压定律可知，其等效电压源的端电压等于各串联电压源端电压的代数和，即

$$U_S = U_{S1} \pm U_{S2} \pm \cdots \pm U_{Sn} \tag{2-12}$$

如：对于图 2-25a 所示电路，有 $U_S = U_{S1} + U_{S2}$。对于图 2-25b 所示电路，有 $U_S = U_{S1} - U_{S2}$。

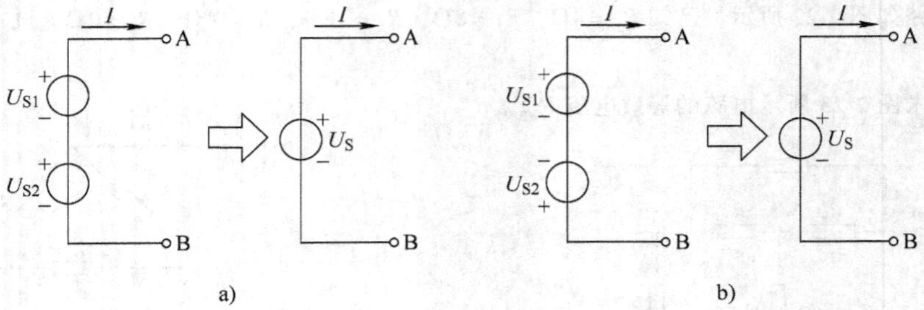

图 2-25 理想电压源串联等效电路

注意：理想电压源一般不作并联连接，特殊情况下，一定需要并联连接的，也只能是两个端电压大小、方向均相同的理想电压源才允许并联连接，并联连接后的等效电压源的端电压大小仍为原值，如图 2-26a 所示；对于端电压数值不同或方向不一致的理想电压源不能并联，否则违背了基尔霍夫电压定律，图 2-26b 是禁止的连接方式。

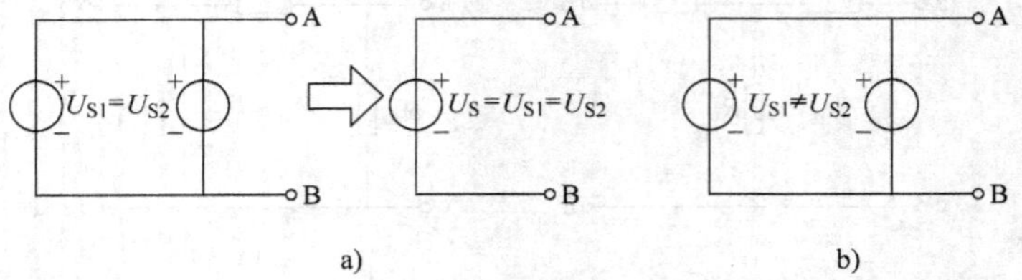

图 2-26 理想电压源特殊情况下的连接

2.3.2 理想电流源并联

理想电流源简称电流源。当有 n 个电流源并联时，可以用一个电流源等效代替，根据基尔霍夫电流定律可知，其等效电流源的电流等于各并联电流源电流的代数和，即

$$I_S = I_{S1} \pm I_{S2} \pm \cdots \pm I_{Sn} \tag{2-13}$$

如：对于图 2-27a 所示电路，有 $I_S = I_{S1} + I_{S2}$。对于图 2-27b 所示电路，有 $I_S = I_{S1} - I_{S2}$。

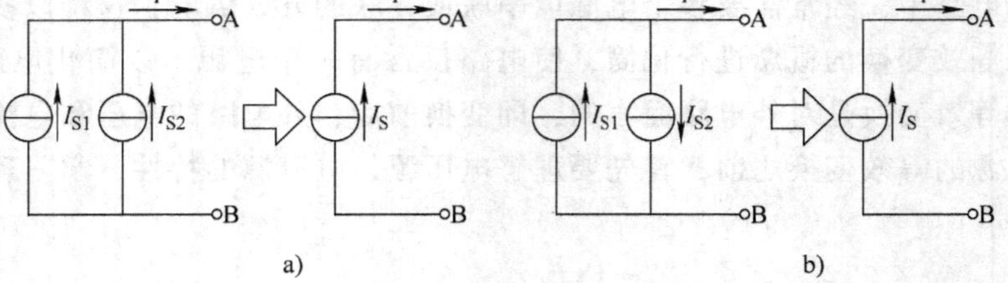

图 2-27 理想电流源并联等效电路

注意：理想电流源一般不作串联连接，特殊情况下，一定需要串联连接的，也只能是两个电流大小、方向均相同的理想电流源才允许串联连接，串联连接后的等效电流源的电流大

小仍为原值，如图 2-28a 所示；对于电流数值不同或方向不一致的理想电流源不能串联，否则违背了基尔霍夫电流定律，图 2-28b 是禁止的连接方式。

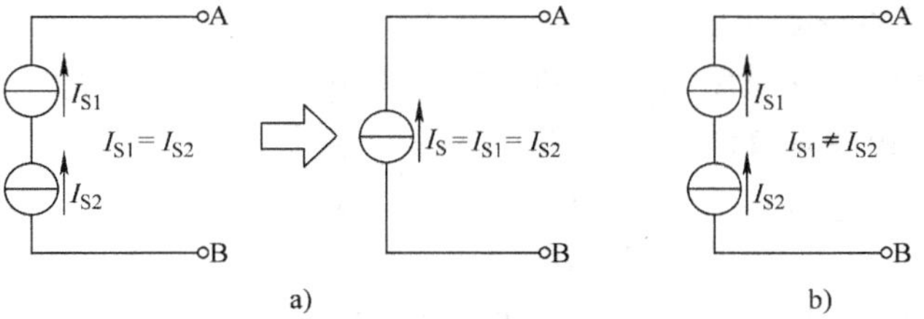

图 2-28　理想电流源特殊情况下的连接

2.3.3　实际电源的等效变换

1. 实际电源的两种模型

理想直流电压源的两端电压恒定，理想直流电流源流过的电流恒定。但是实际的电源既不是理想电压源，也不是理想电流源，实际电源的端电压与电流的关系大多数情况下可用图 2-29 表示。

图 2-29 中，$I=0$（空载）时的端电压为 U_{OC}，I_{SC}表示电源短路时可能出现的最大电流。根据数学知识，可以推得电压 U 的直线方程是

$$U=U_{OC}-\frac{U_{OC}}{I_{SC}}I$$

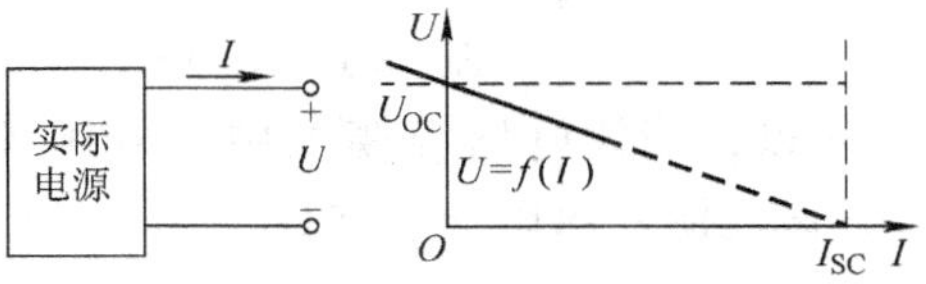

图 2-29　实际电源外电路的伏安特性

令
$$U_{OC}=U_S \qquad \frac{U_{OC}}{I_{SC}}=R_i$$

则
$$U=U_S-R_iI$$

根据有源支路的知识，上式可用图 2-30a 所示的形式等效表示。

图中，点画线框内的结构是实际电源的模型，它由一个理想电压源与一个理想电阻串联而成。U_S表示电源电压，电阻 R_i 称为电源内阻。很明显，理想电压源就是内阻等于零时的实际电源的理想模型。

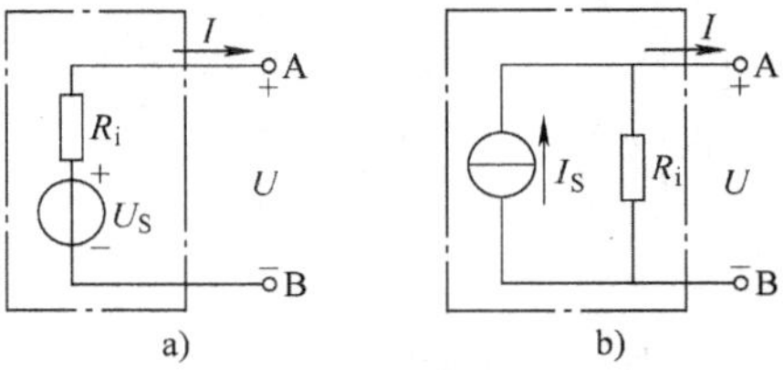

图 2-30　实际电源的两种等效模型

把上述 U 随 I 变化的关系式变换成 I 随 U 变化的关系式：

$$I=\frac{U_S-U}{R_i}=\frac{U_S}{R_i}-\frac{U}{R_i}$$

因为 $R_i=\dfrac{U_{OC}}{I_{SC}}=\dfrac{U_S}{I_{SC}}$，再令 $I_{SC}=I_S$，可得

$$I=I_S-\frac{U}{R_i}$$

根据上式，实际电源可用图 2-30b 所示的模型等效表示。这个模型由一个理想电流源与一个电阻并联而成。I_S 表示电流源电流，电阻同样是 R_i，也称为电源内阻。很明显，理想电流源是内阻等于无穷大时的实际电源的理想模型。

2. 两种模型之间的等效变换

同一实际电源可用两种模型表示，两种模型对外等效，两个模型之间的变换是等效变换，根据上述分析，变换时遵循以下原则：

1）内阻 R_i 不变，$U_S = I_S R_i$ 或 $I_S = \dfrac{U_S}{R_i}$。 (2-14)

2）电压源 U_S 的"+"极是电流源 I_S 的流出端。

另外，在进行电源模型的等效变换时，应注意以下两个问题：

1）两种电源模型之间的等效变换仅对外电路成立，对电源内部电路是不等效的。

2）只有实际电源之间才可以进行等效变换，理想电压源（$R_i=0$）与理想电流源（$R_i=\infty$）之间不能进行等效变换。

例 2-4 电路如图 2-31a 所示，已知 $I_S=3\text{A}$，$R_{S1}=5\Omega$，求其等效电压源模型。

解： 根据两种电源模型之间等效变换的原则，将图 2-31a 中 I_S 与 R_{S1} 的并联电路等效变换成 U_S 与 R_{S2} 的串联电路，如图 2-31b 所示，其中

$$U_S = I_S R_{S1} = 3\times 5\text{V} = 15\text{V}$$

$$R_{S2} = R_{S1} = 5\Omega$$

所以，等效电压源模型中，电压源的电压 $U_S = 15\text{V}$，电压源的内阻 $R_{S2}=5\Omega$。

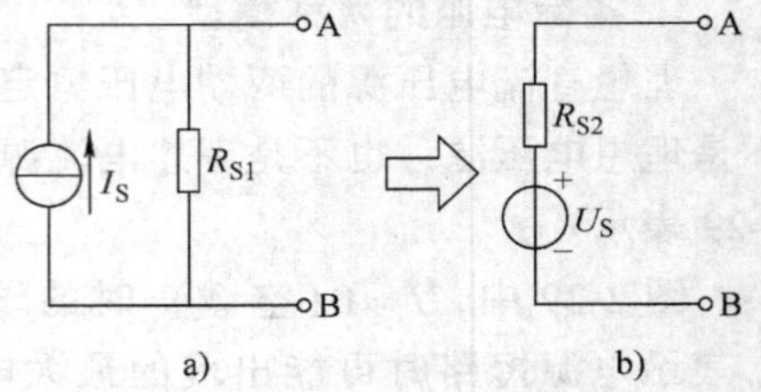

图 2-31 例 2-4 电路图

思考与练习

2-3-1 试化简图 2-32 所示电路。

2-3-2 试化简图 2-33 所示电路。

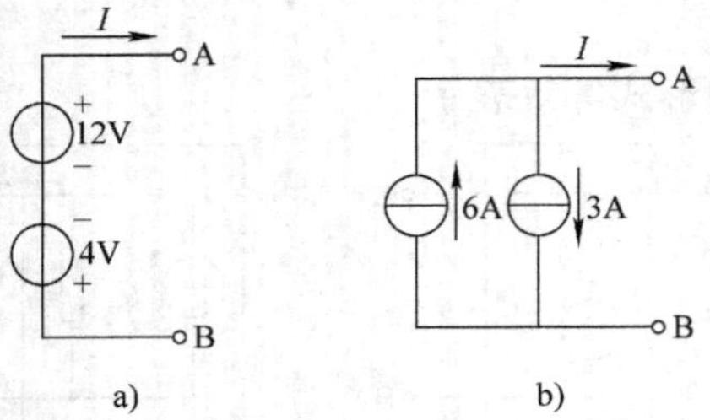

图 2-32 思考与练习 2-3-1 电路图

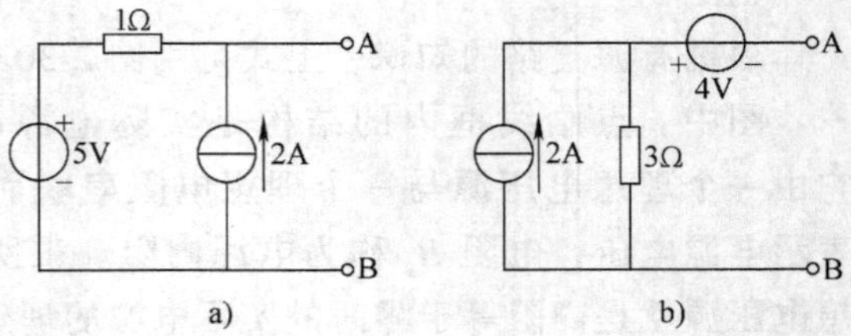

图 2-33 思考与练习 2-3-2 电路图

2.4 简单线性二端网络的等效变换

完整的电路网络中含有电源和电阻的组合，电源既有可能是电压源或电流源，也有可能是电压源和电流源的组合，电阻与电源的连接组合也是多种多样的。复杂的电路网络可能看不出内部的串并联结构，也不易于分析，这时就可以利用等效变换的概念来化简电路。

2.4.1　理想电源与电阻组合的二端网络

对于理想电源与电阻组合的电路，可通过电压源与电阻串联或电流源与电阻并联的方式进行组合，然后通过电流等效的方式使之与电路其他部分进行合并，达到简化目的。

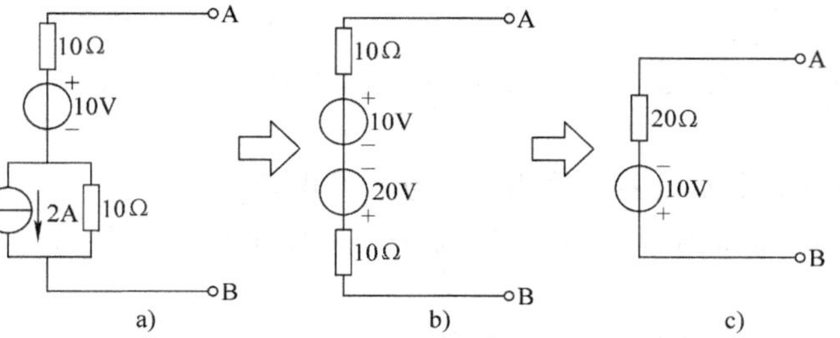

图 2-34　电源与电阻组合的二端网络的化简（一）

图 2-34a 和图 2-35a 所示的电路都不能直接化简，但分别变换为图 2-34b 和图 2-35b 的形式后，可进一步化简为图 2-34c 和图 2-35c 的形式。由以上两例可看出：两个电源模型是串接的，应化为电压源模型进行合并；两个电源模型是并接的，应化为电流源模型进行合并。

用两种模型进行等效变换时，应注意：

1）理想电压源不能变换为理想电流源，理想电流源也不能变换为理想电压源。

2）一个理想电压源与一个电阻，或与另一个其他支路，或与任何一个二端网络并联，对外均等效为原来的理想电压源，如图 2-36a、b、c 对外均等效为图 2-36d。

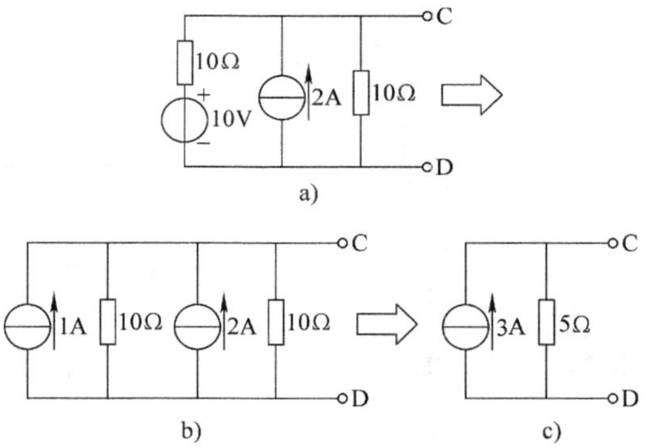

图 2-35　电源与电阻组合的二端网络的化简（二）

3）一个理想电流源与一个电阻，或与任何一个二端网络串联，对外均等效为原来的理想电流源，如图 2-37a、b、c 对外均等效为图 2-37d。

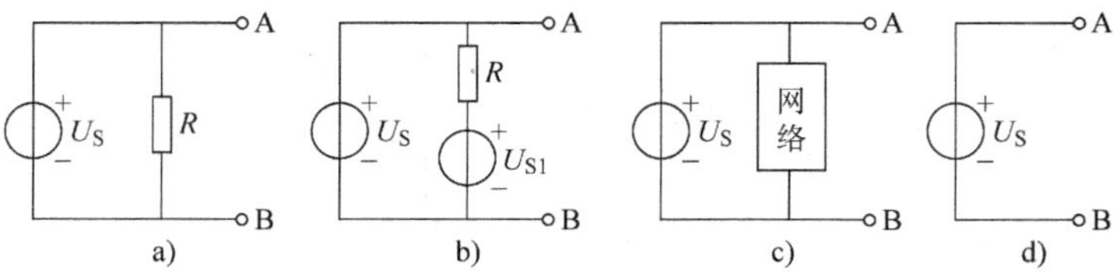

图 2-36　理想电压源与其他电路网络的并联分析

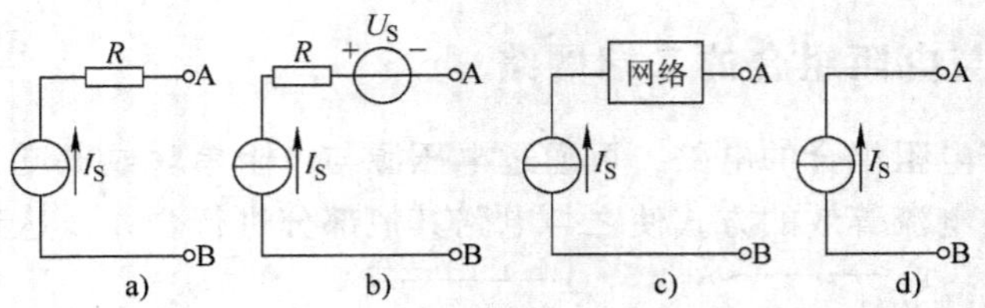

图 2-37 理想电流源与其他电路网络的串联分析

例 2-5 将图 2-38a 所示电路化简为一个电压源模型。

解： 依题意，图 2-38a 所示电路的化简过程如图 2-38b、c、d、e 所示。

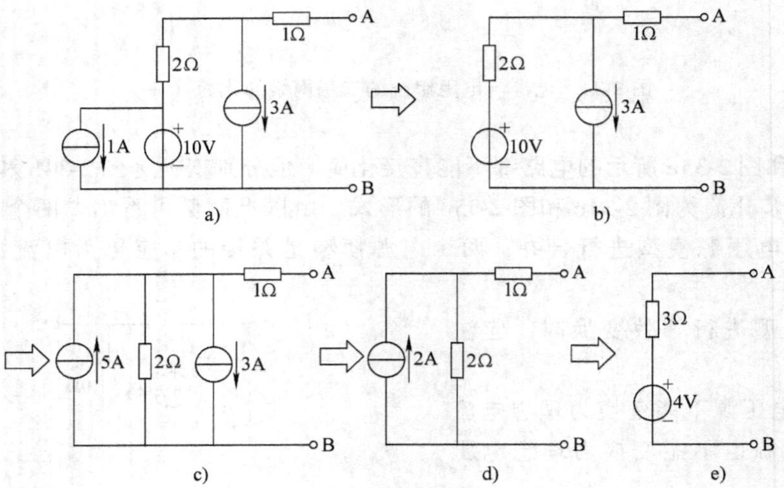

图 2-38 例 2-5 电路图

例 2-6 试求图 2-39a、b、c、d 所示电路的等效电路。

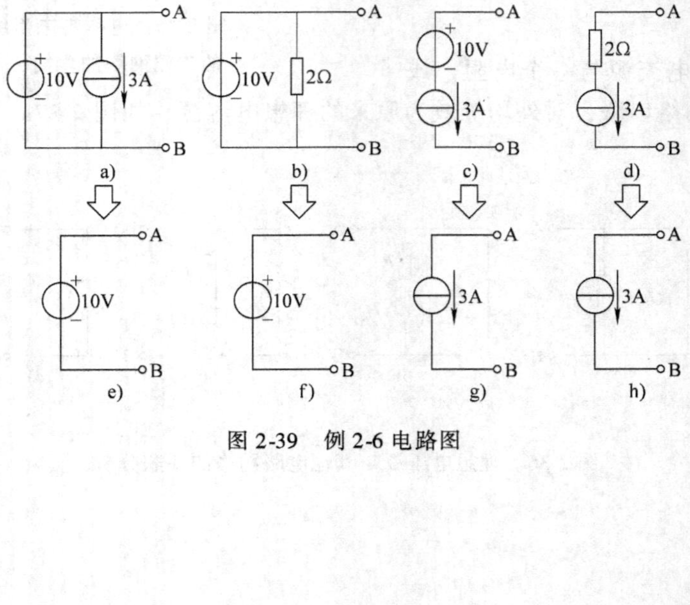

图 2-39 例 2-6 电路图

解：图 2-39a、b 所示电路的电压源电压为 10V，与之并联的电流源和电阻，对 A、B 端口而言，在等效时可以省去，所以它们对外的等效电路就是电压为 10V 的电压源，如图 2-39e、f 所示。

图 2-39c、d 所示电路的电流源电流为 3A，与之串联的电压源和电阻，对 A、B 端口而言，在等效时可以省去，所以它们对外的等效电路就是电流为 3A 的电流源，如图 2-39g、h 所示。

例 2-7　试求图 2-40a 所示电路中的电流 I。

解：图 2-40a 所示电路可进行一系列的化简，化简过程如图 2-40 所示，最后得到一个简单回路，由化简后的电路可求得电流为

$$I = \frac{5}{3+7}\text{A} = 0.5\text{A}$$

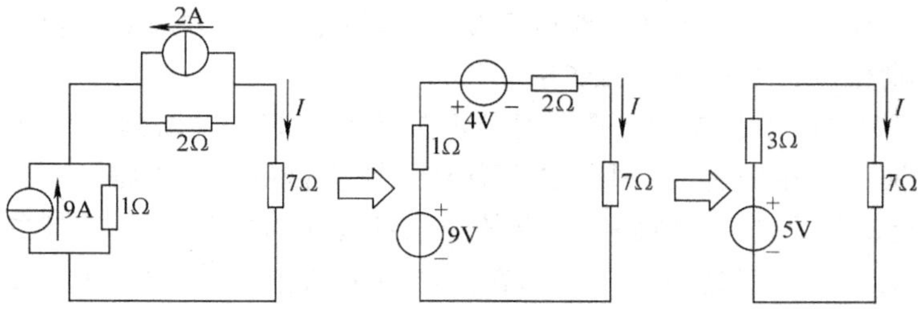

图 2-40　例 2-7 电路图

从上述分析过程来看，利用电源的等效变换可以将一个较为复杂的电路化简为一个比较简单的电路，从而简化分析计算。但必须注意的是，待求支路在化简过程中一定要保留，不能参与变换。

例 2-8　利用电源电路的等效变换求图 2-41a 所示电路中的电流 I。

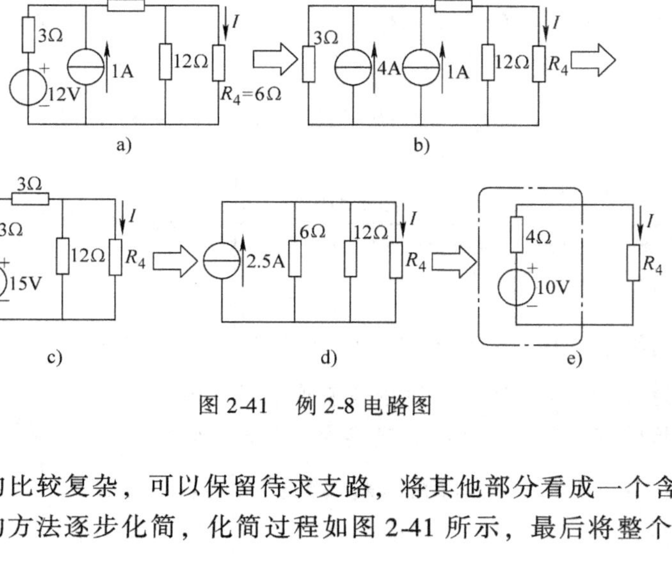

图 2-41　例 2-8 电路图

解：该电路结构比较复杂，可以保留待求支路，将其他部分看成一个含源二端网络，再利用电源等效变换的方法逐步化简，化简过程如图 2-41 所示，最后将整个电路化简成一个

非常简单的单回路电路，如图 2-41e 所示，从而求得电路中的电流为

$$I=\frac{10}{4+6}\text{A}=1\text{A}$$

2.4.2 理想电源、受控源与电阻组合的二端网络

一个实际的电路网络中，可能既含有独立源，也含有受控源，加上不同的电阻连接结构，整个电路看起来十分复杂。在分析电路时，前面介绍过的电路的基本概念、基本定律、基本分析方法和电路定理均可以用来分析含受控源的电路，不同之处在于增加一个控制量与所求变量之间的关系式。

分析时，考虑到含受控源电路的特点，要注意以下几点：

1）电压和电流仍然遵循基尔霍夫定律，但要注意到受控电压源的电压和受控电流源的电流不是独立的，而是受电路中某支路电压或电流的控制，并要看到当控制量存在时，受控源对电路能起激励作用，能对外输出能量。

2）受控电压源和电阻的串联组合与受控电流源和电阻的并联组合之间，像独立源一样可以进行等效变换。但在变换过程中，必须保留控制变量所在的支路。

3）在分析计算含受控源的电路时，受控源按独立源对待和处理，但在网络方程中，要将受控源的控制量用电路变量来表示。如在支路电流法中，受控源的控制量用支路电流表示。

4）对于含受控源的二端电阻网络，其等效电阻可能为负值，这表明该网络向外部电路发出能量。

例 2-9 图 2-42 所示电路为晶体管放大电路的微变等效电路，U_i 为输入电压，U_o 为输出电压。已知 $U_i=15\text{mV}$，$R_1=1\text{k}\Omega$，$R_2=2\text{k}\Omega$，$R_3=100\text{k}\Omega$，$\beta=40$。求输出电压 U_o。

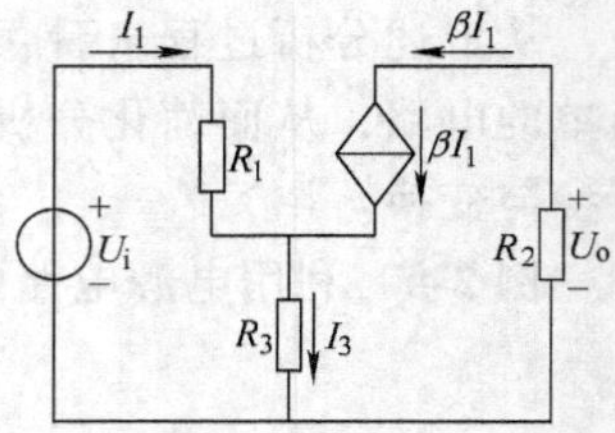

图 2-42 例 2-9 电路图

解：由 KVL 及 KCL 可得

$$I_1R_1+I_3R_3=U_i$$

$$I_3=I_1+\beta I_1=(1+\beta)I_1$$

则有

$$U_i=I_1R_1+(1+\beta)I_1R_3=[R_1+(1+\beta)R_3]I_1$$

所以

$$I_1=\frac{U_i}{R_1+(1+\beta)R_3}=\frac{15\times10^{-3}}{1\times10^3+(1+40)\times100}\text{A}=2.94\times10^{-6}\text{A}=2.94\mu\text{A}$$

由欧姆定律，得

$$U_o=-\beta I_1R_2=-40\times2.94\times10^{-6}\times2\times10^3\text{V}=-235.2\times10^{-3}\text{V}=-235.2\text{mV}$$

例 2-10 电路如图 2-43a 所示，用等效变换法求电流 I。

解：用电源等效变换法，将 VCCS 变换为 VCVS，如图 2-43b 所示，根据 KVL，可得

$$-U-10\text{V}-6U+3\Omega\cdot I+3\Omega\cdot I=0$$

根据图 2-43a 可知　　$U=-2\Omega\cdot I$

代入上式，得　　$-(2\Omega\cdot I)-10\text{V}-6\times(-2\Omega\cdot I)+6\Omega\cdot I=0$

解得　　$I=0.5\text{A}$

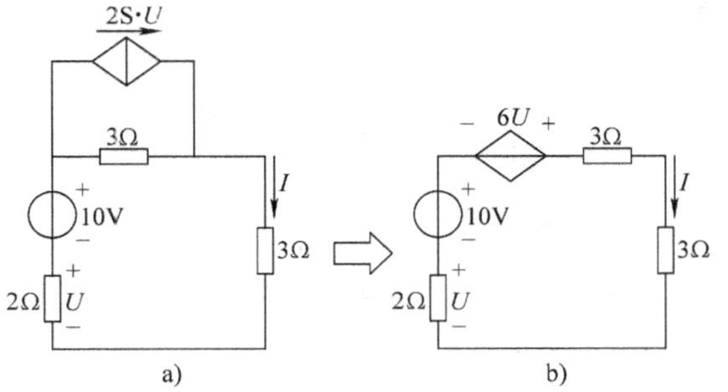

图 2-43　例 2-10 电路图

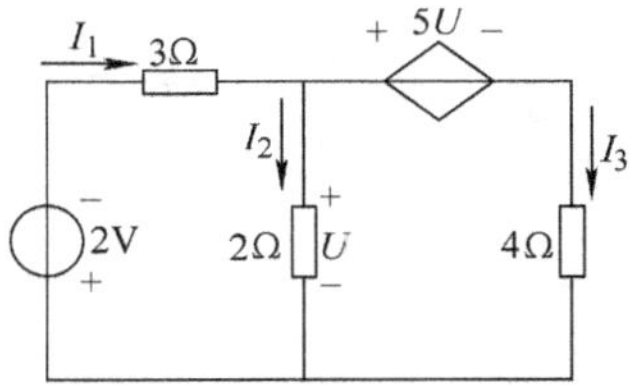

图 2-44　例 2-11 电路图

例 2-11　电路如图 2-44 所示，试用支路电流法求各支路电流。

解：依题意，根据 KVL 和 KCL，列出支路电流法的方程：

$$I_1-I_2-I_3=0 \quad ①$$

$$2\text{V}+3\Omega\cdot I_1+2\Omega\cdot I_2=0 \quad ②$$

$$-2\Omega\cdot I_2+5U+4\Omega\cdot I_3=0 \quad ③$$

由图中控制量 U 与所在支路电流的关系作为辅助方程，则有　　$U=2\Omega\cdot I_2$

将上式代入式③，得

$$8\Omega\cdot I_2+4\Omega\cdot I_3=0 \quad ④$$

联立式①、式②、式④，组成方程组，解得

$$I_1=-2\text{A}\quad I_2=2\text{A}\quad I_3=-4\text{A}$$

应用支路电流法分析含有受控源的电路时，可暂时将受控源视为独立源，按正常方法列支路电流方程，再找出控制量与支路电流的关系式，代入支路电流方程，解方程组即可求得各支路电流。

例 2-12　电路如图 2-45 所示，试求电路中的电压 U。

解：依题意，根据 KVL 和 KCL，列出节点 A 的电流方程和网孔 I_a 的回路电压方程：

$$I_1+3\text{A}=I_2$$

$$-9\text{V}+3\Omega\cdot I_1+6\Omega\cdot I_2=0$$

解得

$$I_1=-1\text{A}\quad I_2=2\text{A}$$

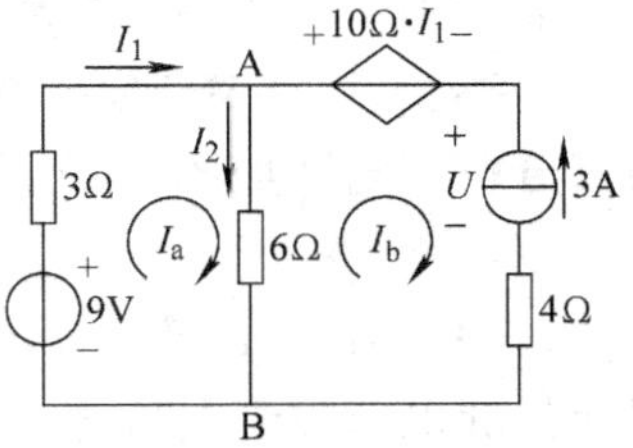

图 2-45　例 2-12 电路图

根据 KVL，列出网孔 I_b 的回路电压方程：

$$-6\Omega\cdot I_2+10\Omega\cdot I_1+U-3\times4\text{V}=0$$

代入数据，得

$$-12\text{V}-10\text{V}+U-12\text{V}=0$$

解得

$$U=34\text{V}$$

思考与练习

2-4-1　受控源与独立源有什么区别？分析含有受控源的电路时应如何处置受控源？

2-4-2　电路如图 2-46 所示，求二端网络的等效电阻。

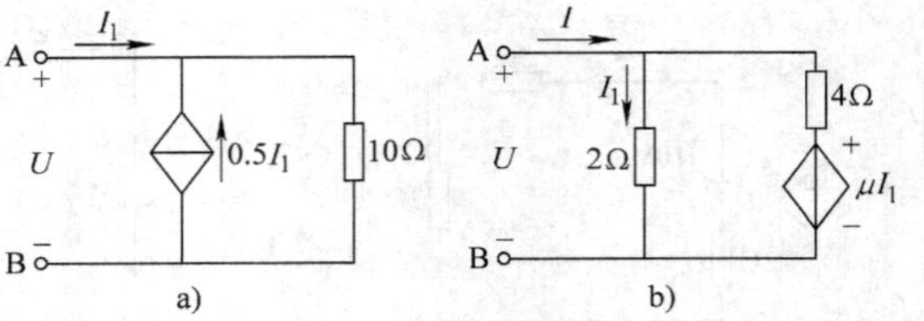

图 2-46　思考与练习 2-4-2 电路图

2-4-3　电路如图 2-47 所示，试求电压 U 和电流 I。

2-4-4　电路如图 2-48 所示，试求电压 U、电流 I 以及受控源的功率。

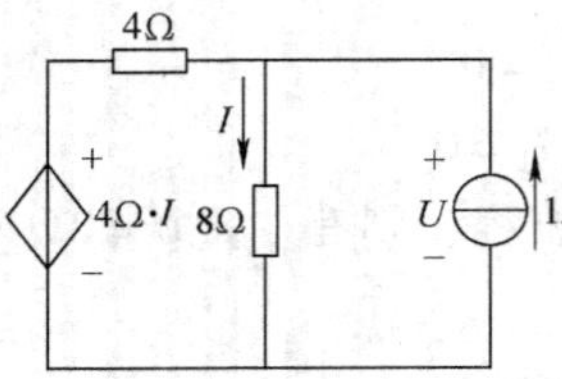

图 2-47　思考与练习 2-4-3 电路图

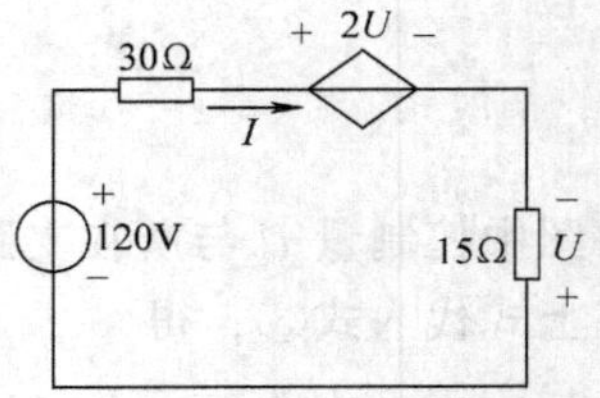

图 2-48　思考与练习 2-4-4 电路图

仿真模块：含受控源的电路仿真

当电路的结构及组成电路的各元件参数已知时，除通过计算得到各支路的电压和电流，还可以应用仿真软件对电路进行仿真分析。

［例题］　用 Multisim 软件对例 2-11 中的电路进行仿真分析，电路如图 2-49 所示。

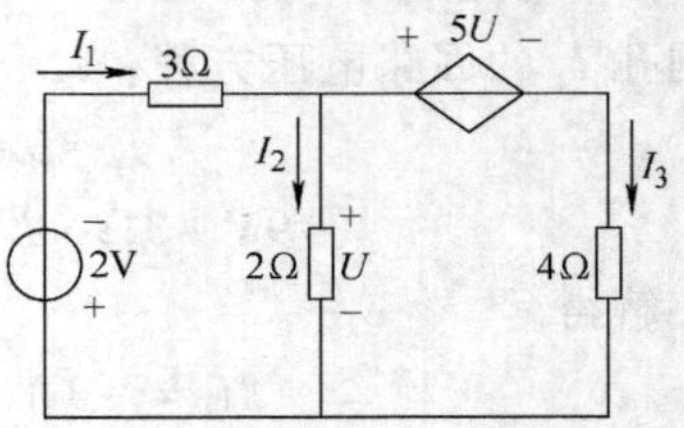

图 2-49　含受控源的电路

［操作步骤］

1）从 Multisim 软件元件库中提取电压源、地、电阻元件和电压控制电压源，从仪器库中选取电流表，将电流表设置成 DC 工作模式，按图 2-49 搭建仿真电路，连接电路时应注意受控源的连接方式，以及电源和电流表的极性要正确。

2）启动仿真，电流表显示各支路的电流，结果如图 2-50 所示。

3）由仿真结果可见，各支路的电流分别为 $I_1 = -2\text{A}$，$I_2 = 2\text{A}$，$I_3 = -4\text{A}$。可见仿真结果与例 2-11 的理论分析结果相符合。

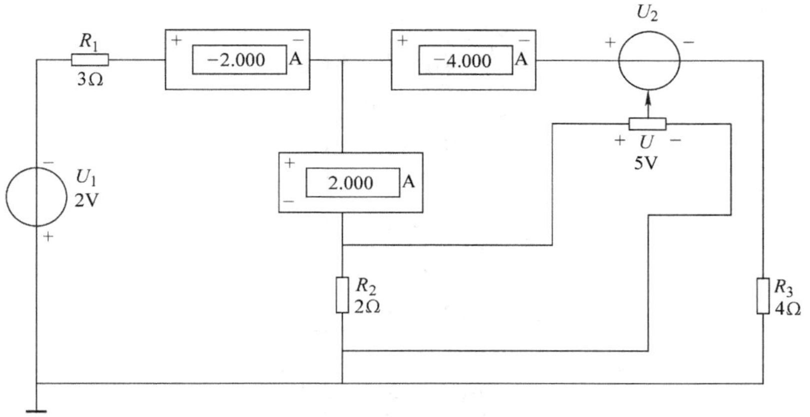

图 2-50　含受控源电路的仿真结果

本 章 小 结

本章主要介绍了三个方面的知识，即简单电阻电路及其等效变换、电源的等效变换、线性有源二端网络的等效变换分析，此外还穿插介绍了含受控源电路的分析。

1. 等效二端网络的概念

如果一个二端网络的端口电压、电流关系与另一个二端网络的端口电压、电流关系相同，那么称其互为等效二端网络或等效电路。

2. 简单电阻电路的等效变换

（1）电阻的串联及分压

1）电阻串联电路的等效电阻等于各串联电阻之和。

2）在电阻串联电路中，当外加电压一定时，各电阻上的电压与其电阻值成正比。

3）在电阻串联电路中，各电阻所消耗的功率同样与其电阻值成正比。

（2）电阻的并联及分流

1）电阻并联电路的等效电阻的倒数等于各电阻倒数之和（或电阻并联电路的等效电导等于各电导之和）。

2）各电阻的电流与其电阻值的倒数成正比（或者说与电导成正比）。

分流公式（在只有两个并联电阻时）：

$$I_1 = \frac{I}{R_1 + R_2} R_2$$

$$I_2 = \frac{I}{R_1 + R_2} R_1$$

3）各电阻所消耗的功率同样与其电阻值的倒数成正比（或者说与电导成正比）。

（3）电阻的星形联结和三角形联结的等效变换

△→Y：

$$R_1 = \frac{R_{12} R_{31}}{R_{12} + R_{23} + R_{31}}$$

$$R_2=\frac{R_{12}R_{23}}{R_{12}+R_{23}+R_{31}}$$

$$R_3=\frac{R_{23}R_{31}}{R_{12}+R_{23}+R_{31}}$$

Y→△：

$$R_{12}=\frac{R_1R_2+R_2R_3+R_3R_1}{R_3}$$

$$R_{23}=\frac{R_1R_2+R_2R_3+R_3R_1}{R_1}$$

$$R_{31}=\frac{R_1R_2+R_2R_3+R_3R_1}{R_2}$$

3. 电源的等效变换

（1）变换原则

1）内阻 R_i 不变，$U_S=I_SR_i$ 或 $I_S=\frac{U_S}{R_i}$。

2）电压源 U_S 的“+”极是电流源 I_S 的流出端。

（2）变换注意事项

1）两种电源模型之间的等效变换仅对外电路成立，对电源内部电路是不等效的。

2）只有实际电源之间才可以进行等效变换，理想电压源（$R_i=0$）与理想电流源（$R_i=\infty$）之间不能进行等效变换。

4. 含受控源电路的分析

对于含受控源电路的分析，一般采用KCL和KVL求解，先解出控制量，再根据控制量求解电路中的其他响应，具体方法与独立源类似，但必须注意控制量与被控量之间的关系。

习　题　2

2-1　求图2-51所示电路中的等效电阻 R_{ab}。

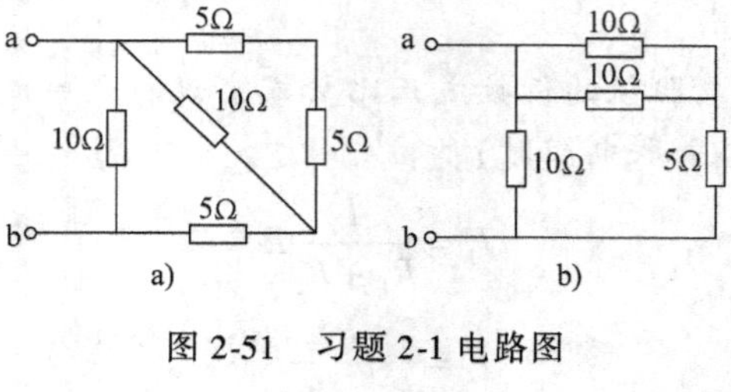

图2-51　习题2-1电路图

2-2　在图2-52所示电路中，已知滑动变阻器的电阻 $R=1\text{k}\Omega$，电源电压 $U=220\text{V}$。当a、b两点开路时，试在下列情况下分别计算ab端输出电压 U_o：（1）$R_1=0$。（2）$R_1=0.5R$。（3）$R_1=0.9R$。

2-3　利用一只50μA、内阻3kΩ的表头安装成一个多档位的电压表，要求测量的直流电压的量程分别为2.5V、10V、50V、100V、250V、500V六档，如图2-53所示。试求所需串联的电阻 R_1、R_2、R_3、R_4、R_5、R_6 的电阻值。

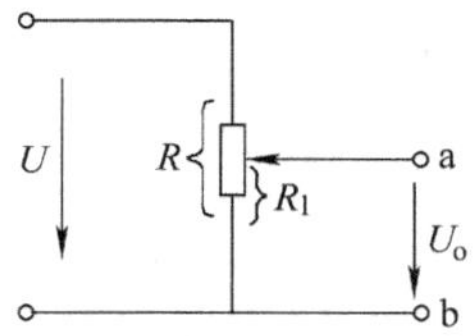

图 2-52　习题 2-2 电路图

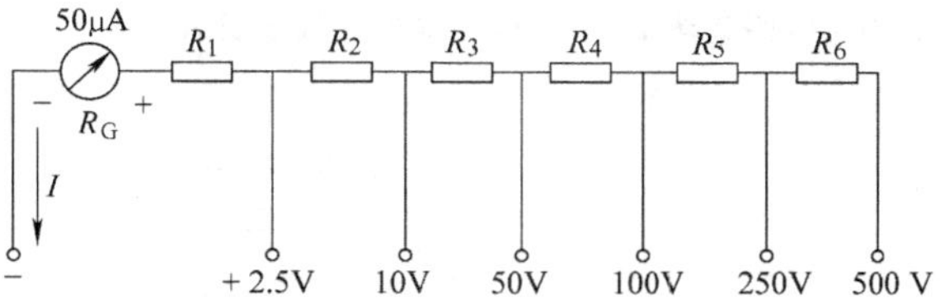

图 2-53　习题 2-3 电路图

2-4　利用一只 50μA、内阻 3.5kΩ 的表头安装成一个多档位的电流表，要求测量的直流电流的量程分别为 100μA、1mA、10mA、100mA、1A 五档，如图 2-54 所示。试求所需并联的电阻 R_1、R_2、R_3、R_4、R_5 的电阻值。

2-5　电路如图 2-55 所示，直流电源的电动势为 U_S，它的内阻 $R_0=0.5\Omega$，负载是一组电灯和一个电阻炉 R_L。设负载的端电压为 200V，电阻炉取用的功率为 600W，电灯组共有 14 盏灯并联，每盏灯的电阻为 $R_{1\sim14}=400\Omega$，连接导线的电阻忽略不计，求：

（1）电源的电动势 U_S。

（2）电源产生的功率和各负载消耗的功率，并验证功率平衡关系。

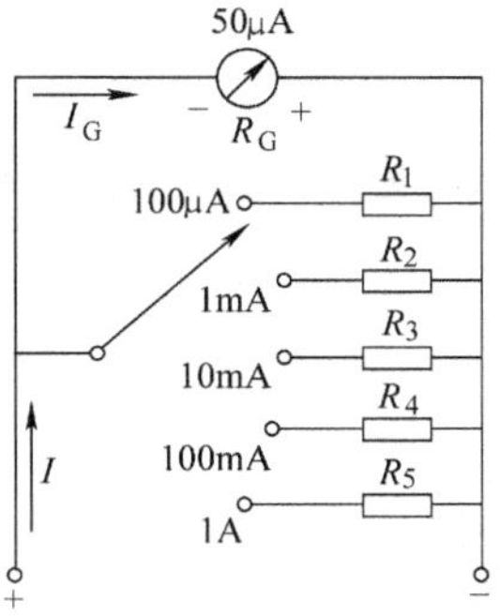

图 2-54　习题 2-4 电路图

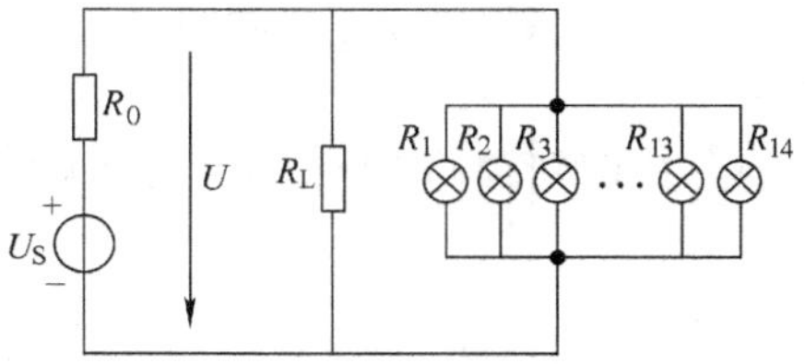

图 2-55　习题 2-5 电路图

2-6　电路如图 2-56 所示，试求等效电阻 R_{ab}。

2-7　电路如图 2-57 所示，试求等效电阻 R_{ab}。

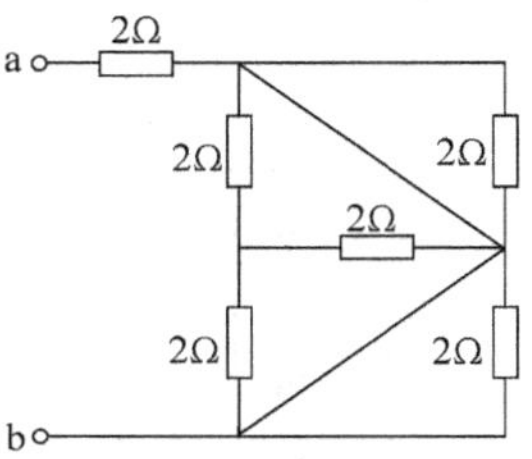

图 2-56　习题 2-6 电路图

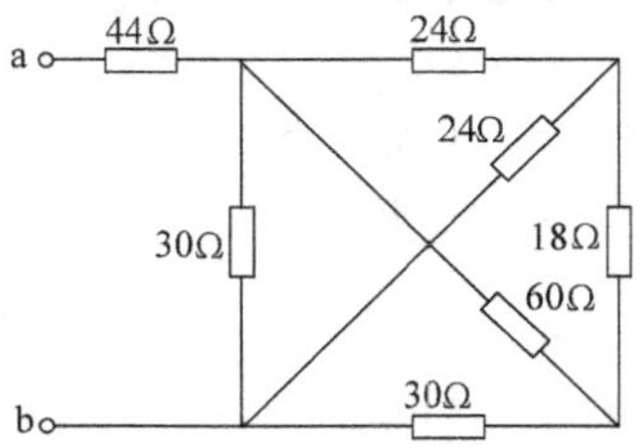

图 2-57　习题 2-7 电路图

2-8　将图 2-58a 所示的电路等效变换为图 2-58b 所示的 T 形电路。已知 $R_1=8\Omega$，$R_2=16\Omega$，$R_3=24\Omega$，$R_4=8\Omega$，试求 R_a、R_b、R_c。

2-9　电路如图 2-59 所示，试求等效电阻 R_{ab}。

2-10　电路如图 2-60 所示，试求等效电阻 R_{ab}。

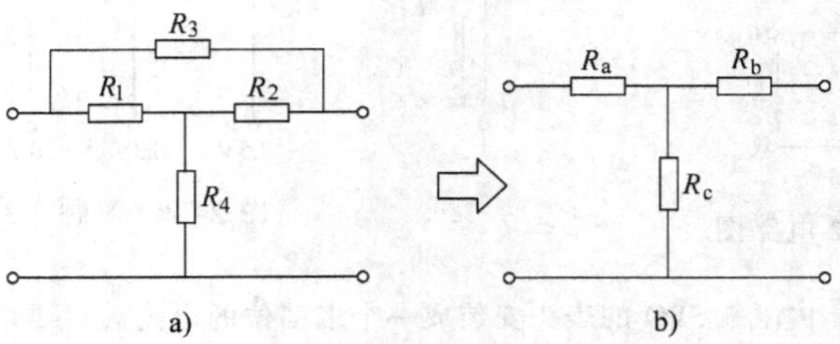

图 2-58　习题 2-8 电路图

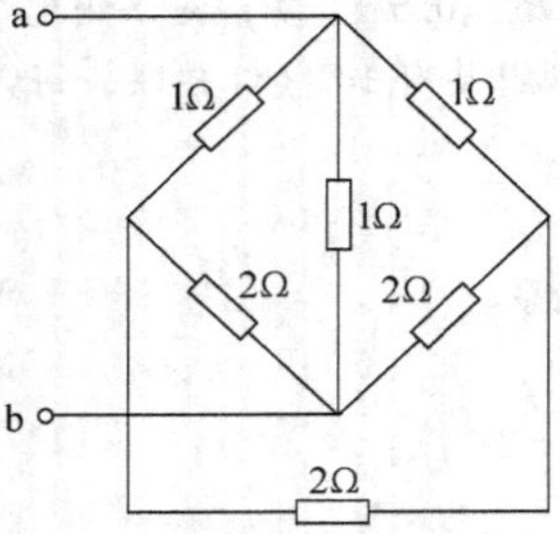

图 2-59　习题 2-9 电路图

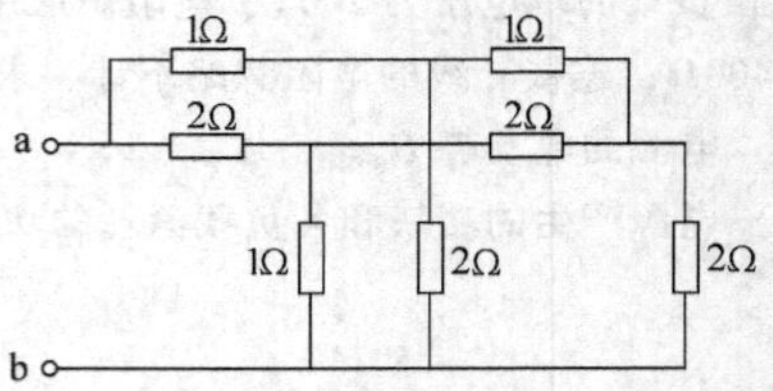

图 2-60　习题 2-10 电路图

2-11　电图如图 2-61 所示，试求电流源的端电压 U。

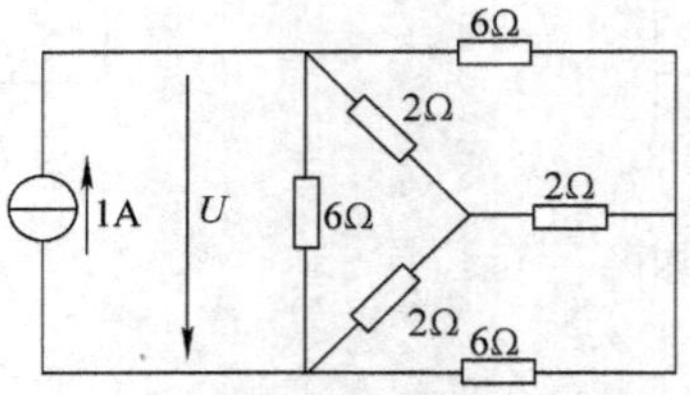

图 2-61　习题 2-11 电路图

2-12　利用电源的等效变换原则，试将图 2-62 所示电路等效变换为电流源模型。

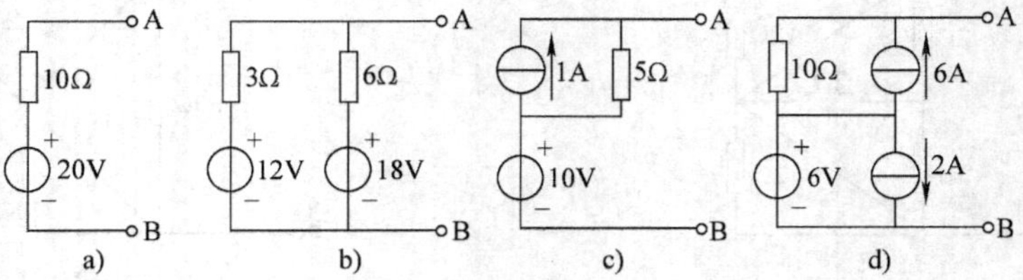

图 2-62　习题 2-12 电路图

2-13　利用电源的等效变换原则，试将图 2-63 所示电路等效变换为电压源模型。

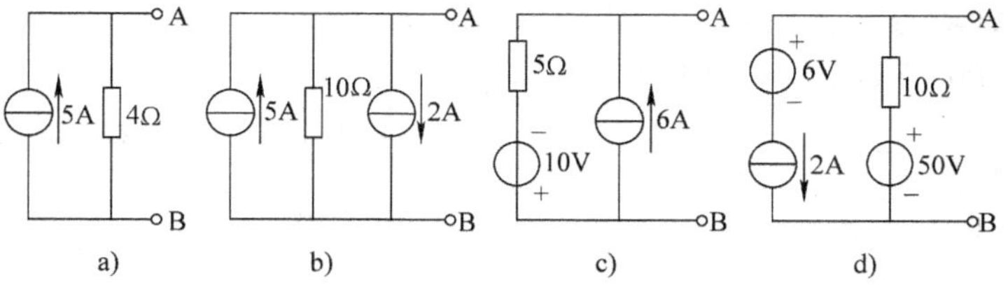

图 2-63　习题 2-13 电路图

2-14　电路如图 2-64 所示，试求图 2-64a 中的电流 I 和图 2-64b 中的电压 U。

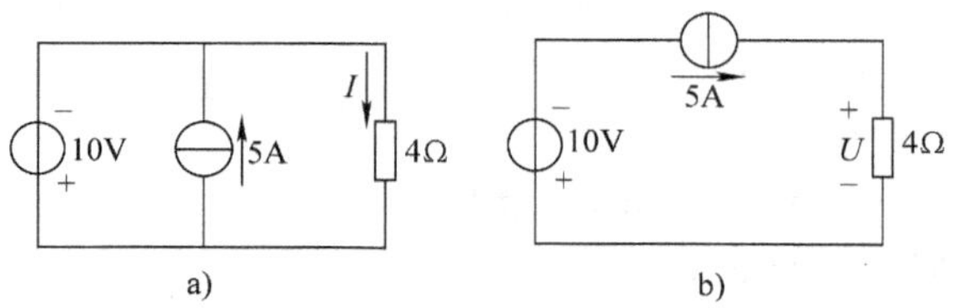

图 2-64　习题 2-14 电路图

2-15　试利用电源的等效变换原则，化简图 2-65 所示电路。

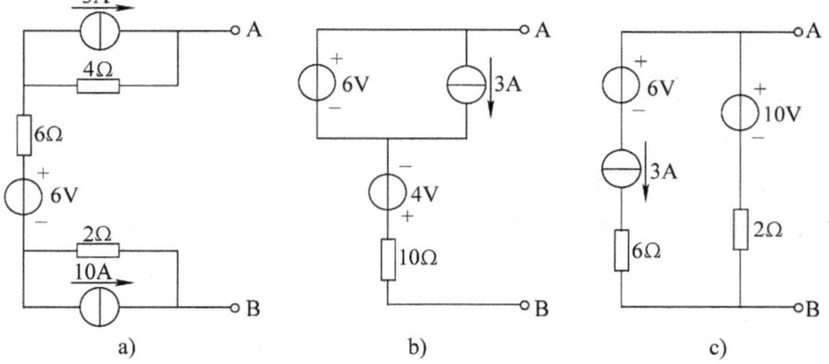

图 2-65　习题 2-15 电路图

2-16　试利用电源的等效变换原则，求图 2-66 所示电路中的电流 I。

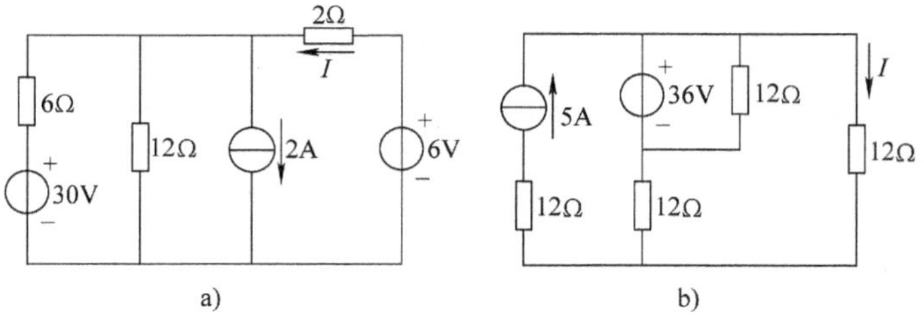

图 2-66　习题 2-16 电路图

2-17　电路如图 2-67 所示，已知 $U_S=8V$，$I_S=2A$，$R=2\Omega$。求：（1）S 打开时，电压 U_{ab} 及电压源、电流源的功率。（2）S 闭合时，电流 I_{ab}。

2-18　电路如图 2-68 所示，已知 $U_S = 30V$，$R_1 = 10\Omega$，$I_S = 2A$，$R_2 = 120\Omega$，$R_3 = 40\Omega$，$R_4 = 60\Omega$，$R_5 = 30\Omega$，试利用等效变换的知识化简 R_2 所接的二端网络。

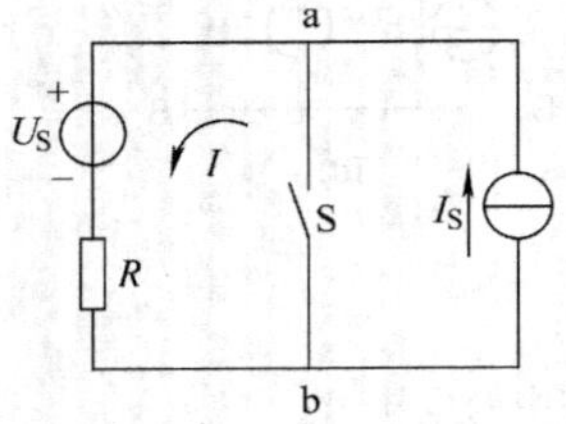

图 2-67　习题 2-17 电路图

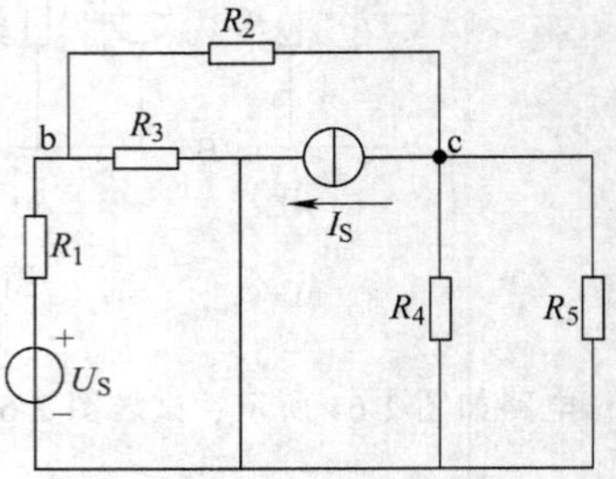

图 2-68　习题 2-18 电路图

2-19　电路如图 2-69 所示，试求端口 AB 的等效电路。

2-20　电路如图 2-70 所示，试求电流 I_2。

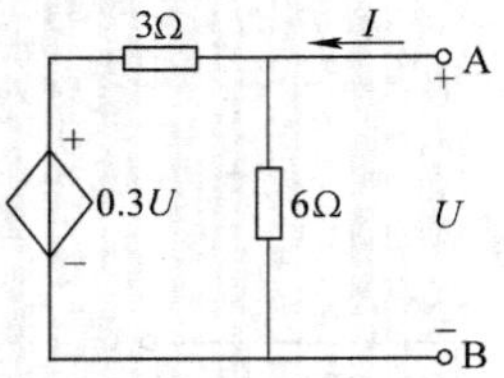

图 2-69　习题 2-19 电路图

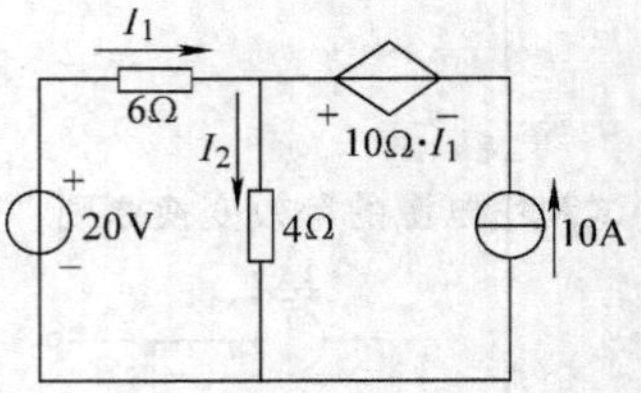

图 2-70　习题 2-20 电路图

2-21　电路如图 2-71 所示，试求电压 U 和电流 I。

2-22　电路如图 2-72 所示，求受控源的功率，并说明该受控源是产生功率还是消耗功率。

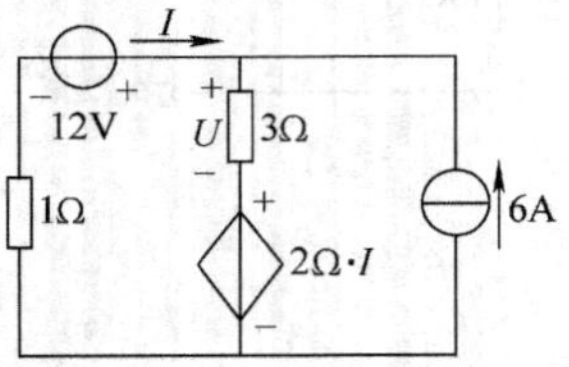

图 2-71　习题 2-21 电路图

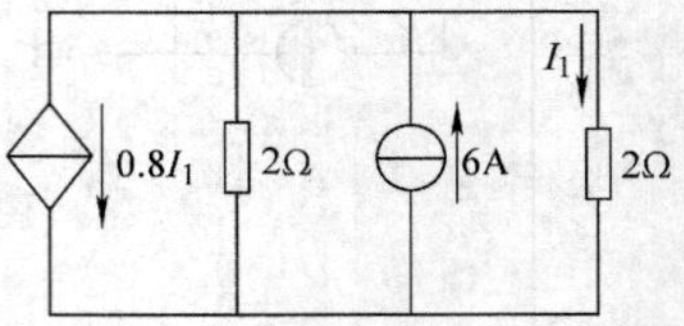

图 2-72　习题 2-22 电路图

第 3 章　线性电路的分析方法和网络定理

任务模块：复杂直流电路的求解方法

从前两章的分析中可以知道，伏安特性是元件约束，而基尔霍夫定律是电路约束。对于元件参数已知的线性电阻电路，可通过这两类约束条件列出方程组，求出各元件上的电流和电压大小。对于有 n 个节点、b 条支路的电路，可列出 $n-1$ 个独立的 KCL 方程和 $b-n+1$ 个独立的 KVL 方程。

对于节点和支路数量比较多的电路，所需要列出的方程数量就比较多，导致求解过程的计算量增大。图 3-1 所示的电路中，有 4 个节点和 6 条支路，则需要列出 3 个独立的 KCL 方程和 3 个独立的 KVL 方程，当电路的结构更加复杂时所需列出的方程就更多，因此需要在基尔霍夫定律的基础上寻找新的求解方法，以满足实际的需要。本章所要介绍的网孔分析法和节点电压法，就是在基尔霍夫定律的基础上推导得到的两个求解电路的方法，可分别用于求解网孔数和节点数较少的电路。

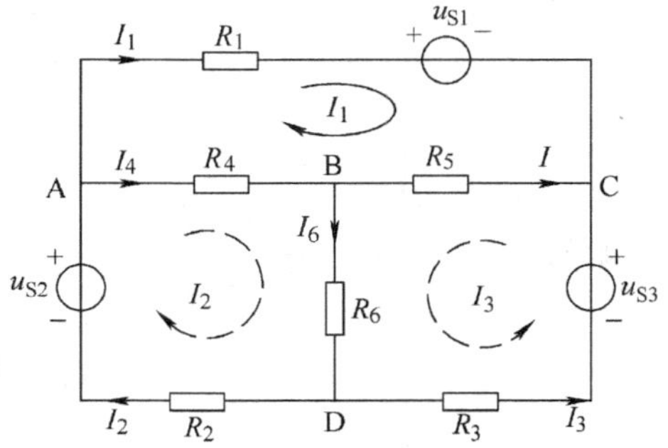

图 3-1　任务模块电路图

有时，需要在电路结构并不完全清楚的情况下进行分析，如在进行放大电路性能分析时，通常需要外加一个信号源来产生放大电路的输入信号，但信号源的参数往往会对所要分析的放大电路造成影响。如信号源的内阻会影响到放大电路净输入信号的大小，因此需要采取有效的手段对信号源进行处理以简化分析，本章所介绍的戴维南定理和诺顿定理就是进行电路等效的方法，可通过理论计算和实验测量有效地求解电路。

【本章内容简介】

本章阐述了分析电路的几个基本定理，包括叠加定理、替代定理、网孔分析法、节点电压法、戴维南定理、诺顿定理，以及戴维南定理和诺顿定理在实践中的运用，介绍了最大功率传输定理。最后通过举例对戴维南定理的应用进行了说明，并通过仿真分析验证戴维南定理。

【重点与难点】

叠加定理、网孔分析法、节点电压法、戴维南等效电路、最大功率传输定理。

3.1　叠加定理

由独立源和线性元件所组成的网络称为线性网络，线性网络具有两个基本性质：叠加性和齐次性。

3.1.1 叠加性

叠加定理：由独立源、线性电阻元件及线性受控源组成的线性网络中，每个元件上的电流或电压可以看做每一个独立源单独作用于网络时，在该元件上所产生的电流或电压的代数和。当某个独立源单独作用时，其他独立源应为零值（关闭），独立电压源为零值时相当于短路，独立电流源为零值时相当于开路。

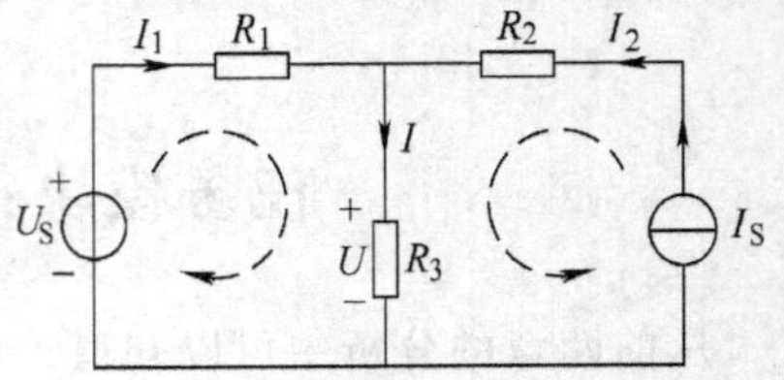

图 3-2 叠加定理举例

叠加定理可通过图 3-2 所示的例子进行说明。

列网孔的 KVL 和节点的 KCL 方程得

$$\begin{cases} R_1I_1 + R_3I - U_S = 0 \\ I_1 + I_2 = I \\ I_2 = I_S \end{cases}$$

解得 $$I_1 = \frac{U_S - R_3I_S}{R_1 + R_3} \qquad I = I_1 + I_2 = \frac{U_S + R_1I_S}{R_1 + R_3} = \frac{U_S}{R_1 + R_3} + \frac{R_1I_S}{R_1 + R_3}$$

$$U = R_3I = R_3\left(\frac{U_S}{R_1 + R_3} + \frac{R_1I_S}{R_1 + R_3}\right)$$

图 3-3 所示为独立源分别单独作用时对应的电路，其中图 3-3a 为独立电压源单独作用，有

$$I' = \frac{U_S}{R_1 + R_3} \qquad U' = R_3I' = R_3\frac{U_S}{R_1 + R_3}$$

图 3-3b 为独立电流源单独作用，有

$$I'' = \frac{R_1I_S}{R_1 + R_3} \qquad U'' = R_3I'' = \frac{R_3R_1I_S}{R_1 + R_3}$$

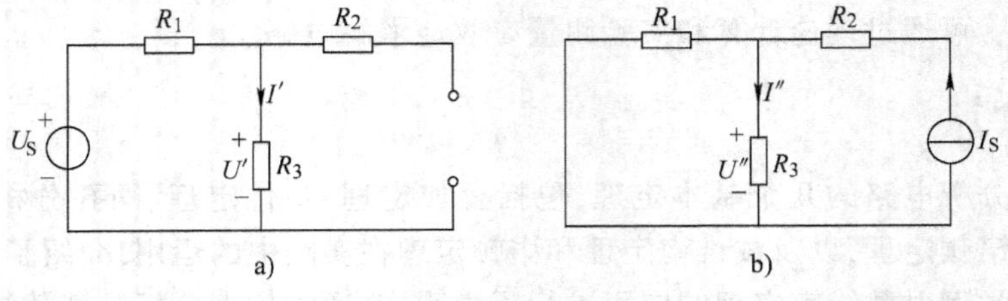

图 3-3 独立源分别单独作用时对应的电路

可见，图 3-2 中的独立电压源和独立电流源共同作用后在电阻 R_3 上所产生的电流 I，等于图 3-3 中独立电压源和独立电流源分别单独作用产生的电流 I'与 I''的代数和，即 $I = I' + I''$。同样可知 $U = U' + U''$。

例 3-1 电路如图 3-4a 所示，用叠加定理求电流 I 和电压 U。

解： 图 3-4b 为独立电压源单独作用，可得

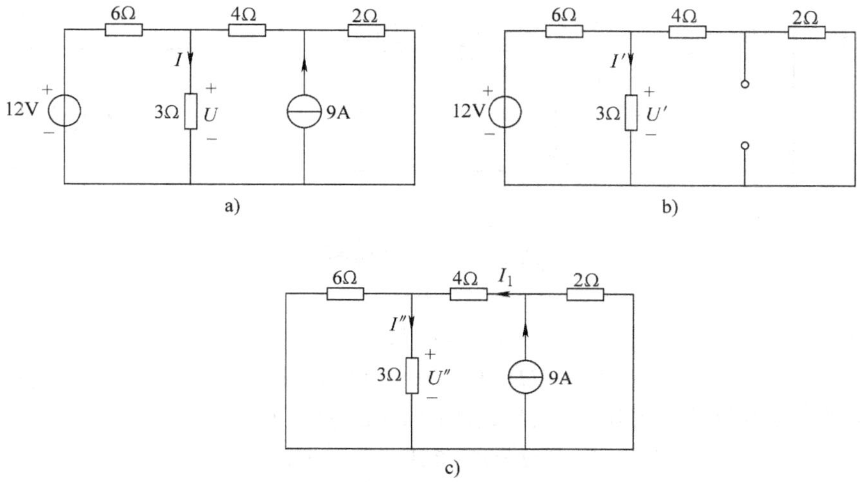

图 3-4　例 3-1 电路图

$$U' = \frac{(4+2)/\!/3}{[(4+2)/\!/3]+6} \times 12\text{V} = 3\text{V} \qquad I' = \frac{U'}{3\Omega} = \frac{3}{3}\text{A} = 1\text{A}$$

图 3-4c 为独立电流源单独作用，可得

$$I_1 = \frac{2}{[(6/\!/3)+4]+2} \times 9\text{A} = 2.25\text{A}$$

$$I'' = \frac{6}{3+6} \times I_1 = \frac{6}{3+6} \times 2.25\text{A} = 1.5\text{A} \qquad U'' = 3\Omega \cdot I'' = 3 \times 1.5\text{V} = 4.5\text{V}$$

I、I'和 I''的参考方向一致，U、U'和 U''的参考方向一致，根据叠加定理可知：

$$I = I' + I'' = (1+1.5)\text{A} = 2.5\text{A}$$

$$U = U' + U'' = (3+4.5)\text{V} = 7.5\text{V}$$

在应用叠加定理时，要注意以下几点：

1）当某一个独立源单独作用时，其他独立源应为零值，独立电压源为零值时用短路代替，独立电流源为零值时用开路代替。

2）若电路中有受控源，则在应用叠加定理时，受控源不能单独作用，应始终保留在电路中。

3）叠加定理只适用于计算线性电路的电流和电压，不能用于求功率。这是由于功率与电压（或电流）的关系不是线性关系，同时叠加定理也不适用于非线性电路。

在图 3-4a 所示电路中，3Ω 电阻上的功率为 $P = UI = 2.5 \times 7.5\text{W} = 18.75\text{W}$，而两个独立源单独作用时的功率分别为 $P' = U'I' = 3 \times 1\text{W} = 3\text{W}$ 和 $P'' = U''I'' = 4.5 \times 1.5\text{W} = 6.75\text{W}$，可见 $P \neq P' + P''$。

4）在进行叠加求代数和时，要注意各电压或电流的参考方向是否一致。

例 3-2　电路如图 3-5a 所示，用叠加定理求 3Ω 电阻上的电压 U。

解：图 3-5b 为 10V 电压源单独作用，列出回路的 KVL 方程，得

$$5\Omega \cdot I' + 2\Omega \cdot I' + 3\Omega \cdot I' - 10\text{V} + 10\Omega \cdot I' = 0$$

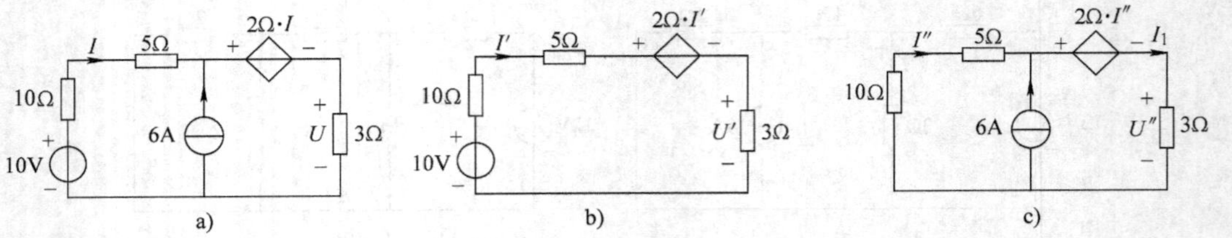

图 3-5 例 3-2 电路图

解得 $$I' = 0.5\text{A}$$

则 $$U' = 3\Omega \cdot I' = 3 \times 0.5\text{V} = 1.5\text{V}$$

图 3-5c 为 6A 电流源单独作用,列出回路的 KVL 方程,得

$$5\Omega \cdot I'' + 2\Omega \cdot I'' + 3\Omega \cdot I_1 + 10\Omega \cdot I'' = 0 \quad ①$$

根据节点 A 的 KCL 方程，可得 $$I_1 = I'' + 6\text{A} \quad ②$$

将式②代入式①得 $5\Omega \cdot I'' + 2\Omega \cdot I'' + 3\Omega \cdot (I'' + 6\text{A}) + 10\Omega \cdot I'' = 0$，解得 $I'' = -0.9\text{A}$。

可得 $$U'' = 3\Omega \cdot I_1 = 3\Omega \cdot (I'' + 6\text{A}) = 3 \times (-0.9 + 6)\text{V} = 15.3\text{V}$$

根据叠加定理，得 $$U = U' + U'' = (1.5 + 15.3)\text{V} = 16.8\text{V}$$

3.1.2 齐次性

线性电路的齐次性是指当激励信号（如电源）同时增加或减小 k 倍时，电路的响应(即在电路其他各电阻上所产生的电流和电压值）也将增加或减小 k 倍。如图 3-3b 中，可知电阻 R_1 上的电流 $I = \dfrac{R_3}{R_1 + R_3} I_S$。当电流源变为 kI_S 时，电阻 R_1 上的电流为 $I' = \dfrac{R_3}{R_1 + R_3} kI_S = k\dfrac{R_3}{R_1 + R_3} I_S = kI$,也相应地变为原来的 k 倍。

例 3-3 在图 3-6 所示线性电路中，(1) 已知 $I = 1\text{A}$，求电压源 U_S 的大小。(2) 若电压源 U_S 变为 360V，则 I 为多少？

解：(1) 从图 3-6 可知，$U_{AB} = (2 + 4)\Omega \cdot I = 6 \times 1\text{V} = 6\text{V}$,则

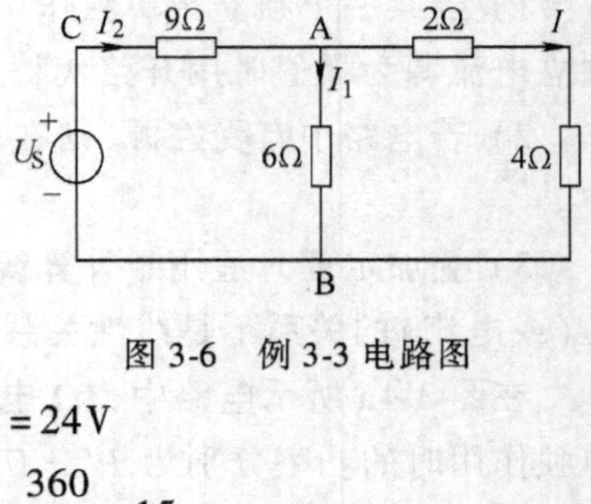

图 3-6 例 3-3 电路图

$$I_1 = \frac{U_{AB}}{6\Omega} = \frac{6}{6}\text{A} = 1\text{A}$$

$$I_2 = I_1 + I = (1 + 1)\text{A} = 2\text{A}$$

$$U_{CA} = 9\Omega \cdot I_2 = 9 \times 2\text{V} = 18\text{V}$$

$$U_S = U_{CB} = U_{CA} + U_{AB} = (18 + 6)\text{V} = 24\text{V}$$

(2) 若电源电压为 360V，则电源电压增加的倍数为 $k = \dfrac{360}{24} = 15$。

根据线性电路的齐次性，电流 I 也相应地增加 15 倍，即此时电流 $I = 1 \times 15\text{A} = 15\text{A}$。

思考与练习

3-1-1 使用叠加定理时要注意哪些事项？

3-1-2　电路如图 3-7 所示，用叠加定理求电流 I。

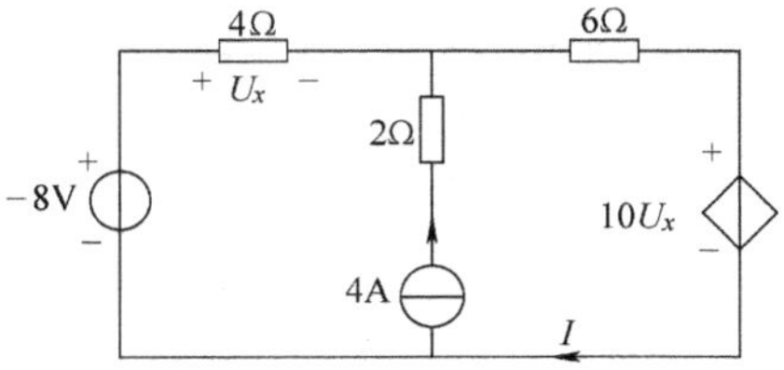

图 3-7　思考与练习 3-1-2 电路图

3.2　替代定理

3.2.1　替代定理的概念

替代定理：若已知网络中某一支路上的电压 u_k 或电流 i_k，则可用一个电压大小为 u_k 的理想电压源或电流大小为 I_k 的理想电流源来代替这条支路，而对网络中其他支路的电压或电流不会产生影响。

当网络中某个支路上的电压或电流为已知时，通过替代定理可以简化电路的分析与计算，其应用可通过后面的例子来了解，但要注意替代后的电路应当具有唯一解。

3.2.2　运用替代定理求解电路

例 3-4　电路如图 3-8a 所示，$U=6\text{V}$，求电压 U_1 的大小。

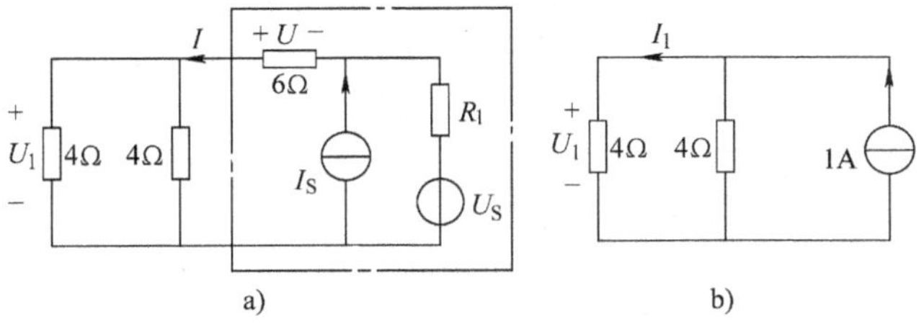

图 3-8　例 3-4 电路图

解：由 $U=6\text{V}$，可得

$$I=\frac{U}{6\Omega}=\frac{6}{6}\text{A}=1\text{A}$$

则图 3-8a 中点画线框内的电路可用一个 1A 的理想电流源来替代，得到图 3-8b，故得

$$I_1=\frac{4}{4+4}\times 1\text{A}=0.5\text{A}$$

$$U_1=4\Omega\cdot I_1=4\times 0.5\text{V}=2\text{V}$$

替代定理不仅可用于线性电路，也适用于非线性电路。

例 3-5　电路如图 3-9a 所示，已知电容电流 $i_C=4\text{e}^{-t}\text{A}$，用替代定理求电流 i。

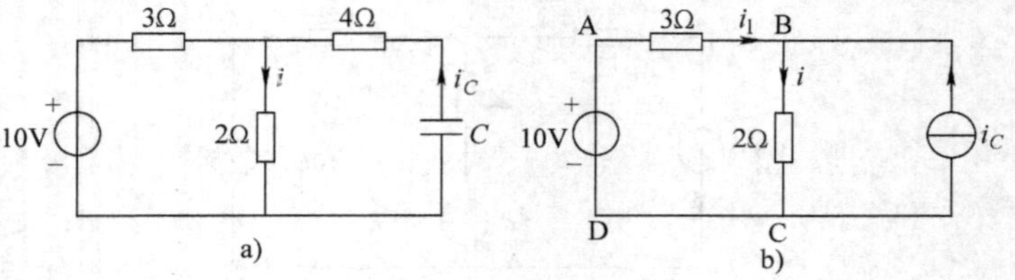

图 3-9 例 3-5 电路图

解：由于电容的电流已知，根据替代定理可以用一个电流大小为 $4e^{-t}$A 的理想电流源来替代电容所在的支路，如图 3-9b 所示。

列回路 ABCDA 的 KVL 方程，可得

$$3\Omega \cdot i_1 + 2\Omega \cdot i - 10\text{V} = 0$$

列节点 B 的 KCL 方程，可得 $i_1 = i - i_C$，代入上式得

$$3\Omega \cdot (i - i_C) + 2\Omega \cdot i - 10\text{V} = 0$$

即

$$3\Omega \cdot (i - 4e^{-t}) + 2\Omega \cdot i - 10\text{V} = 0$$

解得

$$i = \frac{10 + 12e^{-t}}{5}\text{A} = (2 + 2.4e^{-t})\text{A}$$

思考与练习

3-2-1 电路如图 3-10 所示，已知电感上的电压为 $u_L(t) = 8e^{-\frac{t}{6}}$V，电流为 $i_L = (2.4 - 4.8e^{-\frac{t}{6}})$A，试用替代定理求电流 i 和电压 u。

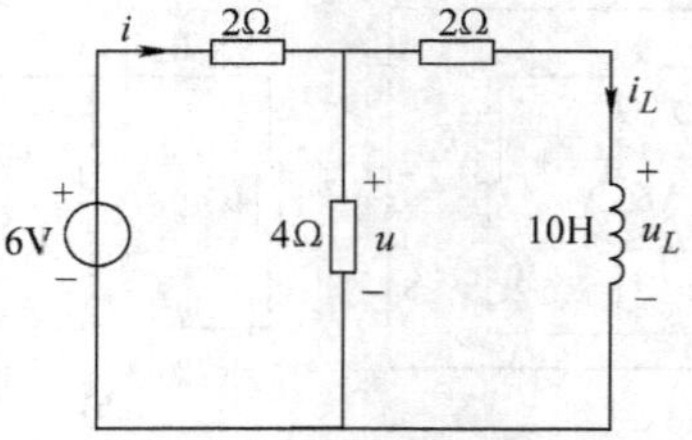

图 3-10 思考与练习 3-2-1 电路图

3.3 网孔分析法

对于由独立电压源和线性电阻所构成的电路，可以用第 1 章所述的支路电流法进行求解，即对于有 b 条支路、n 个节点的电路，可列出 $n-1$ 个独立的 KCL 方程和 $b-n+1$ 个独立的 KVL 方程，然后将 KCL 方程代入 KVL 方程，但对于支路数目比较多的电路，最后得到的方程数量也较多。与支路电流法相比，网孔分析法通过选择网孔电流作为一组独立电流变量来建立网络方程，可以减少需要建立的网络方程的个数。

3.3.1　网孔电流

以图 3-11 所示电路为例说明网孔电流。

电路中共有四个节点，对其中的 A、C、D 三个节点列出 KCL 方程：

$$\begin{cases} I_2 = I_1 + I_4 \\ I_3 + I_1 + I_5 = 0 \\ I_2 + I_3 = I_6 \end{cases}$$

通过上式可得到

$$\begin{cases} I_4 = I_2 - I_1 \\ I_5 = -I_3 - I_1 \\ I_6 = I_2 + I_3 \end{cases} \tag{3-1}$$

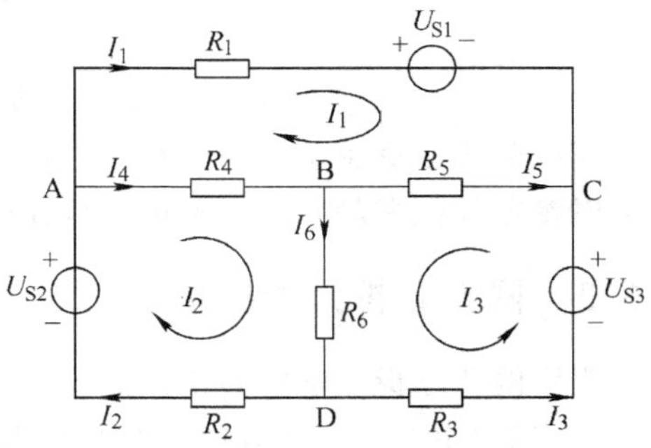

图 3-11　网孔分析法举例

可见，电路中虽然有六个支路电流，但 I_4、I_5 和 I_6 不是独立的，它们是 I_1、I_2 和 I_3 的线性组合。观察图 3-11，可以将 I_1、I_2 和 I_3 看做是绕着网孔边界闭合流动的电流，如图中的虚线箭头所示，将这种绕着网孔边界闭合流动的电流称为网孔电流。而 I_4、I_5 和 I_6 可以看做是网孔电流在公共边界的共同作用。对于有 b 条支路、n 个节点的电路，总共有 $b-n+1$ 个网孔电流。

3.3.2　网孔方程

列出图 3-11 中三个网孔的 KVL 方程，得

$$\begin{cases} R_1I_1 - R_5I_5 - R_4I_4 = -U_{S1} \\ R_4I_4 + R_6I_6 + R_2I_2 = U_{S2} \\ -R_5I_5 + R_3I_3 + R_6I_6 = U_{S3} \end{cases} \tag{3-2}$$

将式（3-1）代入式（3-2），整理得

$$\begin{cases} (R_1 + R_5 + R_4)I_1 - R_4I_2 + R_5I_3 = -U_{S1} \\ -R_4I_1 + (R_4 + R_6 + R_2)I_2 + R_6I_3 = U_{S2} \\ R_5I_1 + R_6I_2 + (R_3 + R_5 + R_6)I_3 = U_{S3} \end{cases} \tag{3-3}$$

式（3-3）是以网孔电流为变量的网孔方程，写成一般形式：

$$\begin{cases} R_{11}I_1 + R_{12}I_2 + R_{13}I_3 = U_{S11} \\ R_{21}I_1 + R_{22}I_2 + R_{23}I_3 = U_{S22} \\ R_{31}I_1 + R_{32}I_2 + R_{33}I_3 = U_{S33} \end{cases} \tag{3-4}$$

网孔方程中各系数的定义如下：

R_{ii}：网孔自电阻，是第 i 个网孔的全部电阻之和。如上式中的 R_{11}、R_{22}和 R_{33}，其中 $R_{11} = R_1 + R_5 + R_4$，$R_{22} = R_4 + R_6 + R_2$，$R_{33} = R_3 + R_5 + R_6$。

$R_{kj}(k \neq j)$：网孔 k 与网孔 j 的互电阻，它是第 k 个和第 j 个网孔公共部分电阻的正值或负值，且 $R_{kj} = R_{jk}$。当两网孔电流以相同方向流过公共电阻时取正号，相反方向时取负号。如上图中 $R_{12} = R_{21} = -R_4$，$R_{13} = R_{31} = R_5$，$R_{23} = R_{32} = R_6$。

U_{Sii}：第 i 个网孔中全部电压源电位升的代数和，若电压源的参考方向与网孔电流方向

相反，则取正号，反之取负号。如 $U_{S11} = -U_{S1}$，$U_{S22} = U_{S2}$，$U_{S33} = U_{S3}$。

根据网孔方程中各系数的含义，可以列出有 m 个网孔的平面电路的网孔方程：

$$\begin{cases} R_{11}I_1 + R_{12}I_2 + \cdots + R_{1m}I_m = U_{S11} \\ R_{21}I_1 + R_{22}I_2 + \cdots + R_{2m}I_m = U_{S22} \\ \cdots \\ R_{m1}I_1 + R_{m2}I_2 + \cdots + R_{mm}I_m = U_{Smm} \end{cases} \tag{3-5}$$

网孔分析法适用于平面电路中，对于非平面电路可以用回路分析法进行分析。回路分析法可以参考其他书籍，本书不再进行介绍。

3.3.3 网孔分析法的应用

应用网孔分析法求解的步骤如下：

1）确定电路中的网孔电流及其参考方向。

2）观察电路中各元件参数，确定网孔方程中的系数，列出网孔方程。

3）解网孔方程，得到各网孔电流。

4）根据 KCL，得到其他支路电流。

5）根据各元件的伏安特性，得到各支路电压。

例 3-6 电路如图 3-12 所示，用网孔分析法求各支路电流。

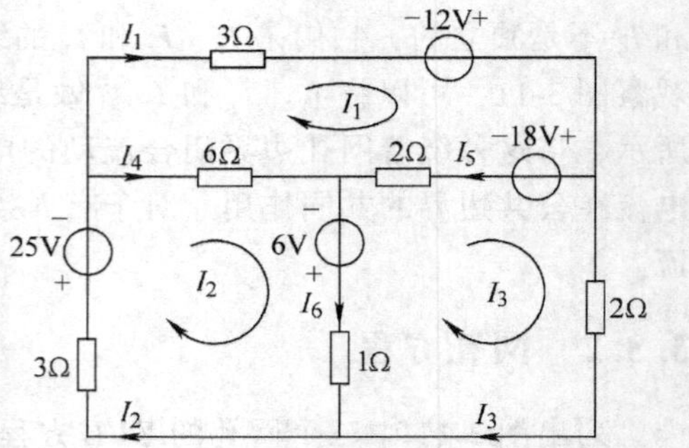

图 3-12 例 3-6 电路图

解： 网孔的参考方向如图中所示，列网孔方程得

$$\begin{cases} (3+2+6)\Omega \cdot I_1 - 6\Omega \cdot I_2 - 2\Omega \cdot I_3 = 12\text{V} - 18\text{V} \\ -6\Omega \cdot I_1 + (6+1+3)\Omega \cdot I_2 - 1\Omega \cdot I_3 = -25\text{V} + 6\text{V} \\ -2\Omega \cdot I_1 - 1\Omega \cdot I_2 + (2+2+1)\Omega \cdot I_3 = 18\text{V} - 6\text{V} \end{cases}$$

整理得

$$\begin{cases} 11\Omega \cdot I_1 - 6\Omega \cdot I_2 - 2\Omega \cdot I_3 = -6\text{V} \\ -6\Omega \cdot I_1 + 10\Omega \cdot I_2 - 1\Omega \cdot I_3 = -19\text{V} \\ -2\Omega \cdot I_1 - 1\Omega \cdot I_2 + 5\Omega \cdot I_3 = 12\text{V} \end{cases}$$

解得 $I_1 = -2\text{A} \quad I_2 = -3\text{A} \quad I_3 = 1\text{A}$

根据 KCL 得

$$I_4 = I_2 - I_1 = [-3-(-2)]\text{A} = -1\text{A}$$
$$I_5 = I_1 - I_3 = (-2-1)\text{A} = -3\text{A}$$
$$I_6 = I_2 - I_3 = (-3-1)\text{A} = -4\text{A}$$

3.3.4 含理想电流源的网孔方程

式(3-5)只考虑了由独立电压源和电阻组成的电路，当电路中含有独立电流源时，需要进行另外的处理。若有电阻与独立电流源相并联，则可进行电源的等效变换，将其变换成电压源

与电阻相串联，再建立网孔方程。若没有电阻与电流缘相并联，则需根据电流源所处的位置进行相应的处理。若电流源处在电路的外围边界上，则该网孔的网孔电流就等于该电流源的电流，此时可直接得到该网孔电流，而不需要列出该网孔的方程；若电流源处在两个网孔的公共边界上，则需设定电流源两端的电压，再建立网孔方程，由于增加了电流源两端的电压变量，所以需要补充电流源与网孔电流关系的方程。

例 3-7　用网孔分析法求图 3-13 所示电路中的电流 I。

解：观察可知网孔电流 $I_2 = 3\text{A}$，列出网孔 1 的网孔方程，得

$$10\Omega \cdot I_1 - 2\Omega \cdot I_2 = 10\text{V}$$

将 $I_2 = 3\text{A}$ 代入上式，解得

$$I_1 = 1.6\text{A}$$

根据节点 A 的 KCL 方程，可得

$$I = I_1 - I_2 = (1.6 - 3)\text{A} = -1.4\text{A}$$

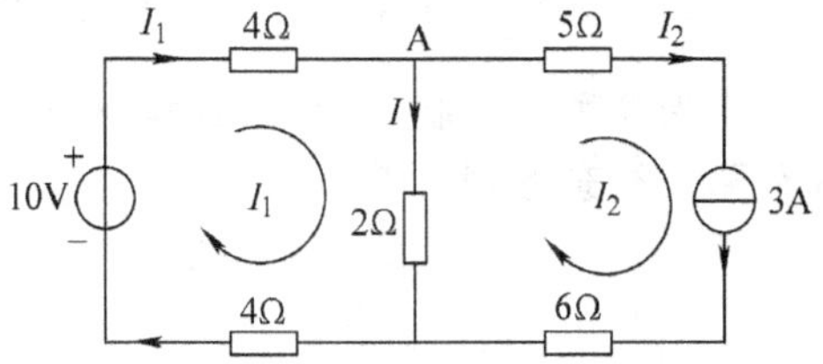

图 3-13　例 3-7 电路图

例 3-8　电路如图 3-14 所示，用网孔分析法求各支路电流以及 1A 电流源发出的功率。

解：设 1A 电流源两端的电压为 U，各网孔电流的参考方向如图中所示，列网孔方程得

$$\begin{cases} 20\Omega \cdot I_1 - 6\Omega \cdot I_2 - 4\Omega \cdot I_3 = 20\text{V} \\ -6\Omega \cdot I_1 + 8\Omega \cdot I_2 = 10\text{V} - U \\ -4\Omega \cdot I_1 + 12\Omega \cdot I_3 = U \end{cases}$$

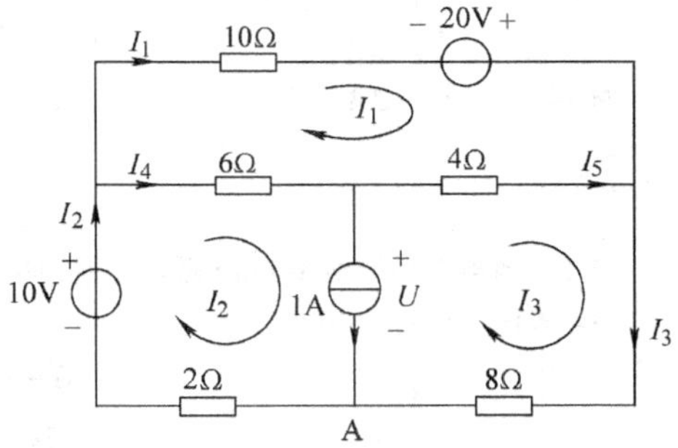

图 3-14　例 3-8 电路图

从节点 A，可列出一个补充方程 $I_2 = 1\text{A} + I_3$，则方程组变为

$$\begin{cases} 20\Omega \cdot I_1 - 6\Omega \cdot I_2 - 4\Omega \cdot I_3 = 20\text{V} \\ -6\Omega \cdot I_1 + 8\Omega \cdot I_2 = 10\text{V} - U \\ -4\Omega \cdot I_1 + 12\Omega \cdot I_3 = U \\ I_2 = 1\text{A} + I_3 \end{cases}$$

解得　　$I_1 = 1.8\text{A}$　$I_2 = 2\text{A}$　$I_3 = 1\text{A}$，$U = 4.8\text{V}$

得

$$I_4 = I_2 - I_1 = (2 - 1.8)\text{A} = 0.2\text{A}$$

$$I_5 = I_3 - I_1 = (1 - 1.8)\text{A} = -0.8\text{A}$$

1A 电流源消耗的功率为

$$P = UI = 4.8 \times 1\text{W} = 4.8\text{W} > 0$$

可见，1A 电流源消耗的功率为 4.8W，则 1A 电流源发出的功率为 −4.8W。

3.3.5　含受控源的网孔方程

当电路中含有受控源时，将受控源当做独立源进行处理，然后将受控源的控制变量用网孔电流来表示，通过整理得到式(3-5)所示的网孔方程。

例 3-9　用网孔分析法求图 3-15 所示电路的网孔电流。

解:观察电路,可知网孔电流 $I_3=2I$,列出网孔1和网孔2的网孔方程得

$$\begin{cases}8\Omega\cdot I_1-4\Omega\cdot I_2+2\Omega\cdot I_3=-8\text{V}\\-4\Omega\cdot I_1+8\Omega\cdot I_2+2\Omega\cdot I_3=0.5U\end{cases}$$

将 $I_3=2I$ 代入上式可得

$$\begin{cases}8\Omega\cdot I_1-4\Omega\cdot I_2+4\Omega\cdot I=-8\text{V}\\-4\Omega\cdot I_1+8\Omega\cdot I_2+4\Omega\cdot I=0.5U\end{cases}$$

将受控源的控制变量分别用网孔电流来表示,可得到两个补充方程:

$$U=2\Omega\cdot I_1$$

$$I=I_2-I_1$$

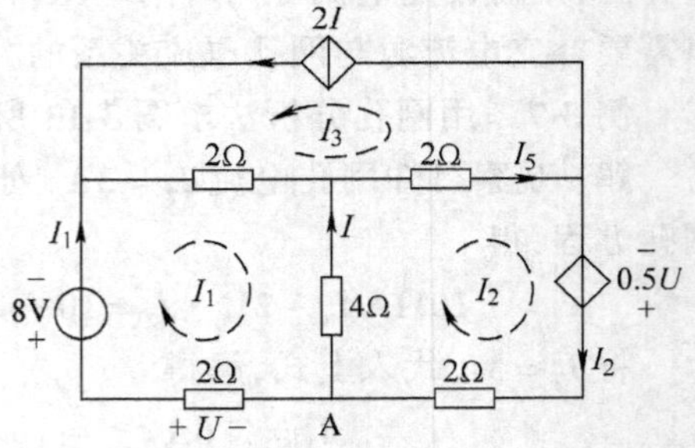

图 3-15 例 3-9 电路图

将两个补充方程代入网孔方程中,整理得

$$\begin{cases}4\Omega\cdot I_1=-8\text{V}\\-9\Omega\cdot I_1+12\Omega\cdot I_2=0\end{cases}$$

解得 $I_1=-2\text{A}\quad I_2=-1.5\text{A}\quad I_3=2I=2\times[-1.5-(-2)]\text{A}=1\text{A}$

思考与练习

3-3-1 当电路中含独立电流源时如何列网孔方程?当含受控源时又该如何列网孔方程?

3-3-2 已知网孔方程为

$$\left.\begin{aligned}6\Omega\cdot I_1-2\Omega\cdot I_2=10\text{V}\\-2\Omega\cdot I_1+20\Omega\cdot I_2=24\text{V}\end{aligned}\right\}$$

试根据网孔方程绘出电路图。

3.4 节点电压法

网孔分析法的实质是将 KCL 方程代入 KVL 方程,得到以网孔电流为未知变量的方程,反过来也可以将各支路的电压用节点电压来表示,将 KVL 方程代入 KCL 方程,得到以节点电压作未知变量的方程,通过各节点电压获得各支路电压及支路电流,这种方法称为节点电压法。

3.4.1 节点电压

在具有 n 个节点的连通电路中,可以选择其中一个节点作为参考节点(零电位参考点),其余 $n-1$ 个节点相对于参考节点的电压,称为该节点的节点电压,则任意两个节点之间的电压等于两节点电压之差。图 3-16 所示电路中共有 4 个节点,各支路电压与电流取关联参考方向。选择节点 0 作为参考节点,节点①、②和③的电位分别为 V_1、V_2 和 V_3,这三个节点与参考节点 0 之间的电压分别为 U_1、U_2 和 U_3,则各支路电压为

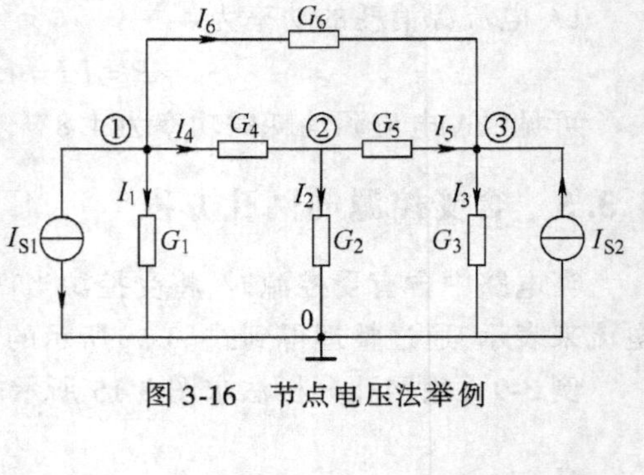

图 3-16 节点电压法举例

$$U_1 = V_1 - V_0 = V_1$$
$$U_2 = V_2 - V_0 = V_2$$
$$U_3 = U_3 - V_0 = V_3$$
$$U_4 = V_1 - V_2 = U_1 - U_2$$
$$U_5 = V_2 - V_3 = U_2 - U_3$$
$$U_6 = V_1 - V_3 = U_1 - U_3$$

3.4.2　节点方程

列出图 3-16 中①、②和③三个节点的 KCL 方程，得

$$\begin{cases} I_{S1} + I_1 + I_4 + I_6 = 0 \\ I_2 + I_5 - I_4 = 0 \\ I_3 - I_5 - I_6 - I_{S2} = 0 \end{cases} \tag{3-6}$$

将各支路电流用节点电压和支路电导表示，得

$$\begin{cases} I_1 = G_1 U_1 \\ I_2 = G_2 U_2 \\ I_3 = G_3 U_3 \\ I_4 = G_4 (U_1 - U_2) \\ I_5 = G_5 (U_2 - U_3) \\ I_6 = G_6 (U_1 - U_3) \end{cases} \tag{3-7}$$

将式（3-7）代入式（3-6），经整理得

$$\begin{cases} (G_1 + G_4 + G_6) U_1 - G_4 U_2 - G_6 U_3 = -I_{S1} \\ -G_4 U_1 + (G_2 + G_4 + G_5) U_2 - G_5 U_3 = 0 \\ -G_6 U_1 - G_5 U_2 + (G_3 + G_5 + G_6) U_3 = I_{S2} \end{cases}$$

这就是图 3-16 所示电路的节点方程，可以将节点方程写成一般形式：

$$\begin{cases} G_{11} U_1 + G_{12} U_2 + G_{13} U_3 = I_{S11} \\ G_{21} U_1 + G_{22} U_2 + G_{23} U_3 = I_{S22} \\ G_{31} U_1 + G_{32} U_2 + G_{33} U_3 = I_{S33} \end{cases} \tag{3-8}$$

式中各系数的定义如下：

G_{ii}：节点自电导，是与第 i 个节点相连的所有支路电导之和。如 G_{11}、G_{22} 和 G_{33}，图 3-16 中，$G_{11} = G_1 + G_4 + G_6$、$G_{22} = G_2 + G_4 + G_5$、$G_{33} = G_3 + G_5 + G_6$。

G_{jk}（$j \neq k$）：节点 j 与节点 k 的互电导，是连接两独立节点的所有支路电导之和的负值，且 $G_{jk} = G_{kj}$。上式中 $G_{12} = G_{21} = -G_4$，$G_{13} = G_{31} = -G_6$、$G_{23} = G_{32} = -G_5$。

I_{Sii}：流入第 i 个节点的电流源电流的代数和，流入该节点取“+”，流出取“-”。如上式中 $I_{S11} = -I_{S1}$，$I_{S22} = 0$，$I_{S33} = I_{S3}$。

3.4.3　节点电压法的应用

应用节点电压法求解的步骤如下：

1）选定参考节点，标注各节点电压。

2）观察电路中各元件参数，确定节点方程中的系数，列出节点方程。

3）解节点方程，得到各节点电压。

4）根据各节点电压得到各支路电压。

5）根据 KVL 及支路元件的伏安特性，得到各支路电流。

例 3-10 电路如图 3-17 所示，用节点电压法求各支路电流。

解：参考节点和节点①、②、③的选择如图 3-17 所示，列节点方程得

$$\begin{cases}(1+1+2)\ \mathrm{S}\cdot U_1-1\mathrm{S}\cdot U_2-2\mathrm{S}\cdot U_3=4\mathrm{A}\\-1\mathrm{S}\cdot U_1+\ (1+1+1)\ \mathrm{S}\cdot U_2-1\mathrm{S}\cdot U_3=0\\-2\mathrm{S}\cdot U_1-1\mathrm{S}\cdot U_2+\ (1+1+2)\ \mathrm{S}\cdot U_3=-4\mathrm{A}\end{cases}$$

解得 $U_1=\frac{2}{3}\mathrm{V}$，$U_2=0\mathrm{V}$，$U_3=-\frac{2}{3}\mathrm{V}$，则有

$$I_1=1\mathrm{S}\cdot U_1=1\times\frac{2}{3}\mathrm{A}=\frac{2}{3}\mathrm{A}$$

$$I_2=1\mathrm{S}\cdot U_2=1\times 0\mathrm{A}=0\mathrm{A}$$

$$I_3=1\mathrm{S}\cdot U_3=1\times\left(-\frac{2}{3}\right)\mathrm{A}=-\frac{2}{3}\mathrm{A}$$

$$I_4=1\mathrm{S}\cdot(U_1-U_2)=1\times\left(\frac{2}{3}-0\right)\mathrm{A}=\frac{2}{3}\mathrm{A}$$

$$I_5=1\mathrm{S}\cdot(U_2-U_3)=1\times\left[0-\left(-\frac{2}{3}\right)\right]\mathrm{A}=\frac{2}{3}\mathrm{A}$$

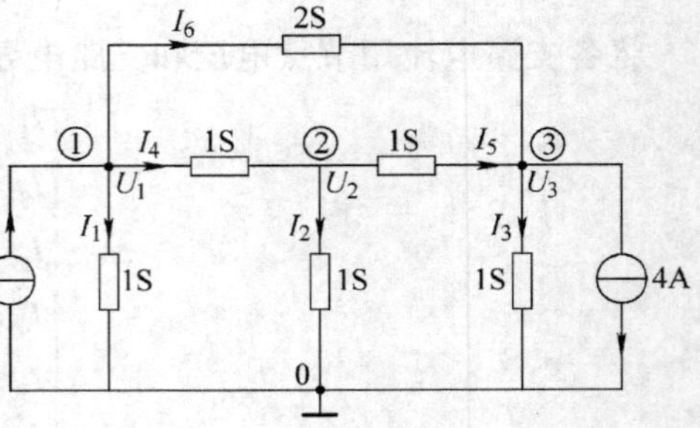

图 3-17 例 3-10 电路图

$$I_6=2\mathrm{S}\cdot(U_1-U_3)=2\times\left[\frac{2}{3}-\left(-\frac{2}{3}\right)\right]\mathrm{A}=\frac{8}{3}\mathrm{A}$$

3.4.4 含理想电压源的节点方程

当电路中存在独立电压源时，不能直接列出节点方程。若有电阻与电压源相串联，则可以等效变换为电流源与电阻相并联后再建立节点方程。若没有电阻与电压源相串联，则需要根据电压源位置进行相应的处理。若电压源直接连接在参考节点与另一个节点之间，则该节点的节点电压就等于电压源的电压，不需要列出该节点的节点方程；若电压源直接连接在非参考节点的两个节点之间，则需要增加电压源的电流变量来建立节点方程，再补充电压源与节点电压关系的方程。

例 3-11 电路如图 3-18 所示，用节点电压法求电流 I。

解：参考节点和节点①、②的选择如图 3-18 所示，经观察可知节点①的节点电压为 $U_1=10\mathrm{V}$，列节点②的节点方程，得

$$-\frac{1}{2}\mathrm{S}\cdot U_1+\left(\frac{1}{2}+\frac{1}{4}\right)\mathrm{S}\cdot U_2=1\mathrm{A}$$

解得 $U_2=8\mathrm{V}$

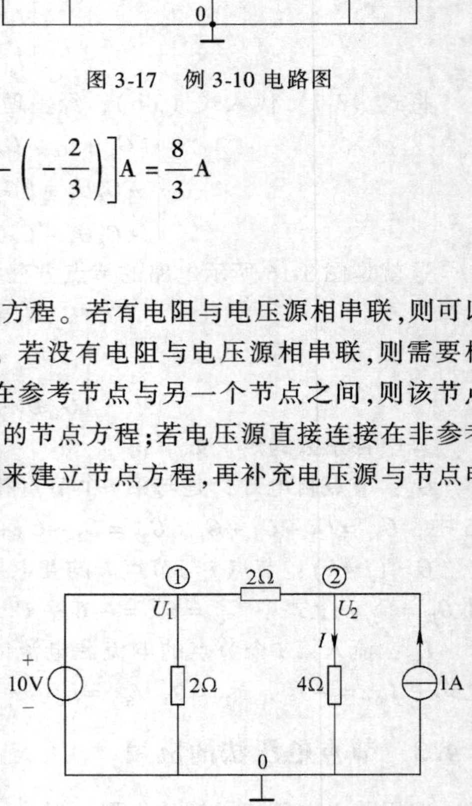

图 3-18 例 3-11 电路图

$$I=\frac{U_2}{4\Omega}=\frac{8}{4}\text{A}=2\text{A}$$

例 3-12 电路如图 3-19 所示，求各节点电压。

解： 参考节点和节点①、②、③的选择如图 3-19 所示，经观察可知节点①的节点电压为 $U_1=7\text{V}$，列节点②和③的节点方程，得

$$\begin{cases}-2\text{S}\cdot U_1+(2+1)\text{S}\cdot U_2=3\text{A}-I\\-1\text{S}\cdot U_1+(1+2)\text{S}\cdot U_3=I\end{cases}$$

补充方程 $U_2-U_3=4\text{V}$

将 $U_1=7\text{V}$ 代入，解得 $U_2=6\text{V},U_3=2\text{V}$。

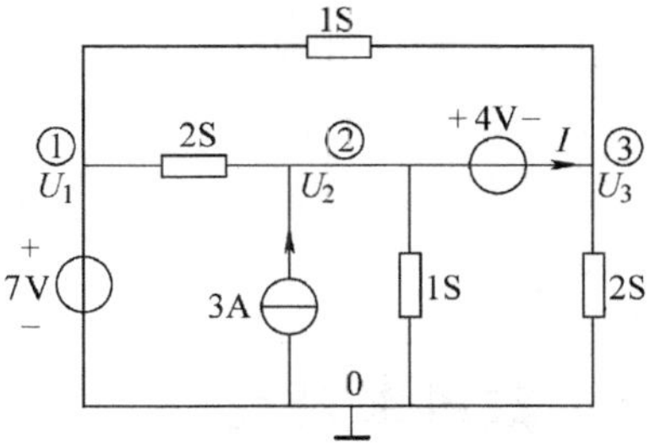

图 3-19 例 3-12 电路图

3.4.5 含受控源的节点方程

当电路中含有受控源时，将受控源当做独立源进行处理，然后将受控源的控制变量用节点电压来表示，通过整理得到式(3-8)所示的节点方程。

例 3-13 电路如图 3-20 所示，用节点电压法求各节点电压。

解： 参考节点和节点①、②的选择如图 3-20 所示，设受控电压源上的电流为 I_1，列节点方程得

$$\begin{cases}\frac{1}{10}\text{S}\cdot U_1=16\text{A}-I_1\\\left(\frac{1}{4}+\frac{1}{8}\right)\text{S}\cdot U_2=I_1-5\text{A}\end{cases}$$

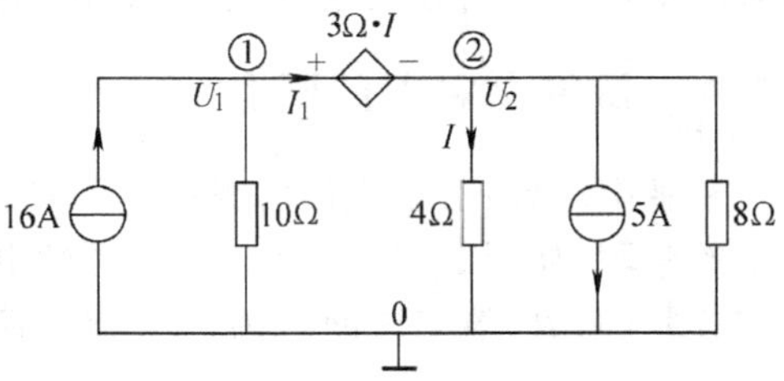

图 3-20 例 3-13 电路图

补充受控源两端的节点电压方程：

$$U_1-U_2=3\Omega\cdot I \qquad ①$$

补充控制变量与节点电压的关系方程：

$$I=\frac{U_2}{4\Omega} \qquad ②$$

将式②代入式①得

$$U_1=\frac{7}{4}U_2 \qquad ③$$

将式③代入节点方程，可得 $U_1=35\text{V},U_2=20\text{V}$。

从前面的分析可知，节点电压法和网孔分析法可以减少需求解的联立方程的数目，因此，从所列的方程数目进行比较，当网络的网孔数少于节点数时，用网孔分析法比较方便；反之，用节点电压法比较方便。此外，节点电压法可以用于分析平面电路与非平面电路，而网孔分析法只适用于分析平面电路。

思考与练习

3-4-1 当电路中含独立电压源时如何列节点方程？当含受控源时又该如何列节点方程？

3-4-2 求图 3-21 所示电路中的各支路电流。

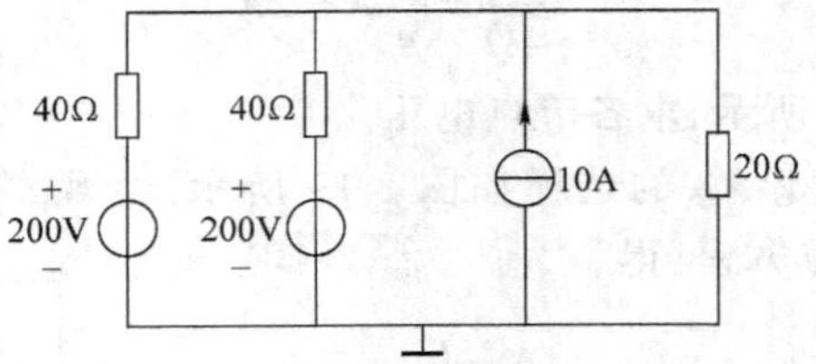

图 3-21 思考与练习 3-4-2 电路图

3.5 戴维南定理

在上一章单口网络的等效化简方法中，可以看出：含独立源的线性单口网络，可以等效成一个电压源和电阻相串联，或一个电流源与电阻相并联。本节的戴维南定理及下一节所介绍的诺顿定理提供了求线性含源单口网络等效电路的一般方法。这两个定理不仅可以用于求线性含源单口网络的等效电路，还可以用于求某一支路上的电流、电压或功率。

3.5.1 戴维南定理的概念

戴维南定理：对于线性含源单口网络 N，就其端口特性而言，可等效为一个独立电压源和电阻的串联，如图 3-22a 所示。电压源的电压等于该网络 N 开路时的电压 U_{OC}，如图 3-22b 所示，串联电阻 R_0 等于该网络内所有独立源为零值时所得网络 N_0 的等效电阻，如图 3-22c 所示。

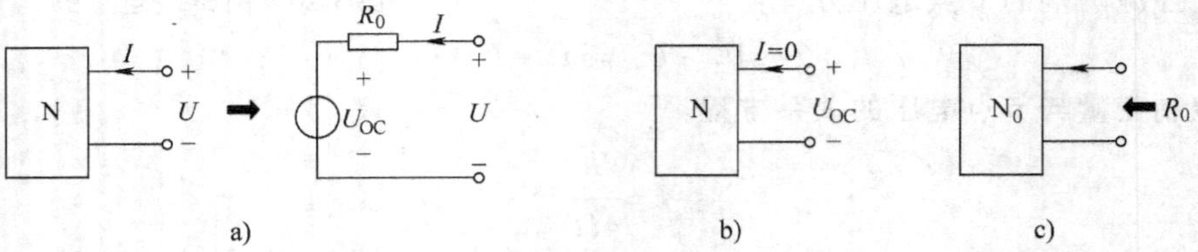

图 3-22 戴维南定理

U_{OC}称为开路电压，R_0 称为戴维南等效电阻，用戴维南定理求得的电压源与电阻串联的电路称为戴维南等效电路。当单口网络的端口电压和电流取关联参考方向时，其端口电压和电流的关系方程为

$$U = U_{OC} + R_0 I \tag{3-9}$$

戴维南定理可以用叠加定理进行证明：设线性含源单口网络 N 接网络 M，如图 3-23a 所示。首先，按替代定理，将外电路用一理想电流源代替，如图 3-23b 所示。其次，根据叠加定理，端口电压可看成两个分量叠加的结果，如图 3-23c、d 所示。一个分量是线性含源单口网络 N 内部所有独立源共同作用时（此时外部电流源为零值）产生的电压分量 U'，U'即为网络 N 的开路电压 U_{OC}；另一个分量是由外部的理想电流源单独作用（此时网络 N 内部所有独立源均为零值）产生的电压分量 U''，此时，N 成为无源网络 N_0，可用等效电阻 R_0 来代替。由此得到：

$$U = U' + U'' = U_{OC} + R_0 I$$

此式与式(3-9)相同，由此可见线性含源单口网络可以等效成一个电压源 U_{OC} 与电阻 R_0 的串联。

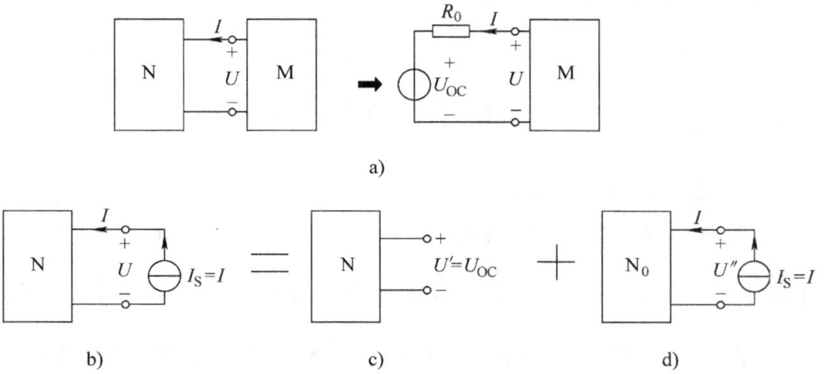

图 3-23　戴维南定理的证明

3.5.2　戴维南等效电路举例

例 3-14　求图 3-24 所示线性单口网络的戴维南等效电路。

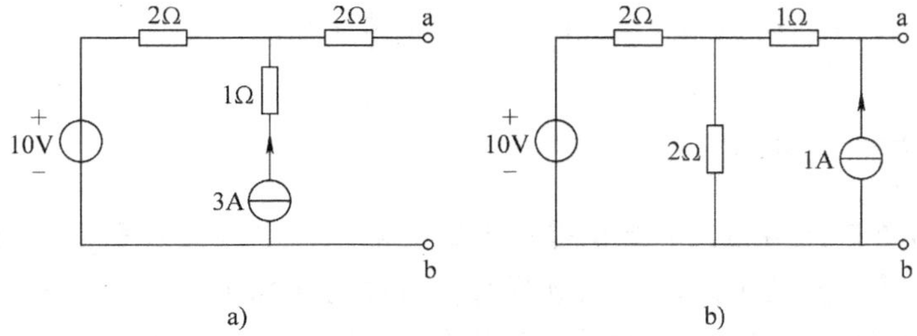

图 3-24　例 3-14 电路图

解：(1) 求图 3-24a 所示线性单口网络的戴维南等效电路

1) 求开路电压 U_{OC}，电路如图 3-25a 所示。

由于端口 ab 开路，则 $I_1=0$，$I_2=3A$，得

$$U_{OC}=2\Omega\cdot I_1+2\Omega\cdot I_2+10V=(2\times0+2\times3+10)V=16V$$

2) 求戴维南等效电阻 R_0，电路所图 3-25b 所示，得

$$R_0=(2+2)\Omega=4\Omega$$

可知戴维南等效电路为 16V 的电压源与 4Ω 的电阻相串联，如图 3-25c 所示。

(2) 求图 3-24b 所示线性单口网络的戴维南等效电路

1) 求开路电压 U_{OC}，电路如图 3-26a 所示。

经观察可知，网孔电流 $I_2=1A$，列网孔电流 I_1 的网孔方程：$4\Omega\cdot I_1-2\Omega\cdot I_2=-10V$。

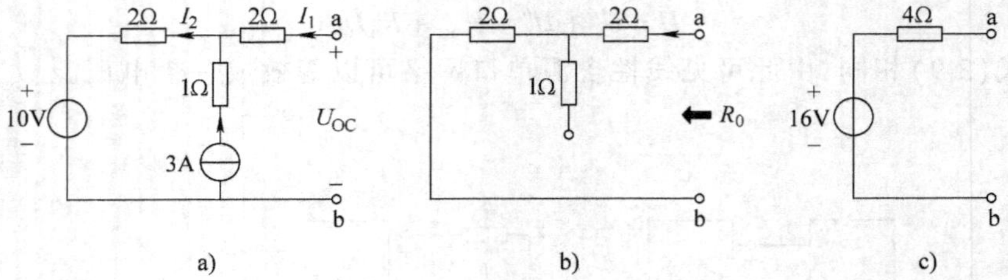

图 3-25 图 3-24a 戴维南等效电路

将 $I_2=1\text{A}$ 代入上式，可得 $I_1=-2\text{A}$。

则 $$U_{OC}=1\Omega\cdot I_2+2\Omega\cdot I_1+10\text{V}=[1\times1+2\times(-2)+10]\text{V}=7\text{V}$$

2）求戴维南等效电阻 R_0，电路所图 3-26b 所示，得 $R_0=\left(\dfrac{2\times2}{2+2}+1\right)\Omega=2\Omega$。

可知戴维南等效电路为 7V 的电压源与 2Ω 的电阻相串联，如图 3-26c 所示。

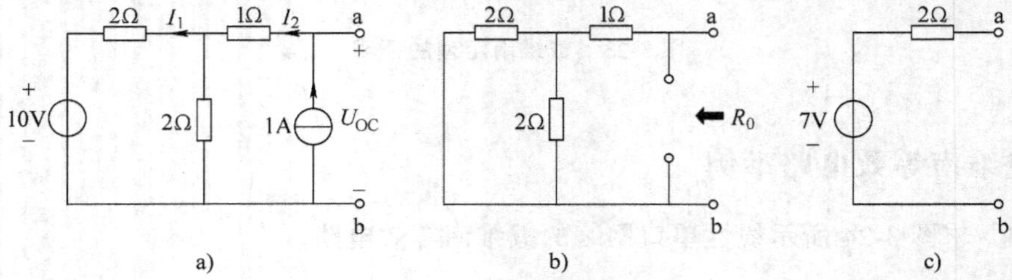

图 3-26 图 3-24b 戴维南等效电路

3.5.3 戴维南定理的应用

由于含源电阻单口网络与其戴维南等效电路的电压、电流关系完全相同，当需要求解电路中某一条支路或几条支路上的电压或电流时，可以将电路分解成一个单口网络 N_0 与另一个单口网络 N_L 的连接，如图 3-27 所示。用戴维南等效电路代替复杂的含源单口网络 N_0，而不影响网络 N_L 中的电压和电流，由于替代后的电路规模变小，使电路的分析计算变得简单。

例 3-15 电路如图 3-28 所示，用戴维南定理求电流 I。

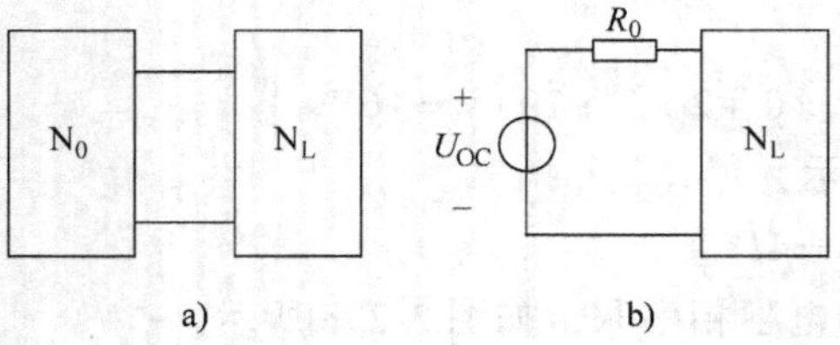

图 3-27 戴维南定理的应用

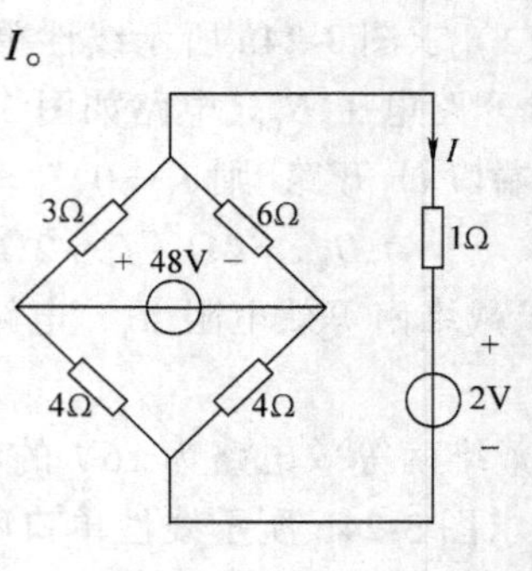

图 3-28 例 3-15 电路图

解：(1) 求开路电压 U_{OC}　将电流 I 的支路从电路中断开，得到单口网络如图 3-29a 所示。

根据分压公式，得

$$U_{OC}=\left(\frac{6}{3+6}\times 48-\frac{4}{4+4}\times 48\right)V=8V$$

(2) 求戴维南等效电阻 R_0　相应的电路如图 3-29b 所示。

$$R_0=\left(\frac{3\times 6}{3+6}+\frac{4\times 4}{4+4}\right)\Omega=4\Omega$$

(3) 求电流 I　作戴维南等效电路，将待求的支路接入，如图 3-29c 所示。

$$I=\frac{8-2}{4+1}A=1.2A$$

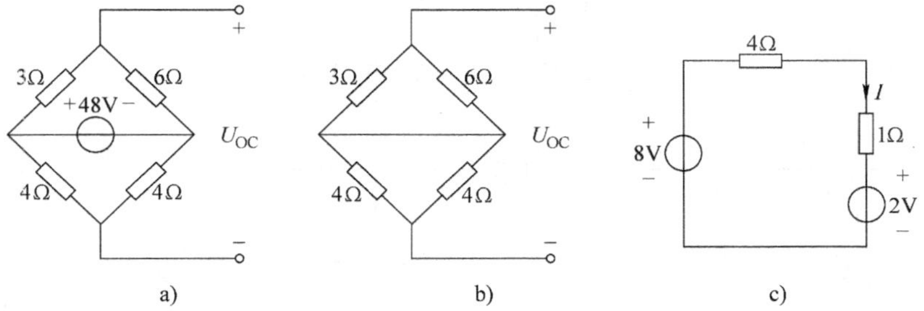

图　3-29

例 3-16　电路如图 3-30 所示，已知 $R_1=2\Omega$，$R_2=4\Omega$，$R_3=2\Omega$，$U_{S1}=12V$，$U_{S2}=20V$，求 R_3 上的电压 U。

解：将待求的支路从电路中移除，求余下电路的戴维南等效电路。

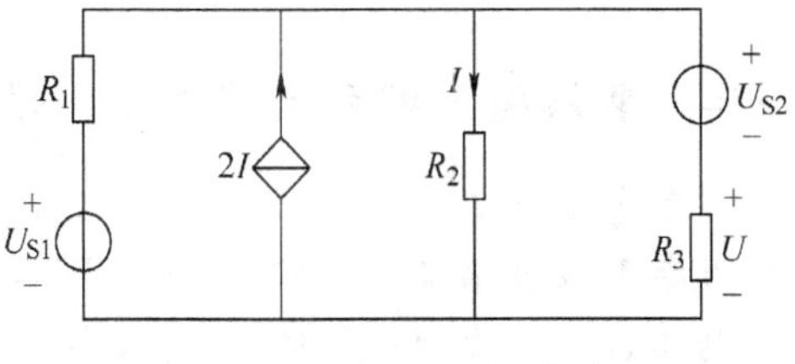

图 3-30　例 3-16 电路图

(1) 求开路电压 U_{OC}　将电压源 U_{S1} 和电阻 R_1 相串联转换成电流源与电阻相并联，如图 3-31a 所示，选择参考节点，用节点电压法列节点方程为

$$\left(\frac{1}{R_1}+\frac{1}{R_2}\right)U_1=I_S+2I$$

$$\left(\frac{1}{2}+\frac{1}{4}\right)S\cdot U_1=I_S+2I$$

其中 $I_S=\frac{U_{S1}}{R_1}=\frac{12}{2}A=6A$，$I=\frac{U_1}{R_2}=\frac{U_1}{4\Omega}$，代入上式得

$$\frac{3}{4}S\cdot U_1=6A+2\times\frac{U_1}{4\Omega}$$

解得 $U_1=24V$，即 $U_{OC}=24V$。

(2) 求戴维南等效电阻 R_0　相应的电路如图 3-31b 所示。

根据节点的 KCL，可得 $I_1+2I=I+I_2$

由 R_1、R_2 是关联关系，可知 $I_2=2I$，代入上式得

$$I_1=I$$

端口的电压与电流的关系为

$$U=R_2I_1=4\Omega\cdot I_1$$

得 $R_0=4\Omega$

(3) 求电压 U　作戴维南等效电路，将待求的支路接入，如图 3-31c 所示。

列回路的 KVL 方程，得

$$(R_0+R_3)I'+U_{S2}-U_{OC}=0$$

$$I'=\frac{U_{OC}-U_{S2}}{R_0+R_3}=\frac{24-20}{4+2}A=\frac{2}{3}A$$

$$U=R_3I'=2\times\frac{2}{3}V=1.33V$$

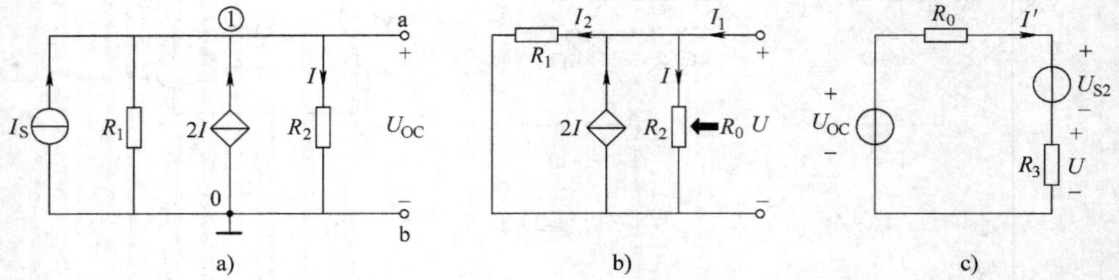

图　3-31

3.5.4　戴维南定理在电路调试中的作用

许多电子设备,如信号发生器,交、直流电源设备等,在正常工作情况下,就负载而言,均可用戴维南等效电路来近似模拟,可以用实验测量的方法确定这些设备的戴维南等效电路。

例 3-17　一直流稳压电源,用电压表测量其端口开路时的电压为 100V,当外接一个 200Ω 的电阻负载时,电阻负载两端的电压为 80V,求该直流稳压电源的电路模型。

解: 直流稳压电源就输出特性而言,可视为一个含源电阻单口网络,可以用一个电压源与线性电阻相串联来近似模拟。

(1) 求开路电压　端口开路时的电压为 100V,如图 3-32a 所示,则 $U_{OC}=100V$。

(2) 求等效电阻 R_0　当外接一个 200Ω 的电阻负载时,负载两端的电压为 80V,如图 3-32b 所示,由图可知:

$$\frac{200\Omega}{R_0+200\Omega}\times U_{OC}=80V$$

可得 $R_0=50\Omega$

则该直流稳压电流的电路模型为一个 100V 的电压源与 50Ω 的电阻相串联,如图 3-32c 所示。

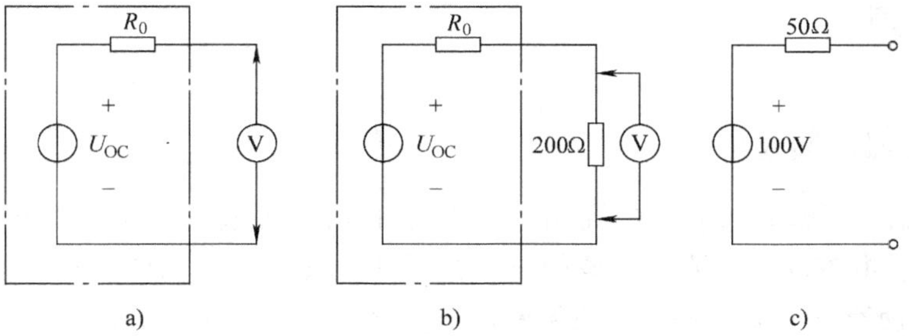

图 3-32　例 3-17 电路图

在进行电子产品的设计时，往往需要调整电路中的某些元件参数来改善其电气性能。戴维南定理可以在不需要知道电路结构和参数的情况下，指出元件参数变化对电压和电流的影响，对电路调试工作非常有用。

若要调整电路中某一电阻 R 上的电压，如图 3-33a 所示，则可以将除电阻 R 以外的其余部分用戴维南等效电路来模拟，得到图 3-33b 所示的电路模型，由此可得

$$U = \frac{R}{R + R_0} U_{OC} = \frac{1}{1 + \frac{R_0}{R}} U_{OC}$$

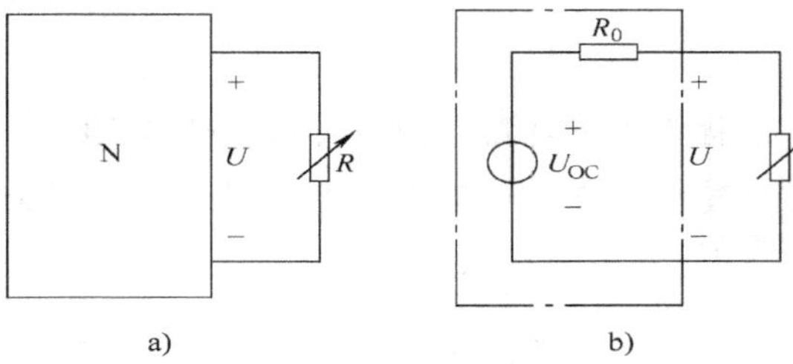

图 3-33　戴维南定理在电路调试中的作用

若 $R_0 > 0$，则可得到结论：可通过增大电阻 R 的阻值来提高电阻 R 两端的电压，当 R 由零增加到无穷大时，电阻 R 两端的电压从零增大到 U_{OC}。如果要使电阻 R 两端的电压 $U > U_{OC}$，那么需要调整电路中其他元件的参数实现。

思考与练习

3-5-1　试求图 3-34 所示电路的戴维南等效电路。

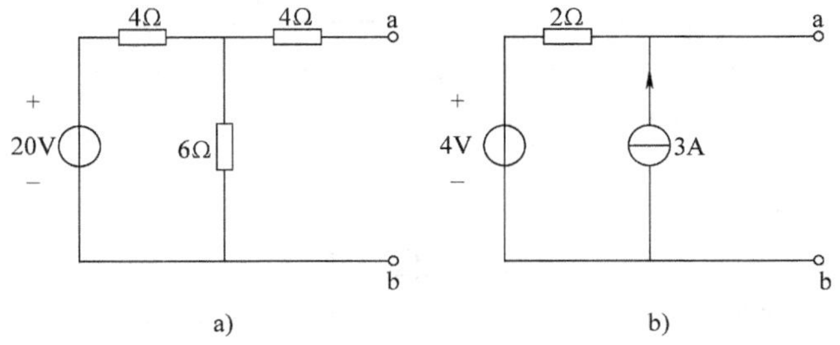

图 3-34　思考与练习 3-5-1 电路图

3-5-2　测得一含源二端网络的开路电压为 50V，短路电流为 0.1A，试画出该二端网络的戴维南等效电路。若外接一个 $R_L = 1k\Omega$ 的负载电阻，试求 R_L 上的电压和电流。

3.6 诺顿定理

3.6.1 诺顿定理的概念

诺顿定理:线性含源单口网络 N,就其端口特性而言,可等效成一个独立电流源和电阻的并联,如图 3-35a。电流源的电流等于该网络 N 短路时的电流 I_{SC},如图 3-35b 所示,并联电阻 R_0 等于该网络内所有独立源为零值时所得网络 N_0 的等效电阻,如图 3-35c 所示。

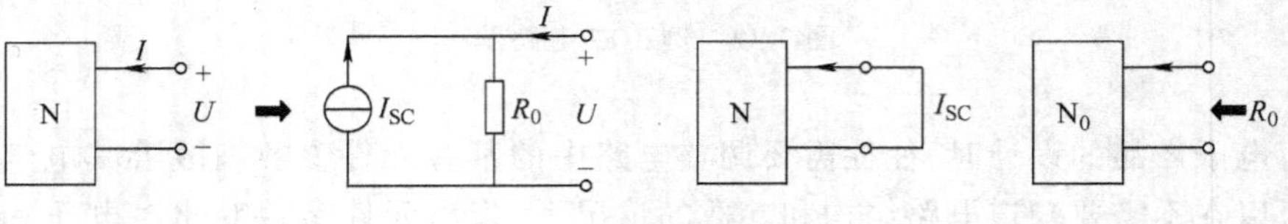

图 3-35 诺顿定理

I_{SC} 称为短路电流,R_0 称为诺顿等效电阻。用诺顿定理求得的电流源与电阻并联的电路称为诺顿等效电路。当单口网络的端口电压和电流取关联参考方向时,其端口电压和电流的关系方程为

$$I = \frac{U}{R_0} - I_{SC} \tag{3-10}$$

与戴维南定理相类似,诺顿定理也可以用叠加定理进行证明。设线性含源单口网络 N 接网络 M,如图 3-36a 所示。首先,按替代定理,将外电路用一理想电压源代替,如图 3-36b 所示。其次,根据叠加定理,端口电流可看成两个分量叠加的结果。一个分量是由外部的理想电压源单独作用(此时网络 N 内部所有独立源均为零值)产生的电流分量 I',此时,N 成为无源网络 N_0,可用等效电阻 R_0 来代替,如图 3-36c 所示,则 $I' = \frac{U}{R_0}$;另一个分量是线性含源单口网络 N 内部所有独立源共同作用时(此时外部电压源为零值)产生的电流分量 I'',如图 3-36d 所示,则 $I'' = -I_{SC}$。

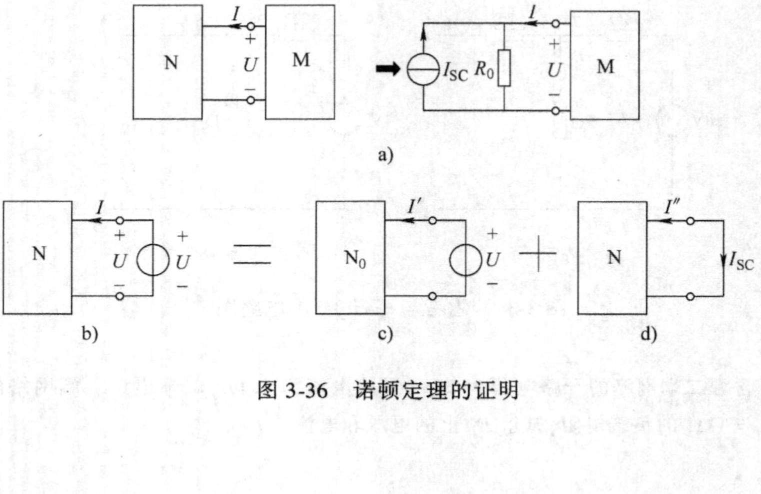

图 3-36 诺顿定理的证明

由此得到
$$I = I' + I'' = \frac{U}{R_0} - I_{SC}$$

此式与式(3-10)相同,由此可见线性含源单口网络可以等效成一个电流源 I_{SC} 与电阻 R_0 的并联。

3.6.2　诺顿定理应用举例

例 3-18　求图 3-37 所示电路的诺顿等效电路。

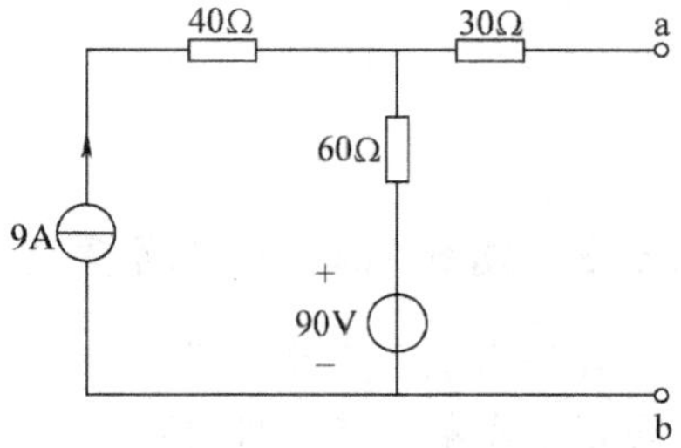

图 3-37　例 3-18 电路图

解:(1)求短路电流 I_{SC}　采用叠加定理,I_{SC}为 9A 电流源单独作用产生的电流 I'和 90V 电压源单独作用产生的电流 I''的叠加,如图 3-38a 所示,可得

$$I_{SC} = I' + I'' = \left(\frac{60}{60+30} \times 9 + \frac{90}{60+30}\right)\text{A}$$
$$= (6+1)\text{A} = 7\text{A}$$

(2)求诺顿等效电阻 R_0　电路如图 3-38b 所示,得

$$R_0 = (30+60)\Omega = 90\Omega$$

则诺顿等效电路为一个 7A 的电流源与 90Ω 的电阻相并联,如图 3-38c 所示。

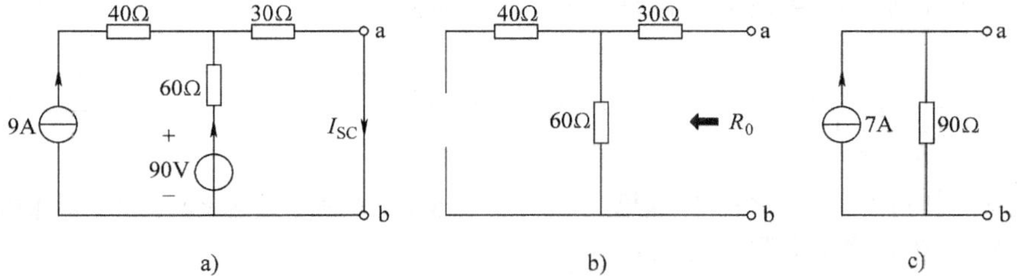

图 3-38　例 3-18 诺顿等效电路

例 3-19　求图 3-39 所示电路的诺顿等效电路。

解:(1)求短路电流 I_{SC}　对于图 3-40a 所示电路,列网孔方程得

$$\begin{cases} 3\Omega \cdot I_1 - 1\Omega \cdot I_2 = 3\text{V} \\ -1\Omega \cdot I_1 + 1\Omega \cdot I_2 = 2\Omega \cdot I \end{cases} \tag{3-11}$$

将控制变量 I 用网孔电流表示,增加一个补充方程:$I = I_1 - I_2$。

将补充方程代入式(3-11),解得 $I_{SC} = I_2 = 1.5\text{A}$。

(2)求诺顿等效电阻 R_0　电路如图 3-40b 所示,列出端口电压 U_0 与电流 I_0 的关系方程:

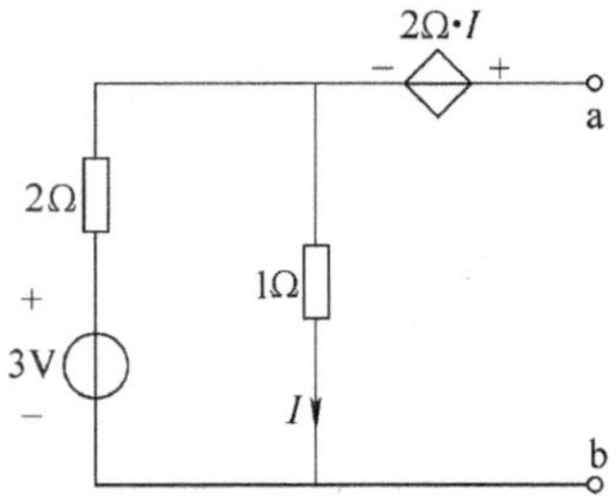

图 3-39　例 3-19 电路图

$$U_0 = 2\Omega \cdot I + 2\Omega \cdot (I_0 - I) = 2\Omega \cdot I_0$$

得
$$R_0 = \frac{U_0}{I_0} = 2\Omega$$

作诺顿等效电路,如图 3-40c 所示。

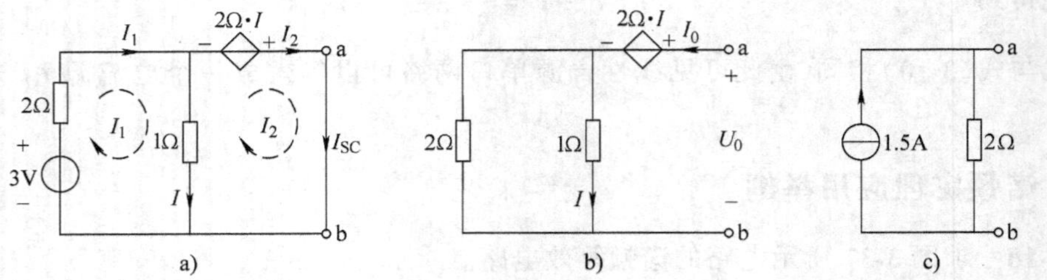

图 3-40　例 3-19 诺顿等效电路

3.6.3　诺顿定理在电路调试中的作用

在进行电子产品的设计时，往往需要调整电路中的某些元件参数来改善其电气性能。除了可以应用戴维南定理进行电路调试之外，也可以用诺顿定理。

如果要调整电路中某一电阻 R 上的电流，如图 3-41a 所示，那么可以将除电阻 R 以外的其余部分用诺顿定理来模拟，得到图 3-41b 所示电路模型，由此可得

$$I=\frac{R_0}{R+R_0}I_{SC}$$

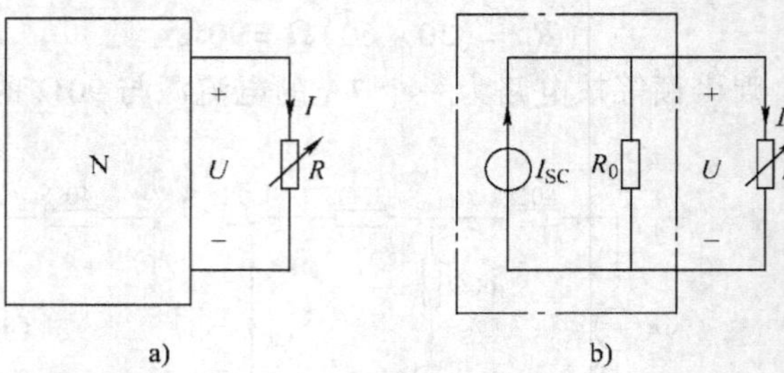

图 3-41　诺顿定理在电路调试中的作用

若 $R_0>0$，则可得到结论：可通过改变电阻 R 的阻值来改变电阻 R 上的电流，当 R 由零值增加到无穷大时，流过电阻 R 的电流从最大值 I_{SC} 逐渐减小到零。如果要使流过电阻 R 的电流 $I>I_{SC}$，那么需要调整电路中其他元件的参数来实现。

思考与练习

3-6-1　求图 3-42 所示电路的诺顿等效电路。

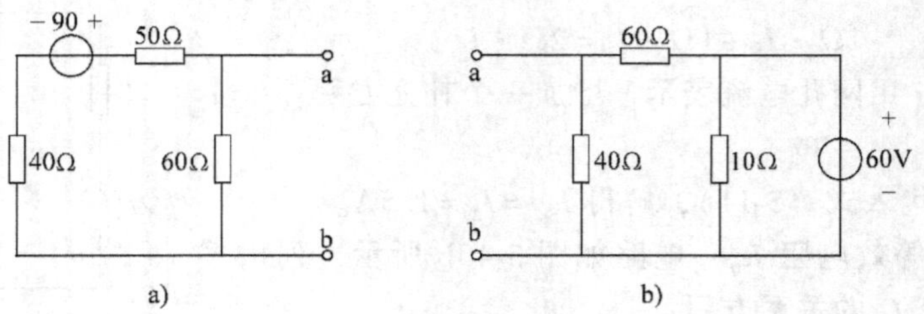

图 3-42　思考与练习 3-6-1 电路图

3-6-2　测得一含源二端网络的开路电压为 50V，将 $R=20\Omega$ 的电阻接到该网络上，测得 R 上的电压为 40V，试求该二端网络的诺顿等效电路。

3.7　最大功率传输定理

在分析电路系统的功率传输时，需要考虑两个方面的问题：一是功率传输的效率，如发电站系统，若发电站系统效率低，则产生的功率中有很大的比例损耗在传输和分配过程，将造成电能的浪费；二是负载所能获得的最大功率，如测量、通信系统中，由于是小功率传输，传输的效率不是主要关心的问题，但由于有用功率受到限制，因此需要将尽可能多的功率传输到负载上。本节讨论纯电阻电路系统的最大功率传输，电路模型如图 3-43a 所示。

电阻 R_L 表示获得能量的负载，网络 N 表示供给负载能量的含源线性单口网络，它可用戴维南等效电路来表示，如图 3-43b 所示。负载 R_L 吸收的功率为

$$P = R_L I^2 = \frac{R_L U_{OC}^2}{(R_0 + R_L)^2}$$

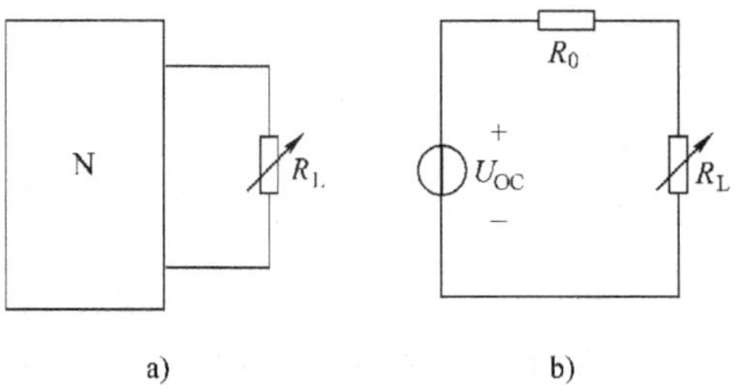

图 3-43　最大功率传输定理

由于$\frac{d^2P}{dR_L^2} = -\frac{U_{OC}^2}{8R_0^3}\bigg|_{R_0>0} < 0$，所以 P 可取得极大值，获得极大值的条件为

$$\frac{dP}{dR_L} = \frac{(R_0 - R_L)U_{OC}^2}{(R_0 + R_L)^3} = 0$$

得

$$R_L = R_0$$

由此可见，当 $R_0 > 0$ 且 $R_L = R_0$ 时，负载电阻 R_L 从单口网络可获得最大功率。

最大功率传输定理：含源线性电阻单口网络（$R_0 > 0$）向可变电阻负载 R_L 传输最大功率的条件是负载电阻 R_L 与单口网络的输出电阻 R_0 相等。此时负载电阻 R_L 获得的最大功率为

$$P_{max} = \frac{U_{OC}^2}{4R_0}$$

若用诺顿等效电路，则可表示为 $P_{max} = \frac{R_0 I_{SC}^2}{4}$。

负载获得最大功率也称为最大功率匹配，此时对电压源 U_{OC} 而言，功率传输效率为 50%。

例 3-20　电路如图 3-44a 所示，试求：负载电阻 R_L 的阻值为多少时，可获得最大功率？可获得的最大功率为多少？

解：将负载电阻 R_L 从电路中移除，电路如图 3-44b 所示。求剩余电路的戴维南等效电路。

（1）求开路电压 U_{OC}

$$U_{OC} = (10 \times 0.5 + 75 + 20 \times 0.5)\text{V} = 90\text{V}$$

（2）求戴维南等效电阻 R_0　电路如图 3-44c 所示，有

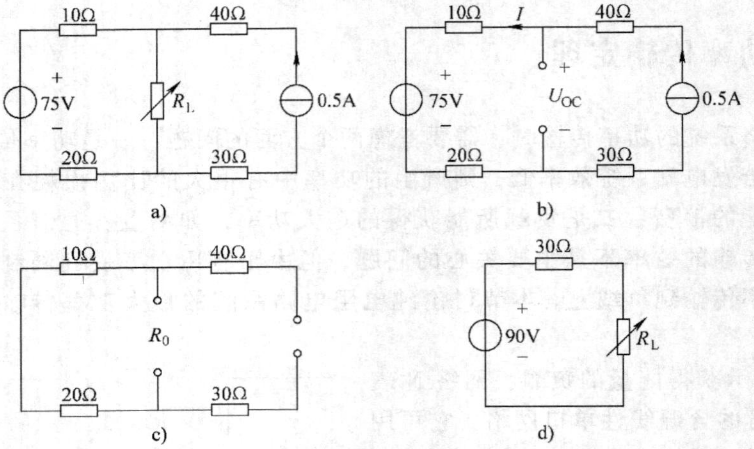

图 3-44 例 3-20 电路图

$$R_0 = (10 + 20)\Omega = 30\Omega$$

等效后的电路如图 3-44d 所示，根据最大功率传输定理，当 $R_L = R_0 = 30\Omega$ 时，负载电阻 R_L 可获得最大功率，可获得的最大功率为

$$P_{max} = \frac{U_{OC}^2}{4R_0} = \frac{90^2}{4 \times 30}\text{W} = 67.5\text{W}$$

例 3-21 电路如图 3-45a 所示，试求：负载电阻 R_L 可获得的最大功率为多少？获得该最大功率的条件是什么？

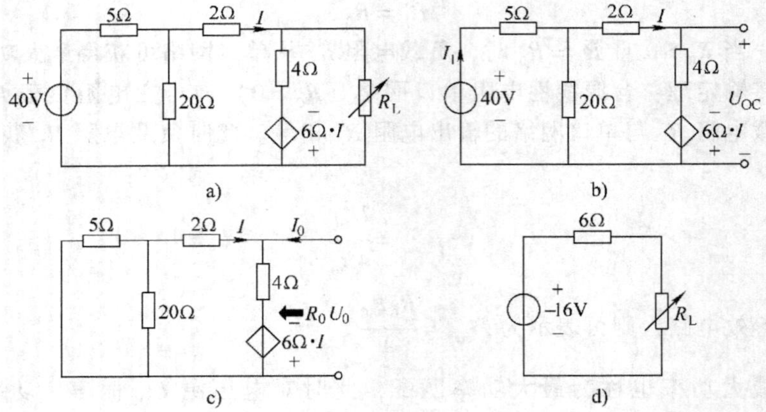

图 3-45 例 3-21 电路图

解：将负载电阻 R_L 从电路中移除，电路如图 3-45b 所示。求剩余电路的戴维南等效电路。

（1）求开路电压 U_{OC} 电路如图 3-45b 所示，列两个网孔的网孔方程得

$$\begin{cases} 25\Omega \cdot I_1 - 20\Omega \cdot I = 40\text{V} \\ -20\Omega \cdot I_1 + 26\Omega \cdot I = 6\Omega \cdot I \end{cases}$$

解得 $I=8\text{A}$

$$U_{OC}=4\Omega\cdot I-6\Omega\cdot I=-2\Omega\cdot I=-16\text{V}$$

（2）求戴维南等效电阻 R_0　电路如图 3-45c 所示，设端口电压和电流分别为 U_0 和 I_0。

$$U_0=-\left(2+\frac{5\times20}{5+20}\right)\Omega\cdot I=-6\Omega\cdot I$$

得

$$I=-\frac{U_0}{6\Omega}$$

$$U_0=4\Omega\cdot(I_0+I)-6\Omega\cdot I=4\Omega\cdot I_0-2\Omega\cdot I$$

将 $I=-\dfrac{U_0}{6\Omega}$代入上式，得

$$U_0=4\Omega\cdot I_0-2\Omega\cdot I=4\Omega\cdot I_0-2\Omega\times\left(-\frac{U_0}{6\Omega}\right)$$

$$U_0=6\Omega\cdot I_0$$

解得 $R_0=6\Omega$

等效后的电路如图 3-45d 所示，根据最大功率传输定理，当 $R_L=R_0=6\Omega$ 时，负载电阻 R_L 可获得最大功率，可获得的最大功率为

$$P_{max}=\frac{U_{OC}^2}{4R_0}=\frac{(-16)^2}{4\times6}\text{W}=10.67\text{W}$$

思考与练习

3-7-1　有源单口网络向负载 R_L 传输功率，问负载 R_L 获得最大功率的条件是什么？

3-7-2　电路如图 3-46 所示，求负载电阻 R_L 的阻值为多大时可获得最大功率，所能获得的最大功率是多少？

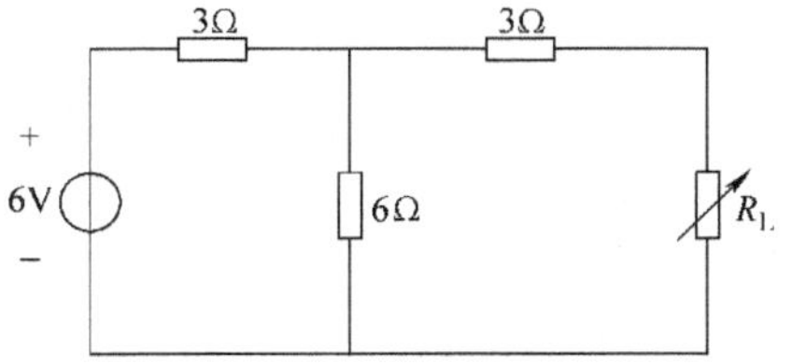

图 3-46　思考与练习 3-7-2 电路图

3.8　应用分析：不平衡单臂电桥的戴维南等效

单臂电桥广泛用于精确测量电阻，也可以与传感器一起使用进行温度、张力等物理量的测量。根据测量时电桥是否平衡，可分为平衡测量和不平衡测量两种方法，其中平衡测量方法比较简单，读者可参考其他的书籍，下面针对不平衡单臂电桥进行分析。

典型的单臂电桥如图 3-47 所示，其中 R_2、R_3、R_4 是阻值已知的固定电阻，R_1 是被测电阻，A、B 两个端口接内阻可忽略的检流计。当检测电流不为零时，电桥处于不平衡状态，

在 R_2、R_3、R_4 阻值确定的前提下，不平衡电流的值 I 与被测电阻 R_1 的大小有关。可以运用本章所学的戴维南定理求出 I 与 R_1 的关系。

在图 3-48 所示的电路中，可求出 A、B 两个端口之间的开路电压为

$$U_{OC}=U_{AB}=\frac{R_3}{R_1+R_3}U_S-\frac{R_4}{R_2+R_4}U_S$$

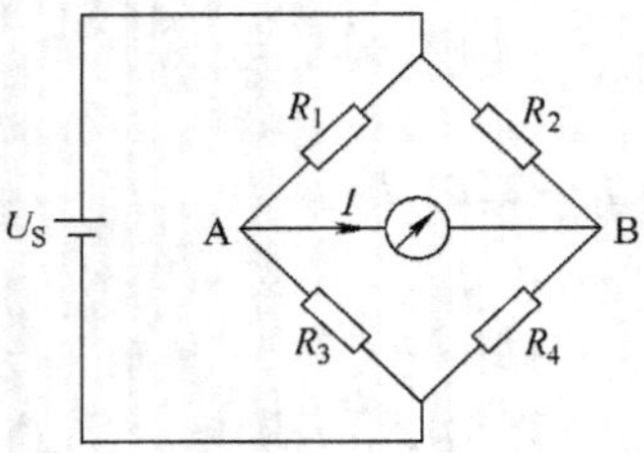

图 3-47

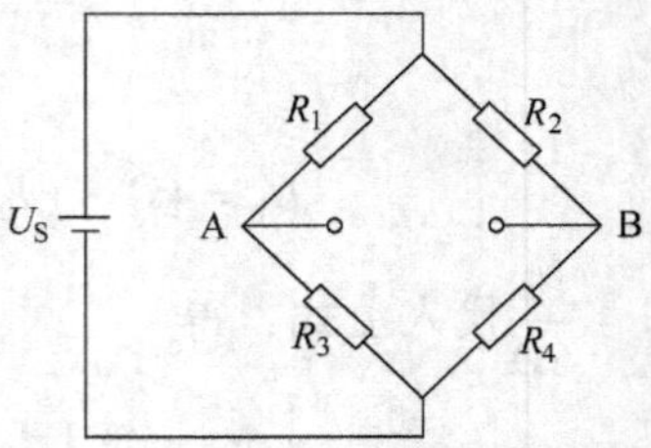

图 3-48

将电源 U_S 用短路线代替，电路如图 3-49 所示，经简化可得到图 3-50 所示电路，求戴维南等效电阻 R_0，得

$$R_0=\frac{R_1R_3}{R_1+R_3}+\frac{R_2R_4}{R_2+R_4}$$

则得到单臂电桥的戴维南等效电路，如图 3-51 所示。

这时流过检流计的电流 I 与 R_1 的关系为

$$U_{AB}=R_0I$$

$$\frac{R_3}{R_1+R_3}U_S-\frac{R_4}{R_2+R_4}U_S=\left(\frac{R_1R_3}{R_1+R_3}+\frac{R_2R_4}{R_2+R_4}\right)I$$

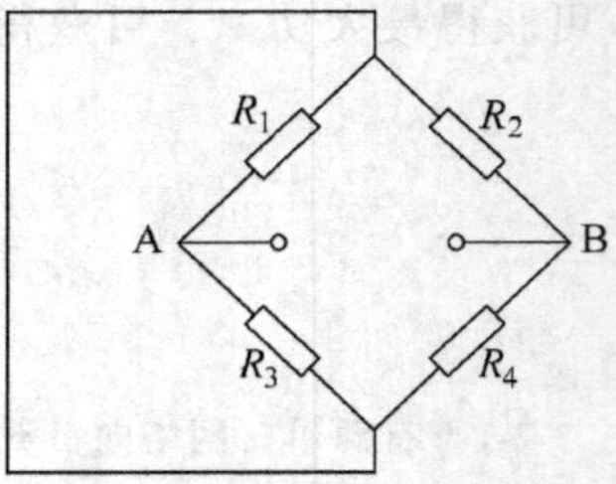

图 3-49

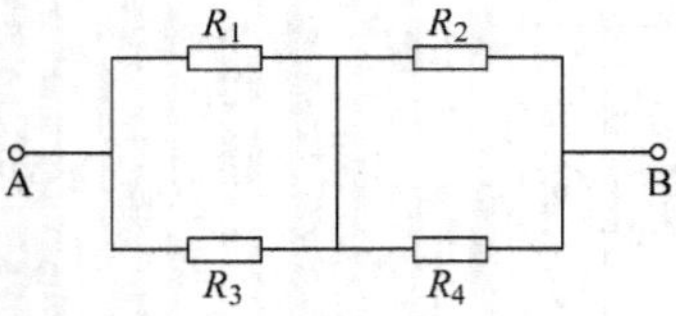

图 3-50

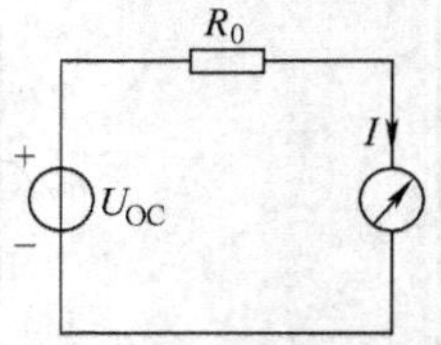

图 3-51

若固定电阻 $R_2=R_3=R_4=R$，则上式为

$$\frac{R}{R_1+R}U_S-\frac{1}{2}U_S=\left(\frac{R_1R}{R_1+R}+\frac{R}{2}\right)I$$

可得

$$R_1=\frac{RU_S-R^2I}{3RI+U_S}$$

则在 U_S 和电阻 R 已知的情况下，通过不平衡电桥的电流 I 可得到待测电阻 R_1 的大小。

仿真模块：戴维南定理的仿真分析

戴维南定理是一个重要的电路定理，它是求解线性电路的有效方法，但同时也是学习的难点之一。从本章的分析可知，对于线性电路的戴维南等效电路，除了可以通过在已知电路元件参数的情况下计算得出，也可以用实验的方法进行测定。下面通过仿真分析验证戴维南定理。

[例题]　电路如图 3-52 所示，用戴维南等效电路求电阻负载 R_L 上的电流 I_L。

[操作步骤]

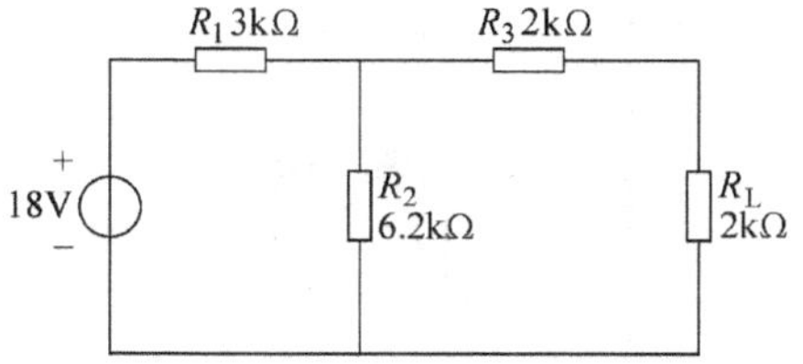

图　3-52

1. 求原电路中 R_L 上的电流 I_L

从元件库中选取电压源、电阻，从仪表库中选取数字万用表（multimeter），创建图 3-53 所示的电路。其中数字万用表的“+”端与电阻 R_3 相连，并设定成测量直流电流。启动仿真开关，数字万用表显示负载电阻 R_L 上的电流为 $I_L = 2.014\text{mA}$。**注意：** *在仿真电路中需要接公共地。*

2. 求戴维南等效电路

将负载电阻 R_L 去掉，接上数字万用表的两端，如图 3-54 所示。将数字万用表设定成测量直流电压，启动仿真开关，读出开路电压 $U_{OC} = 12.082\text{V}$；再将数字万用表设定成测量直流电流，启动仿真开关，读出短路电流 $I_{SC} = 3.016\text{mA}$，如图 3-55 所示。则戴维南等效电阻 $R_0 = \dfrac{U_{OC}}{I_{SC}} = \dfrac{12.082}{3.016}\text{k}\Omega = 4.006\text{k}\Omega$。

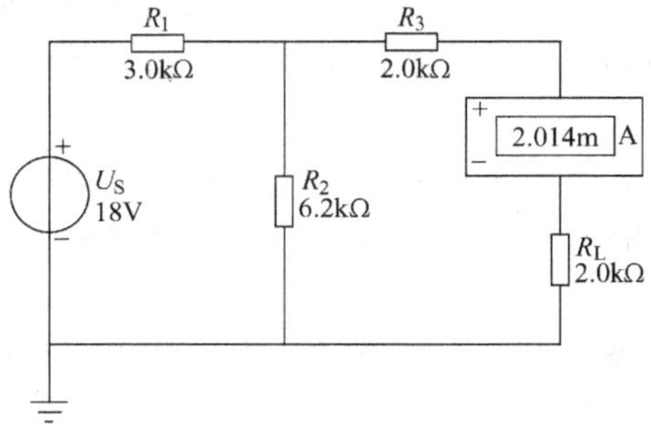

图　3-53

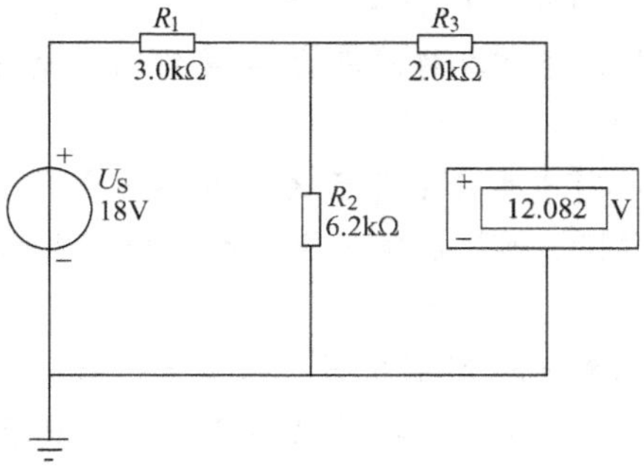

图　3-54

3. 构建戴维南等效电路，得到负载电阻 R_L 的电流 I_L'

从元件库中选取电压源 U_S 和电阻 R_0、R_L，从仪表库中选取数字万用表构成戴维南等效电路，如图 3-56 所示。将数字万用表设定成测量直流电流，启动仿真开关，读出等效之后的负载电阻 R_L 上的电流 $I_L' = 2.012\text{mA}$。

通过等效前后的仿真对比，可以得到：等效前后，负载电阻 R_L 上的电流基本相同，仿真结果前后的误差为 0.2%，存在误差的原因是由于仿真时导线电阻、元件误差等影响因素造成的。从以上的仿真分析可知：在线性含源电路中，戴维南定理是成立的。

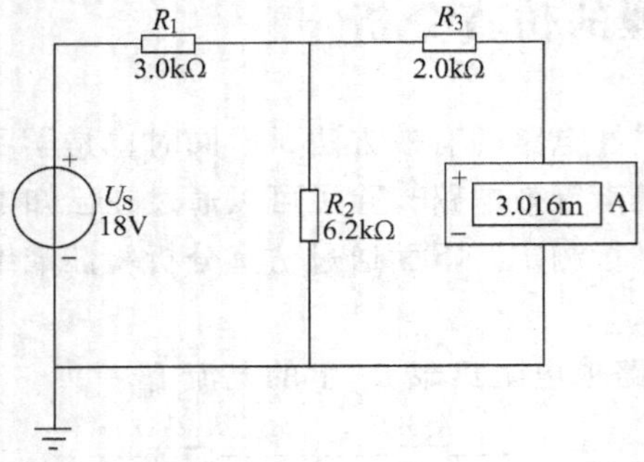

图　3-55

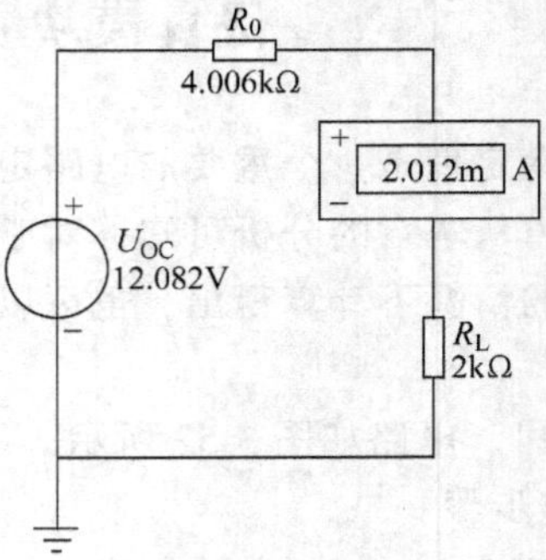

图　3-56

本章小结

本章主要介绍了叠加定理、替代定理、网孔分析法、节点电压法、戴维南定理、诺顿定理和最大功率传输定理。

1. 叠加定理适用于求有唯一解的线性电阻电路中的电压和电流，分别计算每个独立源单独作用时产生的电压或电流，通过代数和得到含多个独立源线性电阻电路的电压或电流。

2. 替代定理指出：当电路中某个单口网络的端电压或某条支路的电流为已知时，可以用量值相同的电压源或电流源来替代该单口网络或该支路，而不会对电路中其他部分的电压或电流产生影响，只要在替代前后电路均存在唯一解就行。

3. 网孔分析法适用于求平面电路，以网孔电流为未知量，列出网孔的 KVL 方程，即网孔方程。通过求解网孔方程得到网孔电流，再用 KCL 和 VCR 方程求各支路电流和支路电压。

4. 节点电压法用于连通电路的分析，以节点电压为未知量，列出列点的 KCL 方程，即节点方程。通过求解节点方程得到节点电压，再用 KVL 和 VCR 方程求各支路电压和支路电流。

5. 戴维南定理表明：任何一个线性含源单口网络，对外电路来说，总可以用一个独立电压源和电阻相串联的电路来等效。戴维南定理在工程中有着广泛的应用。

6. 诺顿定理指出：任何一个线性含源单口网络，对外电路来说，总可以用一个独立电流源和电阻相并联的电路来等效。

7. 最大功率传输定理表明：任何输出电阻 R_0 大于零的含源线性单口网络，向可变电阻负载 R_L 传输最大功率的条件是 $R_0 = R_L$，负载得到的最大功率是 $P_{max} = \dfrac{U_{OC}^2}{4R_0} = \dfrac{R_0 I_{SC}^2}{4}$。

习　题　3

3-1　电路如图 3-57 所示，用叠加定理求电流 I。

3-2　电路如图 3-58 所示，已知 $U_S = 20V$，$I_S = 3A$，$R_1 = 20\Omega$，$R_2 = 10\Omega$，$R_3 = 3\Omega$，$R_4 = 10\Omega$，用叠加

定理求电阻 R_4 上的电压 U。

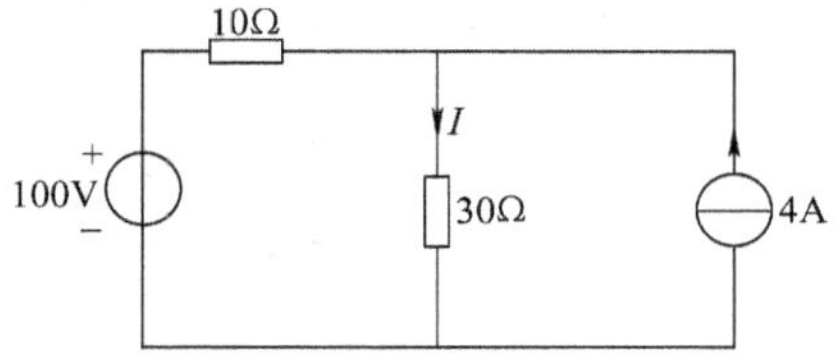

图 3-57　习题 3-1 电路图

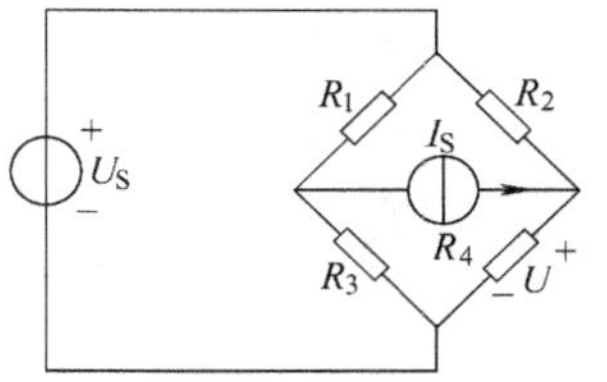

图 3-58　习题 3-2 电路图

3-3　电路如图 3-59 所示，已知 $I_{S1}=3A$，$I_{S2}=6A$，$R=2\Omega$，求各支路电流。

3-4　用电路齐次性求图 3-60 所示电路中各支路电流。

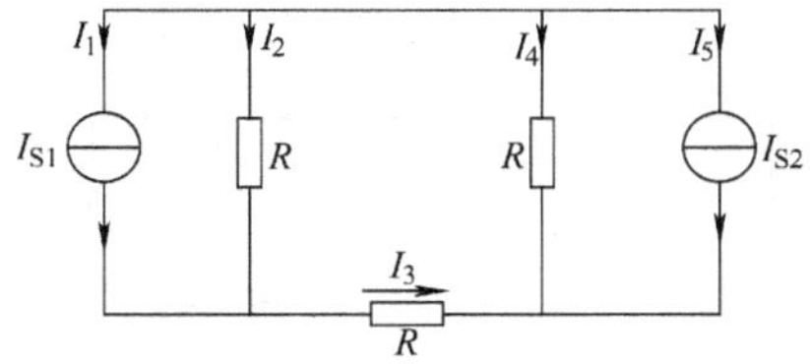

图 3-59　习题 3-3 电路图

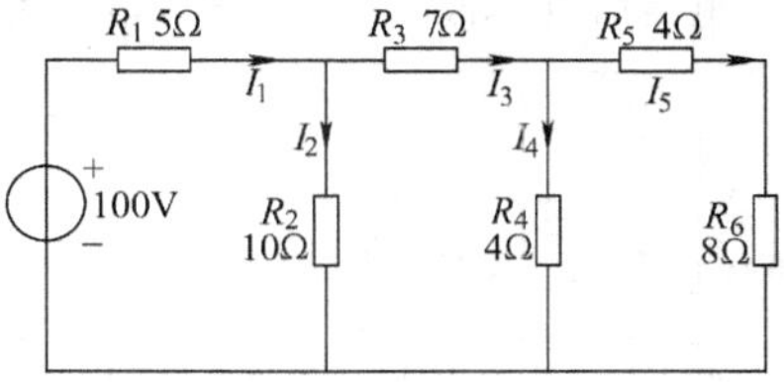

图 3-60　习题 3-4 电路图

3-5　电路如图 3-61 所示，已知单口网络 N 的伏安特性为 $U=1\Omega\cdot I+2V$，试用替代定理求解电流 I。

3-6　电路如图 3-62 所示，已知 $U=3V$。求 U_1 和 I。

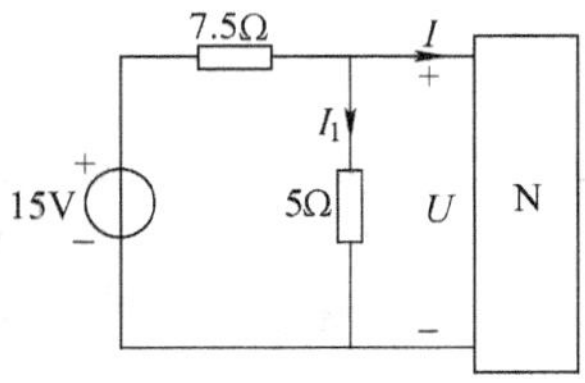

图 3-61　习题 3-5 电路图

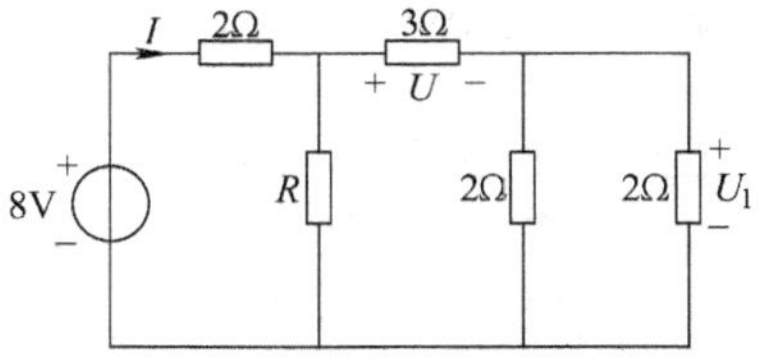

图 3-62　习题 3-6 电路图

3-7　电路如图 3-63 所示，用网孔分析法求各支路电流。

3-8　电路如图 3-64 所示，已知 $R_1=R_2=R_3=1\Omega$，$R_4=R_5=3\Omega$，用网孔分析法求各支路电流。

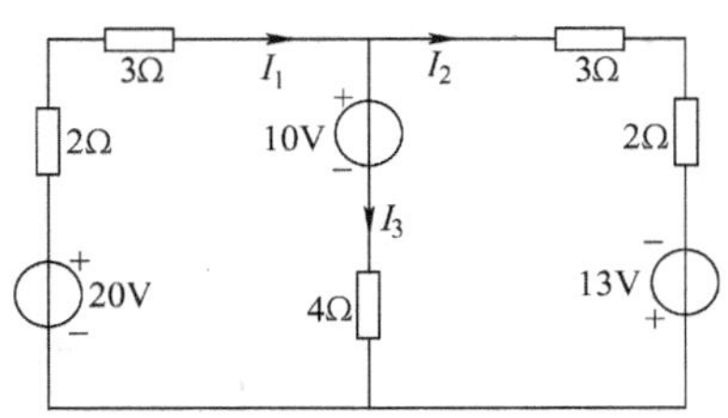

图 3-63　习题 3-7 电路图

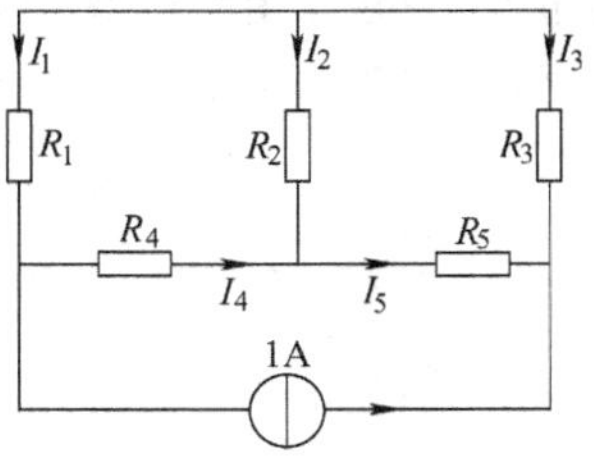

图 3-64　习题 3-8 电路图

3-9　用网孔分析法求图 3-65 所示电路中各网孔电流，以及电流源两端的电压 U。

3-10　已知电路如图 3-66 所示，试用网孔分析法求各支路电流。

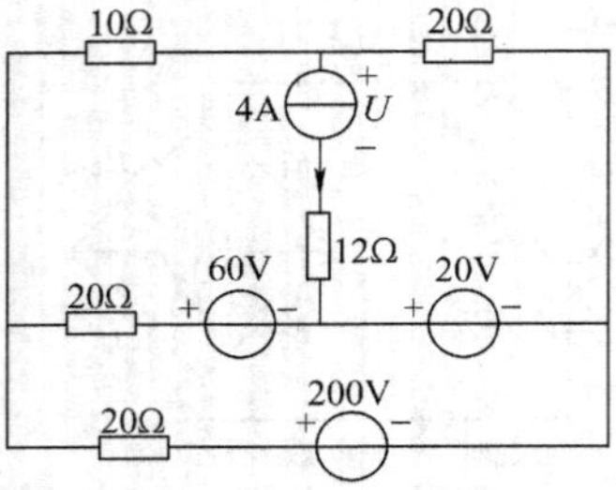

图 3-65 习题 3-9 电路图

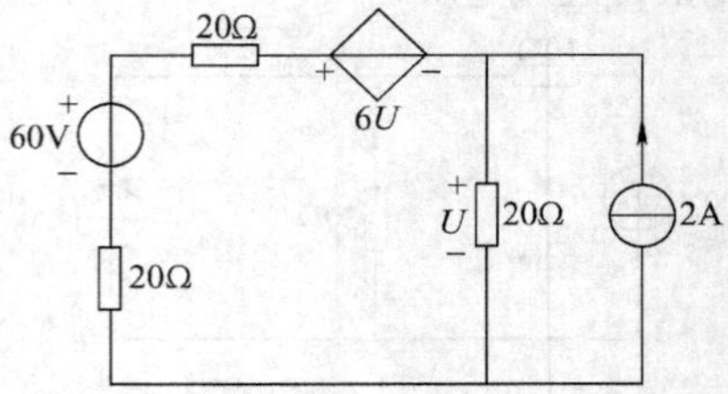

图 3-66 习题 3-10 电路图

3-11 试用网孔分析法求图 3-67 所示电路中各支路电流。

3-12 电路如图 3-68 所示，用节点电压法求各电阻上的电流。

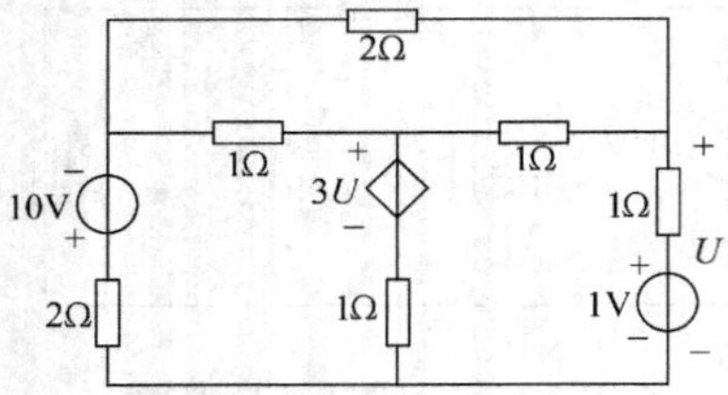

图 3-67 习题 3-11 电路图

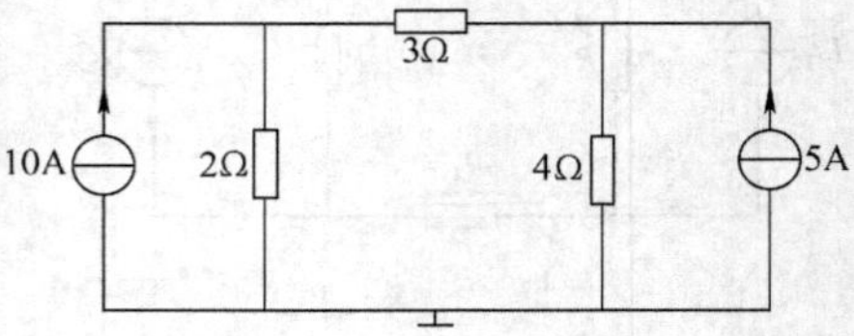

图 3-68 习题 3-12 电路图

3-13 用节点电压法求图 3-69 所示电路中的各支路电流。

3-14 电路如图 3-70 所示，用节点电压法求各支路电流。

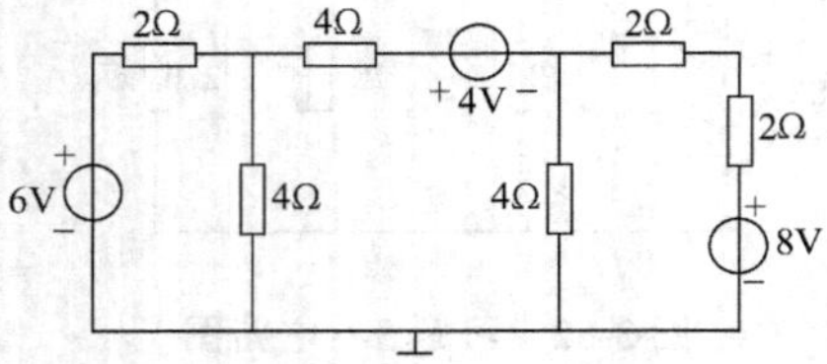

图 3-69 习题 3-13 电路图

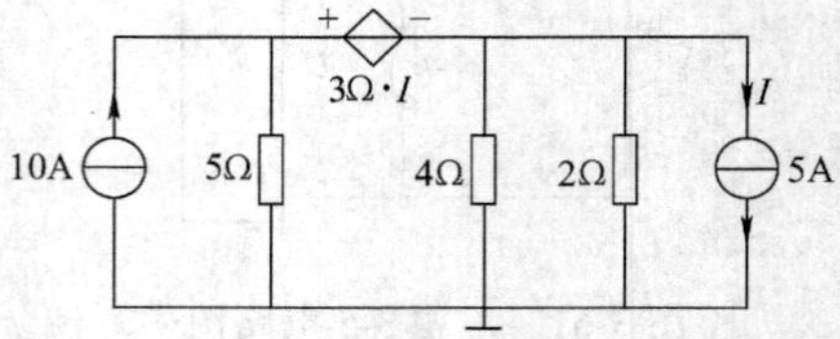

图 3-70 习题 3-14 电路图

3-15 用节点电压法求图 3-71 所示电路中的电压 U。

3-16 电路如图 3-72 所示，求各节点电压和电流 I。

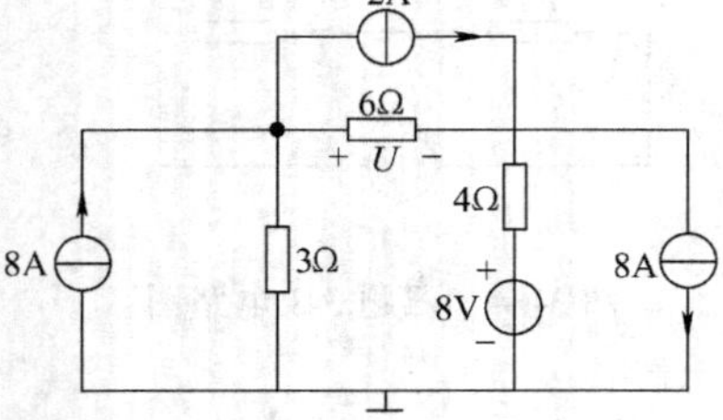

图 3-71 习题 3-15 电路图

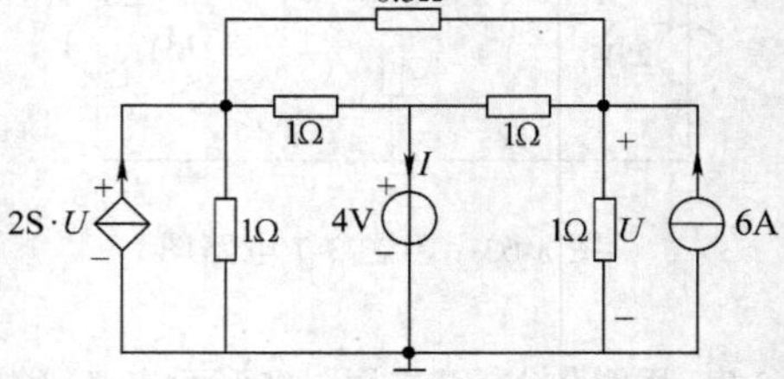

图 3-72 习题 3-16 电路图

3-17　求图 3-73 所示电路的戴维南等效电路。

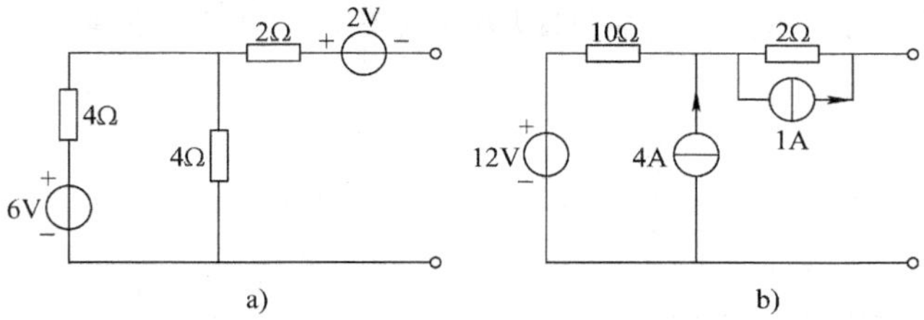

图 3-73　习题 3-17 电路图

3-18　电路如图 3-74 所示，用戴维南定理求电流 I。

3-19　电路如图 3-75 所示，用戴维南定理求电流 I。

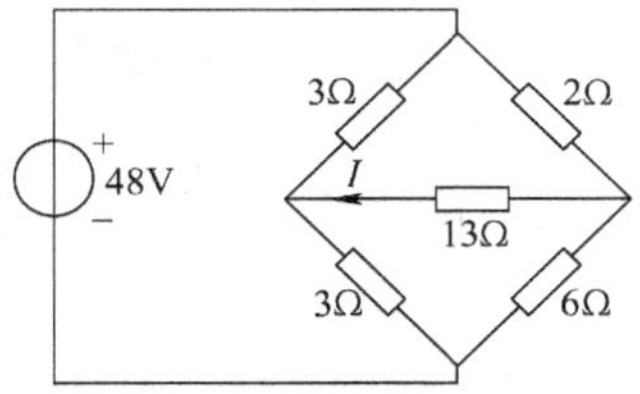

图 3-74　习题 3-18 电路图

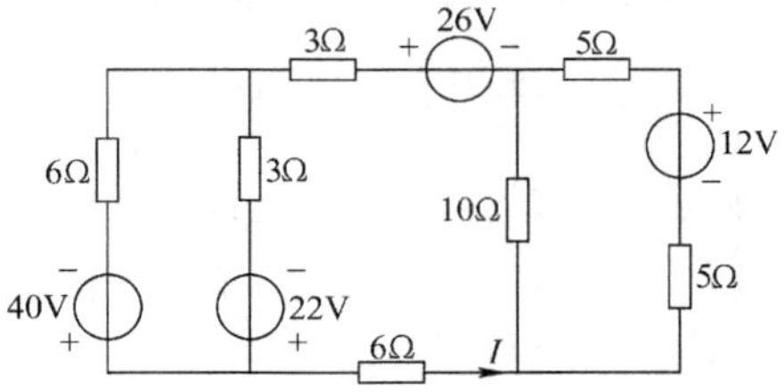

图 3-75　习题 3-19 电路图

3-20　图 3-76 所示二端网络中，测得其开路电压为 100V，短路电流为 10mA，求：

（1）该网络的戴维南等效电路。

（2）若外接负载电阻 $R_L=40\text{k}\Omega$，则负载电流为多少？

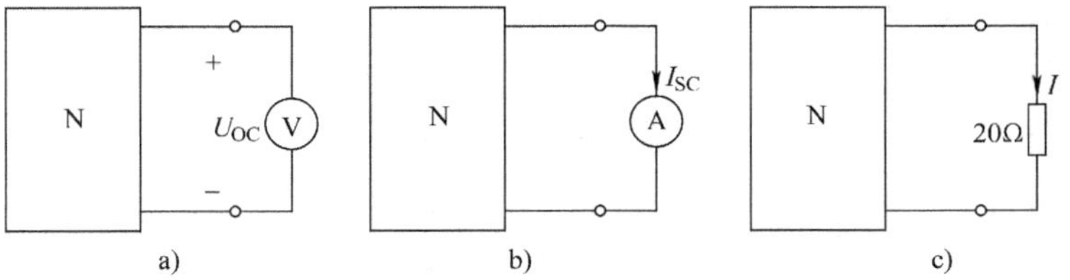

图 3-76　习题 3-20 电路图

3-21　用戴维南定理求图 3-77 所示电路中的电流 I。

3-22　求图 3-78 所示电路的诺顿等效电路。

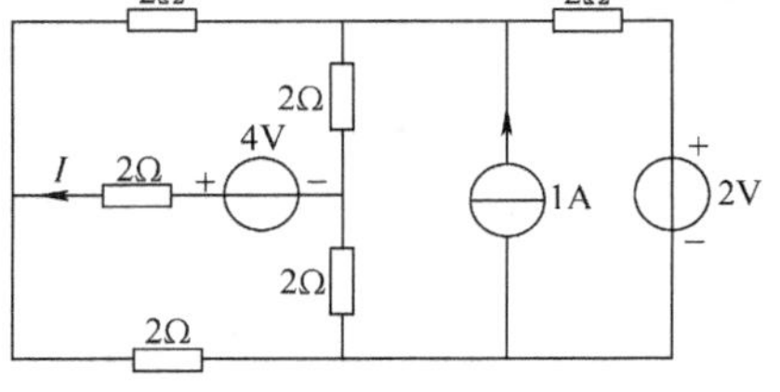

图 3-77　习题 3-21 电路图

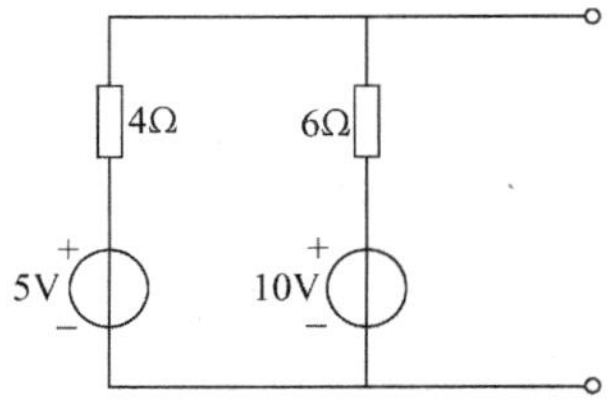

图 3-78　习题 3-22 电路图

3-23 用诺顿定理求图 3-79 所示电路中的电流 I。

3-24 电路如图 3-80 所示，求负载 R_L 获得最大功率的条件，以及所能获得的最大功率。

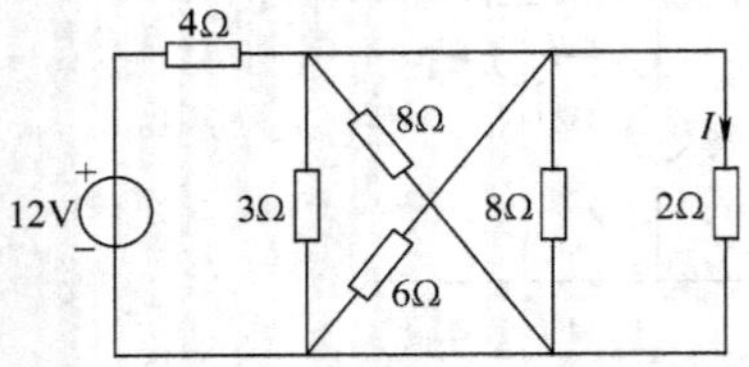

图 3-79 习题 3-23 电路图

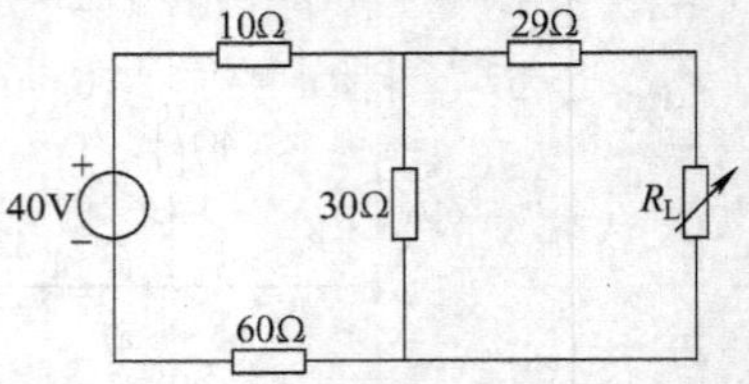

图 3-80 习题 3-24 电路图

3-25 电路如图 3-81 所示，问负载 R_L 为何值时可获得最大功率，以及所能获得的最大功率。

3-26 电路如图 3-82 所示，求负载 R_L 获得最大功率的条件，以及所能获得的最大功率。

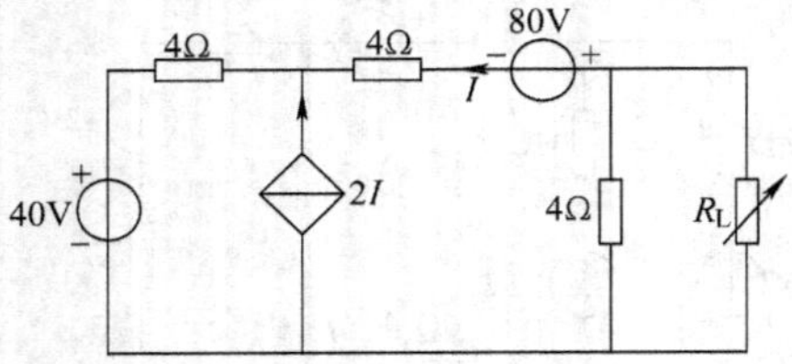

图 3-81 习题 3-25 电路图

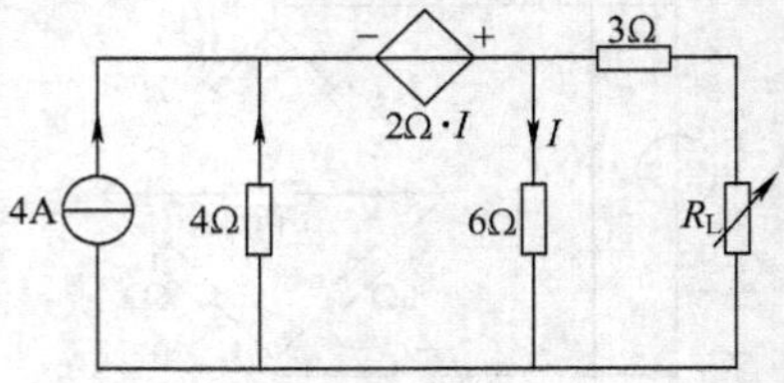

图 3-82 习题 3-26 电路图

第 4 章　动态电路的瞬态分析

任务模块：含有动态元件 L、C 电路过渡过程的原理分析

电路按电流的类型可以分成直流电、周期性交流电电路，它们所描述的电压、电流情况或是恒定不变，或是按周期性规律变化。电路的这种工作状态，称为稳态。

但是，像自然界中的许多情况，例如火车从起动到稳速运行过程中速度的变化，电饭煲从加热到保温过程温度的变化等，稳定状态并不是瞬间达到的，都经历了一个逐渐变化的过程，称为过渡过程。电路也存在着过渡过程。

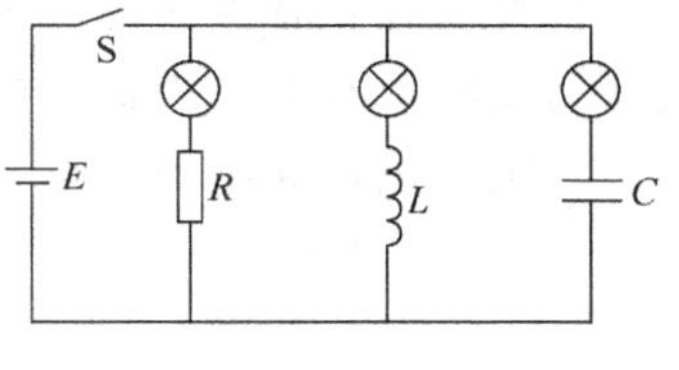

图 4-1　观察电路中的过渡过程

现在来观察一个实验，电路如图 4-1 所示，三个并联支路分别为电阻 R、电感 L、电容 C 与灯泡串联组成。当开关 S 接通的瞬间，就会发现电阻支路中的灯泡立即发亮，而且其发亮程度不再变化，说明这一支路没有经历逐渐变化的过渡过程，立刻进入新的稳态；电感支路中的灯泡是由暗逐渐变亮，最后亮度达到稳定，说明电感支路经历了逐渐变化的过渡过程；电容支路中的灯泡立即发亮但很快变为不亮，说明电容支路也经历了逐渐变化的过渡过程。

比较三种情况，不难得出，引起过渡过程的内因是电路中存在储能元件 L 或 C，外因是电路中开关 S 闭合，使得电路的结构发生变化。

【本章内容简介】

本章阐述了动态元件 L、C 的特性，以及一阶电路的零输入响应、零状态响应、全响应，推导出直流信号激励下的一阶电路三要素分析法，介绍了一阶电路的典型应用。

【重点与难点】

换路定律、初始值的确定、激励与响应、一阶电路三要素分析法。

4.1　电容元件与电感元件

4.1.1　电容元件

电容器是一种能储存电荷的元件，电容元件是电容器的理想化模型，如图 4-2 所示。

设电容元件两端的电压与电流为关联参考方向时，电容两端电压有 du 的变化，则电容元件上的电荷量也相应地有 dq 的变化，且 $dq = Cdu$，其中 C 为电容元件的电容量。

所以，流过电容电路的电流为

$$i=\frac{\mathrm{d}q}{\mathrm{d}t}=C\frac{\mathrm{d}u}{\mathrm{d}t} \tag{4-1}$$

式（4-1）说明，当电容两端电压不随时间变化，即为直流时，电容电路中的电流为零，因此电容在直流电路中视为开路，起着隔直作用。

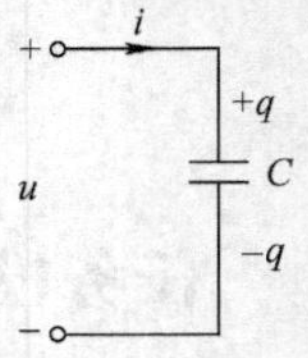

图 4-2 电容元件的符号

对式（4-1）进行积分，可得电容的电压 u 与 i 的函数关系，即

$$u(t)=\frac{1}{C}\int_{-\infty}^{0}i(\xi)\mathrm{d}\xi+\frac{1}{C}\int_{0}^{t}i(\xi)\mathrm{d}\xi$$

$$=u(0)+\frac{1}{C}\int_{0}^{t}i(\xi)\mathrm{d}(\xi) \tag{4-2}$$

式（4-2）中，将积分号内的时间变量 t 用 ξ 表示，以区别于积分上限 t。$u(0)$是在 $t=0$ 时刻电容已积累的电压，称为初始电压；而后一项是在 $t=0$ 以后电容上形成的电压，它体现了在 $0\sim t$ 的时间内电流对电压的贡献。

由此可知：在某一时刻 t，电容电压 u 不仅与该时刻的电流 i 有关，而且与 t 以前电流的全部历史状况有关。因此，电容是一种记忆元件，有“记忆”电流的作用。

当电容电压和电流为关联参考方向时，电容吸收的瞬时功率为

$$p(t)=u(t)i(t)=Cu(t)\frac{\mathrm{d}u(t)}{\mathrm{d}t}$$

瞬时功率可正可负，当 $p(t)>0$ 时，说明电容是在吸收能量，处于充电状态；当$p(t)<0$ 时，说明电容是在提供能量，处于放电状态。

对上式从 $-\infty$ 到 t 进行积分，即得 t 时刻电容上的储能为

$$W_C(t)=\int_{-\infty}^{t}p(\xi)\mathrm{d}\xi=\int_{u(-\infty)}^{u(t)}Cu(\xi)\mathrm{d}u(\xi)$$

$$=\frac{1}{2}Cu^2(t)-\frac{1}{2}Cu^2(-\infty)$$

式中，$u(-\infty)$表示电容未充电时刻的电压值，应有 $u(-\infty)=0$。于是，电容在时刻 t 的储能可简化为

$$W_C(t)=\frac{1}{2}Cu^2(t) \tag{4-3}$$

由式（4-3）可知：电容在某一时刻 t 的储能仅取决于此时刻的电压，而与电流无关，且储能大于等于 0。

电容在充电时吸收的能量全部转换为电场能量，放电时又将储存的电场能量释放回电路，它本身不消耗能量，也不会释放出多于它吸收的能量，所以称电容为储能元件。

4.1.2 电感元件

电感器（线圈）是存储磁能的元件，而电感元件是它的理想化模型，如图 4-3 所示。

当电流通过电感器时，就有磁通与线圈交链，当磁通与电流 i 的参考方向之间符合右手螺旋关系时，磁链与电流的关系为 $\Psi(t)=Li(t)$。

根据电磁感应定律，电感两端出现（感应）电压 u，当 u、i 为关联参考方向时，有

$$u=\frac{\mathrm{d}\Psi}{\mathrm{d}t}=\frac{\mathrm{d}(Li)}{\mathrm{d}t}=L\frac{\mathrm{d}i}{\mathrm{d}t} \tag{4-4}$$

这是电感伏安关系的微分形式。电感的伏安关系还可写成

$$i(t)=\frac{1}{L}\int_{-\infty}^{0}u(\xi)\mathrm{d}\xi+\frac{1}{L}\int_{0}^{t}u(\xi)\mathrm{d}\xi$$

$$=i(0)+\frac{1}{L}\int_{0}^{t}u(\xi)\mathrm{d}(\xi) \tag{4-5}$$

式（4-5）中，$i(0)$是在 $t=0$ 时刻电感已积累的电流，称为初始电流；而后一项是在 $t=0$ 以后电感上形成的电流，它体现了在 $0\sim t$ 时间内电压对电流的贡献。

上式说明：任一时刻的电感电流，不仅取决于该时刻的电压值，还取决于 $-\infty\sim t$ 所有时间的电压值，即与电压的全部历史状况有关。可见，电感有“记忆”电压的作用，它也是一种记忆元件。

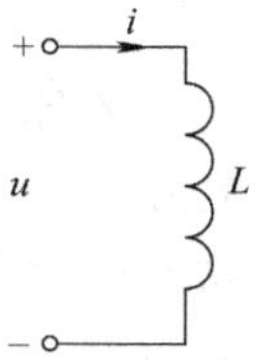

图 4-3　电感元件的符号

当电感电压和电流为关联参考方向时，电感吸收的瞬时功率为

$$p(t)=u(t)i(t)=Li(t)\frac{\mathrm{d}i(t)}{\mathrm{d}t}$$

与电容一样，电感的瞬时功率也可正可负，当 $p(t)>0$ 时，表示电感从电路吸收能量，储存磁场能量；当 $p(t)<0$ 时，表示电感提供能量，释放磁场能量。

对上式从 $-\infty$ 到 t 进行积分，即得 t 时刻电感上的储能为

$$W_L(t)=\int_{-\infty}^{t}p(\xi)\mathrm{d}\xi=\int_{i(-\infty)}^{i(t)}Li(\xi)\mathrm{d}i(\xi)$$

$$=\frac{1}{2}L\left[i^2(t)-i^2(-\infty)\right]$$

假设 $t=-\infty$ 时，电感上的电流为零，则上式可写为

$$W_L(t)=\frac{1}{2}Li^2(t) \tag{4-6}$$

可见，电感在某一时刻 t 的储能只与该时刻的电流值有关，电流增加时，吸收电能；电流下降时，释放电能，电感元件并不消耗电能，是一个储能元件。

思考与练习

4-1-1　如何理解电容元件和电感元件的定义。

4-1-2　如果电容两端有电压，那么电容中就会有电流，这种说法是否正确？

4-1-3　如果电感两端电压为零，那么它储存的磁能也一定为零，这种说法是否正确？

4.2　换路定律及初始值的确定

4.2.1　电路的动态过程

从前面的任务模块可以看到：在含有储能元件电容或电感的电路中，当电路的结构或元件的参数发生改变时，即换路（电路的接通或断开，电路接线的改变或是电路参数、电源的突然变化等，统称为“换路”）时，电路从一种稳定状态变化到另一种稳定状态，需要有一个动态变化的中间过程，称为电路的动态过程（也称过渡过程或暂态过程）。

4.2.2 换路定律

电容中存储有电场能量，且电场能量的大小与电压的平方成正比，即 $W_C=\frac{1}{2}Cu_C^2$，换路时电场能量是不能突变的，所以电容的电压 u_C 不能突变。电感中存储有磁场能量，而磁场能量的大小与电流的平方成正比，即 $W_L=\frac{1}{2}Li_L^2$，换路时磁场能量不能突变，所以电感中的电流 i_L 不能突变。由此得到储能元件的换路定律：换路瞬间，电容上的电压 u_C 和电感中的电流 i_L 不能突变。

设 $t=0$ 为换路瞬间，以 $t=0_-$ 表示换路前的终了瞬间，$t=0_+$ 表示换路后的初始瞬间。0_- 和 0_+ 在数值上都等于0，则换路定律可用公式表示为

$$u_C(0_-)=u_C(0_+)$$
$$i_L(0_-)=i_L(0_+)$$

必须注意的是：只有 u_C、i_L 受换路定律的约束而保持不变，电路中的其他电压、电流可能发生跃变。

4.2.3 初始值的确定

换路后瞬间电容电压、电感电流的初始值 $u_C(0_+)$ 和 $i_L(0_+)$ 的确定方法是先利用换路前瞬间 $t=0_-$ 时的电路确定 $u_C(0_-)$ 和 $i_L(0_-)$，再由换路定律得到 $u_C(0_+)$ 和 $i_L(0_+)$ 的值。

电路中其他变量如 i_R、u_R、u_L、i_C 的初始值不遵循换路定律，它们的初始值需由 $t=0_+$ 时的电路来求得。具体求法是：

画出 $t=0_+$ 时的电路，在该电路中，若 $u_C(0_+)=u_C(0_-)=U_S$，则电容用一个电压源 U_S 代替；若 $u_C(0_+)=0$，则电容用短路线代替。若 $i_L(0_+)=i_L(0_-)=I_S$，则电感用一个电流源 I_S 代替，若 $i_L(0_+)=0$，则电感作开路处理。下面举例说明初始值的求法。

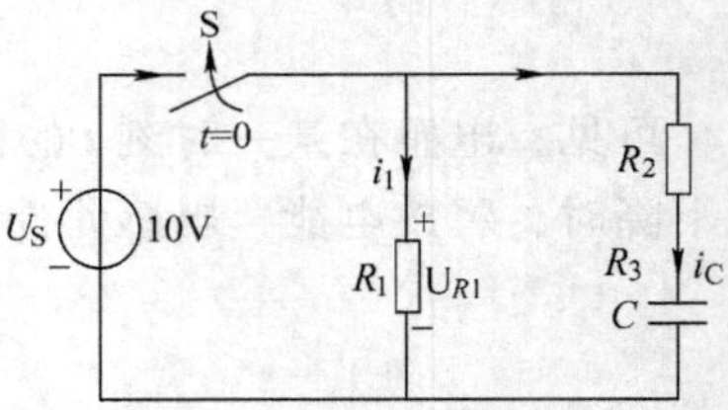

图 4-4 例 4-1 电路图

例 4-1 图 4-4 所示的电路中，已知 $U_S=10V$，$R_1=2k\Omega$，$R_2=5k\Omega$，开关 S 闭合前电容两端的电压为零。求开关 S 闭合后，各元件电压和各支路电流的初始值。

解：开关 S 闭合前 $u_C(0_-)=0$，开关闭合后，根据换路定律有

$$u_C(0_+)=u_C(0_-)=0$$

在 $t=0_+$ 时刻，根据 KVL 有

$$u_{R1}(0_+)=u_{R2}(0_+)=U_S=10V$$

$$i_1(0_+)=\frac{u_{R1}(0_+)}{R_1}=\frac{10}{2\times10^3}A=5mA$$

$$i_C(0_+)=\frac{u_{R2}(0_+)}{R_2}=\frac{10}{5\times10^3}A=2mA$$

则 $$i(0_+)=i_1(0_+)+i_C(0_+)=(5+2)mA=7mA$$

例 4-2 在图 4-5a 所示电路中，开关 S 在 $t=0$ 时闭合，开关闭合前电路已处于稳定状态。试求初始值 $u_C(0_+)$、$i_L(0_+)$、$i_1(0_+)$、$i_2(0_+)$、$i_C(0_+)$ 和 $u_L(0_+)$。

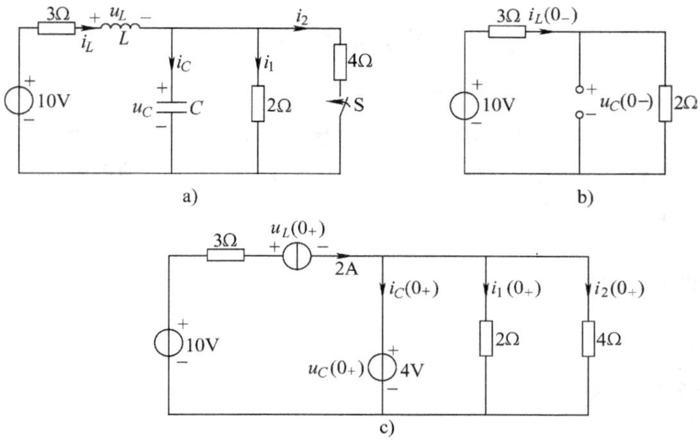

图 4-5　例 4-2 电路图

解：(1) 电路在 $t=0$ 时发生换路，欲求各电压、电流的初始值，应先求 $u_C(0_+)$ 和 $i_L(0_+)$。通过换路前稳定状态下 $t=0_-$ 时的电路可求得 $u_C(0_-)$ 和 $i_L(0_-)$。在直流稳态电路中，u_C 不再变化，$\mathrm{d}u_C/\mathrm{d}t=0$，故 $i_C=0$，即电容 C 相当于开路。同理，i_L 也不再变化，$\mathrm{d}i_L/\mathrm{d}t=0$，故 $u_L=0$，即电感 L 相当于短路。所以 $t=0_-$ 时刻的等效电路如图 4-5b 所示，由该图可知：

$$u_C(0_-)=10\times\frac{2}{3+2}\mathrm{V}=4\mathrm{V}$$

$$i_L(0_-)=\frac{10}{3+2}\mathrm{A}=2\mathrm{A}$$

(2) 由换路定理得

$$u_C(0_+)=u_C(0_-)=4\mathrm{V}$$

$$i_L(0_+)=i_L(0_-)=2\mathrm{A}$$

因此，在 $t=0_+$ 瞬间，电容元件相当于一个 4V 的电压源，电感元件相当于一个 2A 的电流源，其等效电路如图 4-5c 所示。

(3) 在 $t=0_+$ 时的电路中，应用直流电阻电路的分析方法，可求出电路中其他电流、电压的初始值，即

$$i_1(0_+)=\frac{4}{2}\mathrm{A}=2\mathrm{A}$$

$$i_2(0_+)=\frac{4}{4}\mathrm{A}=1\mathrm{A}$$

$$i_C(0_+)=(2-2-1)\mathrm{A}=-1\mathrm{A}$$

$$u_L(0_+)=(10-3\times2-4)\mathrm{V}=0$$

通过以上例题，可以归纳出求初始值的一般步骤如下：

1) 根据 $t=0_-$ 时的等效电路，求出 $u_C(0_-)$ 及 $i_L(0_-)$。

2) 根据换路定律，作出 $t=0_+$ 时的等效电路，并在图上标出各待求量。

3) 由 $t=0_+$ 时的等效电路，运用直流电路的分析方法求出各待求量的初始值。

思考与练习

4-2-1　什么是电路的动态过程？动态过程产生的原因是什么？

4-2-2　什么是换路定律？在一般情况下，为什么在换路瞬间电容电压和电感电流不能跃变？

4-2-3　试画出 $t=0_-$ 时，无储能电容的等效电路以及直流稳态时电容的等效电路，无储能电感的等效电路以及直流稳态时电感的等效电路。

4.3　一阶电路的响应

4.3.1　一阶电路的零输入响应

当外加激励为零，仅有动态元件初始储能所产生的电流和电压，称为动态电路的零输入响应。

1. *RC* 电路的零输入响应

在图 4-6a 所示的电路中，在 $t<0$ 时开关在位置 1，电容被电流源充电，电路已处于稳态，电容电压 $u_C(0_-)=R_0I_S$；$t=0$ 时，开关扳向位置 2，这样在 $t\geqslant0$ 时，电容将对 R 放电，电路如图 4-6b 所示，电路中形成电流 i。故 $t>0$ 后，电路中无电源作用，电路的响应是由电容的初始储能所产生的，故属于零输入响应。

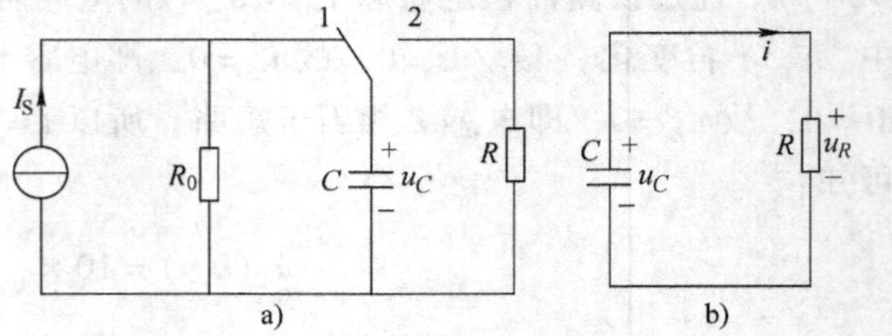

图 4-6　*RC* 电路的零输入响应

根据换路定律，换路瞬间电容两端电压 u_C 不能跃变，因此有

$$u_C(0_+)=u_C(0_-)=R_0I_S$$

换路后的电路如图 4-6b 所示，根据 KVL 有 $-u_R+u_C=0$，而 $u_R=iR$，$i=-C\dfrac{\mathrm{d}u_C}{\mathrm{d}t}$。

则

$$RC\frac{\mathrm{d}u_C}{\mathrm{d}t}+u_C=0 \tag{4-7}$$

式（4-7）是一阶常系数齐次微分方程，其通解形式为

$$u_C=A\mathrm{e}^{pt}\quad t\geqslant0 \tag{4-8}$$

式中，A 为待定的积分常数，可由初始条件确定；p 是特征方程的根。

当 $t=0_+$ 时，初始条件是 $u_C(0_+)=u_C(0_-)=R_0I_S$，带入式（4-8）中就可求出积分常数 A：

$$u_C(0_+)=u_C(0_-)=R_0I_S=A\mathrm{e}^{p0}=A$$

将式（4-8）代入式（4-7）中可得该微分方程的特征方程为 $RCp+1=0$。

从而解出特征根为

$$p=-\frac{1}{RC}=-\frac{1}{\tau}$$

式中，$\tau=RC$，它具有时间的单位秒（s），称为 *RC* 电路的时间常数。

得到满足初始条件微分方程的通解为

$$u_C = R_0 I_S e^{-\frac{t}{RC}} \quad t \geqslant 0 \tag{4-9}$$

放电电流为

$$i = -C\frac{du_C}{dt} = \frac{R_0 I_S}{R}e^{-\frac{t}{RC}} = i(0_+)e^{-\frac{t}{RC}} \quad t \geqslant 0 \tag{4-10}$$

由于$p = -\frac{1}{RC}$为负的，故 u_C 和 i 均按指数规律衰减，它们的最大值分别为初始值 $u_C(0_+) = R_0 I_S$ 及 $i(0_+) = \frac{R_0 I_S}{R}$。当 $t \to \infty$ 时，u_C 和 i 衰减到零。u_C 及 i 的波形如图 4-7 所示。

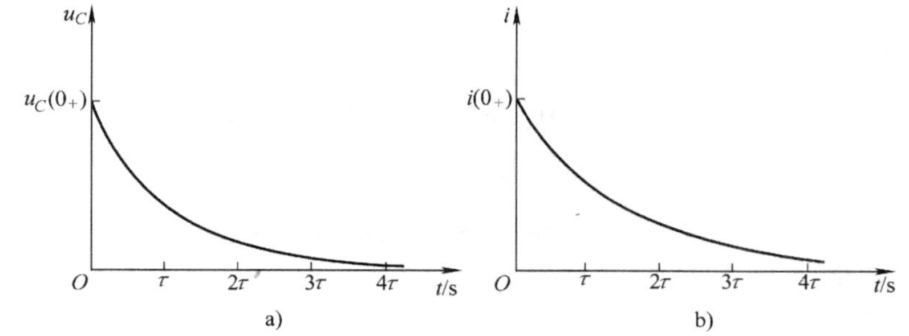

图 4-7　*RC* 电路零输入响应的电压、电流波形图

时间常数 τ 是动态电路中一个非常重要的物理量。在电容放电电路中，放电过程的快慢是由时间常数 τ 决定的。$\tau = RC$ 越大，电容放电越慢。在电容电压初始值 $u_C(0_+)$一定的情况下，C 越大，电容存储的电荷越多，放电所需的时间越长；而 R 越大，放电电流越小，放电所需的时间也就越长。相反，τ 越小，电容放电越快，放电所需的时间越短。

一般认为：经过$(3\sim5)\tau$的时间，u_C 就已经衰减到可以忽略不计的程度，可以认为暂态过程基本结束，电路达到稳定状态。实际应用中，可以根据需要调整电路中元件的参数值，或通过改变电路的结构来改变时间常数 τ 的值。

例 4-3　电路如图 4-8a 所示，$t = 0_-$时电路已处于稳态，$t = 0$ 时开关 S 打开。求 $t \geqslant 0$ 时的电压 u_C、u_R 和电流 i_C。

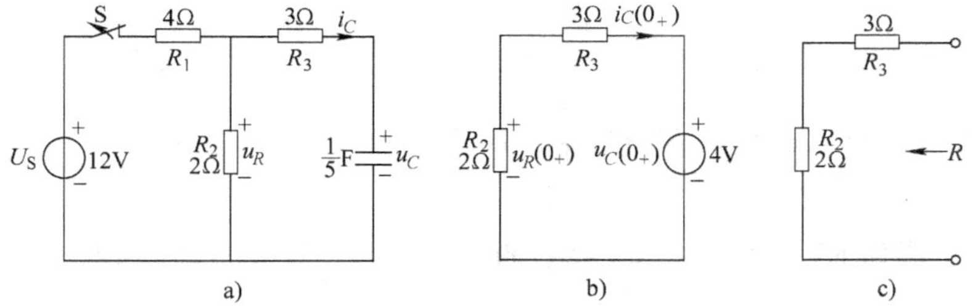

图 4-8　例 4-3 电路图

解：由于在 $t = 0_-$时电路已处于稳态，在直流电源作用下，电容相当于开路。

所以

$$u_C(0_-) = \frac{R_2}{R_1 + R_2}U_S = \frac{2 \times 12}{4 + 2}V = 4V$$

由换路定律得

$$u_C(0_+)=u_C(0_-)=4\text{V}$$

作出 $t=0_+$ 时的等效电路，如图 4-8b 所示，电容用 4V 电压源代替，由图 4-8b 可知：

$$u_R(0_+)=\frac{R_2}{R_2+R_3}u_C(0_+)=\frac{2\times4}{2+3}\text{V}=1.6\text{V}$$

$$i_C(0_+)=-\frac{u_C(0_+)}{R_2+R_3}=-\frac{4}{2+3}\text{A}=-0.8\text{A}$$

换路后从电容两端看进去的等效电阻如图 4-8c 所示，所以 $R=R_2+R_3=(2+3)\Omega=5\Omega$。

时间常数为 $$\tau=RC=5\times\frac{1}{5}\text{s}=1\text{s}$$

计算零输入响应，得

$$u_C=u_C(0_+)\text{e}^{-\frac{t}{\tau}}=4\text{e}^{-t}\text{V}\quad t\geqslant0$$

$$u_R=u_R(0_+)\text{e}^{-\frac{t}{\tau}}=1.6\text{e}^{-t}\text{V}\quad t\geqslant0$$

$$i_C=i_C(0_+)\text{e}^{-\frac{t}{\tau}}=-0.8\text{e}^{-t}\text{A}\quad t\geqslant0$$

也可以由

$$i_C=C\frac{\text{d}u_C}{\text{d}t}$$

求出 $$i_C=-0.8\text{e}^{-t}\text{A}\quad t\geqslant0$$

2. *RL* 电路的零输入响应

一阶 RL 电路如图 4-9a 所示，$t=0_-$ 时开关 S 闭合，电路已达稳态，电感 L 相当于短路，流过 L 的电流为 i_L，即 $i_L(0_-)=I_0$，故电感储存了磁能。在 $t=0$ 时开关 S 打开，所以在 $t\geqslant0$ 时，电感 L 储存的磁能将通过电阻 R 放电，在电路中产生电流和电压，如图 4-9b 所示。由于 $t>0$ 后，放电回路中的电流及电压均是由电感 L 的初始储能产生的，所以为零输入响应。

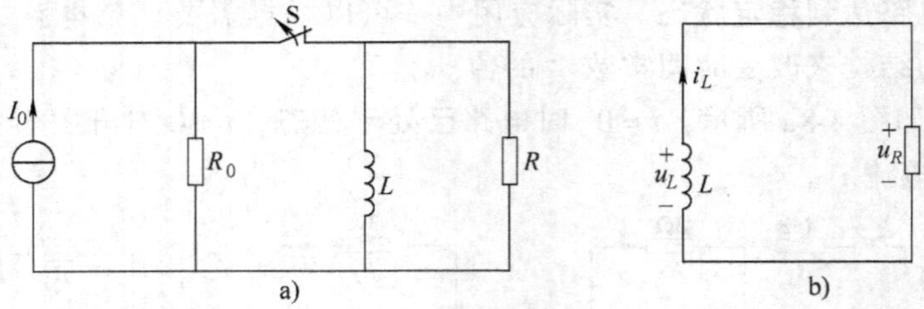

图 4-9　*RL* 电路的零输入响应

由图 4-9b，根据 KVL 有 $-u_L+u_R=0$，将 $u_L=-L\frac{\text{d}i_L}{\text{d}t}$ 及 $u_R=Ri_L$ 代入得

$$L\frac{\text{d}i_L}{\text{d}t}+Ri_L=0 \tag{4-11}$$

式（4-11）为一阶常系数齐次微分方程，其通解形式为

$$i_L=A\text{e}^{pt}\quad t\geqslant0 \tag{4-12}$$

将式（4-12）代入式（4-11），得特征方程为 $Lp+R=0$。

故特征根为 $$p=-\frac{R}{L}$$

则通解形式为

$$i_L = Ae^{-\frac{R}{L}t} = Ae^{-\frac{t}{\tau}} \quad t \geqslant 0 \tag{4-13}$$

式中，$\tau = \frac{L}{R}$，它具有时间的单位秒（s），称为 RL 电路的时间常数。

将初始条件 $i_L(0_+) = i_L(0_-) = I_0$ 代入式（4-13），求出积分常数 A 为

$$i_L(0_+) = A = I_0$$

这样得到满足初始条件的微分方程的通解为

$$i_L = i_L(0_+)e^{-\frac{t}{\tau}} = I_0 e^{-\frac{t}{\tau}} \quad t \geqslant 0$$

电阻及电感的电压分别是

$$u_R = Ri_L = RI_0 e^{-\frac{t}{\tau}} \quad t \geqslant 0$$

$$u_L = u_R = RI_0 e^{-\frac{t}{\tau}} \quad t \geqslant 0$$

分别作出 i_L、u_R 和 u_L 的波形，如图 4-10 所示。

由图 4-10 可知，i_L、u_R 和 u_L 的初始值（亦是最大值）分别为 $i_L(0_+) = I_0$、$u_R(0_+) = RI_0$、$u_L(0_+) = RI_0$，它们都是从各自的初始值开始，然后按同一指数规律逐渐衰减到零。衰减的快慢取决于时间常数 τ，这与一阶 RC 电路零输入响应的情况相同。

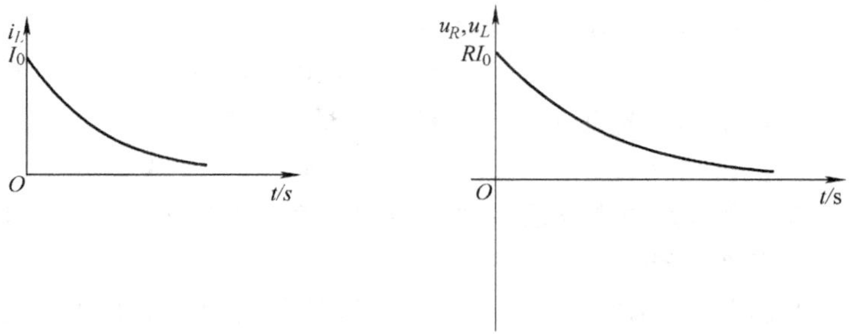

图 4-10　RL 电路零输入响应的 i_L、u_R 和 u_L 波形图

从以上求得的 RC 和 RL 电路零输入响应的进一步分析可知，对于任意时间常数为非零有限值的一阶电路，不仅电容电压、电感电流，而且所有电压、电流的零输入响应，都是从它的初始值按指数规律衰减到零的。且同一电路中，所有电压、电流的时间常数相同。若用 $f(t)$ 表示零输入响应，用 $f(0_+)$ 表示其初始值，则零输入响应可用以下通式表示为

$$f(t) = f(0_+)e^{-\frac{t}{\tau}} \quad t \geqslant 0$$

应该注意的是：RC 电路与 RL 电路的时间常数是不同的，前者 $\tau = RC$，后者 $\tau = \frac{L}{R}$。

例 4-4　在图 4-11a 所示电路中，$U_S = 10V$，$R = 10\Omega$，$L = 1H$，电压表的电阻 $R_V = 10k\Omega$。换路前电路已处于稳定状态，在 $t = 0$ 时开关 S 断开。求：

（1）开关 S 断开后的电感电流 i_L。

（2）开关 S 断开后电压表所承受的最大电压值。

解：（1）因为换路前电路已处于稳定状态，电感可视为短路，所以

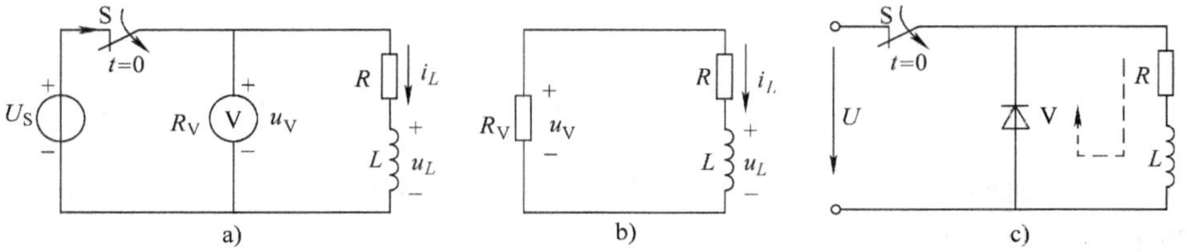

图 4-11　例 4-4 电路图

$$i_L(0_-)=\frac{U_S}{R}=\frac{10}{10}\text{A}=1\text{A}$$

根据换路定理，有

$$i_L(0_+)=i_L(0_-)=1\text{A}$$

开关 S 断开后，电压源 U_S 被开路，电感 L 从初始电流 1A 开始向 R 和 R_V 串联电阻释放能量，最终 i_L 下降到零，如图 4-11b 所示。可见，换路后，电路中的响应仅由电感的初始储能所引起，故为零输入响应。

因为 R 和 R_V 串联，所以

$$R=R_1+R_V=(10+10\times10^3)\Omega\approx10\text{k}\Omega$$

时间常数为

$$\tau=\frac{L}{R}\approx\frac{1}{10\times10^3}\text{s}=10^{-4}\text{s}$$

得到换路后的电感电流为

$$i_L=i(0_+)\text{e}^{-\frac{t}{\tau}}=\text{e}^{-\frac{t}{10^{-4}}}\text{A}=\text{e}^{-10^4t}\text{A}$$

(2) 电压表所承受的电压为

$$u_V=-R_Vi_L=-10\times10^3\times\text{e}^{-10^4t}\text{V}=-10\text{e}^{-10^4t}\text{kV}$$

当 $t=0$ 时，电压表所承受的电压最大，为

$$u_{V\max}=-10\text{kV}$$

该值远远超过电压表的最大量程，而使电压表损坏。由此可见，当断开带有大电感的电路时，应该事先把与其并联的电压表取下。

工程上，为防止 RL 电路由于某种原因引起电源脱落而造成的不应有的设备损坏或人员伤亡，往往在线圈两端并联一个泄放电阻或反接一个二极管。图 4-11c 所示为一种最常见的泄放电路，反接的二极管称为“续流”二极管。

4.3.2 一阶电路的零状态响应

在激励作用之前，电路的初始储能为零，仅由外加激励引起的响应称为零状态响应。

1. *RC* 电路的零状态响应

图 4-12a 所示为 RC 电路的零状态响应。电容原先未充电，$t=0$ 时开关 S 闭合，电路与激励 U_S 接通，下面介绍开关 S 闭合后电路中的响应。

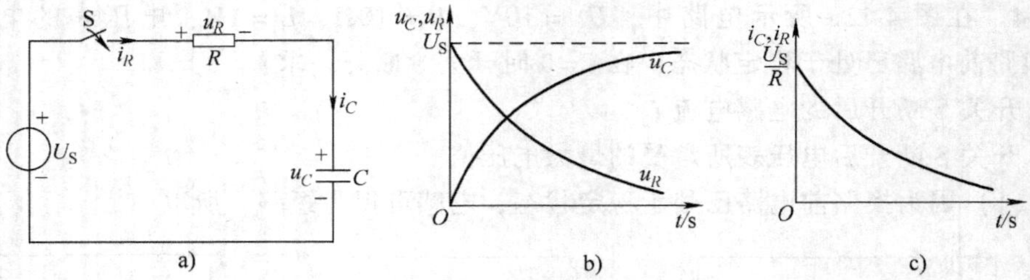

图 4-12 RC 电路的零状态响应及电压、电流波形图

在开关 S 闭合瞬间，电容电压不会跃变，由换路定律知 $u_C(0_+)=u_C(0_-)=0$，$t=0_+$时电容相当于短路，$u_R(0_+)=U_S$，故

$$i_R(0_+)=\frac{u_R(0_+)}{R}=\frac{U_S}{R}$$

随着电容的充电，u_C 将逐渐升高，u_R 则逐渐降低，i_R（等于 i_C）逐渐减小。当 $t\to\infty$ 时，电路达到稳态，这时电容相当于开路，则充电电流 $i_C(\infty)=0$，$u_R(\infty)=0$，$u_C(\infty)=U_S$。

开关 S 闭合后，由 KVL 得

$$U_S=u_R+u_C=Ri_C+u_C=RC\frac{du_C}{dt}+u_C \quad t\geqslant 0$$

即

$$RC\frac{du_C}{dt}+u_C=U_S \quad t\geqslant 0 \tag{4-14}$$

初始条件为　$u_C(0_+)=0$

式（4-14）为一阶常系数线性非齐次微分方程。它的解由其特解 u_C' 和相应的齐次微分方程的通解 u_C'' 两部分组成，即

$$u_C=u_C'+u_C''$$

非齐次微分方程的特解 u_C' 取决于激励函数，当激励为常量时，特解也为一常量，通常取换路后电容电压的稳态值，所以特解又称为电路的稳态解或稳态分量。式（4-14）的特解为

$$u_C'=U_S$$

而一阶常系数线性齐次微分方程的通解与 RC 电路的零输入响应完全相同，通解为

$$u_C''=Ae^{-\frac{t}{\tau}}=Ae^{-\frac{t}{RC}}$$

这是一个随时间增长而衰减的指数函数，它是电路在过渡过程中才存在的一个分量，所以常把 u_C'' 称为电路的暂态解或暂态分量。

式（4-14）的解（完全解）为

$$u_C=u_C'+u_C''=U_S+Ae^{-\frac{t}{RC}}$$

将初始条件 $u_C(0_+)=0$ 代入上式，得出积分常数 $A=-U_S$，故

$$u_C=-U_Se^{-\frac{t}{RC}}+U_S=U_S(1-e^{-\frac{t}{RC}})=U_S(1-e^{-\frac{t}{\tau}}) \quad t\geqslant 0$$

由于稳态值 $u_C(\infty)=U_S$，故上式可写成

$$u_C=u_C(\infty)(1-e^{-\frac{t}{\tau}}) \quad t\geqslant 0 \tag{4-15}$$

由式（4-15）可知，当 $t=0$ 时，$u_C(0)=0$；当 $t=\tau$ 时，电容电压 u_C 增至稳态值的 63.2%；当 $t=(3\sim5)\tau$ 时，u_C 上升到其稳态值 U_S 的 95%～99.7%，工程上通常认为此时电路进入稳态，即充电过程结束。

电路中的其他响应分别为

$$i_C=C\frac{du_C}{dt}=\frac{U_S}{R}e^{-\frac{t}{\tau}} \quad t\geqslant 0$$

$$i_R=i_C=\frac{U_S}{R}e^{-\frac{t}{\tau}} \quad t\geqslant 0$$

$$u_R=Ri_R=U_Se^{-\frac{t}{\tau}} \quad t\geqslant 0$$

根据 u_C、i_C、i_R 及 u_R 的表达式，画出它们的波形，如图 4-12b、c 所示，其变化规律与

前面叙述的物理过程一致。

例 4-5 在图 4-12a 所示的电路中，已知 $C=5\mu F$，$R=100\Omega$，$U_S=220V$，$u_C(0_-)=0$。求 S 闭合后，电容电压 u_C、电流 i_C 及电阻电压 u_R。

解： 时间常数为 $\tau=RC=100\times5\times10^{-6}s=5\times10^{-4}s$

将 τ 及 $u_C(\infty)=U_S$ 代入式（4-15），得

$$u_C=U_S(1-e^{-\frac{t}{\tau}})=220(1-e^{-2\times10^3t})V$$

充电电流
$$i_C=C\frac{du_C}{dt}=\frac{U_S}{R}e^{-\frac{t}{\tau}}=2.2e^{-2\times10^3t}A$$

电阻电压
$$u_R=Ri_R=U_Se^{-\frac{t}{\tau}}=220e^{-2\times10^3t}V$$

由上例可知，暂态分量是负指数函数，当 $t\to\infty$ 时，电路进入新的稳态，暂态消失，过渡过程结束。

例 4-6 电路如图 4-13a 所示，已知 $U_S=15V$，$R_1=3k\Omega$，$R_2=6k\Omega$，$C=5\mu F$，$u_C(0_-)=0$。求开关 S 闭合后，电容电压 u_C。

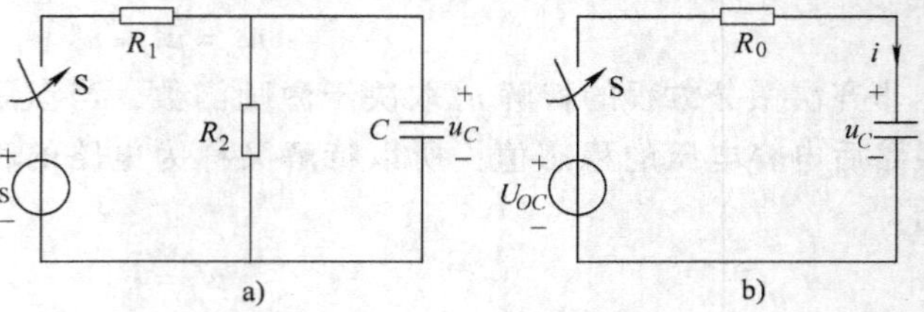

图 4-13 例 4-6 电路图

解： 这里将储能元件以外的电路看作一个有源二端网络，利用戴维南定理将换路后的电路简化成一个简单的 RC 串联电路，然后再利用式（4-15）求出 u_C。

（1）求等效电源的电压和电阻

$$U_{OC}=\frac{R_2}{R_1+R_2}U_S=\frac{6}{3+6}\times15V=10V$$
$$R_0=R_1/\!/R_2=2k\Omega$$

电路可等效为图 4-13b。

（2）时间常数为 $\tau=R_0C=2\times10^3\times5\times10^{-6}s=10^{-2}s$

（3）将所得参数代入式（4-15）得 $u_C=10(1-e^{-100t})V$

2. *RL* 电路的零状态响应

对于图 4-14a 所示的一阶 RL 电路，U_S 为直流电压源，$t<0$ 时，电感 L 中的电流为零。$t=0$ 时开关 S 闭合，电路与激励 U_S 接通，在开关 S 闭合瞬间，电感电流不会跃变，则有

$$i_L(0_+)=i_L(0_-)=0$$

由 KVL 得 $u_L+u_R=U_S$，将 $u_L=L\frac{di_L}{dt}$和 $u_R=Ri_L$ 代入上式，可得

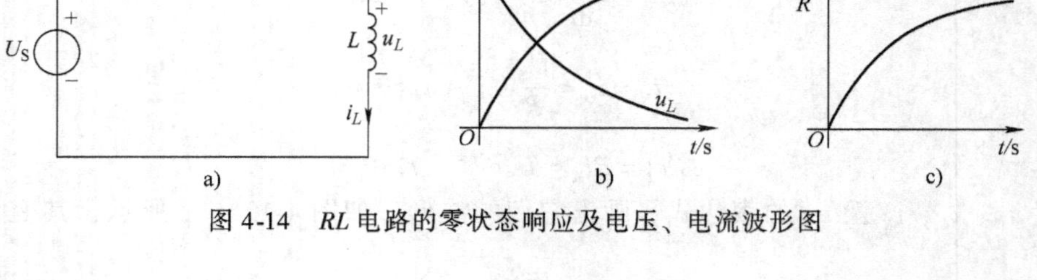

图 4-14 *RL* 电路的零状态响应及电压、电流波形图

$$L\frac{\mathrm{d}i_L}{\mathrm{d}t}+Ri_L=U_S \quad t\geqslant 0 \tag{4-16}$$

式（4-16）也是一阶常系数非齐次微分方程，它的解同样由其特解 i_L' 和相应的齐次微分方程的通解 i_L'' 两部分组成，即

$$i_L=i_L'+i_L''$$

显然，特解仍是稳态分量 $i_L'=\frac{U_S}{R}$，而通解仍为暂态分量 $i_L''=A\mathrm{e}^{-\frac{R}{L}t}$，因此，式（4-16）的完全解为

$$i_L=i_L'+i_L''=\frac{U_S}{R}+A\mathrm{e}^{-\frac{R}{L}t}$$

代入 $t=0$ 时的初始条件 $i_L(0_+)=0$，得积分常数 $A=-\frac{U_S}{R}$，令 $\tau=\frac{L}{R}$，于是

$$i_L=-\frac{U_S}{R}\mathrm{e}^{-\frac{t}{\tau}}+\frac{U_S}{R}=\frac{U_S}{R}(1-\mathrm{e}^{-\frac{t}{\tau}})$$

由于 i_L 的稳态值

$$i_L(\infty)=\frac{U_S}{R}$$

故上式可写成

$$i_L=i_L(\infty)(1-\mathrm{e}^{-\frac{t}{\tau}}) \quad t\geqslant 0 \tag{4-17}$$

电路中的其他响应分别为

$$u_L=L\frac{\mathrm{d}i_L}{\mathrm{d}t}=U_S\mathrm{e}^{-\frac{t}{\tau}} \quad t\geqslant 0$$

$$i_R=i_L=\frac{U_S}{R}(1-\mathrm{e}^{-\frac{t}{\tau}}) \quad t\geqslant 0$$

$$u_R=Ri_R=U_S(1-\mathrm{e}^{-\frac{t}{\tau}}) \quad t\geqslant 0$$

它们的波形如图4-14b、c所示。

物理过程是：S闭合后，i_L(即 i_R)从初始值零逐渐上升，u_L 从初始值 $u_L(0_+)=U_S$ 逐渐下降，而 u_R 从 $u_R(0_+)=0$ 逐渐上升，当 $t=\infty$ 时，电路达到稳态，这时 L 相当于短路，$i_L(\infty)=U_S/R$，$u_L(\infty)=0$，$u_R(\infty)=U_S$。从波形图上可以直观地看出各响应的变化规律。

暂态过程进行的快慢取决于时间常数 τ。τ 越大，暂态过程越长。这是因为 τ 越大，则 L 越大或 R 越小。L 越大，电感储存的磁场能量越大，电阻消耗能量的时间越长；R 越小，电阻消耗电磁储能的时间越长。

从对以上求得的 RC 和 RL 电路零状态响应的进一步分析可知，RC 电路电容充电时的电容电压 u_C 和 RL 电路电感与电源接通后的电感电流 i_L 的响应规律都是按指数规律增加的。若用 $f(t)$ 表示零状态响应，用 $f(\infty)$ 表示换路后的稳态分量，则零状态响应可用以下通式表示为

$$f(t)=f(\infty)(1-\mathrm{e}^{-\frac{t}{\tau}}) \quad t\geqslant 0$$

例4-7　电路如图4-14a所示，已知 $U_S=18\text{V}$，$R=1500\Omega$，$L=15\text{H}$。求：

（1）时间常数。

（2）u_L 和 i_L 的表达式。

（3）经过10ms后 u_L 和 i_L 的值。

解：（1）时间常数 $\tau=\frac{L}{R}=\frac{15}{1500}\text{s}=10^{-2}\text{s}=10\text{ms}$

(2) $u_L = L\frac{\mathrm{d}i_L}{\mathrm{d}t} = U_S e^{-\frac{t}{\tau}} = 18e^{-100t}\mathrm{V}$

$$i_L = \frac{U_S}{R}(1 - e^{-\frac{t}{\tau}}) = \frac{18}{1500}(1 - e^{-100t})\mathrm{A} = 12(1 - e^{-100t})\mathrm{mA}$$

(3) 当 $t = 10\mathrm{ms}$，即 $t = \tau$时，有

$$u_L = U_S e^{-\frac{t}{\tau}} = 18e^{-1}\mathrm{V} = 18 \times 36.8\%\ \mathrm{V} = 6.624\mathrm{V}$$

$$i_L = \frac{U_S}{R}(1 - e^{-\frac{t}{\tau}}) = \frac{18}{1500}(1 - e^{-1})\mathrm{A} = 0.012 \times 63.2\%\ \mathrm{A} = 7.584\mathrm{mA}$$

例 4-8 电路如图 4-15 所示，换路前电路已达稳定，在 $t=0$ 时开关 S 打开，求 $t \geqslant 0$ 时的 i_L 和 u_L。

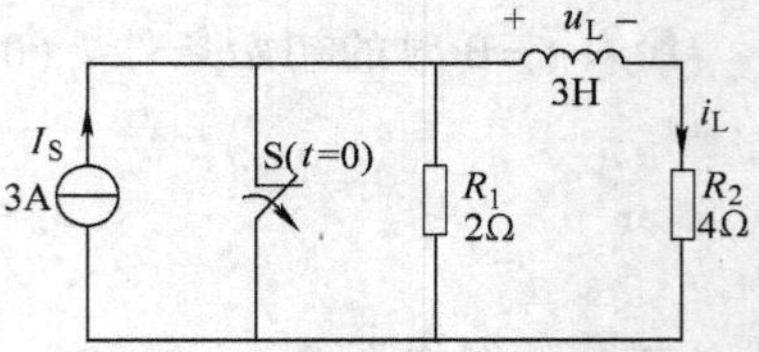

图 4-15 例 4-8 电路图

解：因为 $i_L(0_-) = 0$，故换路后电路的响应为零状态响应。又因为电路稳定后，电感相当于短路，所以

$$i_L(\infty) = \frac{R_1}{R_1 + R_2} I_S = \frac{2}{2+4} \times 3\mathrm{A} = 1\mathrm{A}$$

时间常数 $\tau = \frac{L}{R} = \frac{3}{2+4}\mathrm{s} = 0.5\mathrm{s}$

根据式 (4-17) 得 $i_L = i_L(\infty)(1 - e^{-\frac{t}{\tau}}) = (1 - e^{-2t})\mathrm{A}$

则 $u_L = L\frac{\mathrm{d}i_L}{\mathrm{d}t} = 3 \times 2e^{-2t}\mathrm{V} = 6e^{-2t}\mathrm{V}$

4.3.3 一阶动态电路的全响应

由电路的初始储能和外加激励的共同作用下，电路中产生的响应，称为一阶动态电路的全响应，如图 4-16 所示。

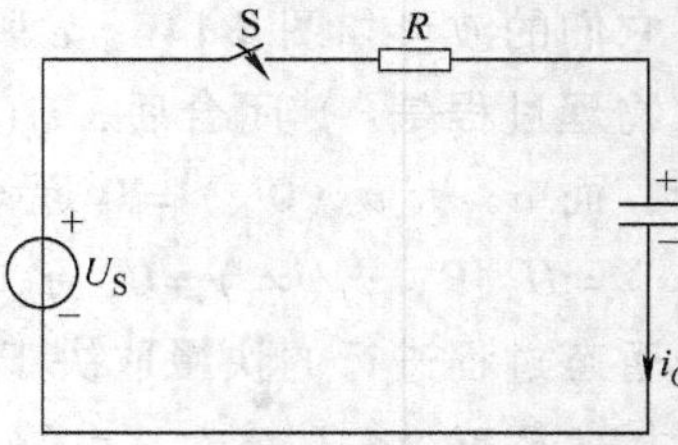

图 4-16 *RC* 电路的全响应

设 $u_C(0_+) = u_C(0_-) = U_0$，在 $t=0$ 时开关 S 闭合，显然电路中的响应属于全响应。

对 $t \geqslant 0$ 时的电路，以 u_C 为求解变量可列出描述电路的微分方程为

$$\begin{cases} RC\frac{\mathrm{d}u_C}{\mathrm{d}t} + u_C = U_S \\ u_C(0_+) = U_0 \end{cases} \tag{4-18}$$

式 (4-18) 与描述 *RC* 零状态电路的微分方程式 (4-14) 相比较，仅只有初始条件不同，因此，其解必具有类似的形式，即

$$u_C = U_S + Ke^{-\frac{t}{\tau}}$$

代入初始条件 $u_C(0_+) = U_0$，得 $K = U_0 - U_S$。

从而得到

$$u_C = U_S + (U_0 - U_S)e^{-\frac{t}{\tau}} \tag{4-19}$$

通过对式 (4-19) 分析可知，当 $U_S = 0$ 时，即为 *RC* 零输入电路的微分方程；而当 $U_0 = 0$ 时，即为 *RC* 零状态电路的微分方程。这一结果表明，零输入响应和零状态响应都是全响应的一种特殊情况。

如用 $f(t)$ 表示电路的响应，$f(0_+)$ 表示该电压或电流的初始值，$f(\infty)$ 表示响应的稳定

值，τ 表示电路的时间常数，则式（4-19）可表示为

$$f(t)=f(\infty)+[f(0_+)-f(\infty)]e^{-\frac{t}{\tau}}\quad t\geqslant 0 \tag{4-20}$$

式（4-20）是一个很重要的公式，它包含了一阶电路响应的各种可能。该表达式中响应 $f(t)$ 主要由 $f(0_+)$、$f(\infty)$ 和 τ 三要素决定，因此称 $f(0_+)$、$f(\infty)$ 和 τ 为一阶电路的三要素。而式（4-20）被称为一阶电路的三要素公式。

上述的全响应公式可以有以下两种分解方式：

1）全响应分解为稳态分量和暂态分量之和。如式（4-20）中第一项 $f(\infty)$ 为稳态分量（或称强迫分量），第二项 $[f(0_+)-f(\infty)]e^{-\frac{t}{\tau}}$ 为暂态分量（或称自由分量），两个分量的变化规律不同。稳态分量只与输入激励有关，当输入的是直流量时，稳态分量是恒定不变的；当输入的是正弦量时，稳态分量是同频率的正弦量。暂态分量既与初始状态有关，也与输入激励有关，或者说它与初始值与稳态值的差值有关，只有在这个差值不为零时，才有暂态分量。实际上，暂态分量可以认为在 $t=5\tau$ 时趋于零，此后电路的响应全由稳态分量决定，电路进入新的稳态。

$$全响应=稳态分量+暂态分量$$

2）全响应分解为零输入响应和零状态响应之和。将式（4-20）改写后可得

$$f(t)=f(0_+)e^{-\frac{t}{\tau}}+f(\infty)(1-e^{-\frac{t}{\tau}})\quad t\geqslant 0 \tag{4-21}$$

式（4-21）等号右边第一项为零输入响应，第二项为零状态响应。因为电路的激励有两种，一是外加的输入信号，二是储能元件的初始储能，根据线性电路的叠加性，电路的响应是两种激励各自所产生响应的叠加，即

$$全响应=零输入响应+零状态响应$$

思考与练习

4-3-1　什么是激励？什么是响应？一阶电路如何构成？什么是一阶电路的零输入响应、零状态响应和全响应？

4-3-2　由线性电路的叠加原理，理解全响应 = 零输入响应 + 零状态响应。如何理解全响应是由稳态分量和暂态分量两个部分组成的。

4-3-3　$f(0_+)$为何义？$f(\infty)$又为何义？对 RC 电路和 RL 电路，时间常数 τ 分别为何义？

4-3-4　试定性绘出 $\tau_1<\tau_2<\tau_3$ 情况下 RC 充电电路的电压响应曲线。

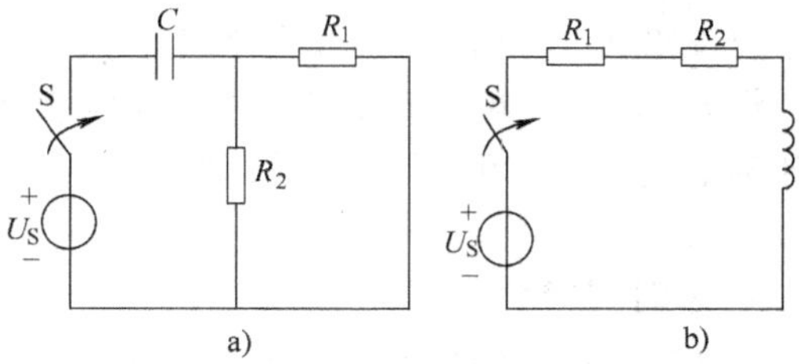

图 4-17　思考与练习 4-3-5 电路图

4-3-5　一阶电路如图 4-17 所示，求开关 S 闭合后电路的时间常数。

4.4　求解一阶电路的三要素法

一阶电路的响应规律可以用式（4-20）所示的三要素公式描述，实际上它可以归结为两种趋向——增加或衰减。当某电路变量的 $f(\infty)>f(0_+)$ 时，该电路变量按指数规律从 $f(0_+)$ 增加到 $f(\infty)$；当某电路变量的 $f(\infty)<f(0_+)$ 时，该电路变量按指数规律从 $f(0_+)$ 衰减到 $f(\infty)$。

作为特例，零状态响应的电容电压 u_C 或电感电流 i_L 的初始值为零，即 $u_C(0_+)=0$ 或 $i_L(0_+)=0$，它们是按指数规律从零开始增加到 $f(\infty)$。而零输入响应的电容电压 u_C 或电感电流 i_L 的稳态值为零，即 $u_C(\infty)=0$ 或 $i_L(\infty)=0$，它们是按指数规律从 $f(0_+)$ 开始衰减到零。由于零输入响应和零状态响应是全响应的特殊情况，因此，三要素公式适用于求一阶电路的任一种响应，具有普遍适用性。

由式（4-20）可知，对一阶电路的分析，只要求得初始值 $f(0_+)$、稳定值 $f(\infty)$ 和时间常数 τ 这三个要素，就能直接写出电路的响应。这一分析方法称为一阶线性动态电路分析的三要素法。求解三要素的步骤如下：

1. 确定初始值 $f(0_+)$

利用换路定律和 $t=0_+$ 时的等效电路求得。

1）先作 $t=0_-$ 时的等效电路，确定换路前电路的状态，求得 $u_C(0_-)$ 或 $i_L(0_-)$，如 $t=0_-$ 时电路稳定，则电容 C 视为开路，电感 L 用短路线代替。

2）根据换路定律得 $u_C(0_+)=u_C(0_-)$，$i_L(0_+)=i_L(0_-)$。

3）作出 $t=0_+$ 时的等效电路。等效电路对电容、电感的处理如图 4-18 所示。在此电路中，若 $u_C(0_+)=u_C(0_-)=U_0$ 或 $i_L(0_+)=i_L(0_-)=I_0$，则 C 用电压源 U_0 代替，L 用电流源 I_0 代替。若 $u_C(0_+)=u_C(0_-)=0$ 或 $i_L(0_+)=i_L(0_-)=0$，则 C 用短路线代替，L 视为开路。

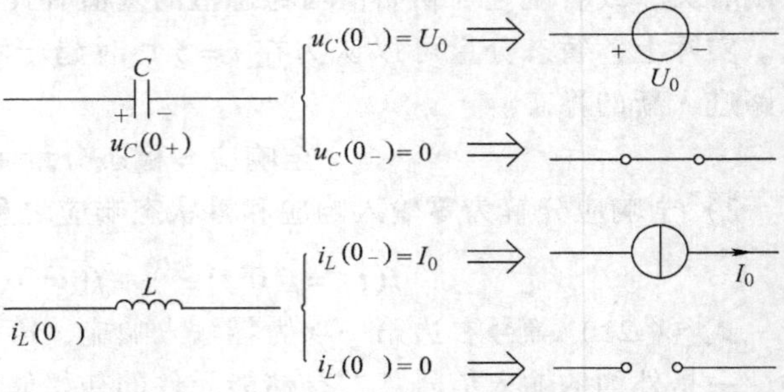

图 4-18 电容、电感元件在 $t=0_+$ 时的电路模型

4）在 $t=0_+$ 时的等效电路中，可按一般电阻性电路来求解各变量的初始值 $u(0_+)$、$i(0_+)$。

2. 确定新稳态值 $f(\infty)$

由换路后 $t=\infty$ 时的等效电路求出。

作 $t=\infty$ 时的电路，换路后暂态过程结束，电路进入新的稳态，在此电路中，电容 C 视为开路，电感 L 用短路线代替，即可按一般电阻性电路来求解各变量的稳态值 $u(\infty)$、$i(\infty)$。

3. 求时间常数 τ

τ 只与电路的结构和参数有关，RC 电路中 $\tau=RC$，RL 电路中 $\tau=L/R$，其中电阻 R 是从动态元件两端看进去的戴维南等效电路的内阻。

例 4-9 电路如图 4-19a 所示，$t=0$ 时将开关 S 合上，求 $t\geqslant0$ 时的 i_1、i_L、u_L。

解：（1）先求 $i_L(0_-)$ 作 $t=0_-$ 时的电路，如图 4-19b 所示，电感用短路线代替，则

$$i_L(0_-)=\frac{12}{3+6}\text{A}=\frac{4}{3}\text{A}$$

（2）求 $f(0_+)$ 作 $t=0_+$ 时的电路，如图 4-19c 所示，则

$$i_L(0_+)=i_L(0_-)=\frac{4}{3}\text{A}$$

图中，电感用 $\frac{4}{3}$A 的电流源代替，流向与图 4-19b 中的 $i_L(0_-)$ 一致。因为要求 i_1、i_L、

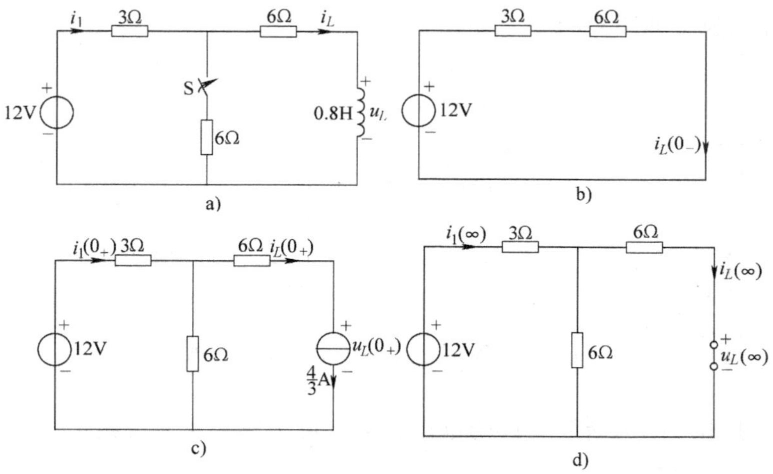

图 4-19 例 4-9 电路图

u_L，所以相应地需先求出 $i_1(0_+)$ 和 $u_L(0_+)$。根据 KVL，对于图 4-19c 左边的回路，有

$$3\Omega \cdot i_1(0_+) + 6\Omega \cdot [i_1(0_+) - i_L(0_+)] = 12\text{V}$$

得

$$i_1(0_+) = \frac{20}{9}\text{A}$$

对于图 4-19c 右边的回路，有

$$u_L(0_+) = -6\Omega \cdot i_L(0_+) + 6\Omega \cdot [i_1(0_+) - i_L(0_+)] = -\frac{8}{3}\text{V}$$

（3）求 $f(\infty)$　作 $t=\infty$ 时的电路，如图 4-19d 所示，电感用短路线代替，则

$$i_1(\infty) = \frac{12}{3+\frac{6\times6}{6+6}}\text{A} = 2\text{A}$$

$$i_L(\infty) = \frac{1}{2}i_1(\infty) = 1\text{A}$$

$$u_L(\infty) = 0$$

（4）求 τ　从动态元件 L 两端看进去的戴维南等效电阻为

$$R = (6+3/\!/6)\Omega = \left(6+\frac{3\times6}{3+6}\right)\Omega = 8\Omega$$

$$\tau = \frac{L}{R} = \frac{0.8}{8}\text{s} = 0.1\text{s} = \frac{1}{10}\text{s}$$

（5）代入三要素公式

$$f(t) = f(\infty) + [f(0_+) - f(\infty)]e^{-\frac{t}{\tau}}$$

$$i_1(t) = \left[2+\left(\frac{20}{9}-2\right)e^{-10t}\right]\text{A} = \left(2+\frac{2}{9}e^{-10t}\right)\text{A} \quad t\geqslant0$$

$$i_L(t) = \left[1+\left(\frac{4}{3}-1\right)e^{-10t}\right]\text{A} = \left(1+\frac{1}{3}e^{-10t}\right)\text{A} \quad t\geqslant0$$

$$u_L(t) = \left[0+\left(-\frac{8}{3}-0\right)e^{-10t}\right]\text{V} = -\frac{8}{3}e^{-10t}\text{V} \quad t\geqslant0$$

i_1、i_L 和 u_L 的波形如图 4-20 所示。

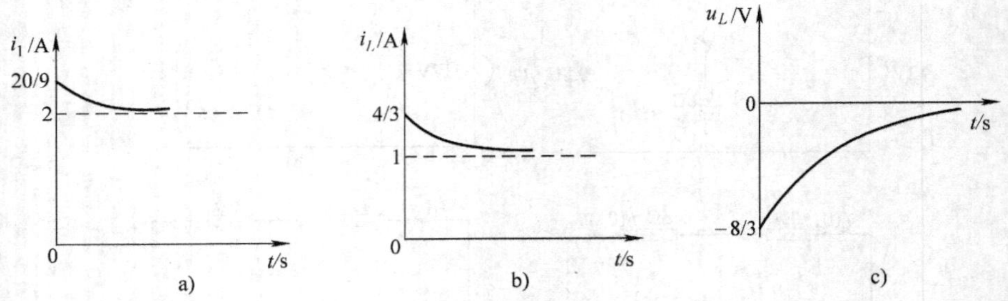

图 4-20　例 4-9 中 i_1、i_L 和 u_L 的波形图

从上例可以看出，除了储能元件的电压、电流可用三要素法确定之外，其他支路的电压、电流同样可以用三要素法确定。

思考与练习

4-4-1　三要素法的通式是怎样的？每个要素的含义是什么？三要素法的使用条件是什么？

4-4-2　试举例说明：在什么情况时，*RC* 或 *RL* 串联电路，在正弦激励下，零状态响应及全响应中都可能没有瞬态分量。

4.5　一阶电路的典型应用

在电子技术中，*RC* 电路构成的微分电路和积分电路常用来实现波形的产生和变换。

4.5.1　微分电路

微分电路是指输出电压与输入电压之间成微分关系的电路。微分电路可以由 *RC* 或 *RL* 电路构成，下面以 *RC* 微分电路为例，讨论其构成条件和特点。

最简单的 *RC* 微分电路如图 4-21a 所示，其主要作用是：当输入为矩形脉冲 u_i 时，输出 u_o 为正、负尖脉冲，波形如图 4-21b 所示。

构成 *RC* 微分电路的条件是：

1）*RC* 串联电路中，电路的输出电压取自电阻 *R*。

2）电路的时间常数为 τ，输入脉冲宽度为 t_p，有 $t_p = T/2 \gg \tau$。

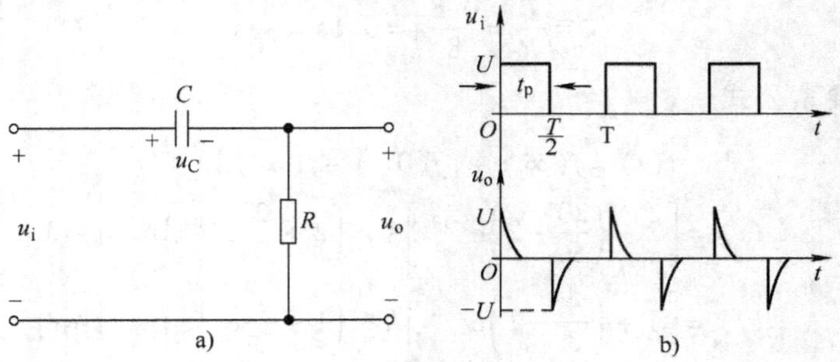

图 4-21　*RC* 微分电路

下面来分析 RC 微分电路在脉冲激励信号作用下的响应。为分析方便，假设电容的初始储能为零，则

$$u_C(0_-)=u_C(0_+)=0 \quad u_o(0_+)=U$$

在 $0\leqslant t\leqslant T/2$ 时间内，u_i 的作用相当于一个直流激励，电容开始充电，电容电压 u_C 按指数规律上升，而输出电压 u_o 按指数规律下降，由于 $t_p \gg \tau$，所以在很短的时间内 u_C 上升至 U，而输出电压 u_o 下降为零。由三要素公式可得

$$u_C=U(1-e^{-\frac{t}{\tau}})$$

$$u_o=RC\frac{du_C}{dt}=Ue^{-\frac{t}{\tau}}$$

电路输出正尖脉冲，如图 4-21b 所示。从图中可以看出：由于 $t_p \gg \tau$，动态过程很快结束，可以认为 $u_C\approx u_i$，所以

$$u_o=iR=RC\frac{du_C}{dt}\approx RC\frac{du_i}{dt}$$

输出电压取决于输入电压对时间的导数，故称为微分电路。

在 $T/2\leqslant t\leqslant T$ 时间内，$u_i=0$，电容通过电阻很快放电结束，由 U 迅速下降为 0，而输出电压 u_o 由 $-U$ 迅速上升为 0。由三要素公式可知

$$u_C=Ue^{-\frac{t-t_p}{\tau}}$$

$$u_o=-u_C=-Ue^{-\frac{t-t_p}{\tau}}$$

此时，电路输出负尖脉冲，当第二个矩形脉冲到来时，电路的响应又重复前述过程，所以电路输出正、负相间的尖脉冲。双向尖脉冲信号去掉一半以后，成为单向的尖脉冲信号，该信号在脉冲数字电路中用作触发信号。

4.5.2 *RC* 积分电路

积分电路是指输出电压与输入电压之间成积分关系的电路。积分电路也可以由 RC 或 RL 电路构成。最简单的 RC 积分电路如图 4-22a 所示，其主要作用是：当输入为矩形脉冲 u_i 时，输出 u_o 为三角波，波形如图 4-22b 所示。

构成 RC 积分电路的条件是：

1）RC 串联电路中，从电容 C 两端输出电压。

2）电路的时间常数为 τ，脉冲宽度为 t_p，有 $\tau \gg t_p=T/2$。

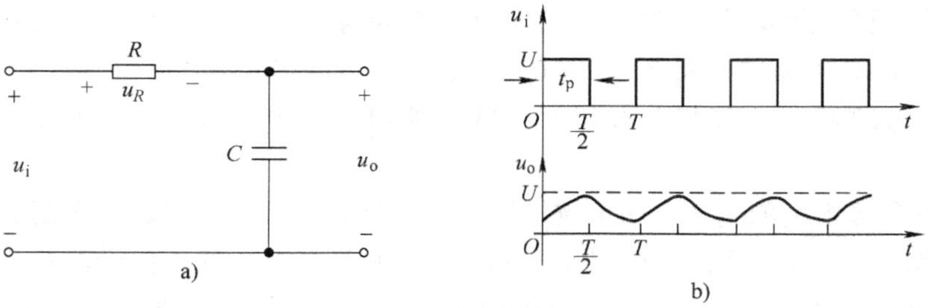

图 4-22　*RC* 积分电路

下面来分析 RC 积分电路在脉冲激励信号作用下的响应。为分析方便，假设电容的初始储能为零，则

$$u_C(0_-)=u_C(0_+)=0 \quad u_o(0_+)=0$$

在 $0\leqslant t\leqslant T/2$ 时间内，u_i 的作用相当于一个直流激励，电容开始充电，输出电压 $u_o=u_C$ 按指数规律上升，由于 $\tau\gg t_p$，所以电容充电的速度很慢，在整个 t_p 期间，只充得很小的一部分，输入电压几乎全部加在电阻上，所以认为 $u_R\gg u_C$，则 $u_R\approx u_i$，因此

$$u_o=u_C=\frac{1}{C}\int i\mathrm{d}t=\frac{1}{C}\int\frac{u_R}{R}\mathrm{d}t\approx\frac{1}{RC}\int u_i\mathrm{d}t$$

输出电压取决于输入电压对时间的积分，故称为积分电路。

在 $T/2\leqslant t\leqslant T$ 期间，由于电容电压不能突变，电容通过电阻缓慢放电，输出电压也缓慢下降，当 $t=T$ 时，电容电压还远未衰减到零，第二个脉冲到来，电容电压在初始值 $u_C(T)$ 的基础上继续充电。经过几个周期后，电容充电时电压的初始值和放电时的初始值稳定在一定的数值上，这时电路输出 u_o 为三角波，三角波信号在电子技术中被广泛应用。

思考与练习

4-5-1 RC 串联电路构成微分电路的条件是什么？

4-5-2 RC 串联电路构成积分电路的条件是什么？

4-5-3 RC 串联电路的输入脉冲电压、脉冲宽度和电路参数均不变，若从电阻两端输出电压变为从电容两端输出电压，则是否将微分电路变成了积分电路？

仿真模块：RC 微分电路和积分电路的仿真

由本章的知识可知：

1）构成图 4-21a 所示微分电路的条件是：输入脉冲宽度 $t_p\gg\tau$，当输入 u_i 为矩形脉冲时，电路输出 u_o 为正、负相间的尖脉冲。

2）构成图 4-22a 所示积分电路的条件是：输入脉冲宽度 $t_p\ll\tau$，当输入 u_i 为矩形脉冲时，电路输出 u_o 为三角波。

[操作步骤]

(1) 观察微分电路的输入、输出波形图　从元件库中选取信号源、电阻、电容等元件，从仪表库中选取双踪示波器，创建图 4-21a 所示的电路。其中输入信号的周期 $T=1\text{ms}$，脉冲宽度 $t_p=0.5\text{ms}$，电路的时间常数 $\tau=0.1\text{ms}$，启动 Multisim 仿真。双击示波器图标，可打开示波器的工作面板，调节相关按钮，即可得到仿真信号的波形。仿真的结果如图 4-23 所示。

(2) 观察积分电路的输入、输出波形图　从元件库中选取信号源、电阻、电容等元件，从仪表库中选取双踪示波器，创建图 4-22a 所示的电路。其中输入信号的周期 $T=1\text{ms}$，脉冲宽度 $t_p=0.5\text{ms}$，电路的时间常数 $\tau=0.62\text{ms}$，启动 Multisim 仿真。仿真的结果如图 4-24 所示。

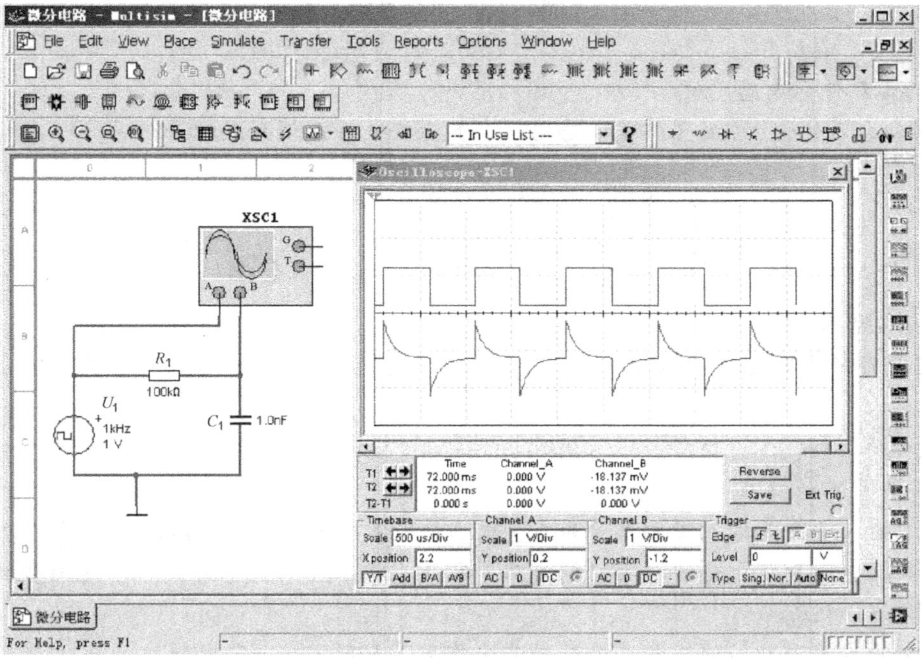

图 4-23　微分电路仿真的结果

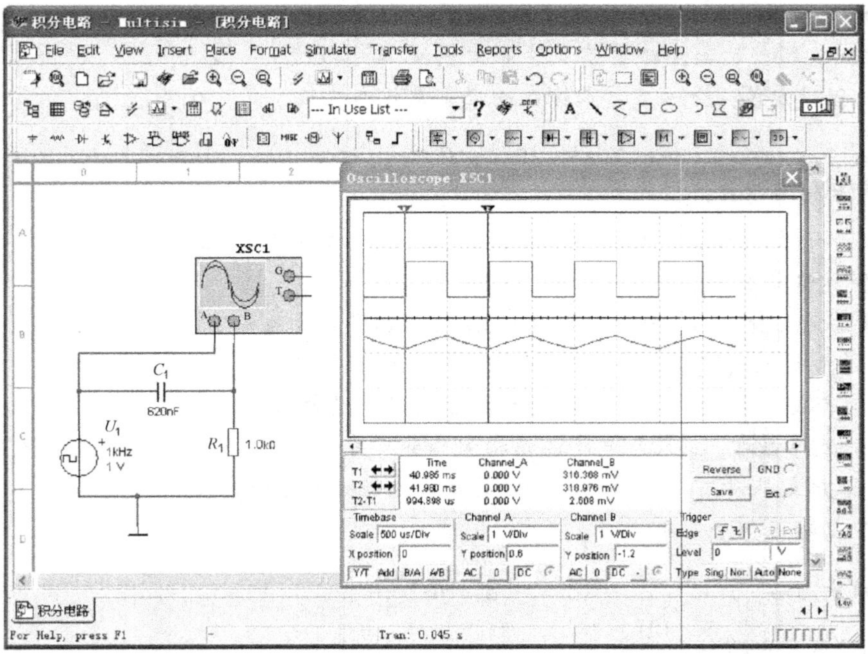

图 4-24　积分电路仿真的结果

本章小结

1. 电容元件和电感元件

含有动态元件 L、C 的电路是动态电路，其伏安关系是微分或积分关系。

电容 C：$i_C = C\dfrac{\mathrm{d}u_C}{\mathrm{d}t}$ $\quad u_C = u_C(0) + \dfrac{1}{C}\int_0^t i_C(\xi)\mathrm{d}\xi$

电容 L：$u_L = L\dfrac{\mathrm{d}i_L}{\mathrm{d}t}$ $\quad i_L = i_L(0) + \dfrac{1}{L}\int_0^t u_L(\xi)\mathrm{d}\xi$

2. 换路定律

换路定律的内容是：换路时电容两端的电压和电感中的电流不能跃变，即

$$\left.\begin{aligned} u_C(0_+) &= u_C(0_-) \\ i_L(0_+) &= i_L(0_-) \end{aligned}\right\}$$

3. 一阶电路的响应

1）零输入响应是输入激励信号为零，仅由储能元件的初始储能所激发的响应。

2）零状态响应是电路的初始储能为零，即 $u_C(0_+) = 0$ 或 $i_L(0_+) = 0$，电路仅由外加激励作用产生的响应。

3）全响应是由初始储能和外加激励共同作用下而产生的一阶电路的响应。

4）一阶电路响应的变化规律是按指数规律衰减或增加的。

当 $f(0_+) > f(\infty)$ 时，$f(t)$ 按 $\mathrm{e}^{-\frac{t}{\tau}}$ 规律衰减。

当 $f(0_+) < f(\infty)$ 时，$f(t)$ 按（$1-\mathrm{e}^{-\frac{t}{\tau}}$）规律增加。

$f(t)$ 衰减或增加的速度与 τ 有关，而 τ 与电路参数 R、C 或 R、L 有关。一阶电路的全响应有两种分解方式：全响应 = 零输入响应 + 零状态响应

$$f(t) = f(0_+)\mathrm{e}^{-\frac{t}{\tau}} + f(\infty)(1-\mathrm{e}^{-\frac{t}{\tau}}) \quad t \geqslant 0$$

全响应 = 稳态分量 + 暂态分量

$$f(t) = f(\infty) + [f(0_+) - f(\infty)]\mathrm{e}^{-\frac{t}{\tau}} \quad t \geqslant 0$$

4. 一阶电路的三要素法

三要素法的关键是确定 $f(0_+)$、$f(\infty)$ 和 τ，其求解方法如下：

1）确定初始值 $f(0_+)$，利用换路定律和 $t=0_+$ 时的等效电路求得。

2）确定新稳态值 $f(\infty)$，由换路后 $t=\infty$ 时的等效电路求出。

3）求时间常数 τ，τ 只与电路的结构和参数有关，RC 电路中 $\tau = RC$，RL 电路中 $\tau = L/R$，其中电阻 R 是从动态元件两端看进去的戴维南等效电路的内阻。

5. 微分电路与积分电路

（1）微分电路 $\quad u_o \approx RC\dfrac{\mathrm{d}u_i}{\mathrm{d}t}$

构成 RC 微分电路的条件是：

1）RC 串联电路中，电路的输出电压取自电阻 R。

2）电路的时间常数为 τ，输入脉冲宽度为 t_p，有 $t_p \gg \tau$。

（2）积分电路 $$u_o \approx \frac{1}{RC}\int u_i \mathrm{d}t$$

构成 RC 积分电路的条件是：

1）RC 串联电路中，从电容 C 两端输出电压。

2）电路的时间常数为τ，脉冲宽度为 t_p，有$\tau \gg t_p$。

习 题 4

4-1 电路如图 4-25 所示，原处于稳态，$t=0$ 时开关 S 闭合，$U_S=10V$，$R_1=10\Omega$，$R_2=5\Omega$，求初始值 $u_C(0_+)$、$i_1(0_+)$、$i_2(0_+)$和 $i_C(0_+)$。

4-2 电路如图 4-26 所示，开关 S 闭合前电路无储能，开关 S 在 $t=0$ 时闭合，试求 i_1、i_2、i_3、u_C、u_L 的初始值。

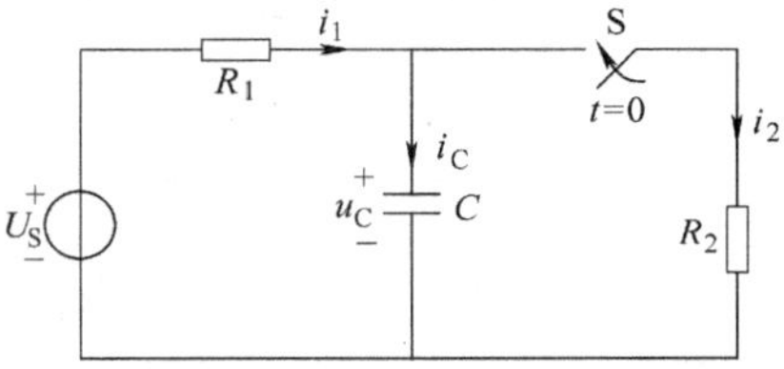

图 4-25 习题 4-1 电路图

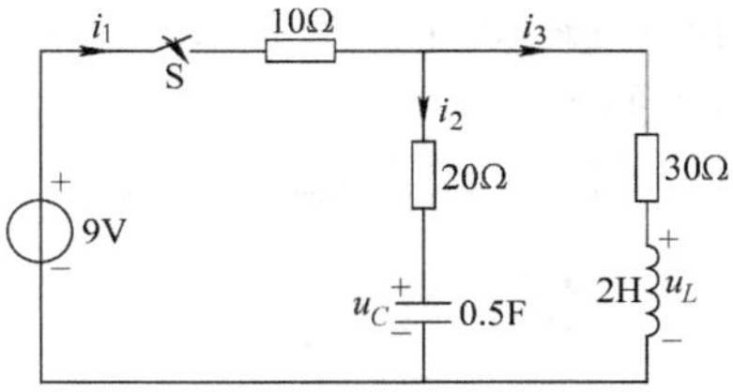

图 4-26 习题 4-2 电路图

4-3 电路如图 4-27 所示，在 R、L 两端并联一个二极管 VD，设其正向电阻为零，反向电阻为无穷大。已知 $U_S=110V$，$R=100\Omega$，$L=0.5H$。求开关 S 断开后的 u_L 及 i_L。

4-4 在图 4-28 所示电路中，$U_S=12V$，$R=7k\Omega$，$C=0.47\mu F$，电容 C 原先不带电荷。

试求：（1）在开关 S 合上的瞬间，电容电压 u_C、电阻电压 u_R 及充电电流 i。

（2）经过多少时间后，电容元件上的电压充到 2.64V。

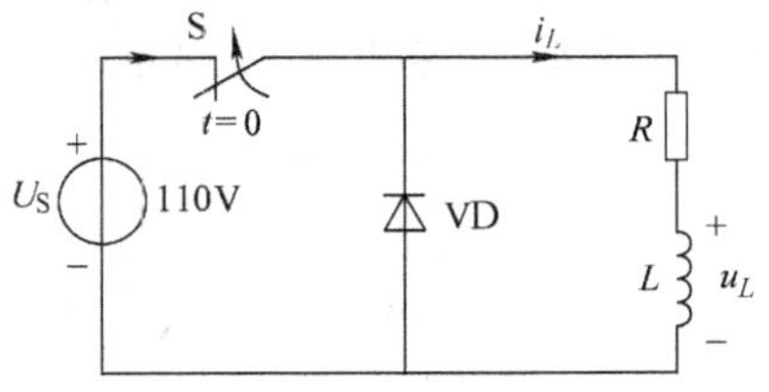

图 4-27 习题 4-3 电路图

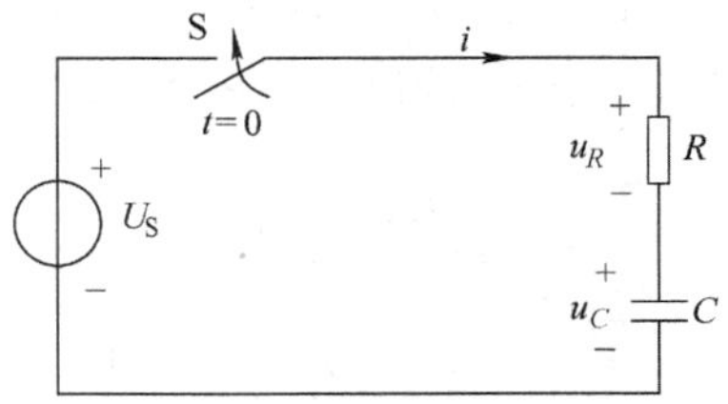

图 4-28 习题 4-4 电路图

4-5 电路如图 4-29 所示，电路原已稳定，$t=0$ 时，合上开关 S。试求：初始值 $i_L(0_+)$、$u_L(0_+)$及稳态值 $i_L(\infty)$、$u_L(\infty)$。

4-6 电路如图 4-30 所示，开关 S 闭合前电路无储能，试画出 $t=0_+$ 和 $t=\infty$ 时的等效电路，并求初始值 $i_1(0_+)$、$i_2(0_+)$及稳态值 $i_1(\infty)$、$i_2(\infty)$。

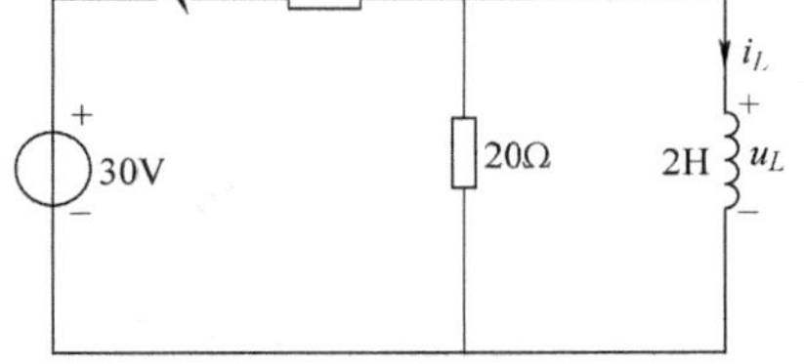

图 4-29 习题 4-5 电路图

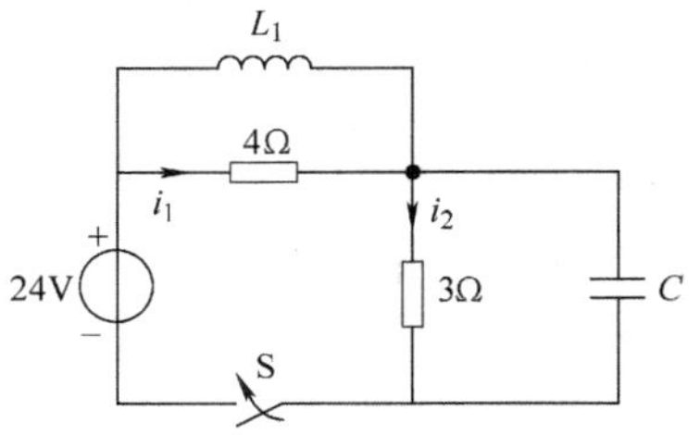

图 4-30 习题 4-6 电路图

4-7 电路如图 4-31 所示，求换路后的时间常数 τ。

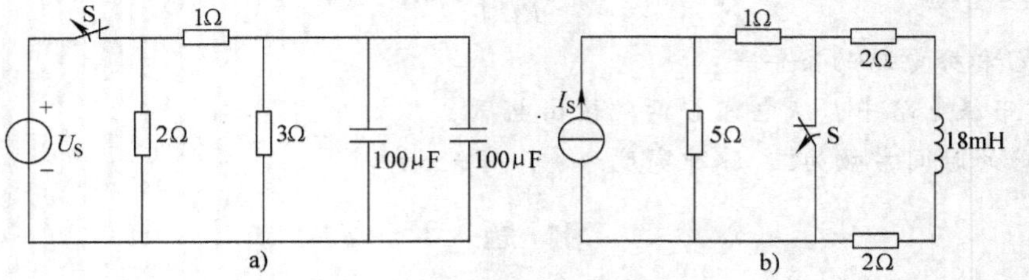

图 4-31 习题 4-7 电路图

4-8 电路如图 4-32 所示，$R_1 = R_2 = R_3 = 10\Omega$，$C = 100\mu F$，$U_s = 10V$，开关 S 闭合前电路已处于稳态，开关 S 在 $t = 0$ 时闭合。求 S 闭合后 u_C 的变化规律。

4-9 电路如图 4-33 所示，已知 $I_s = 2A$，$R_1 = 10\Omega$，$R_2 = 20\Omega$，$L = 1H$。试用三要素法求开关 S 闭合后的 i_2、i_L 和 u_L。

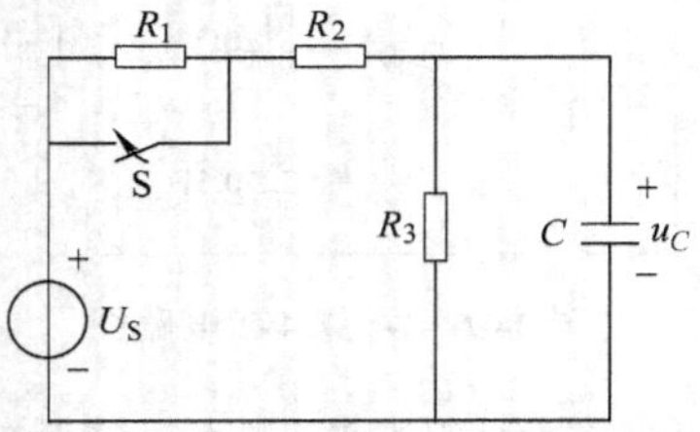

图 4-32 习题 4-8 电路图

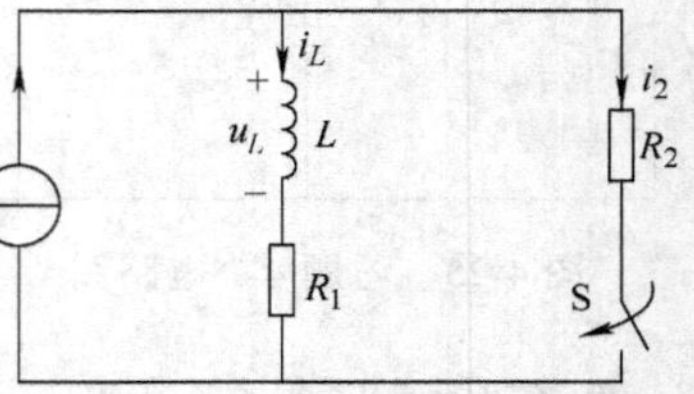

图 4-33 习题 4-9 电路图

4-10 在图 4-34 所示电路中，开关 S 长期合在位置 1 上，在 $t = 0$ 时由位置 1 切换到位置 2，试求 i 并绘出它的波形图。

4-11 在图 4-35 所示电路中，已知 $U_{S1} = 9V$，$U_{S2} = 6V$，$R_1 = 6\Omega$，$R_2 = 3\Omega$，$L = 1H$。开关 S 闭合前电路已处于稳态，在 $t = 0$ 时开关 S 闭合。试用三要素法求开关闭合后的电感电流 i_L 和电阻两端的电压 u_2。

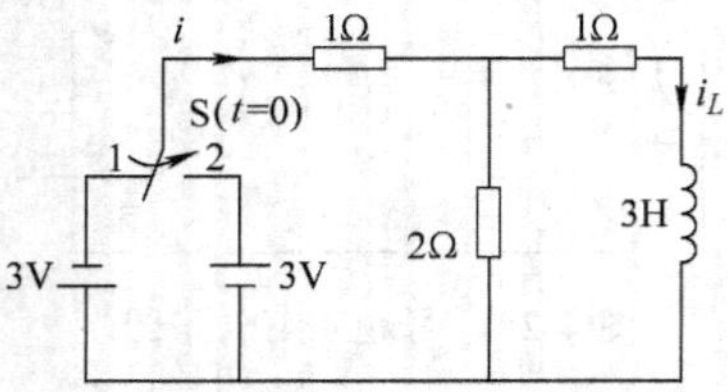

图 4-34 习题 4-10 电路图

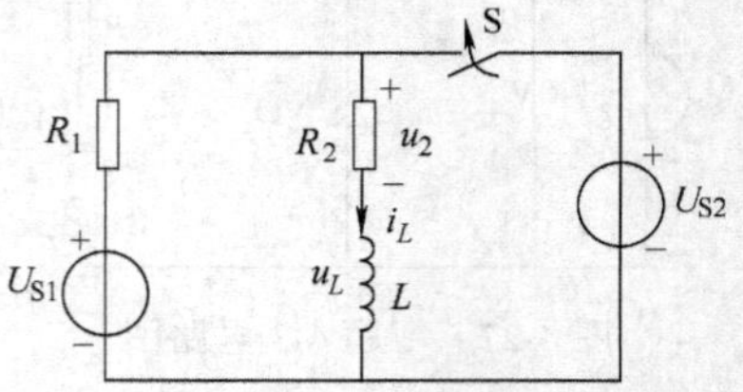

图 4-35 习题 4-11 电路图

第 5 章　正弦稳态电路分析

任务模块：荧光灯照明电路的分析

荧光灯照明电路主要由灯管、镇流器、启动器等元件组成，如图 5-1 所示。

1. 主要元件及作用

（1）灯管　荧光灯灯管的两端各有一个灯丝，灯管内充有微量的氩和稀薄的汞蒸气，灯管内壁上涂有荧光粉。两个灯丝之间的气体导电时发出紫外线，使涂在管壁上的荧光粉发出柔和的可见光。

（2）镇流器　它是一个带铁心的线圈，自感系数很大。当电路断开时能产生瞬时高压，加在灯管两端，使灯管中的气体放电，荧光灯开始发光；在荧光灯正常发光时，由于交变电流通过镇流器的线圈，线圈中产生自感电动势，总是阻碍电流的变化，起着降压限流的作用，保证荧光灯的正常工作。

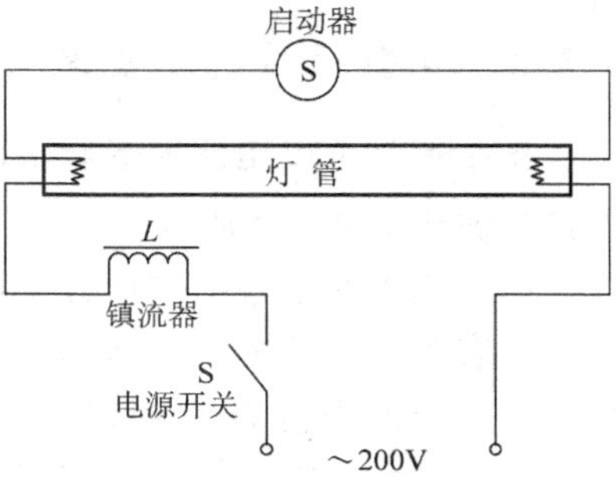

图 5-1　荧光灯照明电路

（3）启动器　它主要是一个充有氖气的小玻璃泡，里面装有两个电极，一个是静触片，另一个是由两个膨胀系数不同的金属制成的 U 形动触片。

2. 电路工作原理

电源开关闭合，荧光灯电路通电，由图 5-1 可知，灯管内两灯丝之间、启动器氖泡内两电极之间加上了电压，由于灯管内汞蒸气导电所需电压较高，氖泡内氖气导电所需电压较低，此时只有氖气导电，发出辉光，使金属片温度升高，由于双金属片的膨胀程度不同，致使 U 形片伸开，与静触片接触，电路导通，电路中形成较强的电流（由电源电压和两灯丝电阻决定）。氖泡中两电极之间无电压时，氖气不发光，氖泡内温度下降，U 形片发生形变，两电极断开，此时由于电路中镇流器的存在，产生自感，镇流器就产生一个与原电压方向相同的较高的电动势，再加上此时灯丝还接着电源，这样自感电动势加上电源电压就形成一个高电压加在灯管两端使汞蒸气导电，发出不可见的紫外线，紫外线使管壁上的荧光粉发光。由于电路中通过的是交流电，所以镇流器的自感就起着阻碍电流的作用，使灯丝上的电流和灯管中的电流维持在正常的范围内。此时由于管内汞蒸气已经导通，启动器就相当于和灯管并联，它的通断对镇流器的自感基本没有影响。

【本章内容简介】

本章介绍正弦交流电路的分析方法，其主要内容有：正弦信号的基本概念及相量表示法，正弦交流电路中基本元件的特性，*RLC* 串、并联电路的分析，一般正弦交流电路的分析方法，正弦交流电路的功率、功率因数等。

【重点与难点】

阻抗和导纳，正弦稳态电路的电压、电流和功率分析，相量表示法等。

5.1 正弦信号的基本概念

实际应用中，交流电比直流电具有更广泛的应用。大小和方向均随时间按一定规律变化的电压或电流，称为交变电压或电流，简称交流电。交变电压或电流随时间变化，它在任一时刻的数值称为瞬时值，用小写字母 u 或 i 表示。

交流电路中应用最广泛的是正弦交流电。大小和方向均随时间按正弦规律变化的电压或电流称为正弦交流电，而正弦电压、正弦电流统称为正弦量（或正弦信号）。

5.1.1 正弦信号的三要素

正弦信号可以用波形图和函数表达式（解析式）$i(t)=I_{m}\sin(\omega t+\varphi)$ 来表示。正弦交流电流的波形如图 5-2 所示。

由上述正弦信号的表示方式可知，$i(t)$是时间 t 的函数，数值有正有负，其特征表现为大小、变化的快慢、初始值三个方面，这三个方面分别由幅值、角频率、初相位来确定。因此，幅值、角频率、初相位称为正弦信号的三要素。知道了这三个要素就可以确定一个正弦信号。

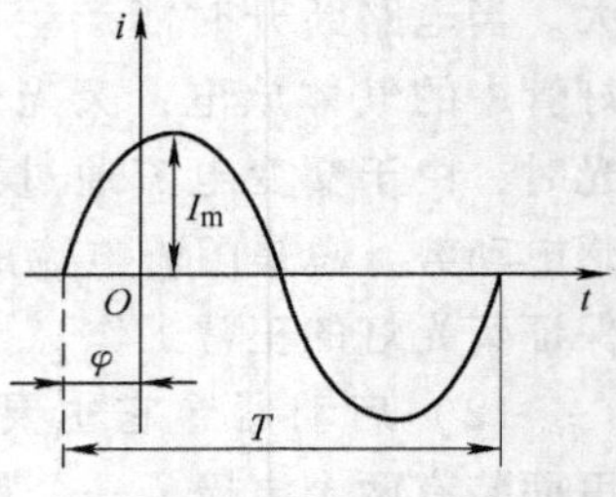

图 5-2 正弦交流电流的波形

1. 最大值（幅值）

幅值反映了正弦信号变化的幅度，为正弦信号瞬时值中的最大值，即正弦信号的振幅。幅值用大写字母加下角标 m 来表示，如 U_{m}、I_{m}。

2. 周期、频率和角频率

周期、频率和角频率反映了正弦信号变化的快慢。正弦信号循环一次所需要的时间称为周期，用 T 表示（见图 5-2），单位为秒（s）。单位时间内正弦信号变化的循环次数称为频率，用 f 表示，单位为赫兹（Hz）。频率是周期的倒数，即

$$f=\frac{1}{T} \tag{5-1}$$

我国电力系统用的交流电的频率（工频）为 50Hz。

正弦信号每经过一个周期 T，对应的角度变化了 2π rad，则

$$\omega T=2\pi$$

$$\omega=\frac{2\pi}{T}=2\pi f \tag{5-2}$$

式中，ω 为角频率，表示正弦信号在单位时间内变化的角度，单位为弧度/秒（rad/s）。

3. 相位与初相位

在正弦信号的表达式中，$\omega t+\varphi$ 随时间变化，称为正弦信号的相位，它描述了正弦信号变化的进程或状态。φ 为 $t=0$ 时刻的相位，称为初相位（初相角），习惯上取 $-180°\leq\varphi\leq 180°$。图 5-3a、b 分别表示初相位为正值和负值时正弦电流的波形图。

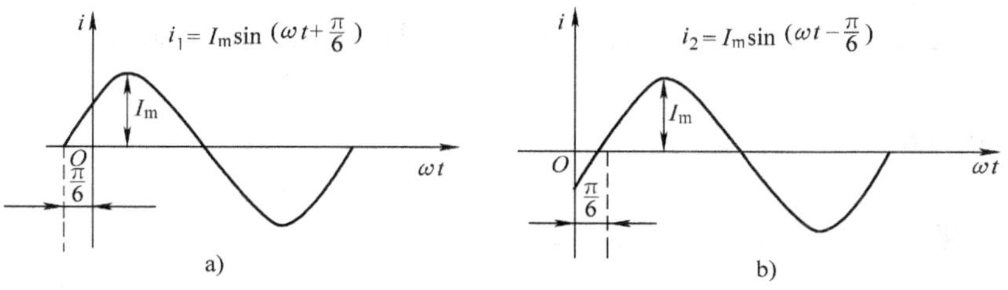

图 5-3　正弦电流的初相位

正弦信号初相位 φ 的大小与所选的计时起点有关，计时起点选择不同，初相位就不同。当研究一个正弦信号时，有时选用 $\varphi=0$，则此时的 $i(t)=I_m\sin\omega t$ 称为参考正弦信号。

例 5-1　已知一正弦电流 i 的 $I_m=10\text{A}$，$f=50\text{Hz}$，$\varphi=60°$，求电流 i 的瞬时值表达式。

解： $\omega=2\pi f=2\times3.14\times50\text{rad/s}=314\text{rad/s}$

所以　　$i=10\sin(314t+60°)\text{A}$

5.1.2　正弦信号的相位差

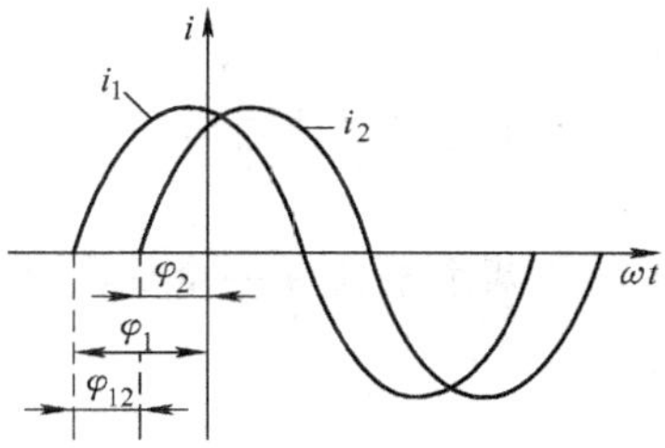

图 5-4　正弦电流的相位关系

在正弦交流电路的分析中，正弦信号之间经常要相互比较。同一电路的正弦信号频率相同，除了比较大小，还要比较相位。两个同频率的正弦信号的相位之差称为相位差。

例如，图 5-4 所示任意两个同频率的正弦电流为

$i_1(t)=I_{m1}\sin(\omega t+\varphi_1)$　　$i_2(t)=I_{m2}\sin(\omega t+\varphi_2)$

其相位差是

$$\varphi_{12}=(\omega t+\varphi_1)-(\omega t+\varphi_2)=\varphi_1-\varphi_2 \tag{5-3}$$

由此可知，两个同频率正弦量的相位差等于它们的初相位之差，与时间 t 无关。习惯上取 $|\varphi_{12}|\leqslant180°$。相位差有如下几种情况：

1）当 $\varphi_{12}>0$ 时，称 i_1 比 i_2 超前 φ_{12} 角度或称 i_2 比 i_1 滞后 φ_{12} 角度。

2）当 $\varphi_{12}<0$ 时，称 i_1 比 i_2 滞后 φ_{12} 角度或称 i_2 比 i_1 超前 φ_{12} 角度。

3）当 $\varphi_{12}=0$ 时，称 i_1 与 i_2 同相，如图 5-5a 所示。

4）当 $\varphi_{12}=\pi$ 时，称 i_1 与 i_2 反相，如图 5-5b 所示。

5）当 $\varphi_{12}=\pm\pi/2$ 时，称 i_1 与 i_2 正交，如图 5-5c 所示。

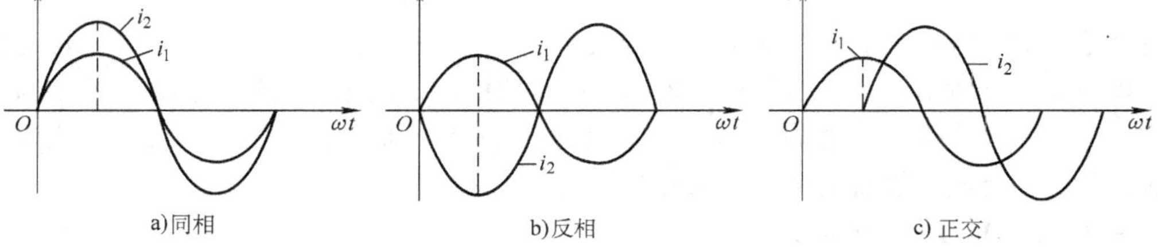

图 5-5　相位差的特殊形式

例 5-2 已知两正弦电压

$$u_1 = 100\sqrt{2}\sin(314t + 60°)\,\text{V} \qquad u_2 = 50\sqrt{2}\sin(314t - 60°)\,\text{V}$$

求两者的相位差。

解：已知 $\varphi_1 = 60°$、$\varphi_2 = -60°$，则

$$\varphi_{12} = \varphi_1 - \varphi_2 = 60° - (-60°) = 120°$$

即 u_1 比 u_2 超前 120°或 u_2 比 u_1 滞后 120°。

5.1.3 正弦信号的最大值、有效值和平均值的关系

1. 有效值及其与最大值的关系

由于瞬时值是随时间变化的，在实际应用中常用有效值表征正弦信号的大小。交流电的有效值是根据它的热效应来确定的。有效值定义如下：

若在一个周期时间 T 内，正弦交流电流 i 在电阻 R 上所产生的热能与流过电阻 R 的直流电流 I 所产生的热能相等，则此直流电流 I 为此周期性电流的有效值。

周期性电流 i 流过电阻 R，在时间 T 内所产生的热能为

$$Q_1 = \int_0^T i^2 R\,\mathrm{d}t$$

直流电流 I 流过电阻 R，在时间 T 内所产生的热能为

$$Q_2 = I^2 RT$$

当两个电流在一个周期 T 内所做的功相等时，有 $Q_1 = Q_2$，即

$$I^2 RT = \int_0^T i^2 R\,\mathrm{d}t$$

于是得

$$I = \sqrt{\frac{1}{T}\int_0^T i^2\,\mathrm{d}t}$$

上式就是周期性电流 i 的有效值的定义式。

同理，周期性电压 u 的有效值的定义式为

$$U = \sqrt{\frac{1}{T}\int_0^T u^2\,\mathrm{d}t}$$

对正弦电流，则有

$$I = \sqrt{\frac{1}{T}\int_0^T i^2\,\mathrm{d}t} = \sqrt{\frac{1}{T}\int_0^T I_m^2 \sin^2(\omega t + \psi_i)\,\mathrm{d}t} = \frac{I_m}{\sqrt{2}} \approx 0.707 I_m \tag{5-4}$$

同理可得

$$U = \frac{U_m}{\sqrt{2}} \approx 0.707 U_m \tag{5-5}$$

有效值用大写字母来表示，如 U、I。在工程上凡谈到正弦电压或电流等时，若无特殊说明，则总是指有效值，一般电气设备铭牌上所标明的额定电压、电流值都是指有效值，例如“220V，60W”的灯泡是指额定电压的有效值为 220V。大多数交流电压表、电流表都是测量有效值。但是电气设备的耐压值则要按最大值考虑。

2. 平均值及其与最大值的关系

对于周期性交流电，工程上也常用到平均值，交变电流的平均值是指在某段时间内流过电路的总电荷与该段时间的比值。一个周期内交变量的平均值为零，通常规定：交流量的平

均值是指零点开始半个周期内的平均值，因此周期性交流电的平均值为

$$I_{av}=\frac{\int_0^{\frac{T}{2}} i\mathrm{d}t}{\frac{T}{2}}=\frac{2}{T}\int_0^{\frac{T}{2}} i\mathrm{d}t$$

将正弦电流 $i=I_m\sin\omega t$ 代入上式，可得正弦电流的平均值为

$$I_{av}=\frac{2}{\pi}I_m\approx 0.637I_m \tag{5-6}$$

同理

$$U_{av}=\frac{2}{\pi}U_m\approx 0.637U_m \tag{5-7}$$

思考与练习

5-1-1　已知正弦电压 $u=50\sqrt{2}\sin(100t-20°)$V，试指出它的幅值、有效值、频率、周期、角频率及初相位各是多少？

5-1-2　已知 $i_1=2\sin(314t+60°)$A、$i_2=4\sin(314t-45°)$A，试问 i_1 与 i_2 的相位差等于多少？在相位比较上，谁超前，谁滞后？

5.2　正弦信号的相量表示法

一个正弦信号可以用三角函数式表示，也可以用正弦曲线表示。但是用这两种方法进行正弦信号的计算是很繁琐的，有必要研究如何简化。相量表示法就是用复数来表示正弦信号，使正弦交流电路的稳态分析与计算转化为复数运算的一种方法。

5.2.1　相量表示

1. 复数

（1）复数的几种形式　一个复数可以用多种形式来表示：

1）代数形式：$A=a+\mathrm{j}b$。

2）三角函数形式：$A=r\cos\varphi+\mathrm{j}r\sin\varphi$。

3）指数形式：$A=r\mathrm{e}^{\mathrm{j}\varphi}$（利用欧拉公式 $\mathrm{e}^{\mathrm{j}\varphi}=\cos\varphi+\mathrm{j}\sin\varphi$）。

4）极坐标形式：$A=r\underline{/\varphi}$。

上式中，a 称为复数 A 的实部，b 称为复数 A 的虚部，r 称为复数 A 的模，φ 称为复数 A 的辐角，其中 $r=\sqrt{a^2+b^2}$、$\varphi=\arctan\frac{b}{a}$。

注意： 在电工学中，为避免与电流 i 混淆，选用 j 表示虚单位，$\mathrm{j}^2=-1$。

另外，可以把复数在复平面内表示，即复数对应的复相量，如图 5-6 所示，复数 A 的模为有向线段 OA 的长度，辐角为有向线段 OA 与实轴的夹角。

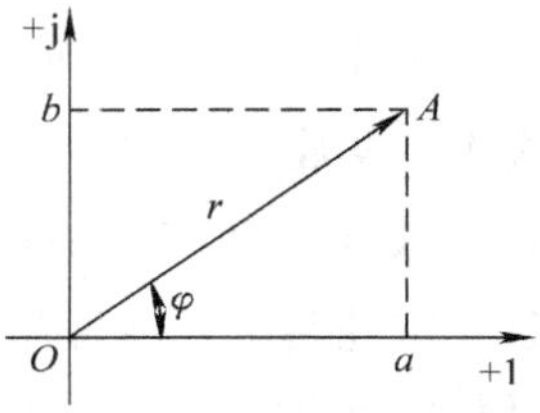

图 5-6　复数的复相量表示

例 5-3　试写出复数 5 + j5 的三角函数式、指数式和极坐标式。

解： 复数的模 $r=\sqrt{5^2+5^2}=5\sqrt{2}$

复数的辐角 $\varphi=\arctan\dfrac{5}{5}=\arctan1=45°$

则三角函数式为 $5\sqrt{2}\cos45°+\mathrm{j}5\sqrt{2}\sin45°$，指数式为 $5\sqrt{2}\mathrm{e}^{\mathrm{j}45°}$，极坐标式为 $5\sqrt{2}\underline{/45°}$。

(2) 复数的加减运算　复数相加（或相减）采用复数的代数形式进行，即实部和实部相加（或相减），虚部和虚部相加（或相减）。如两个复数

$$A_1=a_1+\mathrm{j}b_1$$

$$A_2=a_2+\mathrm{j}b_2$$

$$A_1\pm A_2=(a_1+\mathrm{j}b_1)\pm(a_2+\mathrm{j}b_2)=(a_1\pm a_2)+\mathrm{j}(b_1\pm b_2)$$

复数相加减也可以在复平面上进行。容易证明：两个复数相加的运算在复平面上是符合平行四边形求和法则的；两个复数相减时，可先作出 $(-A_2)$ 矢量，然后把 $A_1+(-A_2)$ 用平行四边形法则相加，如图5-7所示。

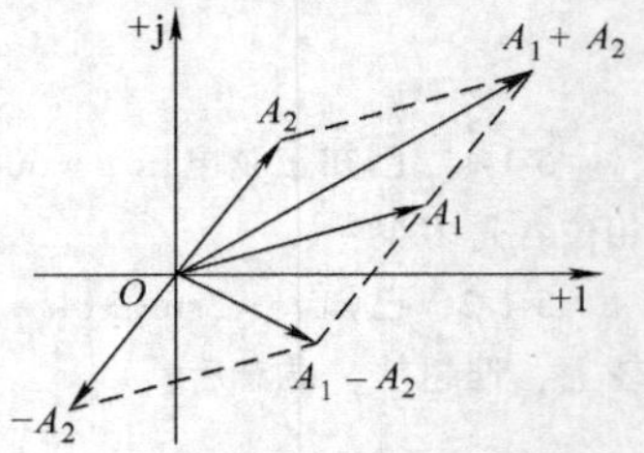

图5-7　复数的加减

例5-4　已知复数 $A=10\underline{/30°}$，$B=20\underline{/45°}$，求 $A+B$。

解：$A+B=10\cos30°+\mathrm{j}10\sin30°+20\cos45°+\mathrm{j}20\sin45°$

$=8.66+\mathrm{j}5+14.14+\mathrm{j}14.14$

$=22.8+\mathrm{j}19.14$

$=29.77\underline{/40°}$

(3) 复数的乘除运算　复数相乘（或相除）采用复数的指数形式或极坐标形式进行，即复数相乘时，模相乘，辐角相加；复数相除时，模相除，辐角相减。

如两个复数　　$A_1=a_1+\mathrm{j}b_1=r_1\underline{/\varphi_1}$　　$A_2=a_2+\mathrm{j}b_2=r_2\underline{/\varphi_2}$

$$A_1A_2=r_1\underline{/\varphi_1}\times r_2\underline{/\varphi_2}=r_1r_2\underline{/\varphi_1+\varphi_2}$$

$$\frac{A_1}{A_2}=\frac{r_1\underline{/\varphi_1}}{r_2\underline{/\varphi_2}}=\frac{r_1}{r_2}\underline{/\varphi_1-\varphi_2}$$

例5-5　已知复数 $A=6+\mathrm{j}8$，$B=3-\mathrm{j}4$，求 AB 和 A/B。

解：$A=6+\mathrm{j}8=10\underline{/53.13°}$

$B=3-\mathrm{j}4=5\underline{/-53.13°}$

则　$AB=10\underline{/53.13°}\times5\underline{/-53.13°}=50\underline{/53.13°-53.13°}=50$

$\dfrac{A}{B}=\dfrac{10\underline{/53.13°}}{5\underline{/-53.13°}}=2\underline{/53.13°+53.13°}=2\underline{/106.26°}$

2. 用复数表示正弦量

正弦量　　$u=U_\mathrm{m}\sin(\omega t+\varphi)$

可以写作　　$u=U_\mathrm{m}\sin(\omega t+\varphi)=\mathrm{Im}[\sqrt{2}U\mathrm{e}^{\mathrm{j}(\omega t+\varphi)}]=\mathrm{Im}[\sqrt{2}U\mathrm{e}^{\mathrm{j}\varphi}\mathrm{e}^{\mathrm{j}\omega t}]$　　(5-8)

式中，复数 $\sqrt{2}U\mathrm{e}^{\mathrm{j}(\omega t+\varphi)}=\sqrt{2}U[\cos(\omega t+\varphi)+\mathrm{j}\sin(\omega t+\varphi)]$。

式(5-8)中，Im[ ]是取复数虚数部分的意思，符号Im是虚数的缩写。式(5-8)表明，正弦量 u 等于复数函数 $\sqrt{2}U\mathrm{e}^{\mathrm{j}(\omega t+\varphi)}$ 的虚部，该复数函数包含了正弦量的三要素，而其中复数的常数部分 $U\mathrm{e}^{\mathrm{j}\varphi}$ 是包含了正弦量的有效值 U 和初相位 φ 的复数，这种复数称为正弦量的相量，并用符号 $\dot{U}$ 表示，上面的小圆点用来表示相量，则

$$\dot{U}=U\mathrm{e}^{\mathrm{j}\varphi} \tag{5-9}$$

简写为 $$\dot{U}=U\angle\varphi \tag{5-10}$$

用复数表示正弦量时，必须把正弦量和相量加以区分。正弦量是时间的函数，而相量只包含了正弦量的有效值和初相位，它只能代表正弦量，而并不等于正弦量，正弦量和相量之间存在着一一对应关系。给定了正弦量，可以得出表示它的相量；反之，由已知的相量，可以写出它所代表的正弦量。

例 5-6　已知两同频率的正弦量 $u=20\sin(314t+30°)$ V，$i=10\sin(314t-45°)$ A，试写出正弦量 u、i 对应的相量表示式。

解：$\dot{U}=\frac{20}{\sqrt{2}}\angle 30°\text{V}=10\sqrt{2}\angle 30°\text{V}$

$\dot{I}=\frac{10}{\sqrt{2}}\angle -45°\text{A}=5\sqrt{2}\angle -45°\text{A}$

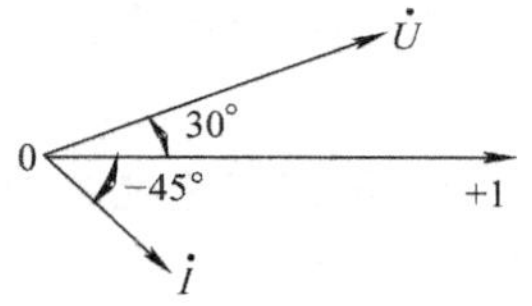

图 5-8　$\dot{U}$ 和 $\dot{I}$ 的相量图

相量图如图 5-8 所示。

例 5-7　工频条件下，两正弦量对应的相量分别为 $\dot{U}=50\angle 60°\text{V}$，$\dot{I}=10\angle -30°\text{A}$，试写出这两个正弦量的解析式。

解：$\omega=2\pi f=2\pi\times 50\text{rad/s}=314\text{rad/s}$

$u=50\sqrt{2}\sin(314t+60°)$ V　　$i=10\sqrt{2}\sin(314t-30°)$ A

5.2.2　相量图及其应用

相量和复数一样，可以在复平面上用矢量表示，这种表示相量的图，称为相量图。正弦量 $u=U_m\sin(\omega t+\varphi)$ 对应的相量为 $\dot{U}=U\angle\varphi$，其相量图如图 5-9 所示，正弦量的有效值对应着相量的模，初相位对应着相量的辐角。

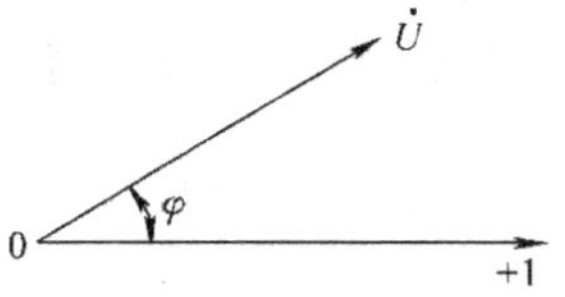

图 5-9　电压相量图

从相量图中不但可以清晰地看出正弦量的大小和相位关系，还可用于正弦量之间的比较，如图 5-8 所示的相量图，相量 $\dot{U}$ 与 $\dot{I}$ 之间的夹角为 75°，$\dot{U}$ 超前 $\dot{I}$ 75°。

为了清楚起见，相量图上省去了虚轴 +j，有时实轴也可以省去。

例 5-8　已知两个同频率正弦电流，其解析式为

$$i_1=10\sqrt{2}\sin(314t+60°)\text{A}$$
$$i_2=5\sqrt{2}\sin(314t-60°)\text{A}$$

试求它们的和 i_1+i_2。

解：同频率正弦量之和仍是同频率的正弦量，但运用三角函数方法求解较为繁琐，而采用相量表示法求解则较为方便。

$\dot{I}_1=10\angle 60°\text{A}=(10\cos 60°+\text{j}10\sin 60°)\text{A}=(5+\text{j}8.66)\text{A}$

$\dot{I}_2=5\angle -60°\text{A}=[5\cos(-60°)+\text{j}5\sin(-60°)]\text{A}=(2.5-\text{j}4.33)\text{A}$

$\dot{I}_1+\dot{I}_2=(5+\text{j}8.66+2.5-\text{j}4.33)\text{A}=(7.5+\text{j}4.33)\text{A}=8.66\angle 30°\text{A}$

$i_1+i_2=8.66\sqrt{2}\sin(314t+30°)$ A

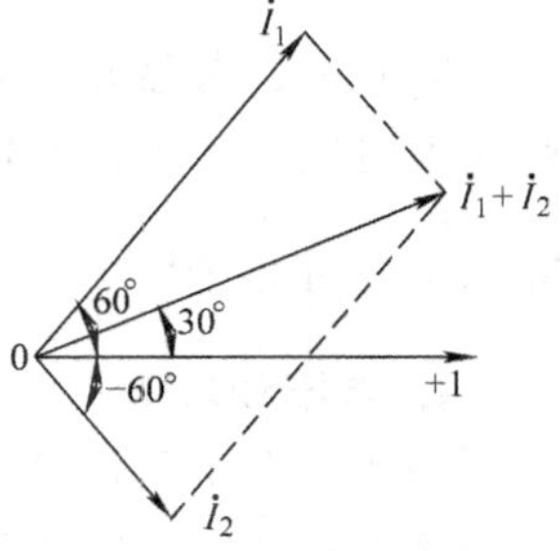

图 5-10　$\dot{I}_1+\dot{I}_2$ 的相量图

$\dot{I}_1+\dot{I}_2$ 相量图如图 5-10 所示，从相量图中可看出 $\dot{I}_1$ 超前 $\dot{I}_2$ 120°，此外还可以运用“平行四边形法则”分析此例题。

由此可见，正弦量用相量表示，可以使正弦量的运算简化。

5.2.3 相量形式的基尔霍夫定律

前面介绍的基尔霍夫定律不但适用于直流电路，也适用于正弦交流电路，可以用相量形式来表示。

1. 相量形式的KCL

在交流电路中，任一瞬间，流入电路任一节点的各电流瞬时值的代数和恒等于零，即

$$\sum i = 0 \tag{5-11}$$

在正弦交流电路中，各电流都是与电源同频率的正弦量，把这些同频率的正弦量用相量表示，即为

$$\sum \dot{I} = 0 \tag{5-12}$$

这就是基尔霍夫电流定律的相量形式。它表明在正弦交流电路中，流入任一节点的各电流相量的代数和恒等于零。

2. 相量形式的KVL

在交流电路中，任一瞬间，电路的任一回路中各正弦电压瞬时值的代数和恒等于零，即

$$\sum u = 0 \tag{5-13}$$

将各正弦电压用对应的相量来表示，可得基尔霍夫电压定律的相量形式：

$$\sum \dot{U} = 0 \tag{5-14}$$

它表明在正弦交流电路中，沿着电路中任一回路所有支路的电压相量的代数和恒等于零。

注意：有时为了简化正弦交流电路的分析和计算，常假设某一正弦量的初相位为零，该正弦量叫做参考正弦量，其对应的相量形式称为参考相量。

思考与练习

5-2-1 已知两复数 $A_1 = 4\underline{/30°}$、$A_2 = 6\underline{/-60°}$，试求 $A_1 + A_2$、$A_1 - A_2$、A_1A_2、$\frac{A_1}{A_2}$。

5-2-2 将正弦量 $i = 5\sin(200t + 30°)$ A 转换为对应的相量，并画出相量图。

5-2-3 试求下列两正弦量之和及之差：$u_1 = 2\sqrt{2}\sin(100t + 45°)$ V、$u_2 = \sqrt{2}\sin(100t - 45°)$ V，并画出相量图。

5.3 正弦交流电路中的基本电路元件

电阻 R、电感 L、电容 C 是交流电路中的基本电路元件，本节着重研究这三种元件在正弦交流电路中的电压与电流关系、能量的转换及功率问题。

5.3.1 纯电阻

1. 电压和电流

当线性电阻元件两端加以正弦交流电压时，电阻中就有正弦交流电流通过。在正弦交流电路中，线性电阻元件的伏安特性仍然遵循欧姆定律。如图5-11所示，电压与电流为关联参

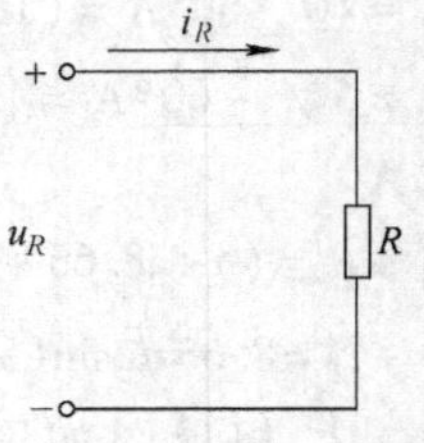

图5-11 电阻元件上的正弦量

考方向，则电阻中的电流为

$$i_R = \frac{u_R}{R} \tag{5-15}$$

设 $u_R = U_{Rm}\sin\omega t$，则　$i_R = \frac{u_R}{R} = \frac{U_{Rm}}{R}\sin\omega t = I_{Rm}\sin\omega t$

式中，$I_{Rm} = \frac{U_{Rm}}{R}$。

电压与电流有效值之间的关系为　$$I_R = \frac{U_R}{R} \tag{5-16}$$

从以上分析可知电阻元件的电压与电流关系：①频率相同。②有效值之间的关系为 $I_R = \frac{U_R}{R}$。③相位相同。

电阻元件上电压与电流的波形如图 5-12 所示（设初相位为 0）。

电阻元件上电压与电流对应的相量关系为

$$\dot{I}_R = I_R \angle 0° \qquad \dot{U}_R = U_R \angle 0° = RI_R \angle 0°$$

则

$$\dot{U}_R = R\dot{I}_R \tag{5-17}$$

式（5-17）就是电阻元件上电压与电流的相量关系，即电阻元件相量形式的伏安特性。图 5-13 给出了电阻元件的相量模型及相量图。

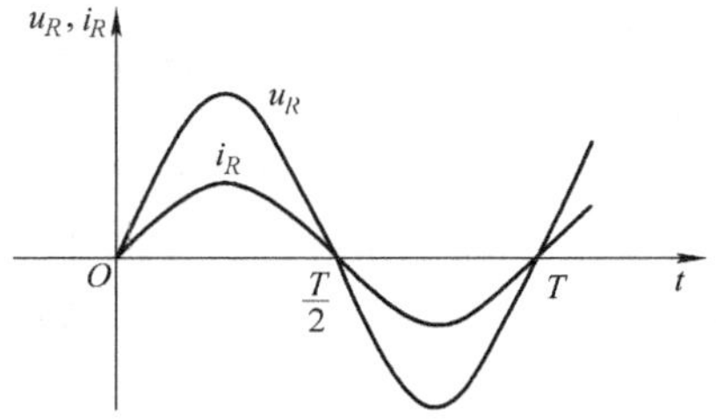

图 5-12　电阻元件上电压与电流的波形

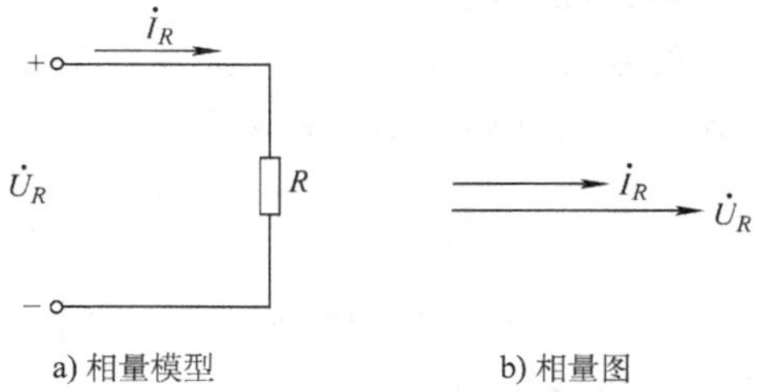

图 5-13　电阻元件的相量模型及相量图

2. 功率和能量

在交流电路中，电压、电流随时间变化，任意电路元件上的电压瞬时值与电流瞬时值的乘积称为该元件的瞬时功率，用小写字母 p 表示。

正弦交流电路中，电阻元件的瞬时功率为

$$p_R = u_R i_R = U_{Rm}\sin\omega t I_{Rm}\sin\omega t = U_{Rm}I_{Rm}\sin^2\omega t$$

电阻元件的电压、电流、功率波形如图 5-14 所示。

由图可知：只要有电流流过电阻，电阻 R 上的瞬时功率恒大于等于 0，即总是吸收功率（消耗功率），说明电阻元件为耗能元件，始终消耗电能，产生热量。

由于电阻元件的瞬时功率随时间变化，在工程上常用平均功率来表示功率，平均功率用大写字母 P 来表示。周期性交流电路中的平均功率就是瞬时功率在一个周期内的平均值。

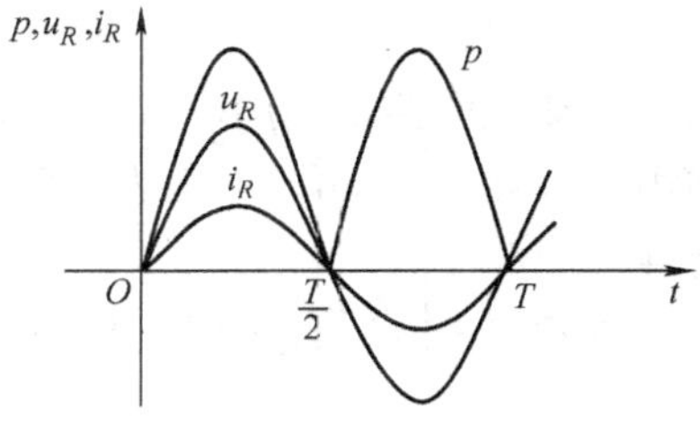

图 5-14　电阻元件的电压、电流、功率波形

正弦交流电路中，电阻元件的平均功率为

$$P_R = \frac{1}{T}\int_0^T p_R \mathrm{d}t = \frac{1}{T}\int_0^T U_R I_R (1 - \cos 2\omega t)\mathrm{d}t = U_R I_R$$

又因为

$$U_R = RI_R$$

所以

$$P_R = U_R I_R = I_R^2 R = \frac{U_R^2}{R} \tag{5-18}$$

功率的单位为瓦（W），工程上常用千瓦（kW）。

由于平均功率反映了元件实际消耗电能的情况，所以又称为有功功率。习惯上常简称为功率。一般电气设备铭牌上的功率值均为平均功率。

例 5-9 将阻值为 200Ω 的电阻接在电压为 $u = 400\sqrt{2}\sin(314t + 30°)$ V 的交流电源上，试分析流过电阻的电流 i_R、I_R 和电阻消耗的功率 P_R。

解：电压 $u = 400\sqrt{2}\sin(314t + 30°)$ V 对应的相量为 $\dot{U} = 400\underline{/30°}$ V，故

$$\dot{I}_R = \frac{\dot{U}}{R} = \frac{400\underline{/30°}}{200}\text{A} = 2\underline{/30°}\text{A}$$

所以 $i_R = 2\sqrt{2}\sin(314t + 30°)$ A，$I_R = 2$ A，$P_R = UI_R = 400 \times 2$ W $= 800$ W。

5.3.2 纯电感

1. 电压和电流

设电感元件上的电压、电流参考方向为关联参考方向（见图 5-15），且电感 L 中通入正弦电流 $i_L = I_{Lm}\sin\omega t$，则电感两端的电压（自感电压）为

$$u_L = L\frac{\mathrm{d}i_L}{\mathrm{d}t} = L\frac{\mathrm{d}(I_{Lm}\sin\omega t)}{\mathrm{d}t} = I_{Lm}\omega L\cos\omega t$$

$$= I_{Lm}\omega L\sin(\omega t + 90°) = U_{Lm}\sin(\omega t + 90°) \tag{5-19}$$

式中，$U_{Lm} = I_{Lm}\omega L$。

电压与电流有效值之间的关系为

$$U_L = I_L\omega L \tag{5-20}$$

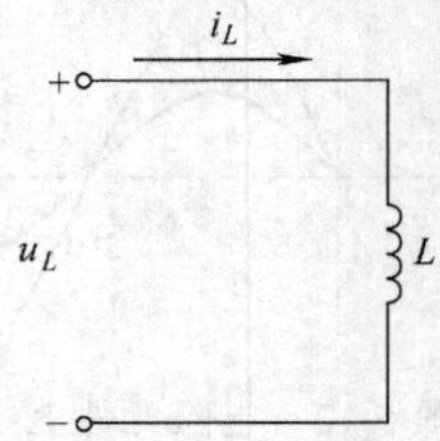

图 5-15 电感元件上的正弦量

从以上分析可知电感元件的电压与电流关系：①频率相同。②有效值之间的关系为 $U_L = I_L\omega L$。③u_L 在相位上超前 i_L 90°。

由 $U_L = I_L\omega L$ 可得 $\frac{U_L}{I_L} = \omega L$，很明显 U_L 恒定时，ωL 增大，I_L 减小；ωL 减小，I_L 增大。ωL 称为感抗，用 X_L 来表示，是用来表征电感元件在交流电路中对电流阻碍作用的一个物理量。感抗与角频率成正比，单位是欧姆（Ω）。

$$X_L = \omega L = 2\pi fL \tag{5-21}$$

在交流电路中，$f\uparrow$，$X_L\uparrow$；$f\downarrow$，$X_L\downarrow$，频率越高，感抗的阻碍作用越强。而在直流电路中，$f = 0$，$X_L = 0$，可视为短路。以上体现了电感元件“通直阻交”、“通低频阻高频”的特性。

将式（5-21）代入式（5-20）中得

$$U_L = X_L I_L \tag{5-22}$$

电感元件的电压、电流波形如图 5-16 所示（设电流的初相位 $\varphi_i = 0$）。

电感元件上电压与电流对应的相量关系为

$$\dot{I}_L = I_L \underline{/0°}$$

$$\dot{U}_L = U_L \underline{/90°} = I_L\omega L \underline{/90°} = \mathrm{j}\omega L I_L \underline{/0°} = \mathrm{j}X_L I_L \underline{/0°}$$

即

$$\dot{U}_L = \mathrm{j}X_L \dot{I}_L \tag{5-23}$$

式（5-23）就是电感元件上电压与电流的相量关系，即电感元件相量形式的伏安特性。图 5-17 给出了电感元件的相量模型及相量图。

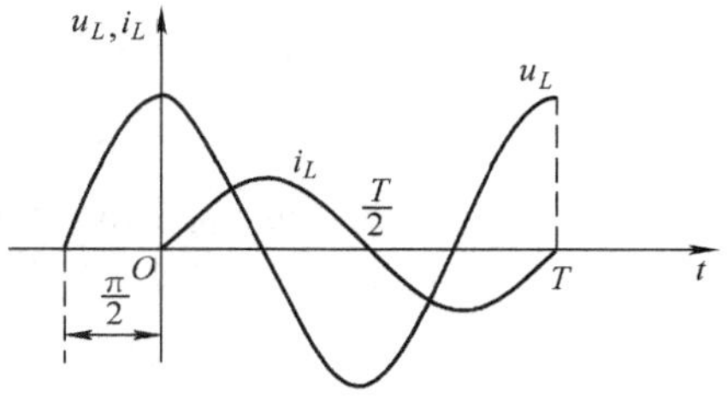

图 5-16　电感元件的电压、电流波形

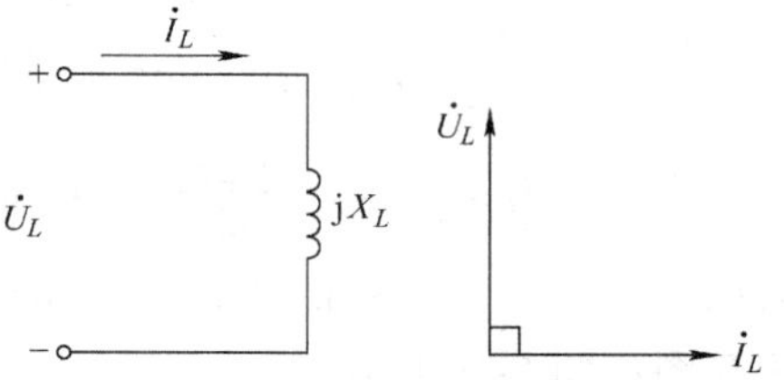

a) 相量模型　　b) 相量图

图 5-17　电感元件的相量模型及相量图

2. 功率和能量

在电压与电流为关联参考方向下，正弦交流电路中电感元件的瞬时功率为

$$\begin{aligned} p_L &= u_L i_L = U_{Lm}\sin(\omega t + 90°) I_{Lm}\sin\omega t \\ &= U_{Lm} I_{Lm}\sin\omega t\cos\omega t \\ &= 2U_L I_L \sin\omega t\cos\omega t \\ &= U_L I_L \sin 2\omega t \end{aligned}$$

电感元件的电压、电流、功率波形如图 5-18 所示。由上式或波形图都可以看出，电感元件的瞬时功率按正弦规律变化，频率是正弦电压（电流）的两倍。

正弦交流电路中，电感元件的平均功率为

$$P_L = \frac{1}{T}\int_0^T p_L \mathrm{d}t = \frac{1}{T}\int_0^T U_L I_L \sin 2\omega t \mathrm{d}t = 0 \tag{5-24}$$

上式表明，电感元件是不消耗能量的，它是储能元件。如图 5-18 所示，电感元件吸收的瞬时功率不为零，在第一和第三个 1/4 周期内，瞬时功率为正值，电感元件吸取电源的电能，并将其转换成磁场能量储存起来；在第二和第四个 1/4 周期内，瞬时功率为负值，说明电感元件将储存的磁场能量转换成电能返送给电源。

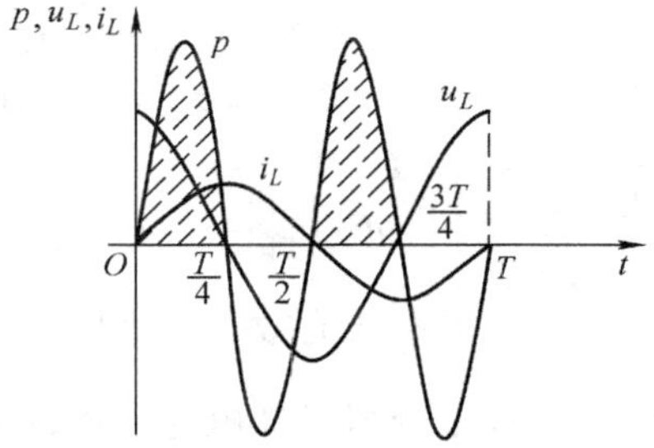

图 5-18　电感元件的电压、电流、功率波形

从上面的分析可得到这个结论：电感元件为储能元件，不消耗电能，只与外界交换能量。

为了衡量电感元件与外界交换能量的大小，把电感元件瞬时功率的最大值称为无功功率，用 Q_L 表示，则

$$Q_L = U_L I_L = I_L^2 X_L = \frac{U_L^2}{X_L} \tag{5-25}$$

无功功率的单位为乏（var），工程中有时也用千乏（kvar）。

$$1\mathrm{kvar} = 10^3\mathrm{var}$$

电感元件储存磁场能量，其储能公式为 $W_L=\frac{1}{2}Li_L^2$（推导从略）。

例 5-10 将 $L=20\text{mH}$ 的电感元件，接在 $u=100\sqrt{2}\sin(100t+30°)\text{V}$ 的正弦电源上，求（1）电路中的电流 i_L，并画出相量图。（2）无功功率。

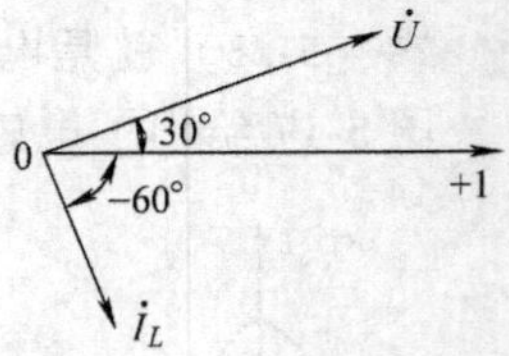

图 5-19 例 5-10 相量图

解：（1）电压 $u=100\sqrt{2}\sin(100t+30°)\text{V}$ 对应的相量为

$$\dot{U}=100\angle 30°\text{V}$$

而 $$X_L=\omega L=100\times 20\times 10^{-3}\Omega=2\Omega$$

则 $$\dot{I}_L=\frac{\dot{U}_L}{\text{j}X_L}=\frac{100\angle 30°}{\text{j}2}\text{A}=50\angle -60°\text{A}$$

所以 $$i_L=50\sqrt{2}\sin(100t-60°)\text{A}$$

相量图如图 5-19 所示。

（2）$Q_L=U_LI_L=100\times 50\text{var}=5000\text{var}$

5.3.3 纯电容

1. 电压和电流

设电容元件上的电压、电流参考方向为关联参考方向（见图 5-20），且电容 C 外接正弦交流电压 $u_C=U_{C\text{m}}\sin\omega t$，则电路中的电流为

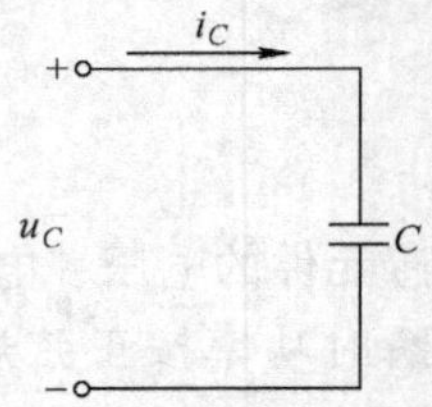

图 5-20 电容元件上的正弦量

$$\begin{aligned}i_C&=C\frac{\text{d}u_C}{\text{d}t}=C\frac{\text{d}(U_{C\text{m}}\sin\omega t)}{\text{d}t}\\&=U_{C\text{m}}\omega C\cos\omega t\\&=U_{C\text{m}}\omega C\sin(\omega t+90°)\\&=I_{C\text{m}}\sin(\omega t+90°)\end{aligned}\tag{5-26}$$

式中，$U_{C\text{m}}=\frac{I_{C\text{m}}}{\omega C}$。

电压与电流有效值之间的关系为 $$U_C=\frac{I_C}{\omega C}\tag{5-27}$$

从以上分析可知电感元件的电压与电流关系：①频率相同。②有效值之间的关系为 $U_C=\frac{I_C}{\omega C}$。③u_C 在相位上滞后 i_C90°。

由 $U_C=\frac{I_C}{\omega C}$可得$\frac{U_C}{I_C}=\frac{1}{\omega C}$，很明显 U_C 恒定时，$\frac{1}{\omega C}$增大，I_C 减小；$\frac{1}{\omega C}$减小，I_C 增大。$\frac{1}{\omega C}$称为容抗，用 X_C 来表示，是用来表征电容元件在交流电路中对电流阻碍作用的一个物理量。容抗与角频率成反比，单位是欧姆（Ω）。

$$X_C=\frac{1}{\omega C}=\frac{1}{2\pi fC}\tag{5-28}$$

在交流电路中，$f\uparrow$，$X_C\downarrow$；$f\downarrow$，$X_C\uparrow$，频率越低，容抗的阻碍作用越强。而在直流电路中，$f\to 0$，$X_C\to 0$，可视为开路。以上体现了电容元件“隔直通交”、“通高频阻低频”的特性。

将式（5-28）代入式（5-27）中得

$$U_C=X_CI_C\tag{5-29}$$

电容元件的电压、电流波形如图 5-21 所示（设电压的初相位 $\varphi_u=0$）。

电容元件上电压与电流对应的相量关系为

$$\dot{I}_C=I_C\angle 0^\circ \qquad \dot{U}_C=U_C\angle -90^\circ=\frac{1}{\omega C}I_C\angle -90^\circ=-\mathrm{j}\frac{1}{\omega C}I_C\angle 0^\circ=-\mathrm{j}X_CI_C\angle 0^\circ$$

即

$$\dot{U}_C=-\mathrm{j}X_C\dot{I}_C \tag{5-30}$$

式（5-30）就是电容元件上电压与电流的相量关系，即电容元件相量形式的伏安特性。图 5-22 给出了电容元件的相量模型及相量图。

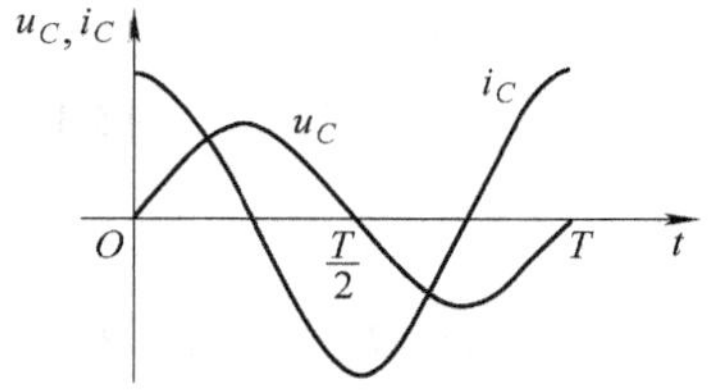

图 5-21　电容元件的电压、电流波形

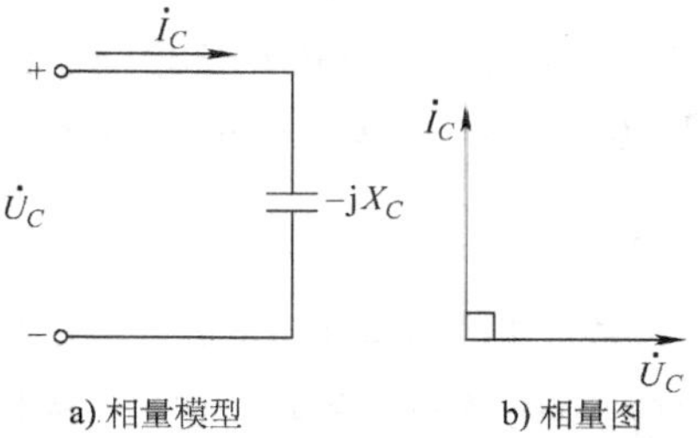

图 5-22　电容元件的相量模型及相量图

2. 功率和能量

在电压与电流为关联参考方向下，正弦交流电路中电容元件的瞬时功率为

$$\begin{aligned}p_C&=u_Ci_C=U_{Cm}\sin\omega tI_{Cm}\sin(\omega t+90^\circ)\\&=U_{Cm}I_{Cm}\sin\omega t\cos\omega t\\&=2U_CI_C\sin\omega t\cos\omega t\\&=U_CI_C\sin2\omega t\end{aligned}$$

电容元件的电压、电流、功率波形如图 5-23 所示。由上式或波形图都可以看出，电容元件的瞬时功率按正弦规律变化，频率是正弦电压（电流）的两倍。

正弦交流电路中，电容元件的平均功率为

$$P_C=\frac{1}{T}\int_0^T p_C\mathrm{d}t=\frac{1}{T}\int_0^T U_CI_C\sin2\omega t\mathrm{d}t=0 \tag{5-31}$$

上式表明，电容元件是不消耗能量的，它是储能元件。如图 5-23 所示，电容元件吸收的瞬时功率不为零，在第一和第三个 1/4 周期内，瞬时功率为正值，电容元件吸取电源的电能，并将其转换成电场能量储存起来；在第二和第四个 1/4 周期内，瞬时功率为负值，说明电容元件将储存的电场能量转换成电能返送给电源。

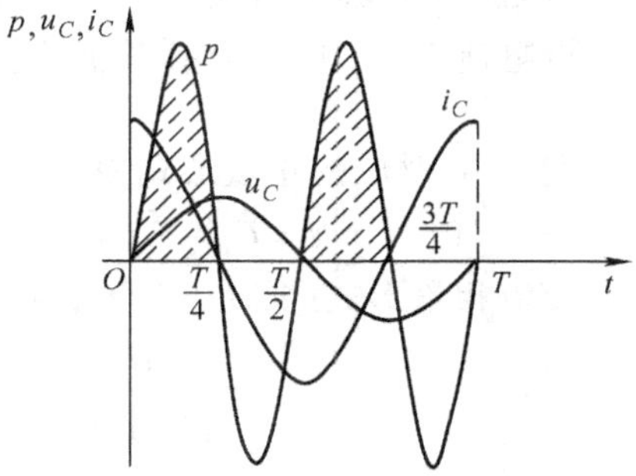

图 5-23　电容元件的电压、电流、功率波形

从以上分析可知：电容元件为储能元件，不消耗电能，只与外界交换能量。

为了衡量电容元件与外界交换能量的大小，把电容元件瞬时功率的最大值称为无功功率，用 Q_C 表示。

$$Q_C=U_CI_C=I_C^2X_C=\frac{U_C^2}{X_C} \tag{5-32}$$

电容元件储存电场能量，其储能公式为 $W_C=\frac{1}{2}Cu_C^2$（推导从略）。

例 5-11 设加在一电容上的电压 $u=10\sqrt{2}\sin(1000t-60°)$ V，电容 $C=100\mu F$，求：(1) 流过电容的电流 i_C，并画出电压、电流的相量图。(2) 无功功率。

解：(1) $\dot{U}=10\angle -60°$V，而

$$X_C=\frac{1}{\omega C}=\frac{1}{1000\times 100\times 10^{-6}}\Omega=10\Omega$$

则 $$\dot{I}_C=\frac{\dot{U}_C}{-\mathrm{j}X_C}=\frac{10\angle -60°}{-\mathrm{j}10}\mathrm{A}=1\angle 30°\mathrm{A}$$

所以 $i_C=\sqrt{2}\sin(1000t+30°)$ A，相量图如图 5-24 所示。

(2) $Q_C=U_CI_C=10\times 1\mathrm{var}=10\mathrm{var}$。

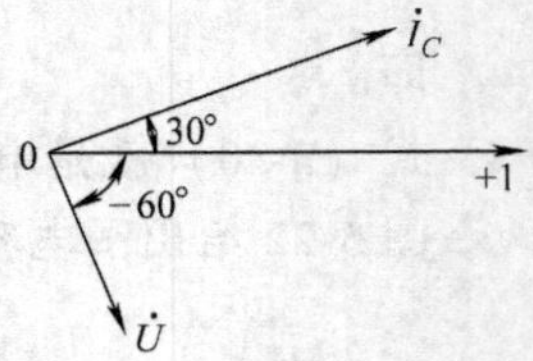

图 5-24 例 5-11 相量图

思考与练习

5-3-1 在正弦交流电作用下的电感元件，已知 $L=5$mH，$\omega=100$rad/s，试求：(1) 电源电压 $u=100\sqrt{2}\sin(\omega t-60°)$ V 时的电流 i。(2) 电路电流 $\dot{I}=1\angle 0°$A 时的电压 $\dot{U}$，并画出相量图。

5-3-2 220V、50Hz 的电压分别加在电阻、电感和电阻负载上，此时它们的电阻值、电感值、电容值分别为 22Ω、22H、22F，试分别求出三个元件中的电流，写出各电流的瞬时值表达式，并以电压为参考相量画出相量图。若电压的有效值不变，频率由 50Hz 变到 500Hz，重新回答以上问题。

5.4 *RLC* 串、并联电路的分析

5.4.1 *RLC* 串联电路

电阻 R、电感 L 和电容 C 串联的正弦交流电路如图 5-25 所示。

设电流 $i=I_m\sin\omega t$ 为参考正弦量，由 KVL 可得

$$u=u_R+u_L+u_C$$

则 i、u 对应的相量形式为

$\dot{I}=I\angle 0°$　　$\dot{U}=\dot{U}_R+\dot{U}_L+\dot{U}_C$

相应相量形式的 *RLC* 串联电路如图 5-26 所示。

由于 $\dot{U}_R=R\dot{I}_R$　　$\dot{U}_L=\mathrm{j}X_L\dot{I}$　　$\dot{U}_C=-\mathrm{j}X_C\dot{I}$

则 $$\dot{U}=R\dot{I}+\mathrm{j}X_L\dot{I}-\mathrm{j}X_C\dot{I}=\dot{I}[R+\mathrm{j}(X_L-X_C)]=\dot{I}Z \tag{5-33}$$

式中，$Z=R+\mathrm{j}(X_L-X_C)=\dfrac{\dot{U}}{\dot{I}}$。

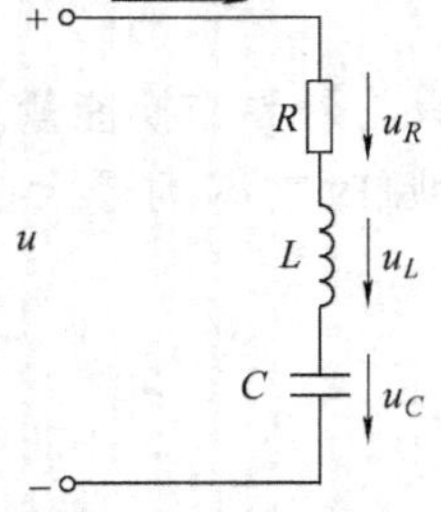

图 5-25 *RLC* 串联电路

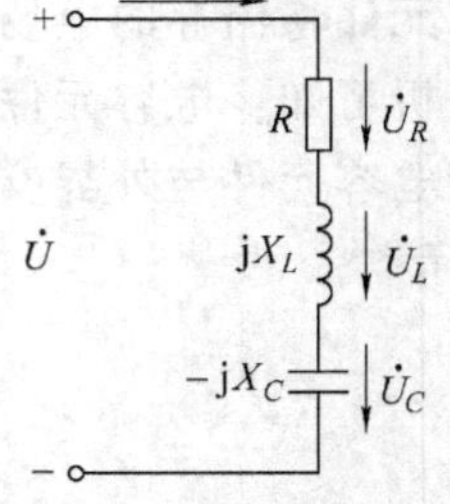

图 5-26 相量形式的 *RLC* 串联电路

可见，在 RLC 串联电路中，电压相量 $\dot{U}$ 与电流相量 $\dot{I}$ 之比为一复数 Z，Z 称为此电路的复数阻抗，简称阻抗，单位为欧姆（Ω），它表征的是相量形式的正弦交流电路中电路元件对电流的阻碍作用。阻抗的实部为电路的电阻 R，虚部为电路中的感抗 X_L 与容抗 X_C 之差，用 X 表示，$X = X_L - X_C$，称为电路的电抗。将阻抗写成极坐标形式，则为

$$Z = R + \mathrm{j}(X_L - X_C) = R + \mathrm{j}X = |Z|\angle\varphi \tag{5-34}$$

式中，$|Z| = \sqrt{R^2 + X^2} = \sqrt{R^2 + (X_L - X_C)^2}$ 是阻抗的模，称为阻抗模；$\varphi = \arctan\dfrac{X}{R} = \arctan\dfrac{X_L - X_C}{R}$ 是阻抗的辐角，称为阻抗角。

以上两式表明：阻抗模 $|Z|$ 及阻抗角 φ 的大小，只与电路元件参数及频率有关，而与电压及电流无关。而由阻抗模 $|Z|$、R 及 X 可构成一个直角三角形，称为阻抗三角形，如图 5-27 所示，则

$$R = |Z|\cos\varphi \qquad X = |Z|\sin\varphi$$

将式（5-34）代入式（5-33）中得

$$\dot{U} = \dot{I}Z = \dot{I}|Z|\angle\varphi \tag{5-35}$$

上式称为相量形式的欧姆定律，其相量模型如图 5-28 所示，电压、电流为关联参考方向。

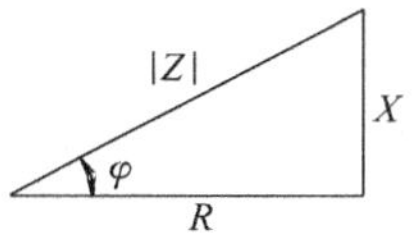

图 5-27　阻抗三角形

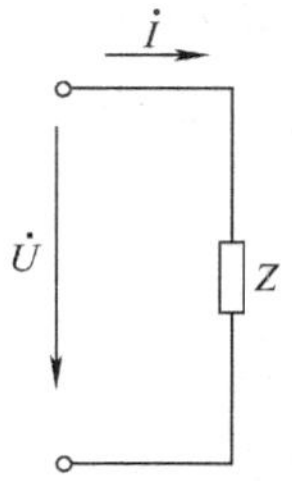

图 5-28　相量模型

由式（5-35）可得

$$Z = \frac{\dot{U}}{\dot{I}} = \frac{U\angle\varphi_u}{I\angle\varphi_i} = \frac{U}{I}\angle\varphi_u - \varphi_i = |Z|\angle\varphi$$

可见，阻抗模 $|Z|$ 等于电压的有效值与电流的有效值之比，阻抗角 φ 等于电压与电流的相位差，即

$$|Z| = \frac{U}{I} \qquad \varphi = \varphi_u - \varphi_i$$

由此可见，阻抗 Z 决定了电压、电流的大小和相位间的关系，而阻抗 Z 又取决于电路元件参数及频率，所以在频率一定的情况下，电路元件参数决定了正弦交流电路中电压与电流的大小和相位关系。

下面讨论电路元件参数对电路性质的影响：

1）当 $X_L > X_C$ 时，阻抗角 $\varphi = \arctan\dfrac{X_L - X_C}{R} > 0$，即电压 $\dot{U}$ 超前电流 $\dot{I}$ φ 角度，电路呈感性。

2）当 $X_L < X_C$ 时，阻抗角 $\varphi = \arctan\dfrac{X_L - X_C}{R} < 0$，即电压 $\dot{U}$ 滞后电流 $\dot{I}$ φ 角度，电路呈容性。

3）当 $X_L = X_C$ 时，阻抗角 $\varphi = \arctan\frac{X_L - X_C}{R} = 0$，即电压 $\dot{U}$ 与电流 $\dot{I}$ 同相，电路呈阻性。RLC 串联电路的相量图如图 5-29 所示。

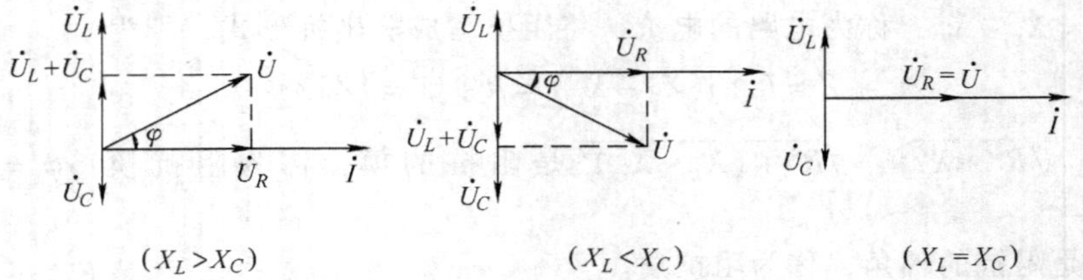

图 5-29 RLC 串联电路的相量图

由上面的分析可知：$-90° < \varphi < 90°$，当电源频率不变时，改变电路参数 L 或 C 可以改变电路的性质；若电路参数不变，则也可以通过改变电源频率来改变电路的性质。

从图 5-29 所示的相量图还可看出，电阻电压 $\dot{U}_R$、电抗电压 $\dot{U}_X = \dot{U}_L + \dot{U}_C$ 和端电压 $\dot{U}$ 三个相量组成一个直角三角形，称为电压三角形，如图 5-30 所示。同一电路中，电压三角形与阻抗三角形是相似三角形。从电压三角形可得

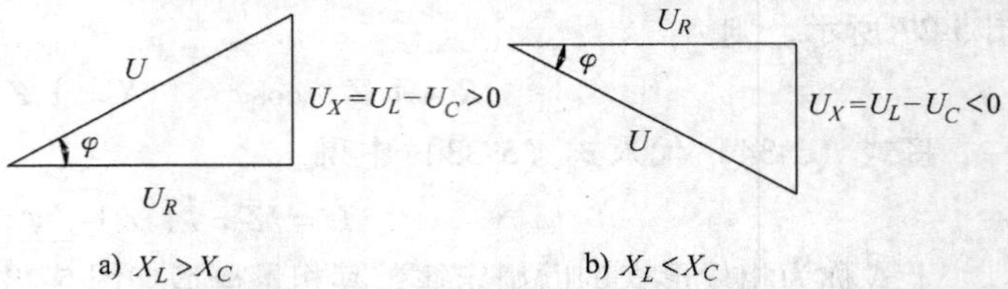

图 5-30 电压三角形

$$U = \sqrt{U_R^2 + (U_L - U_C)^2} = \sqrt{U_R^2 + U_X^2} \tag{5-36}$$

式中，$U_X = |U_L - U_C|$。

上述式（5-34）、式（5-35）适用于一般正弦交流电路的分析计算，例如：

1）RL 串联电路中，阻抗 $Z = R + jX_L$，$\dot{U} = \dot{I}Z = \dot{I}(R + jX_L)$，如图 5-31a 所示。

2）RC 串联电路中，阻抗 $Z = R - jX_C$，$\dot{U} = \dot{I}Z = \dot{I}(R - jX_C)$，如图 5-31b 所示。

3）LC 串联电路中，阻抗 $Z = j(X_L - X_C)$，$\dot{U} = \dot{I}Z = \dot{I}j(X_L - X_C)$，如图 5-31c 所示。

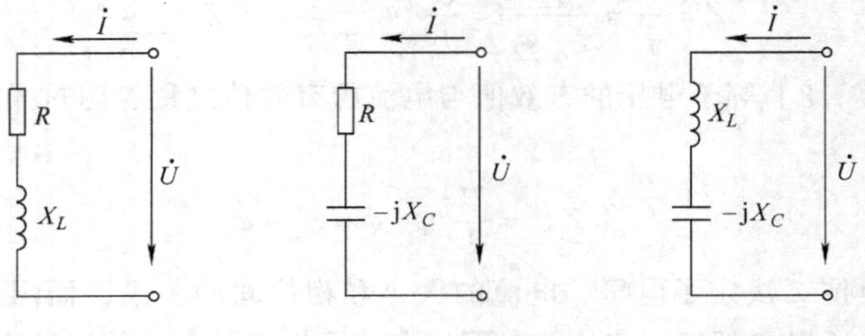

a) RL 串联电路　b) RC 串联电路　c) LC 串联电路

图 5-31

例 5-12 某 RLC 串联电路中，已知 $R = 3\Omega$，$X_L = 4\Omega$，$X_C = 7\Omega$，电路两端电压 $u = 30\sqrt{2}\sin(314t + 30°)$ V，试求电路的复阻抗，电路中的电流和各元件的电压，并判断电路的性质。

解：复阻抗 $Z = R + j(X_L - X_C) = [3 + j(4 - 7)]\Omega = (3 - j3)\Omega = 3\sqrt{2}\angle -45°\Omega$

电压 $\dot{U} = 30\angle 30°$ V

则
$$\dot{I}=\frac{\dot{U}}{Z}=\frac{30\angle 30^\circ}{3\sqrt{2}\angle -45^\circ}\text{A}=5\sqrt{2}\angle 75^\circ\text{A}$$
$$\dot{U}_R=R\dot{I}=3\times 5\sqrt{2}\angle 75^\circ\text{V}=15\sqrt{2}\angle 75^\circ\text{V}$$
$$\dot{U}_L=\text{j}X_L\dot{I}=\text{j}\times 4\times 5\sqrt{2}\angle 75^\circ\text{V}=20\sqrt{2}\angle 165^\circ\text{V}$$
$$\dot{U}_C=-\text{j}X_C\dot{I}=-\text{j}\times 7\times 5\sqrt{2}\angle 75^\circ\text{V}=35\sqrt{2}\angle -15^\circ\text{V}$$

可见 $X_L<X_C$，电路呈容性。

例 5-13　图 5-32a 所示正弦交流电路中，已知电压表 V_1 的读数为 3V，V_2 的读数为 4V，试求 V 的读数。

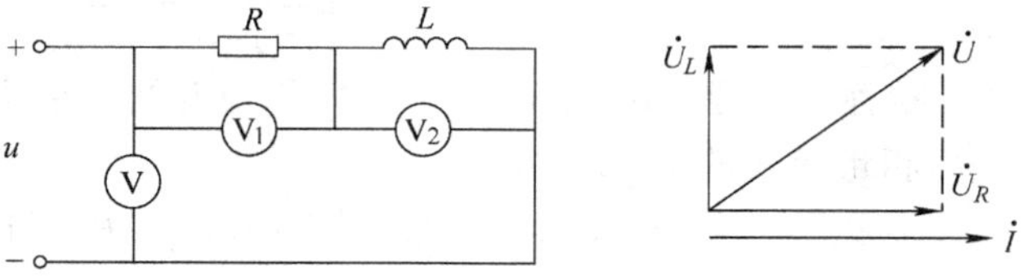

a) 电路图　　b) 相量图

图 5-32　例 5-13 电路图

解：以电流 $\dot{I}$ 为参考相量，画出相量图如图 5-32b 所示。

由相量图可见，$\dot{U}_R$、$\dot{U}_L$、$\dot{U}$ 三者组成一个直角三角形，得

$$U=\sqrt{U_R^2+U_L^2}=\sqrt{3^2+4^2}\text{V}=5\text{V}，即电压表 V 的读数为 5V。$$

例 5-14　图 5-33a 所示 RC 电路中，已知输入电压 $u_i=1\text{V}$，$f=1000\text{Hz}$，$C=0.01\mu\text{F}$，欲使输出电压 u_o 较输入电压 u_i 的相位滞后 30°，试求电路的电阻 R。

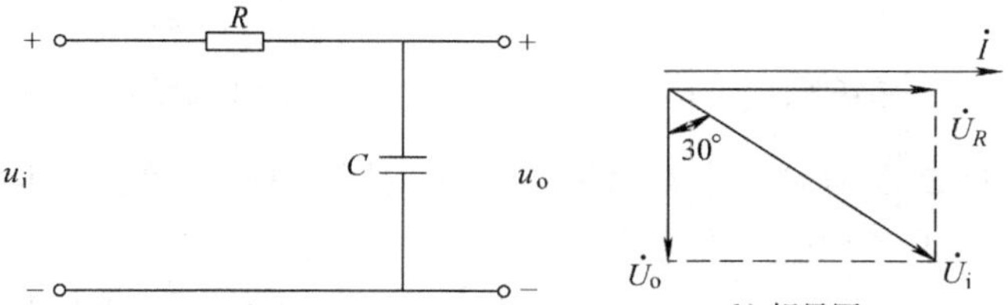

a) 电路图　　b) 相量图

图 5-33　例 5-14 电路图

解：以电流 $\dot{I}$ 为参考相量，画出相量图如图 5-33b 所示。由相量图得：输出电压 $\dot{U}_o$($\dot{U}_C$)与输入电压 $\dot{U}_i$ 的夹角为 30°，则 $\dot{U}_i$ 与 $\dot{I}$ 的相位差为 −60°。

而
$$\tan(-60^\circ)=\frac{-X_C}{R}$$

所以
$$R=\frac{-X_C}{\tan(-60^\circ)}=-\frac{1}{2\pi fC\tan(-60^\circ)}$$
$$=-\frac{1}{2\times 3.14\times 1000\times 0.01\times 10^{-6}\times(-\sqrt{3})}\Omega=9.2\text{k}\Omega$$

5.4.2 *RLC* 并联电路

电阻 R、电感 L 和电容 C 并联的电路如图 5-34 所示，其相应相量形式的 RLC 并联电路如图 5-35 所示。

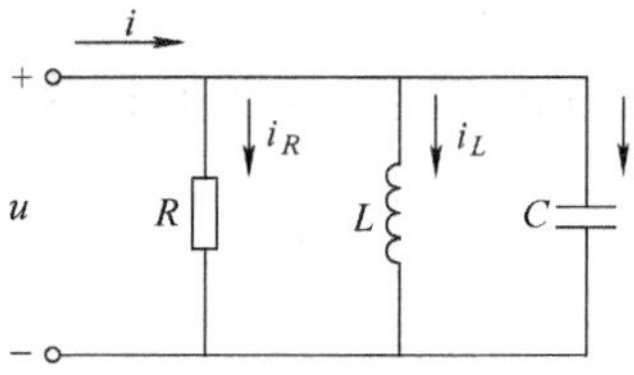

图 5-34　*RLC* 并联电路

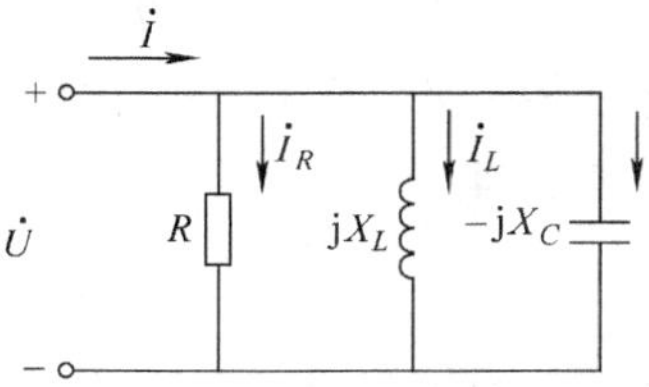

图 5-35　相量形式的 *RLC* 并联电路

设电压 $\dot{U}=U\angle 0°$为参考相量，则各元件所在支路的电流相量分别为

$$\dot{I}_R=\frac{\dot{U}}{R}=G\dot{U}$$

$$\dot{I}_L=\frac{\dot{U}}{\mathrm{j}\omega L}=\frac{\dot{U}}{\mathrm{j}X_L}=-\mathrm{j}B_L\dot{U}$$

$$\dot{I}_C=\frac{\dot{U}}{-\mathrm{j}\omega C}=\frac{\dot{U}}{-\mathrm{j}X_C}=\mathrm{j}B_C\dot{U}$$

式中，G 称为电导；B_L 称为感纳；B_C 称为容纳，单位均为西门子（S）。

由相量形式的 KCL 可得

$$\dot{I}=\dot{I}_R+\dot{I}_L+\dot{I}_C=[G+\mathrm{j}(B_C-B_L)]\dot{U}=(G+\mathrm{j}B)\dot{U}=Y\dot{U} \tag{5-37}$$

式中，Y 称为复导纳（简称导纳），它的实部是电导 G，虚部是 $B=B_C-B_L$，称为电纳，单位均为西门子（S）。

$$Y=G+\mathrm{j}(B_C-B_L)=G+\mathrm{j}B \tag{5-38}$$

将 Y 写成指数形式，则

$$Y=\sqrt{G^2+B^2}\angle \arctan\frac{B}{G}=|Y|\angle\varphi' \tag{5-39}$$

式中，导纳模 $|Y|=\sqrt{G^2+B^2}$，单位为西门子（S）；导纳角 $\varphi'=\arctan\dfrac{B}{G}$。导纳模 $|Y|$、G 及 B 也构成一个直角三角形（见图 5-36），称为导纳三角形。

式（5-37）可写为

$$\dot{I}=\dot{U}Y=\dot{U}|Y|\angle\varphi' \tag{5-40}$$

相量模型如图 5-37 所示，电压、电流为关联参考方向。

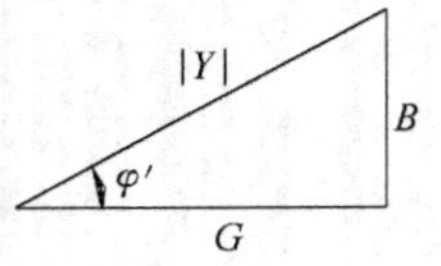

图 5-36 导纳三角形

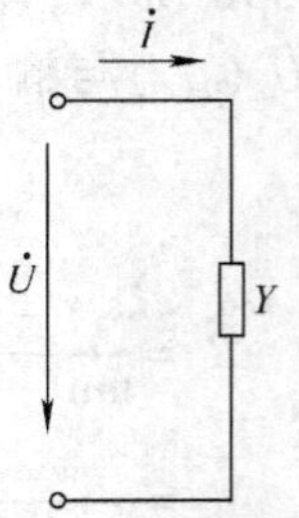

图 5-37 相量模型

由式（5-40）可得

$$Y=\frac{\dot{I}}{\dot{U}}=\frac{I\angle\varphi_i}{U\angle\varphi_u}=\frac{I}{U}\angle\varphi_i-\varphi_u=|Y|\angle\varphi'$$

可见导纳模 $|Y|$ 等于电路中电流的有效值与电压的有效值之比，导纳角 φ'等于电流与电压的相位差，即

$$|Y|=\frac{I}{U} \qquad \varphi'=\varphi_i-\varphi_u$$

由此可见，导纳 Y 决定了电路中电流、电压的大小和相位间的关系，而导纳 Y 又取决于电路元件参数及频率，所以在频率一定的情况下，电路元件参数决定了正弦交流电路中电

压与电流的大小和相位关系。

根据电路元件参数可得出 RLC 并联电路的性质：

1）当 $X_L>X_C$，即 $B_C>B_L$ 时，$I_C>I_L$，$\varphi'>0$，电流超前电压，电路呈容性。

2）当 $X_L<X_C$，即 $B_C<B_L$ 时，$I_C<I_L$，$\varphi'<0$，电流滞后电压，电路呈感性。

3）当 $X_L=X_C$，即 $B_C=B_L$ 时，$I_C=I_L$，$\varphi'=0$，电流与电压同相，电路呈阻性。

RLC 并联电路的相量图如图 5-38 所示。

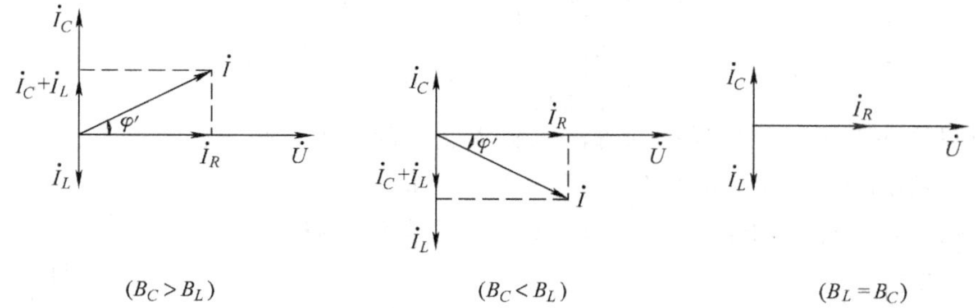

图 5-38　RLC 并联电路的相量图

从图 5-38 可知，RLC 并联电路中，电流 $\dot{I}_R$、$\dot{I}_L+\dot{I}_C$ 和 $\dot{I}$ 三个相量组成一个直角三角形，称为电流三角形。同一电路中，电流三角形与导纳三角形是相似三角形。从电流三角形可得

$$I=\sqrt{I_R^2+(I_C-I_L)^2} \tag{5-41}$$

例 5-15　图 5-39a 所示正弦交流电路中，已知电流表 A_1 的读数为 6A，A_2 的读数为 8A，求电流表 A 的读数。

解：以电压 $\dot{U}$ 为参考相量，画出相量图如图 5-39b 所示。

由相量图可见，$\dot{I}_R$、$\dot{I}_C$、$\dot{I}$ 三者组成一个直角三角形，故可得

$I=\sqrt{I_R^2+I_C^2}=\sqrt{6^2+8^2}\text{V}=10\text{V}$，故电流表 A 的读数为 10A。

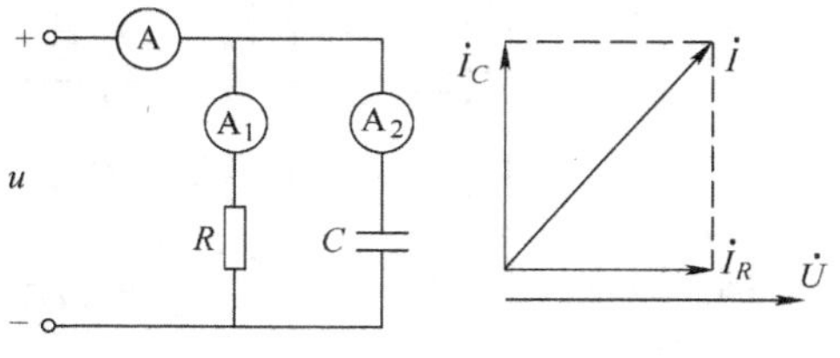

a) 电路图　　b) 相量图

图 5-39　例 5-15 电路图

5.4.3　*RLC* 混联电路

在正弦交流电路中，RLC 串、并联电路的计算方法在形式上与直流电路中电阻的相应计算公式相似，因此 RLC 混联电路的分析方法可参照直流电路的方法进行。

例 5-16　电路如图 5-40 所示。已知 $R_1=3\Omega$，$X_{L1}=5\Omega$，$R_2=10\Omega$，$X_{C2}=2\Omega$，$\dot{U}=220\angle 0°\text{V}$，试求电路的等效复阻抗，总电流 $\dot{I}$ 和支路电流 $\dot{I}_1$、$\dot{I}_2$。

解：$Z_1=(3+\text{j}5)\Omega=5.83\angle 59.04°\Omega$

$Z_2=(10-\text{j}2)\Omega=10.2\angle -11.31°\Omega$

总复阻抗由 $\dfrac{1}{Z}=\dfrac{1}{Z_1}+\dfrac{1}{Z_2}$ 得

$$Z=\frac{Z_1Z_2}{Z_1+Z_2}=\frac{5.83\angle 59.04°\times 10.2\angle -11.31°}{3+\text{j}5+10-\text{j}2}\Omega$$

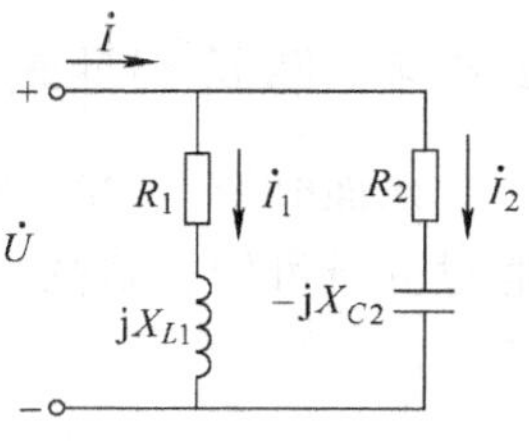

图 5-40　例 5-16 电路图

$$= \frac{59.47\angle 47.73^\circ}{13+\mathrm{j}3}\Omega = \frac{59.47\angle 47.73^\circ}{13.34\angle 12.99^\circ}\Omega$$

$$= 4.46\angle 34.74^\circ\Omega$$

则
$$\dot{I} = \frac{\dot{U}}{Z} = \frac{220\angle 0^\circ}{4.46\angle 34.74^\circ}\text{A} = 49.33\angle -34.74^\circ\text{A}$$

$$\dot{I}_1 = \frac{\dot{U}}{Z_1} = \frac{220\angle 0^\circ}{5.83\angle 59.04^\circ}\text{A} = 37.74\angle -59.04^\circ\text{A}$$

$$\dot{I}_2 = \frac{\dot{U}}{Z_2} = \frac{220\angle 0^\circ}{10.2\angle -11.31^\circ}\text{A} = 21.57\angle 11.31^\circ\text{A}$$

除了用阻抗法，也可以用导纳的方法求解本题，请读者自行分析。

例 5-17 在图 5-41 所示电路中，已知 $R=50\Omega$，$R_1=100\Omega$，$X_{L1}=200\Omega$，$X_{C2}=400\Omega$，$\dot{U}=110\angle 0^\circ\text{V}$，试求总电流 $\dot{I}$ 和各支路电流 $\dot{I}_1$、$\dot{I}_2$。

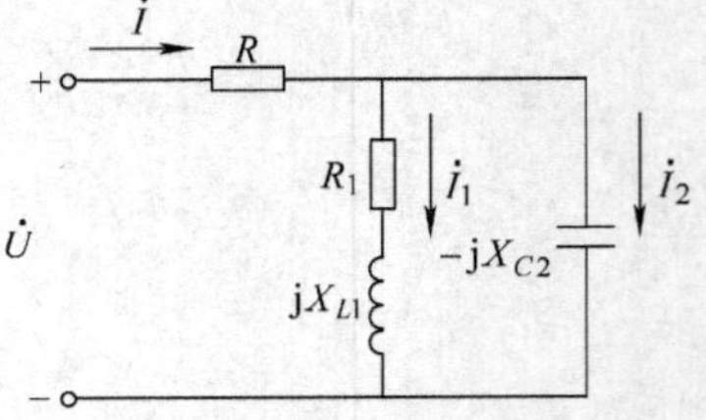

图 5-41 例 5-17 电路图

解： 第一条支路复阻抗为

$$Z_1 = (100+\mathrm{j}200)\Omega = 223.61\angle 63.43^\circ\Omega$$

第二条支路复阻抗为

$$Z_2 = -\mathrm{j}400\Omega = 400\angle -90^\circ\Omega$$

总复阻抗为

$$Z = R + \frac{Z_1Z_2}{Z_1+Z_2} = \left(50 + \frac{223.61\angle 63.43^\circ \times 400\angle -90^\circ}{100+\mathrm{j}200-\mathrm{j}400}\right)\Omega$$

$$= \left(50 + \frac{223.61\angle 63.43^\circ \times 400\angle -90^\circ}{223.61\angle -63.43^\circ}\right)\Omega = (50+400\angle 36.86^\circ)\Omega$$

$$= (50+320+\mathrm{j}240)\Omega = (370+\mathrm{j}240)\Omega = 441\angle 33^\circ\Omega$$

则
$$\dot{I} = \frac{\dot{U}}{Z} = \frac{110\angle 0^\circ}{441\angle 33^\circ}\text{A} = 0.249\angle -33^\circ\text{A}$$

$$\dot{I}_1 = \dot{I}\frac{Z_2}{Z_1+Z_2} = 0.249\angle -33^\circ \times \frac{-\mathrm{j}400}{100+\mathrm{j}200-\mathrm{j}400}\text{A}$$

$$= 0.249\angle -33^\circ \times \frac{400\angle -90^\circ}{223.61\angle -63.43^\circ}\text{A} = 0.445\angle -59.6^\circ\text{A}$$

$$\dot{I}_2 = \dot{I}\frac{Z_1}{Z_1+Z_2} = 0.249\angle -33^\circ \times \frac{100+\mathrm{j}200}{100+\mathrm{j}200-\mathrm{j}400}\text{A}$$

$$= 0.249\angle -33^\circ \times \frac{223.61\angle 63.43^\circ}{223.61\angle -63.43^\circ}\text{A} = 0.249\angle 93.9^\circ\text{A}$$

5.4.4 阻抗与导纳的转换

前面介绍了 *RLC* 串、并联正弦交流电路，为方便分析计算，引入了阻抗、导纳的概念。通过分析可知，阻抗与导纳互为倒数，即

$$Y = \frac{1}{Z} \tag{5-42}$$

因为
$$Z = R + \mathrm{j}X = |Z|\angle\varphi$$

所以
$$Y=\frac{1}{R+jX}=\frac{R-jX}{R^2+X^2}=\frac{R}{|Z|^2}+j\frac{-X}{|Z|^2}=G+jB \tag{5-43}$$

由此可知，导纳的实部电导 $G=\frac{R}{|Z|^2}$，虚部电纳 $B=\frac{-X}{|Z|^2}$。

而导纳的极坐标式为
$$Y=G+jB=|Y|\angle\varphi'=\frac{1}{|Z|\angle\varphi}=\frac{1}{|Z|}\angle-\varphi \tag{5-44}$$

则导纳的模 $|Y|=\sqrt{G^2+B^2}=\frac{1}{|Z|}$，导纳角 $\varphi'=\arctan\frac{B}{G}=-\varphi$。

阻抗与导纳之间可进行等效转换，相应的相量关系式 $\dot{U}=Z\dot{I}$ 可变换为 $\dot{I}=Y\dot{U}$。

例 5-18　已知复阻抗 $Z=(5-j5)\Omega$，试将阻抗转换为相对应的导纳。

解： $Z=(5-j5)\Omega=5\sqrt{2}\angle-45°\Omega$

因为 $G=\frac{R}{|Z|^2}=\frac{5}{|5\sqrt{2}|^2}S=0.1S$

$$B=\frac{-X}{|Z|^2}=\frac{-(-5)}{|5\sqrt{2}|^2}S=0.1S$$

$$|Y|=\frac{1}{|Z|}=\frac{1}{5\sqrt{2}}S=0.1\sqrt{2}S$$

$$\varphi'=-\varphi=-(-45°)=45°$$

所以 $Y=(0.1+j0.1)S=0.1\sqrt{2}\angle45°S$

5.4.5　阻抗与导纳的应用

在正弦交流电路中，阻抗、导纳的串联与并联电路的计算方法在形式上与直流电路中电阻的相应计算公式相似，因此阻抗、导纳混联电路的分析方法可参照直流电路的方法进行。

1. 多阻抗的串联

多个阻抗串联的电路如图 5-42 所示，根据相量形式的 KVL 可得
$$\dot{U}=\dot{U}_1+\dot{U}_2+\dot{U}_3=(Z_1+Z_2+Z_3)\dot{I}=Z\dot{I}$$

即
$$Z=Z_1+Z_2+Z_3 \tag{5-45}$$

Z 为串联电路的等效阻抗，它等于各阻抗之和。

若 $Z_1=R_1+jX_1$，$Z_2=R_2+jX_2$，$Z_3=R_3+jX_3$，则
$$Z=(R_1+R_2+R_3)+j(X_1+X_2+X_3)=R+jX$$

式中，$R=R_1+R_2+R_3$；$X=X_1+X_2+X_3$。

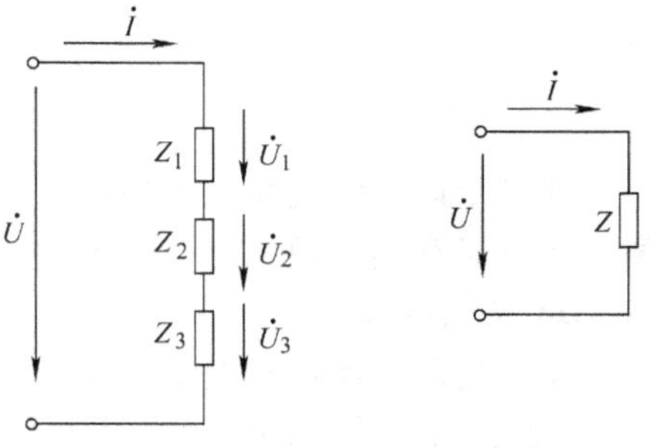

a) 电路图　　b) 等效电路

图 5-42　多阻抗的串联

因此，串联阻抗的等效电阻等于各阻抗的电阻之和，等效电抗等于各阻抗的电抗的代数和，故等效阻抗模为
$$|Z|=\sqrt{(R_1+R_2+R_3)^2+(X_1+X_2+X_3)^2}$$

等效阻抗角为
$$\varphi=\arctan\frac{X_1+X_2+X_3}{R_1+R_2+R_3}$$

多个阻抗串联时，流过同一电流，阻抗大的电压大，相应的分压公式为

$$\dot{U}_1=\frac{Z_1}{Z}\dot{U}\qquad \dot{U}_2=\frac{Z_2}{Z}\dot{U}\qquad \dot{U}_3=\frac{Z_3}{Z}\dot{U}$$

其公式与直流电路的分压公式相似，所不同的是电压、电流均为相量，Z 为复数。

例 5-19 已知两个阻抗 $Z_1=(3+\mathrm{j}4)\Omega$、$Z_2=(8-\mathrm{j}6)\Omega$，串联接在 $\dot{U}=220\angle 60^\circ\mathrm{V}$ 的电源上，试求电路的等效阻抗 Z，电流 $\dot{I}$ 和各阻抗上的电压 $\dot{U}_1$、$\dot{U}_2$。

解：等效阻抗 $Z=Z_1+Z_2=(3+\mathrm{j}4+8-\mathrm{j}6)\Omega=(11-\mathrm{j}2)\Omega=11.2\angle -10.3^\circ\Omega$

$$\dot{I}=\frac{\dot{U}}{Z}=\frac{220\angle 60^\circ}{11.2\angle -10.3^\circ}\mathrm{A}=19.64\angle 70.3^\circ\mathrm{A}$$

$$\dot{U}_1=\dot{I}Z_1=19.64\angle 70.3^\circ\times(3+\mathrm{j}4)\mathrm{V}=19.64\angle 70.3^\circ\times 5\angle 53.13^\circ\mathrm{V}=98.2\angle 123.43^\circ\mathrm{V}$$

$$\dot{U}_2=\dot{I}Z_2=19.64\angle 70.3^\circ\times(8-\mathrm{j}6)\mathrm{V}=19.64\angle 70.3^\circ\times 10\angle -36.87^\circ\mathrm{V}=196.4\angle 33.43^\circ\mathrm{V}$$

2. 多阻抗的并联

多个阻抗并联的电路如图 5-43 所示，根据相量形式的 KCL 得

$$\dot{I}=\dot{I}_1+\dot{I}_2+\dot{I}_3=\left(\frac{1}{Z_1}+\frac{1}{Z_2}+\frac{1}{Z_3}\right)\dot{U}=\frac{\dot{U}}{Z}$$

即
$$\frac{1}{Z}=\frac{1}{Z_1}+\frac{1}{Z_2}+\frac{1}{Z_3}\tag{5-46}$$

多个阻抗并联时，整个电路的等效阻抗的倒数等于各阻抗的倒数之和。

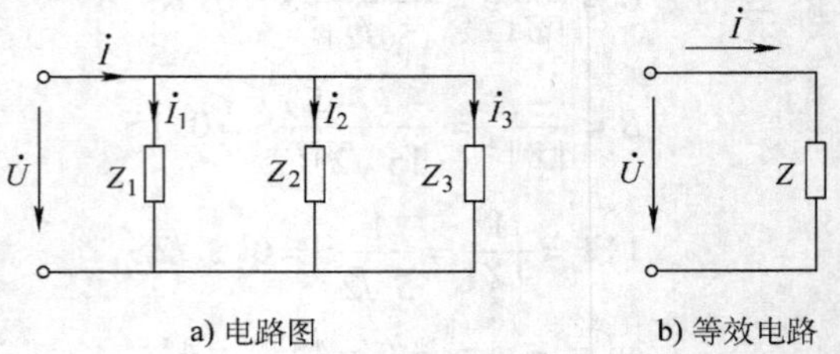

图 5-43 多阻抗的并联

若是两个阻抗并联，则其等效阻抗也可用下式计算：

$$Z=\frac{Z_1Z_2}{Z_1+Z_2}\tag{5-47}$$

两个阻抗并联，端电压相同，阻抗小的电流大，相应的分流公式为

$$\dot{I}_1=\frac{Z_2}{Z_1+Z_2}\dot{I}\tag{5-48}$$

$$\dot{I}_2=\frac{Z_1}{Z_1+Z_2}\dot{I}\tag{5-49}$$

在三个以上阻抗并联电路的分析中，上述多个阻抗并联电路的分析计算方法不是很方便，故有时利用导纳。对于图 5-43 所示多阻抗并联电路，若都用导纳来表示，则可转换为图 5-44 所示电路。

相应的电路电压与电流的关系为

$$\dot{I}=\dot{I}_1+\dot{I}_2+\dot{I}_3=(Y_1+Y_2+Y_3)\dot{U}=\dot{U}Y$$

式中，$Y=Y_1+Y_2+Y_3$。 (5-50)

也就是说，多个导纳并联时，等效导纳等于各导纳之和。

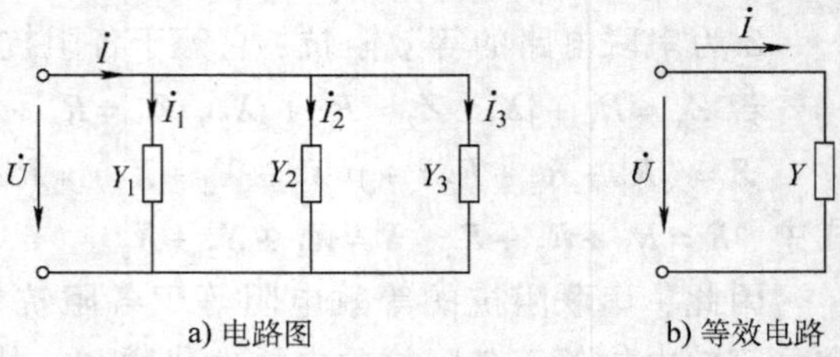

图 5-44 多导纳的并联

例 5-20 已知两个阻抗 $Z_1=(3-\mathrm{j}4)\Omega$、$Z_2=(8+\mathrm{j}6)\Omega$，并联接在 $\dot{U}=220\angle 0^\circ\mathrm{V}$ 的电源上，试求电路的总电流 $\dot{I}$ 和各阻抗的电流 $\dot{I}_1$、$\dot{I}_2$。

解：用阻抗法求解。

$$Z_1=(3-\mathrm{j}4)\Omega=5\angle -53.13^\circ\Omega$$
$$Z_2=(8+\mathrm{j}6)\Omega=10\angle 36.87^\circ\Omega$$

总复阻抗由$\frac{1}{Z}=\frac{1}{Z_1}+\frac{1}{Z_2}$得

$$Z=\frac{Z_1Z_2}{Z_1+Z_2}=\frac{5\angle-53.13°\times10\angle36.87°}{3-\mathrm{j}4+8+\mathrm{j}6}\Omega=\frac{50\angle-16.26°}{11+\mathrm{j}2}\Omega=\frac{50\angle-16.26°}{11.18\angle10.3°}\Omega$$
$$=4.47\angle-26.56°\Omega$$

则
$$\dot{I}=\frac{\dot{U}}{Z}=\frac{220\angle0°}{4.47\angle-26.56°}\mathrm{A}=49.28\angle26.56°\mathrm{A}$$
$$\dot{I}_1=\frac{\dot{U}}{Z_1}=\frac{220\angle0°}{5\angle-53.13°}\mathrm{A}=44\angle53.13°\mathrm{A}$$
$$\dot{I}_2=\frac{\dot{U}}{Z_2}=\frac{220\angle0°}{10\angle36.87°}\mathrm{A}=22\angle-36.87°\mathrm{A}$$

除了用阻抗法，也可以用导纳的方法求解本题，请读者自行分析。

从以上例子可以看出，阻抗串、并联交流电路的计算同直流电路中电阻串、并联的计算方法相同，所不同的是电阻用阻抗来代替，电压、电流用相量代替，且计算比较复杂。

思考与练习

5-4-1　RC 串联电路中，已知电源频率为$\frac{1}{2\pi RC}$，试问电阻电压 $\dot{U}_R$ 超前电源电压 $\dot{U}$ 多少度？

5-4-2　正弦交流电路如图 5-45 所示，用交流电压表测得 $U=5\mathrm{V}$，$U_R=3\mathrm{V}$，$U_C=6\mathrm{V}$，试问 U_1 为多少？

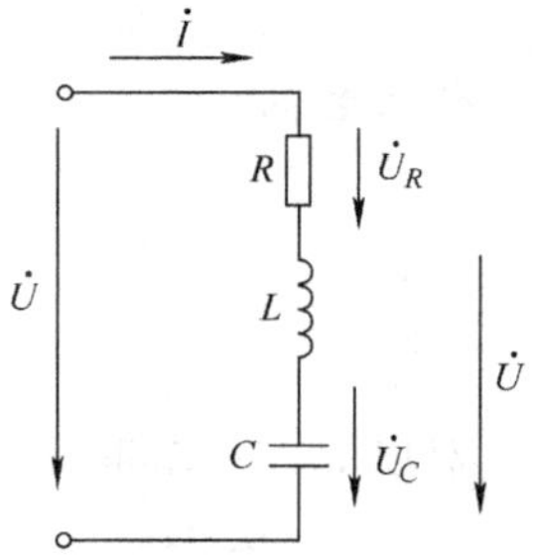

图 5-45　思考与练习 5-4-2 电路图

5-4-3　荧光灯电源的电压为 220V，频率为 50Hz，灯管相当于 300Ω 的电阻，与灯管串联的镇流器在忽略电阻的情况下相当于感抗为 500Ω 的电感，试求灯管两端的电压 U_R 和工作电流 I，并画出相量图。

5-4-4　正弦交流电路如图 5-46 所示，已知 $R=4\Omega$，$L=2.5\mathrm{H}$，$C=0.25\mathrm{F}$，电源的角频率 $\omega=4\mathrm{rad/s}$，试问 ab 端口之间的阻抗 Z_{ab}和导纳 Y_{ab}各是多少？

5-4-5　正弦交流电路如图 5-47 所示，已知 $X_C=R$，试问电感电压 $\dot{U}_L$ 与电容电压 $\dot{U}_C$ 的相位差是多少？

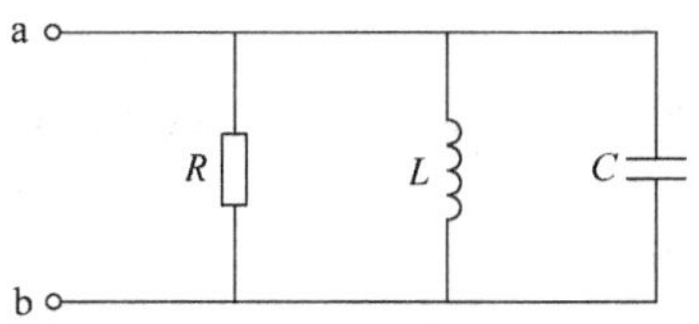

图 5-46　思考与练习 5-4-4 电路图

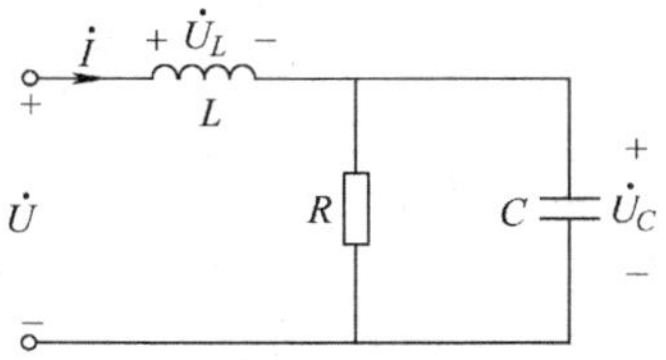

图 5-47　思考与练习 5-4-5 电路图

5.5　正弦交流电路的相量分析

通过前几节分析，可知正弦交流电路引入电压、电流相量以及阻抗（导纳）的概念后，得出了相量形式的欧姆定律和基尔霍夫定律。然后根据这两个定律又导出了阻抗串、并联，分压及分流公式。这些公式在形式上与直流电路中相应的公式相对应，由此可以推知：分析直流电路的各种方法和定理在形式上同样能适用于分析复杂交流电路。

本节通过例题说明如何应用支路电流法、电源等效变换、网孔分析法、节点电压法、戴维南定理和叠加定理等方法来分析复杂正弦交流电路。

例 5-21 在图 5-48a 所示电路中，已知 $\dot{U}_{S1}=100\angle 0°\text{V}$，$\dot{U}_{S2}=100\angle 90°\text{V}$，$R=5\Omega$，$X_L=5\Omega$，$X_C=4\Omega$，试求各支路电流。

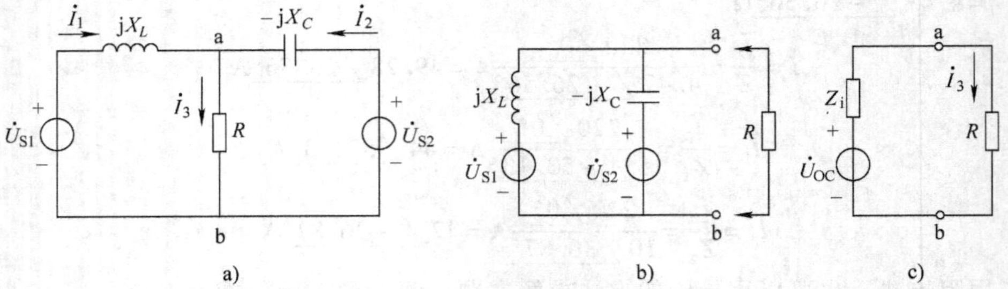

图 5-48 例 5-21 电路图

解：(1) 运用支路电流法求解。

由基尔霍夫定律可列出方程

$$\begin{cases}\dot{I}_1+\dot{I}_2=\dot{I}_3\\ \dot{I}_1\text{j}X_L+\dot{I}_3R-\dot{U}_{S1}=0\\ \dot{U}_{S2}-\dot{I}_3R-\dot{I}_2(-\text{j}X_C)=0\end{cases}$$

代入数据得

$$\begin{cases}\dot{I}_1+\dot{I}_2=\dot{I}_3\\ \dot{I}_1\text{j}5\Omega+5\Omega\cdot\dot{I}_3-100\angle 0°\text{V}=0\\ 100\angle 90°\text{V}-5\Omega\cdot\dot{I}_3-\dot{I}_2(-\text{j}4\Omega)=0\end{cases}$$

对以上方程求解得

$$\dot{I}_1=49.94\angle -74.98°\text{A}\qquad \dot{I}_2=54.23\angle 139.4°\text{A}\qquad \dot{I}_3=31.06\angle -155.38°\text{A}$$

(2) 运用节点电压法求解。

设 b 点为参考点，由节点电压法可得

$$\dot{U}_{ab}=\dot{V}_a=\frac{\dot{I}_{Sa}}{G_{aa}}=\frac{\dfrac{\dot{U}_{S1}}{\text{j}X_L}+\dfrac{\dot{U}_{S2}}{-\text{j}X_C}}{\dfrac{1}{R}+\dfrac{1}{\text{j}X_L}+\dfrac{1}{-\text{j}X_C}}=\frac{\dfrac{100\angle 0°}{\text{j}5}+\dfrac{100\angle 90°}{-\text{j}4}}{\dfrac{1}{5}+\dfrac{1}{\text{j}5}+\dfrac{1}{-\text{j}4}}\text{V}=155.3\angle -155.38°\text{V}$$

因为 $$\dot{U}_{ab}=-\dot{I}_1\text{j}X_L+\dot{U}_{S1}=-\dot{I}_2(-\text{j}X_C)+\dot{U}_{S2}=\dot{I}_3R$$

则
$$\dot{I}_1=\frac{\dot{U}_{S1}-\dot{V}_a}{\text{j}X_L}=\frac{100\angle 0°-155.3\angle -155.38°}{\text{j}5}\text{A}=49.94\angle -74.98°\text{A}$$

$$\dot{I}_2=\frac{\dot{U}_{S2}-\dot{V}_a}{-\text{j}X_C}=\frac{100\angle 90°-155.3\angle -155.38°}{-\text{j}4}\text{A}=54.23\angle 139.4°\text{A}$$

$$\dot{I}_3=\frac{\dot{V}_a}{R}=\frac{155.3\angle -155.38°}{5}\text{A}=31.06\angle -155.38°\text{A}$$

(3) 运用戴维南定理求解。

先求 $\dot{I}_3$，将 R_3 所在支路与原电路断开，如图 5-48b 所示，求得开路电压为

$$\dot U_{OC}=\dot U_{abo}=\frac{\dot U_{S1}-\dot U_{S2}}{jX_L-jX_C}\times(-jX_C)+\dot U_{S2}$$
$$=\left[\frac{100\angle 0^\circ-100\angle 90^\circ}{j5-j4}\times(-j4)+100\angle 90^\circ\right]V$$
$$=640.31\angle 128.66^\circ V$$

在图 5-48b 所示电路中，将电压源 $\dot U_{S1}$、$\dot U_{S2}$短路处理，可得戴维南等效复阻抗为

$$Z_i=\frac{jX_L(-jX_C)}{jX_L-jX_C}=\frac{j5(-j4)}{j5-j4}\Omega=-j20\Omega$$

作出戴维南等效电路如图 5-48c 所示，于是可求电流 $\dot I_3$ 得

$$\dot I_3=\frac{\dot U_{OC}}{Z_i+R}=\frac{640.31\angle 128.66^\circ}{-j20+5}A=31.06\angle -155.38^\circ A$$

因为　$$\dot U_{ab}=-\dot I_1 jX_L+\dot U_{S1}=-\dot I_2(-jX_C)+\dot U_{S2}=\dot I_3 R$$

所以　$$\dot I_1=\frac{\dot U_{S1}-\dot I_3 R}{jX_L}=\frac{100\angle 0^\circ-31.06\angle 155.38^\circ\times 5}{j5}A=49.94\angle -74.98^\circ A$$

$$\dot I_2=\frac{\dot U_{S2}-\dot I_3 R}{-jX_C}=\frac{100\angle 90^\circ-31.06\angle 155.38^\circ\times 5}{-j4}A=54.23\angle 139.4^\circ A$$

例 5-22　试求图 5-49a 所示电路中的电压 $\dot U_{ab}$。

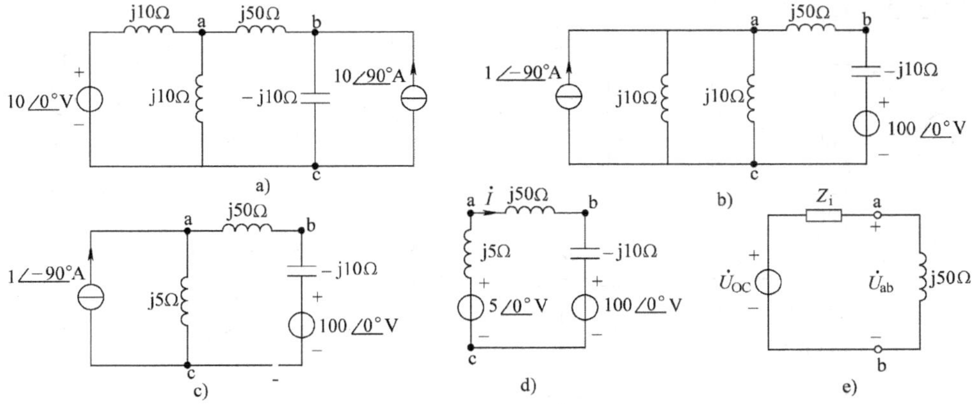

图 5-49　例 5-22 电路图

解：(1) 运用等效变换法求解。

对电路进行含源电路的等效变换，如图 5-49b、c、d 所示，得简化后的电路，即可求出

$$\dot I=\frac{5\angle 0^\circ-100\angle 0^\circ}{j5+j50-j10}A=\frac{-95}{j45}A=\frac{19}{9}\angle 90^\circ A$$

则　$$\dot U_{ab}=j50\times\frac{19}{9}\angle 90^\circ V=105.6\angle 180^\circ V=-105.6V$$

(2) 运用节点电压法求解。

以 c 点为参考点，可列出电路的节点电压方程为

$$\begin{cases}\left(\frac{1}{j10\Omega}+\frac{1}{j10\Omega}+\frac{1}{j50\Omega}\right)\dot V_a-\frac{1}{j50\Omega}\dot V_b=\frac{10\angle 0^\circ}{j10}A\\ -\frac{1}{j50\Omega}\dot V_a+\left(\frac{1}{j50\Omega}-\frac{1}{j10\Omega}\right)\dot V_b=10\angle 90^\circ A\end{cases}$$

解方程，得

$$\dot{V}_a = \frac{140}{9}\angle 0°\text{V} \qquad \dot{V}_b = \frac{1090}{9}\angle 0°\text{V}$$

$$\dot{U}_{ab} = \dot{V}_a - \dot{V}_b = \left(\frac{140}{9}\angle 0° - \frac{1090}{9}\angle 0°\right)\text{V} = -105.6\text{V}$$

(3) 运用戴维南定理求解。

将 ab 间的感抗 j50Ω 所在支路断开后，求得开路电压为

$$\dot{U}_{OC} = \dot{U}_{abo} = \left[\frac{10\angle 0°}{j10 + j10} \times j10 - (-j10) \times 10\angle 90°\right]\text{V}$$

$$= (5\angle 0° - 100\angle 0°)\text{V} = -95\text{V}$$

而戴维南等效复阻抗为

$$Z_i = \left(\frac{j10 \times j10}{j10 + j10} - j10\right)\Omega = -j5\Omega$$

作出戴维南等效电路如图 5-49e 所示，于是可求

$$\dot{U}_{ab} = \frac{\dot{U}_{OC}}{Z_i + j50} \times j50\text{V} = -105.6\text{V}$$

例 5-23 图 5-50a 所示电路中，已知 $\dot{U}_S = 100\angle 45°\text{V}$，$\dot{I}_S = 4\angle 0°\text{A}$，$Z_1 = Z_3 = 50\angle 30°\Omega$，$Z_2 = 50\angle -30°\Omega$，试求电流 $\dot{I}$。

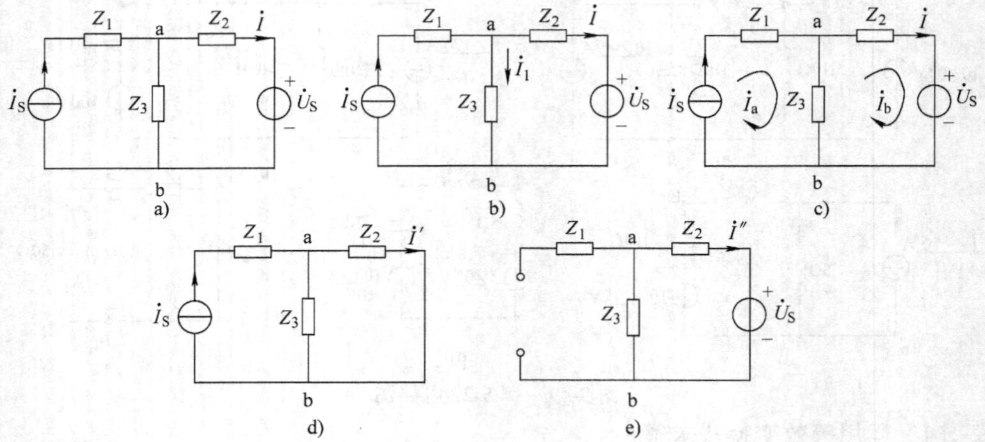

图 5-50 例 5-23 电路图

解：(1) 运用支路电流法求解。

设电流 $\dot{I}_1$ 的参考方向如图 5-50b 所示，由基尔霍夫定律可列出方程

$$\begin{cases} \dot{I} + \dot{I}_1 = \dot{I}_S \\ \dot{I}Z_2 + \dot{U}_S - \dot{I}_1 Z_3 = 0 \end{cases}$$

代入数据得

$$\begin{cases} \dot{I} + \dot{I}_1 = 4\angle 0°\text{A} \\ \dot{I}50\angle -30°\Omega + 100\angle 45°\text{V} - \dot{I}_1 50\angle 30°\Omega = 0 \end{cases}$$

对以上方程求解得

$$\dot{I}=1.23\underline{/15.9^\circ}\text{A}\qquad \dot{I}_1=2.84\underline{/-6.9^\circ}\text{A}$$

(2) 运用网孔分析法求解。

设回路电流参考方向如图 5-50c 所示，由网孔分析法可得

$$\begin{cases}\dot{I}_a=\dot{I}_S\\ \dot{I}_b(Z_2+Z_3)-Z_3\dot{I}_a=-\dot{U}_S\end{cases}$$

代入数据得 $\begin{cases}\dot{I}_a=4\underline{/0^\circ}\text{A}\\ \dot{I}_b(50\underline{/-30^\circ}+50\underline{/30^\circ})\Omega-50\underline{/30^\circ}\Omega\cdot\dot{I}_a=-100\underline{/45^\circ}\text{V}\end{cases}$

对以上方程求解得

$$\dot{I}_b=1.23\underline{/15.9^\circ}\text{A}$$

所以 $$\dot{I}=\dot{I}_b=1.23\underline{/15.9^\circ}\text{A}$$

(3) 运用节点电压法求解。

以 b 点为参考点，由节点电压法可得

$$\dot{V}_a=\frac{\dot{I}_{Sa}}{G_{aa}}=\frac{\dfrac{\dot{U}_S}{Z_2}+\dot{I}_S}{\dfrac{1}{Z_2}+\dfrac{1}{Z_3}}=\frac{\dfrac{100\underline{/45^\circ}}{50\underline{/-30^\circ}}+4\underline{/0^\circ}}{\dfrac{1}{50\underline{/-30^\circ}}+\dfrac{1}{50\underline{/30^\circ}}}\text{V}=141.88\underline{/23.1^\circ}\text{V}$$

因为 $$\dot{V}_a=\dot{I}Z_2+\dot{U}_S$$

所以 $$\dot{I}=\frac{\dot{V}_a-\dot{U}_S}{Z_2}=\frac{141.88\underline{/23.1^\circ}-100\underline{/45^\circ}}{50\underline{/-30^\circ}}\text{A}=1.23\underline{/15.9^\circ}\text{A}$$

(4) 运用叠加定理求解。

画出独立源单独作用的分电路如图 5-50d、e 所示。

当电流源单独作用时，由图 5-50d 得

$$\dot{I}'=\frac{Z_3}{Z_2+Z_3}\dot{I}_S=\frac{50\underline{/30^\circ}}{50\underline{/-30^\circ}+50\underline{/30^\circ}}\times4\underline{/0^\circ}\text{A}=\frac{200\underline{/30^\circ}}{50\sqrt{3}}\text{A}=2.31\underline{/30^\circ}\text{A}$$

当电压源单独作用时，由图 5-50e 得

$$\dot{I}''=-\frac{\dot{U}_S}{Z_2+Z_3}=-\frac{100\underline{/45^\circ}}{50\underline{/-30^\circ}+50\underline{/30^\circ}}\text{A}=-\frac{100\underline{/45^\circ}}{50\sqrt{3}}\text{A}=1.155\underline{/-135^\circ}\text{A}$$

则所求电流　$\dot{I}=\dot{I}'+\dot{I}''=(2.31\underline{/30^\circ}+1.155\underline{/-135^\circ})\text{A}=1.23\underline{/15.9^\circ}\text{A}$

思考与练习

5-5-1　试分析图 5-51 所示电路中的电流 $\dot{I}$。

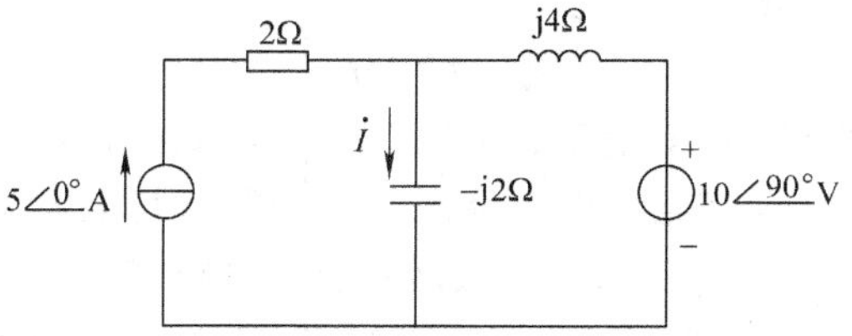

图 5-51　思考与练习 5-5-1 电路图

5.6 正弦交流电路的功率

5.6.1 有功功率、无功功率和视在功率

在前面的 5.3 节中，分析了纯电阻、纯电感及纯电容元件的功率，本节将分析正弦交流电路中的功率情况。

有一个正弦交流电路的无源二端网络，电压、电流参考方向如图 5-52 所示。

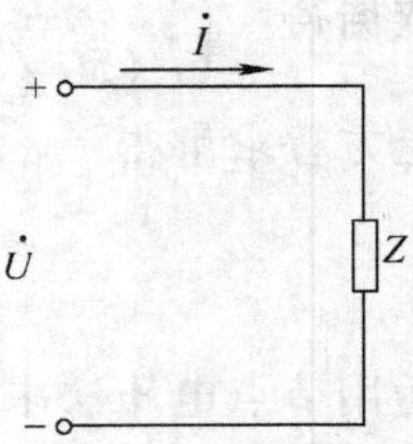

图 5-52 无源二端网络

设 $u=\sqrt{2}U\sin(\omega t+\varphi)$，$i=\sqrt{2}I\sin\omega t$，则该无源网络的瞬时功率为

$$
\begin{aligned}
p &= ui=\sqrt{2}U\sin(\omega t+\varphi)\sqrt{2}I\sin\omega t \\
&= 2UI\sin(\omega t+\varphi)\sin\omega t \\
&= UI\cos\varphi - UI\cos(2\omega t+\varphi)
\end{aligned}
$$

顺时功率波形图如图 5-53 所示，由图 5-53 可知，瞬时功率有时为正值，有时为负值，表明该网络有时从外部接受能量，有时向外部发出能量，这种与外界的能量交换现象是由于网络内储能元件引起的。而瞬时功率的正值部分大于负值部分，也说明该网络主要从外部接受能量，这是因为网络内部还存在消耗能量的电阻元件。

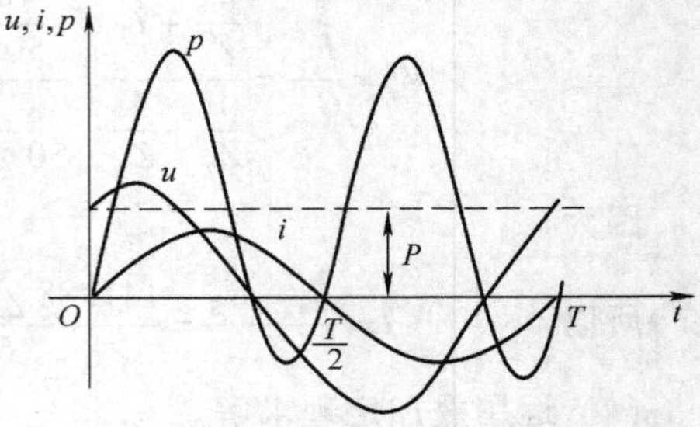

图 5-53 瞬时功率波形图

1. 有功功率

一个周期内瞬时功率的平均值称为平均功率（或称为有功功率），用 P 表示，即

$$P=\frac{1}{T}\int_0^T p\mathrm{d}t=\frac{1}{T}\int_0^T[UI\cos\varphi-UI\cos(2\omega t+\varphi)]\mathrm{d}t=UI\cos\varphi \tag{5-51}$$

可见，正弦交流电路的有功功率等于电压、电流的有效值和电压、电流相位差余弦的乘积。

有功功率为耗能元件所消耗的功率，在正弦交流电路中，有功功率等于电路中所有电阻元件消耗的有功功率之和。

2. 无功功率

在无源二端网络中，储能元件（电感或电容）不消耗电能，只与电源交换能量。为了衡量储能元件与电源间能量交换的规模，用无功功率来表示，无功功率为电抗所消耗的功率，即 $Q=U_XI$，而 $U_X=U\sin\varphi$，所以无功功率为

$$Q=UI\sin\varphi \tag{5-52}$$

当 $\varphi=0$ 时，二端网络为一等效电阻，电阻总是从电源获得能量，没有能量的交换；当 $\varphi\neq0$ 时，说明二端网络中必有储能元件，因此，二端网络与电源间有能量的交换。对于感性负载，电压超前电流，$\varphi>0$，$Q>0$；对于容性负载，电压滞后电流，$\varphi<0$，$Q<0$。

无功功率为储能元件所消耗的功率，在正弦交流电路中，无功功率等于电路中所有储能元件消耗的无功功率之和。

3. 视在功率

通常电气设备的容量是由它们的额定电压和额定电流来决定的。因此，二端网络端电压有效值 U 和电流有效值 I 的乘积 UI 称为该网络的视在功率，用符号 S 来表示，即

$$S = UI \tag{5-53}$$

视在功率单位为伏安（V·A），工程上也常用千伏安（kV·A），表征了电路的总功率或设备的容量。

由 $S = UI$、$P = UI\sin\varphi$ 和 $Q = UI\sin\varphi$ 可得

$$P^2 + Q^2 = (UI\sin\varphi)^2 + (UI\cos\varphi)^2 = (UI)^2 = S^2$$

即

$$S = \sqrt{P^2 + Q^2} \tag{5-54}$$

式（5-54）为视在功率、有功功率和无功功率之间的关系式。由式（5-54）可知，S、P、Q 也构成一个直角三角形，如图5-54所示，此三角形称为功率三角形。在同一电路中，功率三角形与阻抗三角形、电压三角形为相似三角形。

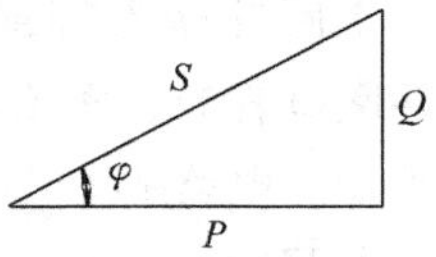

图5-54　功率三角形

由此可见，同一电路中，在频率一定情况下，一旦电路元件确定了参数，也就会确定电路的阻抗 Z，电路的性质，电路电压、电流的大小和相位关系以及功率的分配。

例5-24　RL 串联电路中，已知电源电压 $U = 220\text{V}$，电阻 $R = 10\Omega$，感抗 $X_L = 10\Omega$。试求电路的 P、Q、S。

解： 据题意得　$Z = (10 + \text{j}10)\Omega = 10\sqrt{2}\angle 45°\Omega$

所以　$I = \dfrac{U}{|Z|} = \dfrac{220}{10\sqrt{2}}\text{A} = 11\sqrt{2}\text{A}$

$$P = UI\cos\varphi = 220 \times 11\sqrt{2} \times \cos45°\text{W} = 2420\text{W}$$

$$Q = UI\sin\varphi = 220 \times 11\sqrt{2} \times \sin45°\text{var} = 2420\text{var}$$

$$S = UI = 220 \times 11\sqrt{2}\text{V·A} = 2420\sqrt{2}\text{V·A}$$

5.6.2　功率因数及其提高方法

1. 功率因数

由图5-54所示的功率三角形可知

$$\cos\varphi = \frac{P}{S} \tag{5-55}$$

式中，$\cos\varphi$ 称为功率因数，用 λ 表示，即 $\lambda = \cos\varphi$，而 φ 称为功率因数角。功率因数表征了电能的利用率，当视在功率一定时，功率因数越大，用电设备的有功功率越大，无功功率越小，电能利用率越高。

如何减少无功功率，提高有功功率是一个具有实际意义的问题。要提高有功功率，则需提高功率因数。要提高功率因数，则需减少功率因数角。而在同一电路中，功率因数角 = 电压与电流的相位差 = 阻抗角，减少功率因数角（即阻抗角）就需改变电路参数。

2. 提高功率因数的一般方法

实际应用中，功率因数不高的原因，主要是由于大量电感性负载的存在。工业生产中广

泛使用的三相异步电动机、变压器就相当于电感性负载。解决功率因数不高的问题就在于既要减少电源与负载之间的能量交换，又要使电感性负载取得所需的无功功率。

提高功率因数的基本思想是在保证负载获得的有功功率不变的前提下，减少其无功功率。日常提高功率因数的方法就是在感性负载的两端并联适当大小的电容（在电路中增加容性负载）。提高功率因数的电路图和相量图如图 5-55 所示。

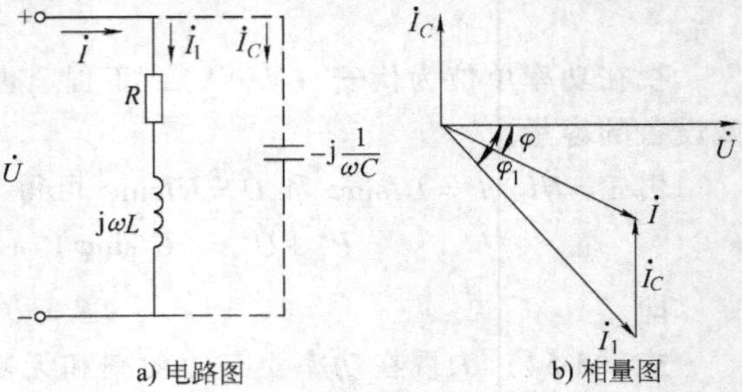

图 5-55 功率因数的提高

设有一感性负载，其端电压为 $\dot{U}$，功率为 P，功率因数为 $\cos\varphi_1$。为了使功率因数提高到 $\cos\varphi$，现并联电容 C，分析如下：

电路并联电容前，电路总电流 $\dot{I}=\dot{I}_1$。电路并联电容后，电路总电流 $\dot{I}=\dot{I}_1+\dot{I}_C$。由相量图可知，电路的 U 不变，I_1 不变，总的有功功率不变，而并联电容前的电路总电流有效值小于并联电容后的，$\varphi<\varphi_1$，$\cos\varphi>\cos\varphi_1$，功率因数提高了。并联电容以后，并不影响原负载的工作状态。由于电容电流补偿了负载中的无功电流，使总电流减小，电路的总功率因数提高了。

由此可推导所需并联电容 C 的计算公式：

因为

$$P=UI\cos\varphi=UI_1\cos\varphi_1$$

则流过电容的电流为

$$I_C=I_1\sin\varphi_1-I\sin\varphi=\left(\frac{P}{U\cos\varphi_1}\right)\sin\varphi_1-\left(\frac{P}{U\cos\varphi}\right)\sin\varphi=\frac{P}{U}(\tan\varphi_1-\tan\varphi)$$

又因

$$I_C=U\omega C$$

所以

$$C=\frac{P}{\omega U^2}(\tan\varphi_1-\tan\varphi) \tag{5-56}$$

例 5-25 一个感性负载的功率为 $P_1=10\text{kW}$，功率因数为 $\cos\varphi_1=0.6$，将其接到 220V、50Hz 的正弦电源上。为了提高功率因数，在负载两端并联一个电容。试求：

(1) 要使电路的功率因数提高到 $\cos\varphi=0.9$，需并联多大的电容？

(2) 电容并联前后电路的电流大小各是多少？

解：(1) 由 $\cos\varphi_1=0.6$ 可得 $\varphi_1=53°$，而由 $\cos\varphi=0.9$ 可得 $\varphi=26°$。

所以需并联的电容为

$$C=\frac{P}{\omega U^2}(\tan\varphi_1-\tan\varphi)=\frac{10\times10^3}{2\pi\times50\times220^2}(\tan53°-\tan26°)\text{F}=552\mu\text{F}$$

(2) 电容并联前，电路的电流为

$$I_1=\frac{P}{U\cos\varphi_1}=\frac{10\times10^3}{220\times0.6}\text{A}=75.76\text{A}$$

电容并联后，电路的电流为

$$I=\frac{P}{U\cos\varphi}=\frac{10\times10^3}{220\times0.9}\text{A}=50.5\text{A}$$

思考与练习

5-6-1 正弦交流电路如图 5-56 所示，已知 $u=50\sqrt{2}\sin(314t+30°)\text{V}$，在 10Ω 电阻上的有功功率为

10W，试问整个电路的功率因数是多少？

5-6-2　电路如图 5-57 所示，若 $u=20\sqrt{2}\sin(100t+45°)$ V，$i=2\sqrt{2}\sin(100t-15°)$ A，则该线性无源二端网络的等效阻抗 Z 为多少？该电路的视在功率、有功功率和无功功率又是多少？

5-6-3　问：(1) 是否并联电容越大，功率因数越高？(2) 能否用串联电容的方法来提高功率因数 $\cos\varphi$？

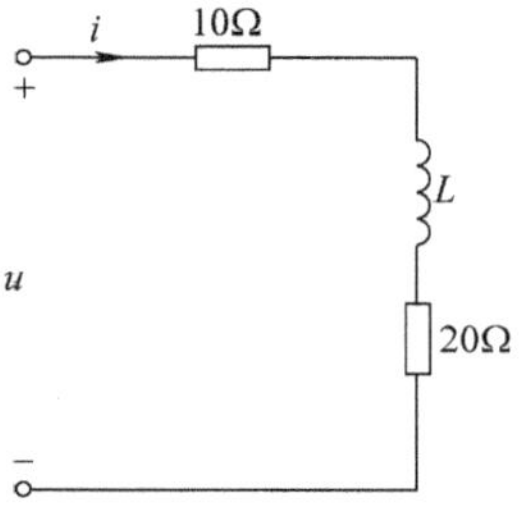

图 5-56　思考与练习 5-6-1 电路图

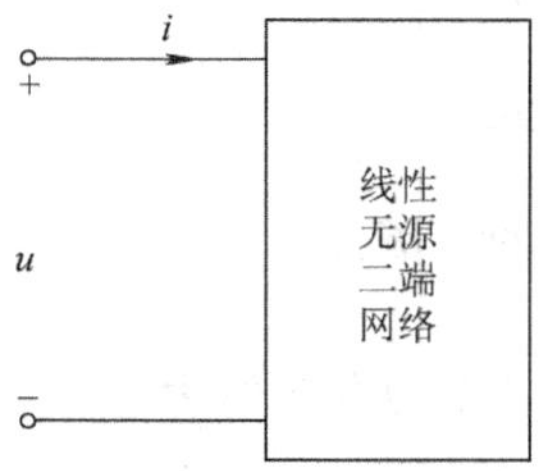

图 5-57　思考与练习 5-6-2 电路图

5.7　最大功率传输定理

在图 5-58 所示电路中，$\dot{U}_S$ 为电压源的电压相量，$Z_i=R_i+jX_i$ 为电压源的内阻阻抗，$Z_L=R_L+jX_L$ 为负载阻抗。

电路中的电流为

$$\dot{I}=\frac{\dot{U}_S}{Z_i+Z_L}=\frac{\dot{U}_S}{R_i+R_L+j(X_i+X_L)}$$

电流的有效值为　$I=\dfrac{U_S}{\sqrt{(R_i+R_L)^2+(X_i+X_L)^2}}$

负载获得的功率为　$P_L=I^2R_L=\dfrac{U_S^2R_L}{(R_i+R_L)^2+(X_i+X_L)^2}$

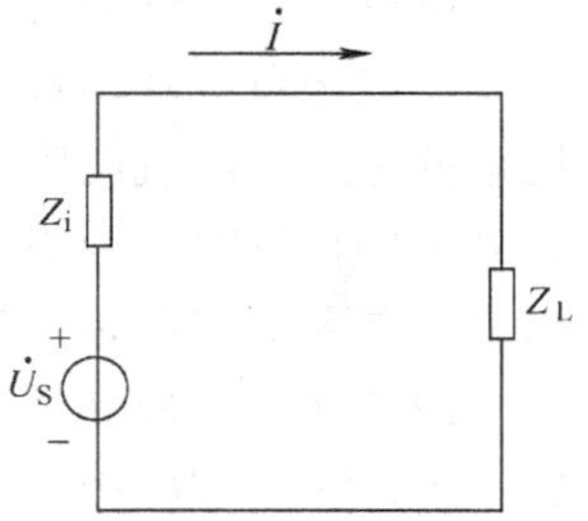

图　5-58

负载如何获得最大功率，现在分两种情况讨论：一种是共轭匹配，一种是模匹配。

5.7.1　共轭匹配

设负载阻抗 $Z_L=R_L+jX_L$ 可任意改变。

1) 负载要获得最大功率，首先应使 $X_i+X_L=0$，可得 $P_L=\dfrac{U_S^2R_L}{(R_i+R_L)^2}$。

2) 其次将 P_L 对 R_L 求导数得 $\dfrac{dP_L}{dR_L}=U_S^2\dfrac{(R_i+R_L)^2-2R_L(R_i+R_L)}{(R_i+R_L)^4}$。

负载要获得最大功率，应使 $\dfrac{dP_L}{dR_L}=0$，解得 $R_i=R_L$。

因此，负载能获得最大功率的条件为

$$\begin{cases}X_L=-X_i\\R_L=R_i\end{cases}\tag{5-57}$$

即 Z_i 与 Z_L 为共轭复数。

所以，当负载阻抗与电源内阻阻抗为共轭复数时，负载获得最大功率。负载所得最大功率为

$$P_{\mathrm{Lmax}}=\frac{U_{\mathrm{S}}^{2}}{4R_{\mathrm{i}}} \tag{5-58}$$

5.7.2 模匹配

若负载阻抗 $Z_L=R_L$，则负载为纯电阻。

电路中的电流为 $$\dot{I}=\frac{\dot{U}_{\mathrm{S}}}{Z_{\mathrm{i}}+R_{\mathrm{L}}}=\frac{\dot{U}_{\mathrm{S}}}{(R_{\mathrm{i}}+R_{\mathrm{L}})+\mathrm{j}X_{\mathrm{i}}}$$

于是，电流的有效值为 $$I=\frac{U_{\mathrm{S}}}{\sqrt{(R_{\mathrm{i}}+R_{\mathrm{L}})^{2}+X_{\mathrm{i}}^{2}}}$$

负载获得的功率为 $$P_{\mathrm{L}}=I^{2}R_{\mathrm{L}}=\frac{R_{\mathrm{L}}U_{\mathrm{S}}^{2}}{(R_{\mathrm{i}}+R_{\mathrm{L}})^{2}+X_{\mathrm{i}}^{2}}$$

将 P_L 对 R_L 求导，$\frac{\mathrm{d}P_{\mathrm{L}}}{\mathrm{d}R_{\mathrm{L}}}=0$ 时，负载获得最大功率。获得最大功率的条件为

$$R_{\mathrm{L}}=\sqrt{R_{\mathrm{i}}^{2}+X_{\mathrm{i}}^{2}}=|Z_{\mathrm{i}}| \tag{5-59}$$

所以，当负载阻抗等于电源内阻阻抗模时，负载获得最大功率。

一般把负载获得最大功率的条件称为最大功率传输定理，工程上常称为阻抗匹配。值得注意的是，在阻抗匹配的电路中，负载得到的最大功率仅是电源输出功率的一半，即阻抗匹配电路的传输效率为50%，所以阻抗匹配电路只能用于一些小功率电路。而对于电力系统来说，首要的问题是效率，则不能考虑匹配。

例 5-26 电路如图 5-59a 所示，已知 $\dot{I}_{\mathrm{S}}=4\angle 90^{\circ}\mathrm{A}$，$Z_1=Z_3=30\angle -90^{\circ}\Omega$，$Z_2=30\angle 0^{\circ}\Omega$，求负载 Z_L 为多少时能获得最大功率，最大功率是多少？

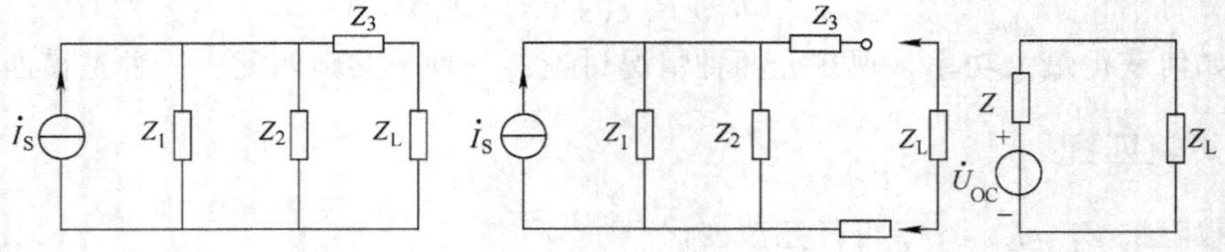

图 5-59 例 5-26 电路图

解：应用戴维南定理，将负载 Z_L 与原电路断开，如图 5-59b 所示，求得开路电压为

$$\dot{U}_{\mathrm{OC}}=\dot{I}_{\mathrm{S}}\frac{Z_2Z_1}{Z_2+Z_1}=4\angle 90^{\circ}\times\frac{30\times(-\mathrm{j}30)}{30-\mathrm{j}30}\mathrm{V}=60\sqrt{2}\angle 45^{\circ}\mathrm{V}$$

在图 5-59b 所示电路中，将电流源作断路处理，可得戴维南等效阻抗为

$$Z_{\mathrm{i}}=Z_3+\frac{Z_2Z_1}{Z_2+Z_1}=\left[-\mathrm{j}30+\frac{30\times(-\mathrm{j}30)}{30-\mathrm{j}30}\right]\Omega=(15-\mathrm{j}45)\Omega$$

作出戴维南等效电路如图 5-59c 所示。因此，当 Z_L 与 Z_i 为共轭复数，即 $Z_L=(15+\mathrm{j}45)$

Ω 时，负载 Z_L 获得最大功率。

最大功率 $P_{max}=\dfrac{U_{OC}^2}{4R_i}=\dfrac{(60\sqrt{2})^2}{4\times15}W=120W$。

思考与练习

5-7-1　负载获得最大功率的同时，电路的传输效率也是否最大？

仿真模块：正弦交流电路的仿真分析

从本章节的分析可知，交流电路中电阻、电感和电容这三种元件的伏安特性是不相同的。当有交流电流流过时，电阻上的电压和电流是同相位，电感上的电压比电流超前 90°，电容上的电压比电流滞后 90°，这一现象可以通过仿真结果进行验证。

[例题] 用仿真电路观察图 5-60 所示电路，已知频率为 $f=1000Hz$，用电压表测量时，电阻和电感上的电压值分别是多少？用仿真软件观察 A、B 两点的波形。

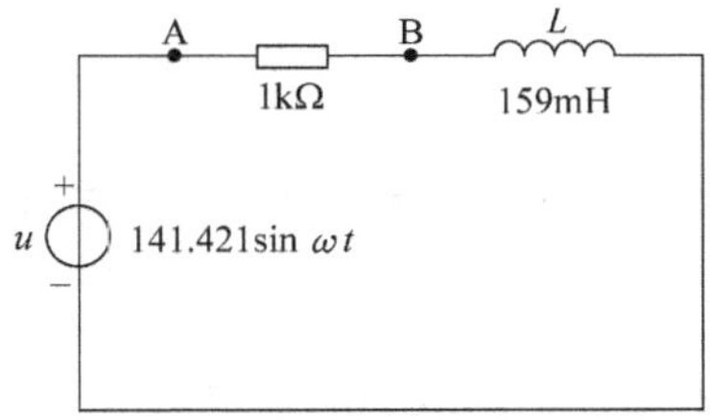

图 5-60　例题电路图

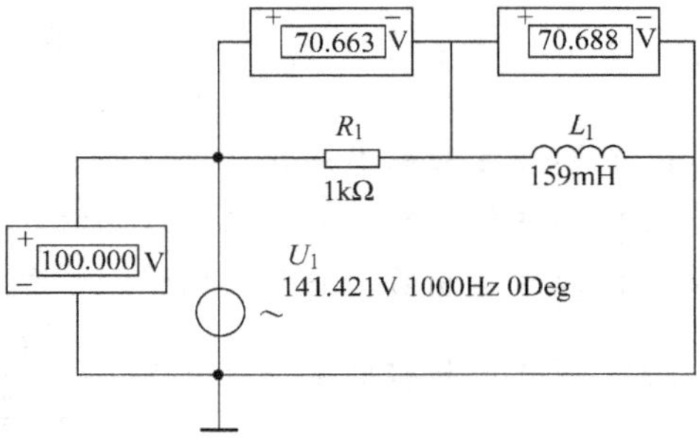

图 5-61　仿真电路

[操作步骤]

1）从 Multisim 仿真软件元件库中选取电阻、电感、交流电源，从仪表库中选取电压表组成仿真电路，如图 5-61 所示。

2）按图 5-60 设置电阻、电感的参数，将交流电压幅度、频率、初相分别设置成 141.421V、1000Hz、0°。将电压表工作模式设置成 AC 状态，启动仿真。

3）从仿真结果可以看到，电阻上的电压有效值为 $U_R=70.663V$，电感上的电压有效值为 $U_L=70.688V$，交流电压源的电压有效值为 $U=100V$，从这三个电压有效值的大小可以得到 $U=\sqrt{U_R^2+U_L^2}$。

4）停止电路仿真，从电路中移除电压表，从虚拟仪器中选择双踪示波器，将示波器连接到电路中，如图 5-62 所示。分别右击与 A、B 相连的导线，选择 COLOR，将其设置成不同的颜色以利于对波形的观察。启动仿真，双击示波器，调节偏转因素和扫描速度，观察 A、B 两点的波形，如图 5-63 所示。

5）A 点波形是交流电源的电压波形，B 点波形是电感电压波形，从仿真结果可以看到，总电压的幅度大于电感电压的幅度，而电感电压的相位超前于总电压，这一结论与运用相量图对 *RL* 串联电路进行理论分析的结果相符。

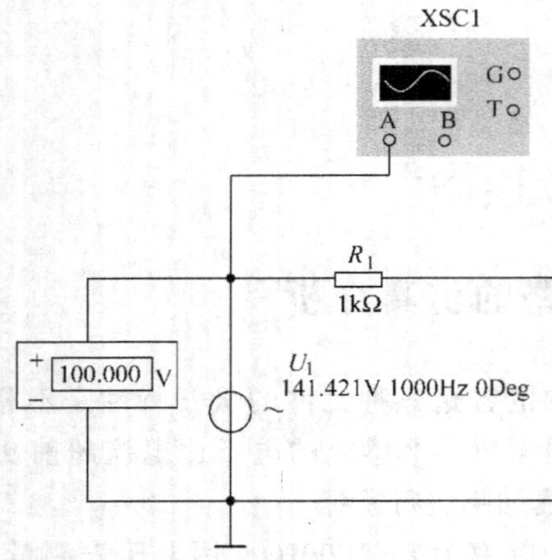

图 5-62

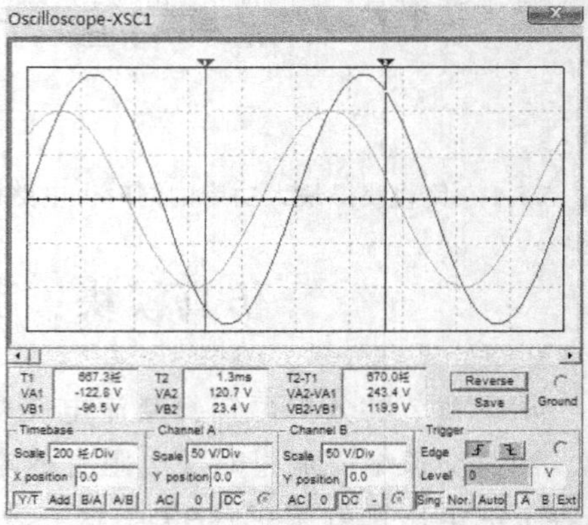

图 5-63

本 章 小 结

1. 正弦信号的基本知识

(1) 正弦信号的定义　电压或电流的大小和方向均随时间按正弦规律变化的交流电。

(2) 正弦信号的三要素　幅值、频率、初相。

(3) 有效值与相位差　有效值：$I=\dfrac{I_m}{\sqrt{2}}\approx 0.707I_m$，$U=\dfrac{U_m}{\sqrt{2}}\approx 0.707U_m$。

相位差：两个同频率的正弦信号的相位之差。

(4) 正弦信号的相量表示

$$i=I_m\sin(\omega t+\varphi)\Leftrightarrow \dot{I}=I\angle\varphi$$
$$u=U_m\sin(\omega t+\varphi)\Leftrightarrow \dot{U}=U\angle\varphi$$

2. 正弦信号作用下的 R、L、C 元件

(1) 纯电阻电路　$\dot{U}_R=R\dot{I}_R\left\langle\begin{array}{l}U_R=RI_R\\ \dot{U}_R \text{ 与 } \dot{I}_R \text{ 同相}\end{array}\right.$　　$P_R=U_RI_R$

(2) 纯电感电路　$\dot{U}_L=\mathrm{j}X_L\dot{I}_L\left\langle\begin{array}{l}U_L=X_LI_L\\ \dot{U}_L \text{ 超前 } \dot{I}_L\ 90°\end{array}\right.$　(其中，$X_L=\omega L=2\pi fL$)

$$P_L=0\qquad Q_L=U_LI_L$$

(3) 纯电容电路　$\dot{U}_C=-\mathrm{j}X_C\dot{I}_C\left\langle\begin{array}{l}U_C=X_CI_C\\ \dot{U}_C \text{ 滞后 } \dot{I}_C\ 90°\end{array}\right.$　$\left(\text{其中，}X_C=\dfrac{1}{\omega C}=\dfrac{1}{2\pi fC}\right)$

$$P_C=0\qquad Q_C=U_CI_C$$

3. RLC 电路

(1) RLC 串联电路　$\dot{U}=\dot{I}Z=\dot{I}\,|Z|\angle\varphi\left\langle\begin{array}{l}U=I\,|Z|\\ \dot{U} \text{ 与 } \dot{I} \text{ 的相位差等于阻抗角}\end{array}\right.$

$$Z = R + \mathrm{j}\omega L + \frac{1}{\mathrm{j}\omega C} = R + \mathrm{j}\left(\omega L - \frac{1}{\omega C}\right) = R + \mathrm{j}(X_L - X_C)$$
$$= R + \mathrm{j}X = |Z|\underline{/\varphi}$$

式中，$|Z| = \sqrt{R^2 + X^2}$；$\varphi = \arctan\frac{X}{R}$。

$P = UI\cos\varphi$　　$|Q| = |Q_L - Q_C| = UI\sin\varphi$　　$S = UI$

在电路中，按元件参数不同，电路具有三种性质：阻性、感性、容性。

阻性：$X_L = X_C$，电压 $\dot{U}$ 与电流 $\dot{I}$ 同相。

感性：$X_L > X_C$，电压 $\dot{U}$ 超前电流 $\dot{I}$。

容性：$X_L < X_C$，电压 $\dot{U}$ 滞后电流 $\dot{I}$。

（2）RLC 并联电路　$\dot{I} = \dot{U}Y = \dot{U}|Y|\underline{/\varphi'}$ $\begin{cases} I = U|Y| \\ \dot{I}\text{ 与 }\dot{U}\text{ 的相位差等于导纳角} \end{cases}$

$$Y = \frac{1}{R} + \frac{1}{\mathrm{j}\omega L} + \frac{1}{-\mathrm{j}\omega C} = G + \mathrm{j}\left(-\frac{1}{\omega L} + \omega C\right) = G + \mathrm{j}(-B_L + B_C)$$
$$= G + \mathrm{j}B = |Y|\underline{/\varphi'}$$

式中，$|Y| = \sqrt{G^2 + B^2}$；$\varphi' = \arctan\frac{B}{G}$。

在电路中，按元件参数不同，电路具有三种性质：阻性、感性、容性。

阻性：$B_C = B_L$，电压 $\dot{U}$ 与电流 $\dot{I}$ 同相。

感性：$B_C < B_L$，电压 $\dot{U}$ 超前电流 $\dot{I}$。

容性：$B_C > B_L$，电压 $\dot{U}$ 滞后电流 $\dot{I}$。

4. 正弦交流电路的分析计算

（1）阻抗与导纳　阻抗　$Z = R + \mathrm{j}X = |Z|\underline{/\varphi}$

导纳　$Y = G + \mathrm{j}(B_C - B_L) = |Y|\underline{/\varphi'}$

阻抗与导纳的相互转换

$$Y = \frac{1}{Z}$$

（2）多阻抗的串联与并联　串联电路　$Z = Z_1 + Z_2 + \cdots + Z_n$　$\dot{U} = \dot{I}Z$

并联电路　$\frac{1}{Z} = \frac{1}{Z_1} + \frac{1}{Z_2} + \cdots + \frac{1}{Z_n}$　　$\dot{U} = \dot{I}Z$

或　$Y = Y_1 + Y_2 + \cdots + Y_n$　　$\dot{I} = \dot{U}Y$

（3）正弦交流电路的分析方法　支路电流法、电源等效变换、网孔分析法、节点电压法、戴维南定理等。

（4）负载获得最大功率的条件

1）共轭匹配：当负载阻抗与电源内阻阻抗为共轭复数时，负载获得最大功率，即

$$R_{\mathrm{L}} = R_{\mathrm{i}} \qquad X_{\mathrm{L}} = -X_{\mathrm{i}}$$

2）模匹配：当负载阻抗等于电源内阻阻抗模时，负载获得最大功率，即

$$R_{\mathrm{L}} = \sqrt{R_{\mathrm{i}}^2 + X_{\mathrm{i}}^2} = |Z_{\mathrm{i}}|$$

习 题 5

5-1 某正弦电压的频率为40Hz，有效值为$10\sqrt{2}$V，在$t=0$时，电压的瞬时值为$10\sqrt{2}$V，且此时刻电压在增加，求该电压的瞬值表达式。

5-2 已知$u=311\sin 100t$V，$i=14.1\sin(100t+80°)$A，试求这两个正弦信号的有效值和平均值。

5-3 已知复数$A_1=(6-\mathrm{j}8)\Omega$，$A_2=(2+\mathrm{j}2)\Omega$，试求两复数的和、差、积、商。

5-4 比较正弦电流$i_1=5\sin 100t$A，$i_2=10\sin(100t+60°)$A的相位差，试将i_1、i_2用对应的相量来表示，求$i=i_1+i_2$的值，并画出相应的相量图。

5-5 在图5-64所示的相量图中，已知$U=100$V、$I_1=5$A、$I_2=3$A，它们的角频率是314rad/s，试写出各正弦量的瞬时值表达式及其相量。

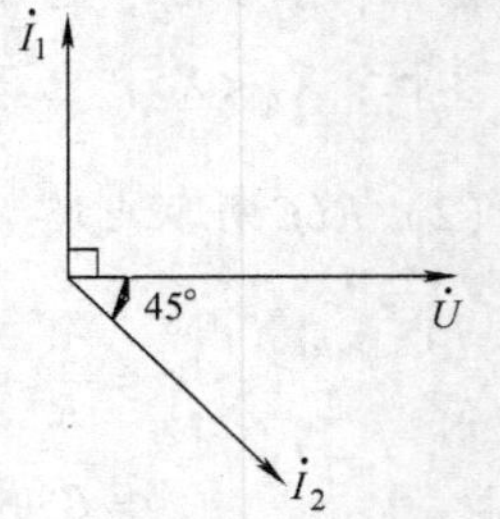

图5-64 习题5-5电路图

5-6 已知频率$f=50$Hz，试求下列各相量对应的正弦量：(1) $\dot{U}=100\angle 30°$V。(2) $\dot{U}=50\angle -45°$V。(3) $\dot{I}=5\angle 60°$A。(4) $\dot{I}=2\angle -90°$A。

5-7 将一$R=20\Omega$的电阻接到$u=50\sqrt{2}\sin(314t+75°)$V的电源上，试求通过电阻的电流$i$及有功功率$P$，并画出相量图。

5-8 将一$L=25$mH的电感接到$u=100\sqrt{2}\sin(100t-45°)$V的电源上，试求通过电感的电流$i$及无功功率$Q$，并画出相量图。

5-9 将一$C=100\mu$F的电容接到正弦交流电源上，已知$i_C=2\sqrt{2}\sin(100t+30°)$A，试求电容两端的电压$u$及无功功率$Q$，并画出相量图。

5-10 对于图5-65所示的电路元件A，在下列情况下，试判断元件A是什么元件？

(1) $u=100\sin(100t-45°)$V，$i=5\sin(100t+45°)$A。

(2) $u=15\sqrt{2}\sin(314t+60°)$V，$i=\sqrt{2}\sin(314t+60°)$A。

(3) $u=10\sin(100t+30°)$V，$i=2\sin(100t-60°)$A。

5-11 图5-66所示电路中，已知$u=10\sqrt{2}\sin(100t-45°)$V，$i=5\sqrt{2}\sin 100t$A，$u_A=5\sin 100t$V，则元件A、B各为什么元件？

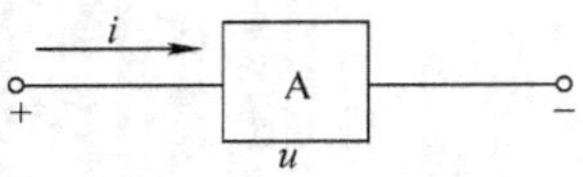

图5-65 习题5-10电路图

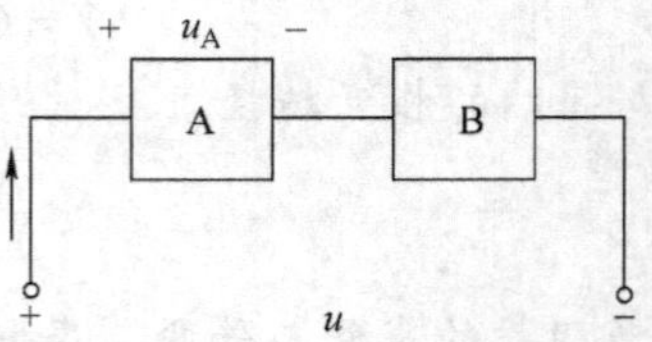

图5-66 习题5-11电路图

5-12 已知荧光灯电路如图5-67所示，已知灯管等效电阻$R_1=100\Omega$，镇流器的电阻和电感分别为$R_2=20\Omega$，$L_2=1$H，电源电压为$\dot{U}=220\angle 0°$V，频率为$f=50$Hz，求电路电流$\dot{I}$、灯管电压$\dot{U}_1$以及镇流器电压$\dot{U}_2$。

5-13 RL串联电路中，已知通过的电流为$i=2\sqrt{2}\sin(100t-60°)$A，$R=20\Omega$，$L=200$mH。求：(1) 电阻上的电压$\dot{U}_R$和电感上的电压$\dot{U}_L$。(2) 电路两端的电压$\dot{U}$。(3) 电路的视在功率$S$、有功功率$P$、无功功率$Q$和功率因数$\cos\varphi$。(4) 画出相量图。

5-14 RLC串联电路中，$R=20\Omega$，$X_L=60\Omega$，$X_C=40\Omega$，接在$u=100\sqrt{2}\sin(100t-60°)$V的正弦电源上。求：(1) 电路的复阻抗$Z$，并判断电路的性质。(2) 电路的总电流$\dot{I}$，电压$\dot{U}_R$、$\dot{U}_L$、$\dot{U}_C$。(3) 电路的视在功率$S$、有功功率$P$、无功功率$Q$和功率因数$\cos\varphi$。(4) 画出电路的相量图。

5-15 图5-68所示RL串联的正弦交流电路中，已知电源电压$u=20\sqrt{2}\sin 100t$V，电流i的有效值$I=4$A，有功功率$P=48$W，求电阻R、电感L各为多少？

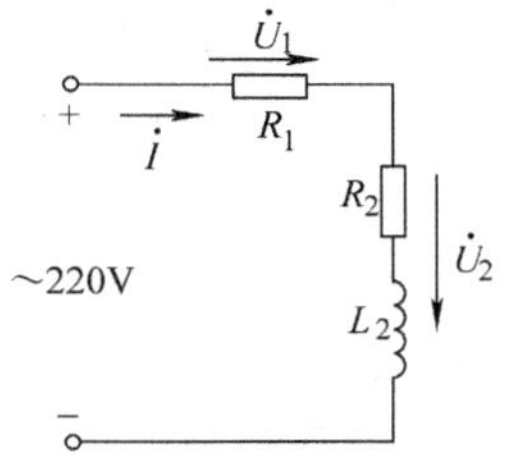

图 5-67　习题 5-12 电路图

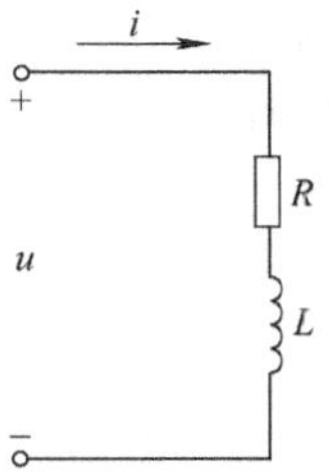

图 5-68　习题 5-15 电路图

5-16　*RL* 串联的正弦交流电路中，已知电阻 $R=100\Omega$，电源频率 $f=50\text{Hz}$，电阻上电压 $\dot{U}_R$ 比电源电压 $\dot{U}$ 滞后 60°，求 L 等于多少？

5-17　图 5-69 所示正弦交流电路中，已知 $\dot{U}=20\angle 45°\text{V}$，$\dot{I}=2\angle 0°\text{A}$，电容电压有效值为 $U_C=10\text{V}$，求阻抗 Z 等于多少？

5-18　图 5-70 所示的正弦交流电路中，已知 $X_L=X_C=R$，安培表 A_1 的读数为 2A，那么 A_2、A_3 的读数为多少？

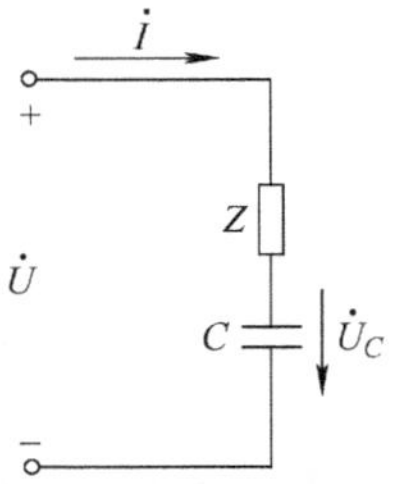

图 5-69　习题 5-17 电路图

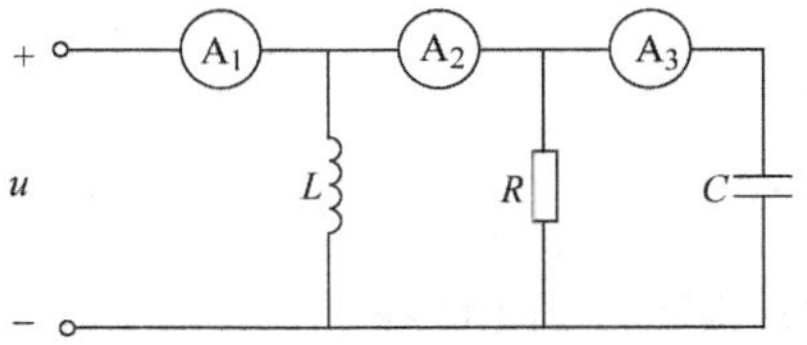

图 5-70　习题 5-18 电路图

5-19　图 5-71 所示电路中，已知 $R=4\Omega$，正弦交流电压 u 的角频率 $\omega=10^5\text{rad/s}$，有效值 $U=10\text{V}$，若电流表的读数为 2A，则试求电容 C 的值。

5-20　*RLC* 并联电路中，$R=20\Omega$，$X_L=40\Omega$，$X_C=25\Omega$，接在 $u=100\sqrt{2}\sin 100t\text{V}$ 的正弦电源上。求：（1）电路的导纳 Y，并判断电路的性质。（2）电路的总电流 $\dot{I}$ 及各支路电流 $\dot{I}_R$、$\dot{I}_L$、$\dot{I}_C$。（3）电路的视在功率 S、有功功率 P、无功功率 Q 和功率因数 $\cos\varphi$。（4）画出电路的相量图。

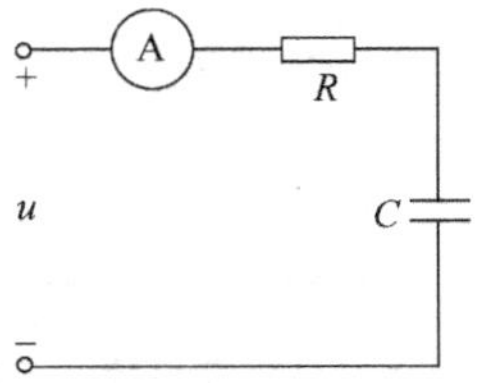

图 5-71　习题 5-19 电路图

5-21　图 5-72 所示的 *RC* 并联正弦交流电路中，已知 $C=5\mu\text{F}$，当电源频率 $f=50\text{Hz}$ 时，电容所在支路电流 i_C 比总电流 i 超前 60°，求电阻 R 的值。

5-22　图 5-73 所示的正弦交流电路中，已知 $X_L=R=2\Omega$，电源电压 u 的有效值 $U=100\text{V}$，$\omega=1000\text{rad/s}$。当开关 S 断开或闭合时，电流表 A 的读数保持不变，试求 C 的值为多少？

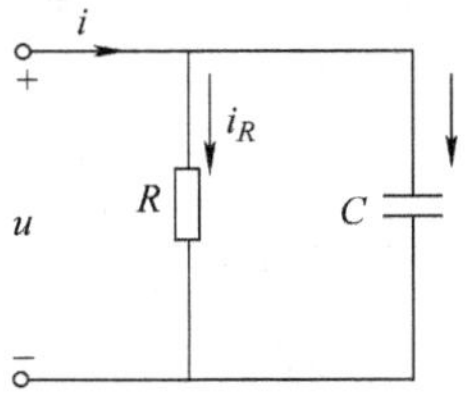

图 5-72　习题 5-21 电路图

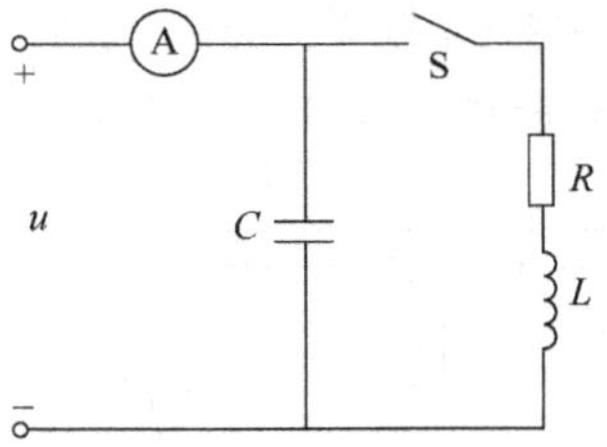

图 5-73　习题 5-22 电路图

5-23　图 5-74 所示的正弦交流电路中，已知电源电压 $\dot{U}=100\angle 0°\text{V}$，$X_L=8\Omega$，$R=6\Omega$，$X_C=4\Omega$，试求电路的有功功率、无功功率、视在功率和功率因数。

5-24　图 5-75 所示电路中，已知 $R_1=5\Omega$，$R_2=X_L$，端口电压为 100V，X_C 的电流为 10A，R_2 的电流为 14.1A，试求 X_C、R_2 和 X_L。

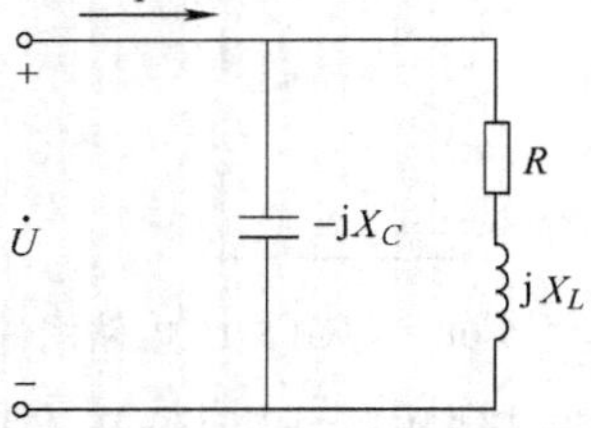

图 5-74　习题 5-23 电路图

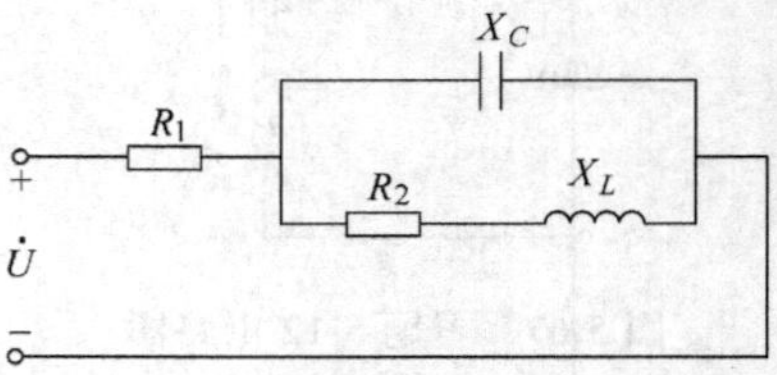

图 5-75　习题 5-24 电路图

5-25　试求图 5-76 所示电路中的等效阻抗 Z 和导纳 Y。

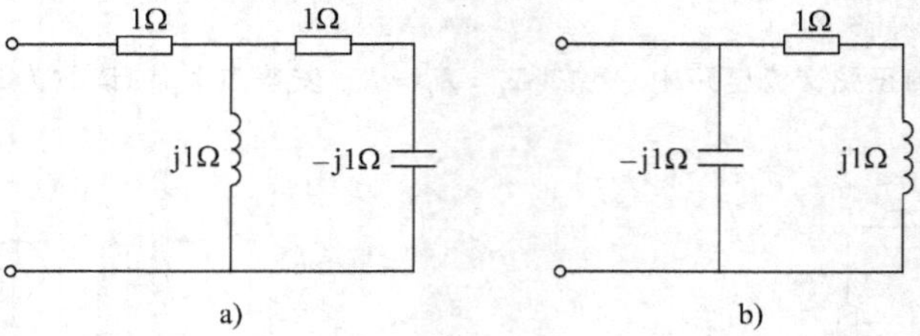

图 5-76　习题 5-25 电路图

5-26　图 5-77 所示电路中，已知 $\dot{U}_R=2\angle 0°\text{V}$，求 $\dot{U}$、$\dot{I}$。

5-27　图 5-78 所示电路中，已知 $Z_1=(3+j4)\Omega$，$Z_2=(8-j6)\Omega$，$Z_3=j10\Omega$，电源电压相量 $\dot{U}=100\angle 0°\text{V}$，求各支路的电流相量，并画出电路的相量图。

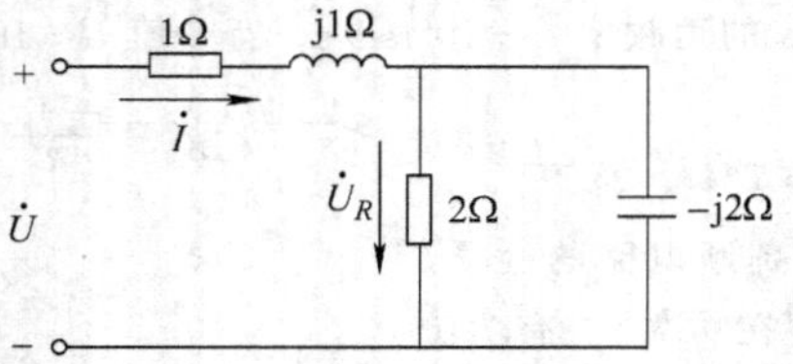

图 5-77　习题 5-26 电路图

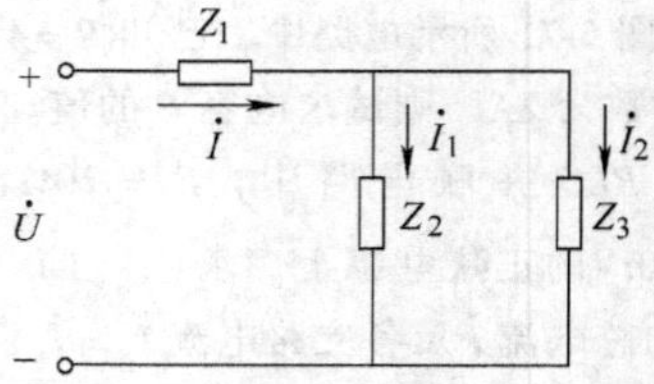

图 5-78　习题 5-27 电路图

5-28　电路如图 5-79 所示，已知 $\dot{U}_S=4\angle 0°\text{V}$，$\dot{I}_S=8\angle 0°\text{A}$，求各支路电流是多少？

5-29　电路如图 5-80 所示，已知 $\dot{U}_1=100\angle 0°\text{V}$，$\dot{U}_2=100\angle 90°\text{V}$，求 Z_L 为多少时能获得最大功率，最大功率是多少？

5-30　一感性负载接在 50Hz、220V 的交流电源上，消耗的功率为 20kW，功率因数为 0.6。欲将电路的功率因数提高到 0.9，应并联多大电容？

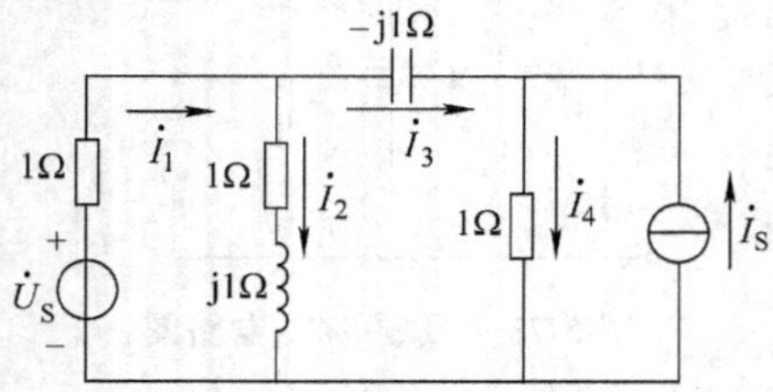

图 5-79　习题 5-28 电路图

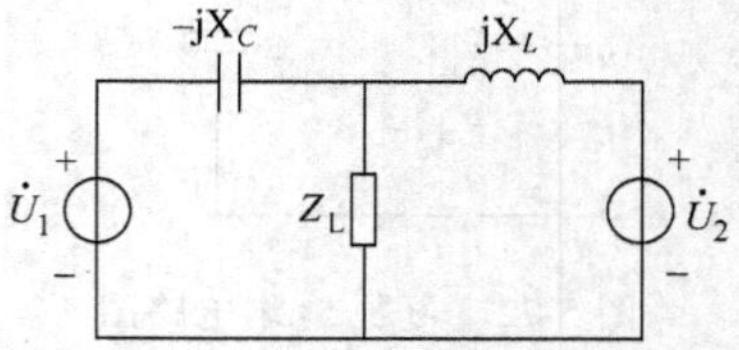

图 5-80　习题 5-29 电路图

第6章　三 相 电 路

任务模块：教学楼配电系统电路

1. 电路组成

教学楼配电系统电路采用三相四线制的供电方式，由三相正弦交流电源 G、三个单相负载 EL_1、EL_2、EL_3 和三相电动机 M 组成，如图 6-1 所示。

2. 工作原理

三相正弦交流电源由三相发电机 G 产生，发电机中有三个对称绕组，产生一组振幅相等、频率相同、相位依次相差 120°的三相正弦交流电。低压供电系统采用频率为 50Hz、电压为 380/220V 的三相四线制供电方式。三相交流发电机绕组的首端 U、V、W 作为引出端，末端接在一起引出中性线。380V 三相交流电源直接接三相电动机 M 作为工矿企业的动力电；三相交流电源由三个 220V 单相交流电源组成，分别供给三组负载，如照明设备和家用电器等。

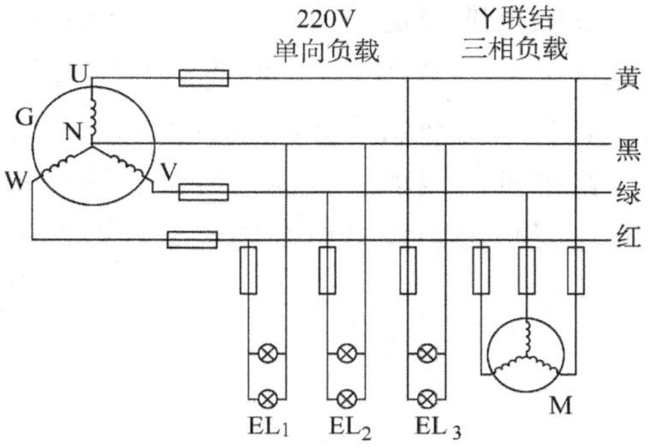

图 6-1　教学楼配电系统电路

3. 应用

三相正弦交流电是目前世界上使用最为广泛的交流电，日常的生活和生产用电几乎都来自电力部门提供的三相交流电源。

【本章内容简介】

本章所要介绍的是三相正弦交流电的基本概念、三相对称电源、三相负载的Y和△联结及三相电路的功率，三相异步电动机的应用及安全用电常识。

【重点与难点】

三相对称电源、三相负载的连接及特性、三相异步电动机的使用方式。

6.1　三相正弦交流电

6.1.1　认识三相正弦交流电

前面讨论的正弦交流电路都是单相电路，它的电源只能提供一个正弦交流电压，称为单相电源，而三相交流电源是指三个频率相同、振幅相等、相位互差 120°的正弦交流电源。

用三相交流电源供电的电路，称为三相正弦交流电路。与单相电路比较，三相正弦交流电路在发电、输电和用电等方面具有显著的优点：

1）在体积相同的情况下，三相发电机比单相发电机输出的功率大。

2）在输电距离、输电电压、输送功率和线路损耗相同的条件下，三相输电比单相输电可节省 25% 的有色金属。

3）单相电路的瞬时功率随时间交变，而三相对称电路的瞬时功率是恒定的，这使得三相电动机具有恒定转矩，比单相电动机的性能好、结构简单，便于维护。

因此，目前国内外供电系统几乎都采用三相电路供电。

6.1.2 三相对称交流电压

三相对称交流电源由三相交流发电机产生，其基本原理如图 6-2a 所示。

发电机的固定部分称为定子，其铁心的内圆周有沟槽，放置结构完全相同的三相绕组为 U_1U_2、V_1V_2、W_1W_2。它们的空间位置互差 120°，分别称为 U 相、V 相、W 相，工程上以黄、绿、红三种颜色标志。引出线的首端用 U_1、V_1、W_1 表示，末端用 U_2、V_2、W_2 表示。

发电机的转动部分称为转子。转子铁心上绕有励磁绕组，当转子被原动机拖动做匀速转动时，三相定子绕组切割转子磁场而产生特定关系的三个正弦交流电压，即

$$\begin{cases} u_U = \sqrt{2}U\sin(\omega t + 0°) \\ u_V = \sqrt{2}U\sin(\omega t - 120°) \\ u_W = \sqrt{2}U\sin(\omega t + 120°) \end{cases} \tag{6-1}$$

式（6-1）具有三个特点：频率相同、幅度相等、相位彼此间相差 120°。满足上述三个条件的三相电压称为三相对称交流电压。能产生这种三相对称交流电压的电源称为三相对称交流电源。三相对称交流电压的波形及相量图如图 6-2b、c 所示。

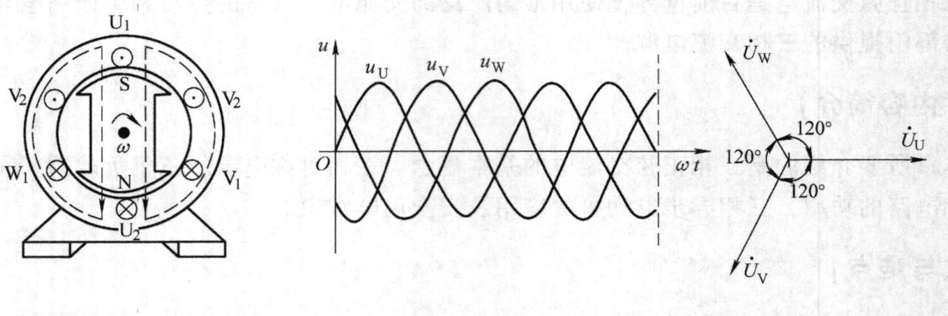

a) 三相交流发电机示意图 b) 三相对称交流电压波形图 c) 三相对称交流电压相量图

图 6-2 三相对称交流电压

三相电压的相量表达式为

$$\begin{cases} \dot{U}_U = U\angle 0° \\ \dot{U}_V = U\angle -120° \\ \dot{U}_W = U\angle 120° \end{cases} \tag{6-2}$$

三相正弦交流电压的特点是三相电压瞬时值或相量之和恒为零，即

$$u_U + u_V + u_W = 0$$
$$\dot{U}_U + \dot{U}_V + \dot{U}_W = 0 \quad (6\text{-}3)$$

三相正弦交流电出现正幅值（或相应零值）的顺序称为相序。相序 U→V→W 称为正序，即 U 相比 V 相超前 120°，V 相比 W 相超前 120°；反之 W、V、U 称为逆序。通常，无特别说明，三相交流电源均指正序。

思考与练习

6-1-1　三相对称电源相序为 U→V→W，已知 $\dot{U}_W = 220\angle -150°$，求 $\dot{U}_U$、$\dot{U}_V$，并画出相量图。

6-1-2　有人说，任何三相电路中，三相电压相量之和恒为零，即 $\dot{U}_U + \dot{U}_V + \dot{U}_W = 0$，你认为对吗？为什么？

6.2　三相电路

6.2.1　三相电源的连接

三相电源有两种连接方式，即星形（Y）联结和三角形（△）联结。

1. 三相电源的星形（Y）联结

将三相电源三个末端接在一起，从首端引出三根导线的连接方式称为星形联结，如图 6-3 所示。末端的连接点称为中点或零点，用 N 表示，从中点引出的导线称为中性线或零线，若中性线接地，则该线又称为地线。从首端 U_1、V_1、W_1 引出的三根导线称为相线或端线，俗称火线。这样，由三根相线和一根中性线构成的三相电路称为三相四线制；如果不接中性线，那么只有三根相线的三相电路称为三相三线制。

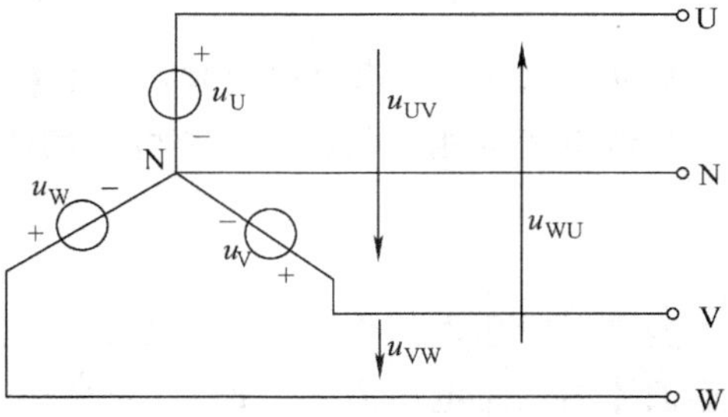

图 6-3　三相四线制电源的星形联结

两根相线之间的电压称为线电压，如 u_{UV}、u_{VW}、u_{WU}；相线与中性线之间的电压称为相电压，如 u_{UN}、u_{VN}、u_{WN}，有时也可简写为 u_U、u_V、u_W。因此，电源为星形联结时，相电压和线电压的瞬时关系为

$$u_{UV} = u_U - u_V$$
$$u_{VW} = u_V - u_W$$
$$u_{WU} = u_W - u_U$$

对于三相对称电源，相电压和线电压的相量关系为

$$\dot{U}_{UV} = \dot{U}_U - \dot{U}_V = \sqrt{3}\dot{U}_U \angle 30°$$
$$\dot{U}_{VW} = \dot{U}_V - \dot{U}_W = \sqrt{3}\dot{U}_V \angle 30° \quad (6\text{-}4)$$
$$\dot{U}_{WU} = \dot{U}_W - \dot{U}_U = \sqrt{3}\dot{U}_W \angle 30°$$

三相电源各电压相量之间的关系如图 6-4 所示。

显然，当三个相电压对称时，三个线电压也对称。由相量图可知它们的大小关系为 U_L

$=\sqrt{3}U_P$，且相位上线电压比相应的相电压超前30°，即 $\dot{U}_L=\sqrt{3}\dot{U}_P\angle 30°$。

在我国低压配电系统中，规定相电压为 $U_P=220V$，线电压为 $U_L=380V$。

例 6-1 星形联结的三相对称电源中，已知 $u_{VW}=380\sin(\omega t-90°)V$，试写出 u_{WU}、u_{UV}、u_U、u_V、u_W 的表达式。

解： $u_{WU}=380\sin(\omega t-210°)V$　　$u_{UV}=380\sin(\omega t+30°)V$

$u_U=220\sin(\omega t+0°)V$　　$u_V=220\sin(\omega t-120°)V$

$u_W=220\sin(\omega t+120°)V$

2. 三相电源的三角形（△）联结

将三相电源的首端与末端依次连成一个闭合回路，再从两两连接点引出端线，这种连接方式称为三角形联结，如图6-5所示。

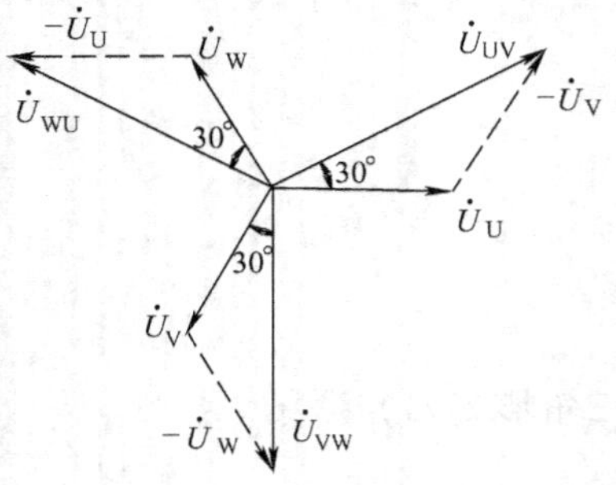

图6-4 三相电源各电压相量图

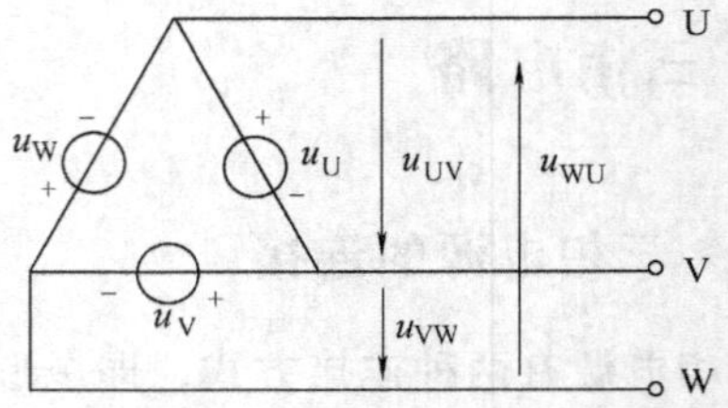

图6-5 三相电源的三角形联结

显然，从图6-5中可以得到三相对称电源作三角形联结时，线电压和相电压的有效值相等，且线电压的相位与相应的相电压相位也相同，其关系式为

$$\dot{U}_L=\dot{U}_P$$

$$U_L=U_P$$

当三相对称电源作三角形联结时，三个电源形成一个闭合回路，只要连接正确，电源三角形回路内的总电压为零，即 $\dot{U}_U+\dot{U}_V+\dot{U}_W=0$，这样就能保证闭合回路内不会产生环流。若接错（例如某一相接反），使电源三角形回路内的总电压不为零，由于三相电源的内阻抗很小，则在回路内就形成很大的环流，将会烧坏三相电源设备，在大容量的三相交流发电机中很少采用三角形联结。

6.2.2 三相负载的连接

三相负载的连接方式也有两种——星形联结和三角形联结。

1. 三相负载的星形联结

负载星形联结的三相四线制电路如图6-6a所示，三相负载的阻抗为 Z_U、Z_V、Z_W，若 $Z_U=Z_V=Z_W=Z_P$，则称为三相对称负载。流经各相负载的电流 $i_{UN'}$、$i_{VN'}$ 和 $i_{WN'}$ 称为相电流，其有效值用 I_P 表示；流经各端线的电流 i_U、i_V 和 i_W 称为线电流，其有效值用 I_L 表示；流经中性线的电流 $i_{N'N}$ 称为中性线（或零线）电流，也可用 i_N 表示。

在图6-6a所示的电压和电流参考方向下，负载星形联结时（忽略导线阻抗），电路具有如下特点：

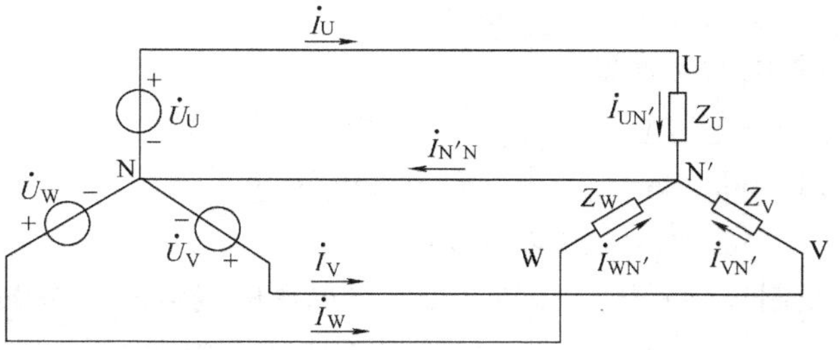

a) 电路图

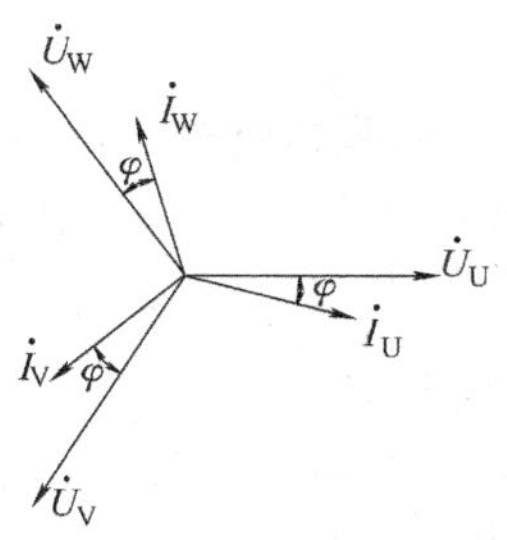

b) 电压、电流的相量图

图 6-6 负载星形联结的三相四线制电路

1）各相负载承受的是对称电源的相电压，即

$$\dot{U}_{UN'}=\dot{U}_U \quad \dot{U}_{VN'}=\dot{U}_V \quad \dot{U}_{WN'}=\dot{U}_W$$

可见，线电压是相电压的$\sqrt{3}$倍，即 $U_L=\sqrt{3}U_P$，且线电压超前于相应的相电压 30°。

2）线电流等于相电流，即

$$\dot{I}_U=\dot{I}_{UN'} \quad \dot{I}_V=\dot{I}_{VN'} \quad \dot{I}_W=\dot{I}_{WN'}$$

三相四线制电路中各相电流可分成三个单相电路分别计算，即

$$\dot{I}_U=\frac{\dot{U}_U}{Z_U} \qquad \dot{I}_V=\frac{\dot{U}_V}{Z_V} \qquad \dot{I}_W=\frac{\dot{U}_W}{Z_W}$$

若三相负载对称，即 $Z_U=Z_V=Z_W=Z_P$，则相电流（或线电流）也是对称，其电压、电流的相量图如图 6-6b 所示。显然，在对称情况下三相电路的计算可归结到一相来计算，即

$$I_L=I_P=\frac{U_P}{|Z|}$$

3）根据 KCL，中性线电流等于各相（线）电流的相量和，即

$$\dot{I}_N=\dot{I}_U+\dot{I}_V+\dot{I}_W$$

若三相负载对称，则各相电流也对称，使得中性线电流等于零，即

$$\dot{I}_N=\dot{I}_U+\dot{I}_V+\dot{I}_W=0$$

由于中性线电流等于零，有无中性线并不影响电路，去掉中性线，电路成为三相三线制。生产上最常用的三相电动机就是以三相三线制供电的。

值得注意的是：星形联结的不对称三相电路必须要有中性线，中性线的作用在于保证负载的相电压仍然对称，即都等于额定电压 220V。另外，规定中性线内不能接入熔断器或刀开关，而且还要经常定期检查、维修，以防事故发生。

例 6-2 图 6-6 所示的三相四线制电路中，若三相对称负载 $Z=(6+j8)\Omega$，电源线电压有效值为 380V，求负载电压、线电流、相电流和中性线电流。

解：已知 $U_L=380V$，则 $U_P=\frac{U_L}{\sqrt{3}}=\frac{380}{\sqrt{3}}V=220V$

设 $\dot{U}_U=220\underline{/0°}V$，则 U 相电流为

$$\dot{I}_{UN'}=\frac{\dot{U}_U}{Z}=\frac{220\underline{/0°}}{6+j8}A=\frac{220\underline{/0°}}{10\underline{/53.1°}}A=22\underline{/-53.1°}A$$

因为负载是星形联结，所以线电流等于相电流，即

$$\dot{I}_U = \dot{I}_{UN'} = 22\angle -53.1^\circ A$$

而 V、W 两相电流、电压可根据对称性推得

$$\dot{I}_V = \dot{I}_{VN'} = 22\angle -173.1^\circ A \qquad \dot{U}_V = 220\angle -120^\circ V$$

$$\dot{I}_W = \dot{I}_{WN'} = 22\angle 66.9^\circ A \qquad \dot{U}_W = 220\angle 120^\circ V$$

中性线电流为 $\dot{I}_N = \dot{I}_U + \dot{I}_V + \dot{I}_W = 0A$

例 6-3 三相负载作三相四线制星形联结，已知三相对称电源的线电压为 380V，三相负载 $Z_U = (8 + j6)\Omega$，$Z_V = (8 + j6)\Omega$，$Z_W = 10\Omega$。求：(1) 各相电流及中性线电流。(2) 若 U 相负载断开，求负载各相电流。(3) 若 U 相负载短路，再求负载各相电流。

解：(1) 各相负载的相电压等于电源相电压，且对称。

设 $\dot{U}_U = 220\angle 0^\circ V$，得各相电流为

$$\dot{I}_U = \frac{\dot{U}_U}{Z_U} = \frac{220\angle 0^\circ}{10\angle 36.9^\circ} A = 22\angle -36.9^\circ A$$

$$\dot{I}_V = \frac{\dot{U}_V}{Z_V} = \frac{220\angle -120^\circ}{10\angle 36.9^\circ} A = 22\angle -156.9^\circ A$$

$$\dot{I}_W = \frac{\dot{U}_W}{Z_W} = \frac{220\angle 120^\circ}{10} A = 22\angle 120^\circ A$$

中性线电流为 $\dot{I}_N = \dot{I}_U + \dot{I}_V + \dot{I}_W = 13.80\angle -168.33^\circ A$

(2) 若 U 相负载断开，如图 6-7a 所示，则由于三相四线制中性线的作用，使得 V 相、W 相的相电压为额定电压 220V，仍能正常工作，仍有

$$\dot{I}_V = \frac{\dot{U}_V}{Z_V} = \frac{220\angle -120^\circ}{10\angle 36.9^\circ} A = 22\angle -156.9^\circ A$$

$$\dot{I}_W = \frac{\dot{U}_W}{Z_W} = \frac{220\angle 120^\circ}{10} A = 22\angle 120^\circ A$$

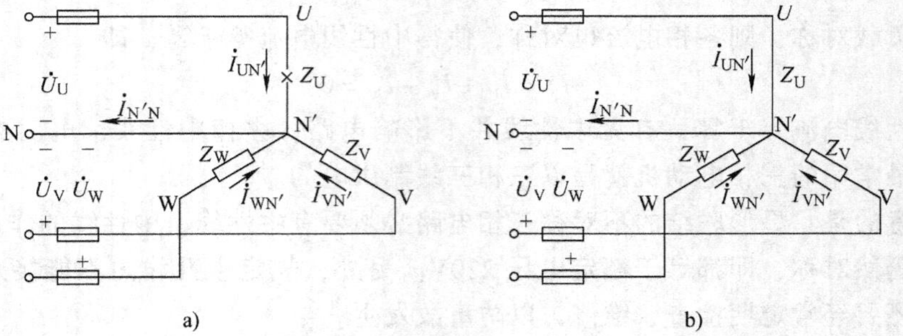

图 6-7 例 6-3 电路图

(3) 若 U 相负载短路，如图 6-7b 所示，则 U 相上的熔断器将迅速熔断而起到短路保护作用，使得 V 相、W 相承受的相电压仍然为额定电压 220V，仍能正常工作，且有

$$\dot{I}_V = 22\angle -156.9^\circ A \qquad \dot{I}_W = 22\angle 120^\circ A$$

结论：不论 U 相是断路还是短路，由于中性线的作用，其余两相仍能正常工作。

2. 三相负载的三角形联结

三相负载三角形联结的原理图如图6-8a所示，图中每相负载的阻抗为 Z_{UV}、Z_{VW}、Z_{WU}，如果 $Z_{UV}=Z_{VW}=Z_{WU}=Z$，那么就称为三相对称负载。

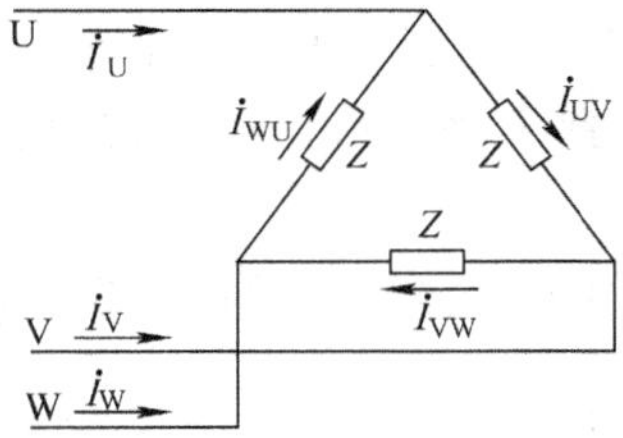

a) 三相负载三角形联结的原理图

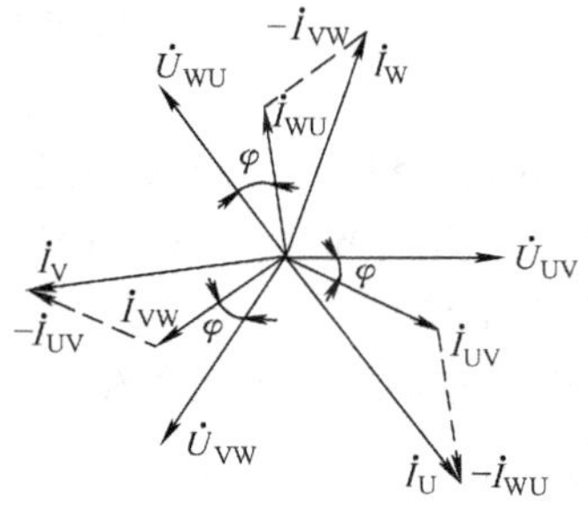

b) 负载对称时的电压、电流相量图

图6-8　三相负载三角形联结的原理图和相量图

在图6-8a所示的电压和电流参考方向下，负载三角形联结时，电路具有如下特点：

1）各相负载承受的是对称电源线电压。由于三相电源总是对称，所以不论负载对称与否，其相电压总是对称的，即

$$U_{UV}=U_{VW}=U_{WU}=U_L=U_P$$

2）各相负载的相电流分别为

$$\dot{I}_{UV}=\frac{\dot{U}_{UV}}{Z_{UV}}\quad \dot{I}_{VW}=\frac{\dot{U}_{VW}}{Z_{VW}}\quad \dot{I}_{WU}=\frac{\dot{U}_{WU}}{Z_{WU}}$$

当负载对称时，则有

$$\dot{I}_{UV}=\frac{\dot{U}_{UV}}{Z_{UV}}=\frac{\dot{U}_{UV}}{Z}$$

$$\dot{I}_{VW}=\frac{\dot{U}_{VW}}{Z_{VW}}=\frac{\dot{U}_{UV}\angle -120^\circ}{Z}=\dot{I}_{UV}\angle -120^\circ$$

$$\dot{I}_{WU}=\frac{\dot{U}_{WU}}{Z_{WU}}=\frac{\dot{U}_{UV}\angle 120^\circ}{Z}=\dot{I}_{UV}\angle 120^\circ$$

可见，当负载对称时，各相电流也对称。显然，这时电路计算也可归结到一相来进行，即

$$I_{UV}=I_{VW}=I_{WU}=I_P=\frac{U_P}{|Z|}$$

3）各线电流由两相邻相电流决定。应用KCL计算各相线电流，有

$$\dot{I}_U=\dot{I}_{UV}-\dot{I}_{WU}$$

$$\dot{I}_V=\dot{I}_{VW}-\dot{I}_{UV}$$

$$\dot{I}_W=\dot{I}_{WU}-\dot{I}_{VW}$$

根据对称相电流画出各线电流相量图如图6-8b所示。由相量图可知：负载线电流的有

效值为相电流的$\sqrt{3}$倍，且线电流的相位滞后相应的相电流 30°。线电流与相电流的关系为

$$\begin{cases} \dot{I}_U = \sqrt{3}\dot{I}_{UV}\angle -30° \\ \dot{I}_V = \sqrt{3}\dot{I}_{VW}\angle -30° \\ \dot{I}_W = \sqrt{3}\dot{I}_{WU}\angle -30° \end{cases} \quad (6\text{-}5)$$

显然 $$I_L = \sqrt{3}I_P$$

由上述可知，负载三角形联结时，相电压对称。若某一相负载断开，则并不影响其他两相的工作。如 UV 相负载断开时，VW 和 WU 相负载承受的电压仍为线电压，接在该两相上的单相负载仍能正常工作。

例 6-4 某三相对称负载，每相负载为 $Z = 5\angle 45°\Omega$ 接成三角形，接在线电压为 380V 的电源上，求 $\dot{I}_U$、$\dot{I}_V$、$\dot{I}_W$。

解：设 $\dot{U}_{UV} = 380\angle 0°\text{V}$，则相电流为

$$\dot{I}_{UV} = \frac{\dot{U}_{UV}}{Z} = \frac{380\angle 0°}{5\angle 45°}\text{A} = 76\angle -45°\text{A}$$

线电流为 $$\dot{I}_U = \sqrt{3}\dot{I}_{UV}\angle -30°\text{A} = 131.63\angle -75°\text{A}$$

由对称性可推得 $$\dot{I}_V = 131.63\angle 165°\text{A} \quad \dot{I}_W = 131.63\angle 45°\text{A}$$

6.2.3 三相电路的功率

不论负载是星形联结还是三角形联结，三相电路中总的有功功率等于各相有功功率之和，即

$$P = P_U + P_V + P_W = U_U I_U \cos\varphi_U + U_V I_V \cos\varphi_V + U_W I_W \cos\varphi_W \quad (6\text{-}6)$$

当三相负载对称时，不论负载是星形联结还是三角形联结，各相的有功功率相等。所以三相总的有功功率为

$$P = 3P_P = 3U_P I_P \cos\varphi \quad (6\text{-}7)$$

式中，φ 角是相电压 U_P 与相电流 I_P 之间的相位差，也称为功率因数角。

由于对称负载作星形联结时，有 $U_L = \sqrt{3}U_P$，$I_L = I_P$；而作三角形联结时，有 $U_L = U_P$，$I_L = \sqrt{3}I_P$，皆有 $U_L I_L = \sqrt{3}U_P I_P$，则式（6-7）可表示为

$$P = \sqrt{3}U_L I_L \cos\varphi \quad (6\text{-}8)$$

注意：式（6-8）中 φ 角仍为相电压 U_P 与相电流 I_P 之间的相位差，即各相负载的阻抗角。它由每相负载的阻抗决定，而与负载的连接方式无关。

同理可得出三相对称电路的总无功功率及总视在功率为

$$Q = 3U_P I_P \sin\varphi = \sqrt{3}U_L I_L \sin\varphi \quad (6\text{-}9)$$

$$S = \sqrt{P^2 + Q^2} = \sqrt{3}U_L I_L = 3U_P I_P \quad (6\text{-}10)$$

三相对称电路的功率因数定义为

$$\lambda = \frac{P}{S} = \frac{\sqrt{3}U_L I_L \cos\varphi}{\sqrt{3}U_L I_L} = \cos\varphi \quad (6\text{-}11)$$

三相电路的瞬时功率为

$$p = p_U + p_V + p_W$$

在三相对称电路中，可以证明：$p = 3U_P I_P \cos\varphi = P =$ 常数。

对称三相电路的特点：瞬时功率就等于有功功率且为常数。

例 6-5 某一办公楼有 220V、30W 的荧光灯 660 个，荧光灯功率因数 $\lambda = \cos\varphi = 0.5$，怎样接入线电压为 380V 的三相四线制电路？求负载对称情况下的线电流？

解： 660 个荧光灯应均匀分配到三相中，每相有 220 个荧光灯并联，等效为一个阻抗 Z（Z 可表示为 $R + jX$），视为按图 6-6 所示接成负载星形联结的三相四线制电路。

对称负载为星形联结时，有 $I_P = I_L$。

当荧光灯负载对称时，每相电流为

$$I_P = 220 \times \frac{P_P}{U_P \cos\varphi} = 220 \times \frac{30}{220 \times 0.5}\text{A} = 60\text{A}$$

线电流为 $$I_P = I_L = 60\text{A}$$

例 6-6 有三相对称负载，每相负载 $Z = (6 + j8)\Omega$，接在线电压为 380V 的三相对称电源上，分别计算下面两种情况下负载的有功功率，并比较其结果：（1）负载为三角形联结。（2）负载为星形联结。

解：（1）负载为三角形联结时，每相负载的阻抗 $|Z| = \sqrt{R^2 + X^2} = 10\Omega$

相电压 $$U_P = U_L = 380\text{V}$$

相电流 $$I_P = \frac{U_P}{|Z|} = \frac{380}{10}\text{A} = 38\text{A}$$

线电流 $$I_L = \sqrt{3} I_P = \sqrt{3} \times 38\text{A} = 66\text{A}$$

功率因数 $$\lambda = \cos\varphi = \frac{R}{|Z|} = \frac{6}{10} = 0.6$$

有功功率 $$P_\triangle = \sqrt{3} U_L I_L \cos\varphi = \sqrt{3} \times 380 \times 66 \times 0.6\text{W} = 26\text{kW}$$

（2）负载为星形联结时，有

相电压 $$U_P = \frac{U_L}{\sqrt{3}} = \frac{380}{\sqrt{3}}\text{V} = 220\text{V}$$

相电流 $$I_P = I_L = \frac{U_P}{|Z|} = \frac{220}{10}\text{A} = 22\text{A}$$

有功功率 $$P_Y = \sqrt{3} U_L I_L \cos\varphi = \sqrt{3} \times 380 \times 22 \times 0.6\text{W} = 8.7\text{kW}$$

比较两种结果： $$P_\triangle = 3P_Y$$

该例说明：要使负载正常工作，负载的接法必须正确，若正常工作是星形联结而误接成三角形联结，则将因每相负载承受过高电压，导致功率过大而烧毁；若正常工作是三角形联结而误接成星形联结，则因功率过小而不能正常工作。

同理可得 $$Q_\triangle \approx 3Q_Y \qquad S_\triangle \approx 3S_Y$$

思考与练习

6-2-1 何谓相电压、相电流？何谓线电压、线电流？何谓三相对称电源、三相对称电路？

6-2-2 三相对称电源星形联结时，线电压与相电压之间有什么关系？

6-2-3 在低压配电系统中，为什么要有中性线？中性线的作用是什么？

6-2-4 三相对称负载在电源线电压为380V时，作Y联结。当电源线电压为220V时，作△联结，试问该负载的额定相电压是多少？

6-2-5 功率因数角是相电压与相电流的相位差，你认为对吗？

6.3 三相异步电动机

6.3.1 三相异步电动机的结构及工作原理

1. 结构

三相异步电动机由定子和转子两部分构成，如图6-9所示。

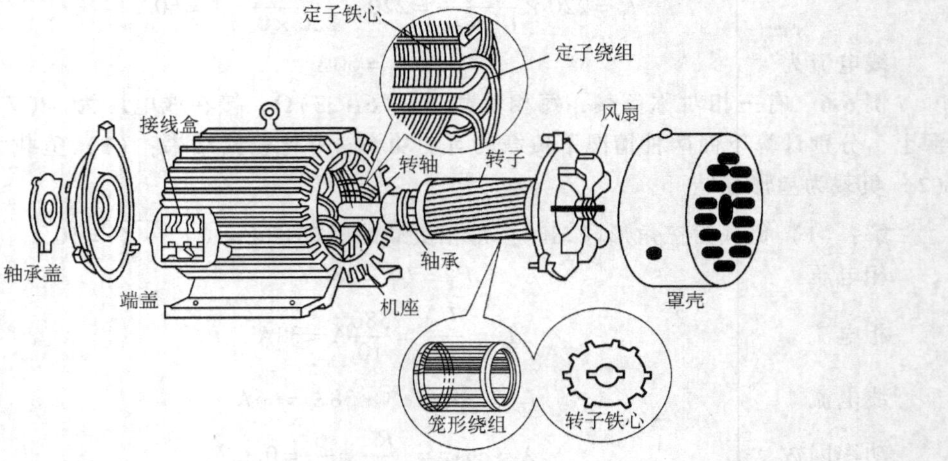

图6-9 三相异步电动机的结构

1）定子部分。定子的作用是产生旋转磁场，它由外壳、铁心、绕组组成。定子绕组是电动机的电路部分，三相绕组对称，绕组的六个出线端都引至接线盒上，首端标为U_1、V_1、W_1，末端标为U_2、V_2、W_2，可接成星形或三角形，如图6-10所示。

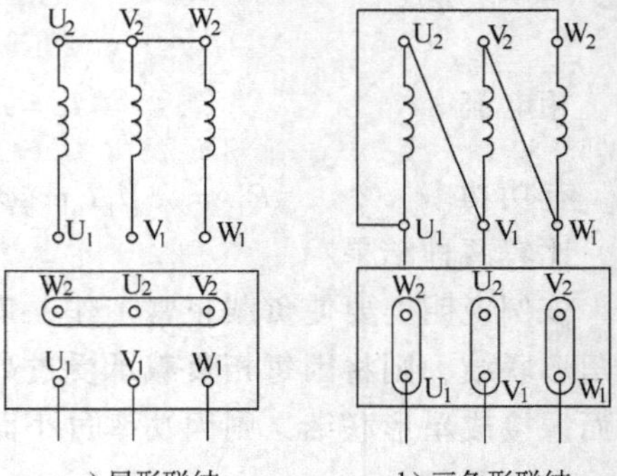

a) 星形联结 b) 三角形联结

图6-10 定子绕组的接法

2）转子是三相异步电动机的转动部分，也是磁路的一部分，由转子铁心和转子绕组组成，转子绕组分为绕线式和笼式两种，转子的作用是输出机械转矩。

3）其他部分包括端盖、风扇和气隙等。

2. 三相异步电动机的工作原理

（1）旋转磁场的产生 在三相定子绕组中接入式（6-12）表示的三相交流电i_U、i_V、i_W：

$$\begin{aligned} i_U &= \sin\omega t \\ i_V &= \sin(\omega t - 120°) \\ i_W &= \sin(\omega t + 120°) \end{aligned} \tag{6-12}$$

则在定子绕组中形成的合成磁场是一个随时间变化的旋转磁场。当电流变化一个周期时，磁场也旋转一周。旋转磁场的转速 n_1、定子电流频率 f 及磁极对数之间的关系为

$$n_1 = \frac{60f}{p}$$

（2）三相异步电动机的转动原理　当三相交流电通入三相定子绕组后，形成一个旋转磁场，旋转磁场的磁力线被转子导体切割，转子中产生感应电动势。由于转子绕组是闭合的，所以转子导体中就有电流流过。流过电流的转子导体在磁场中受电磁力作用，对转轴形成电磁转矩。

所谓“异步”是指三相电动机的转子速度 n 始终不会达到旋转磁场的转速 n_1，只有这样才能产生相对运动而切割磁力线。因此三相异步电动机工作的必要条件为

$$n \neq n_1 \quad 且 \quad n < n_1$$

（3）转差率　即 n_1 与 n 之差与 n_1 之比称为转差率 s，即 $s = \frac{n_1 - n}{n_1}$。

3. 三相异步电动机的铭牌

要正确使用、维护电动机，必须要看懂铭牌的含意，图 6-11 所示是 Y2—200L—4 型电动机的铭牌。

三相异步电动机			
型号 Y2—200L—4	额定功率 30kW	额定电流 57.63A	额定电压 380V
频率 50Hz	接法 △	额定转速 1470r/min	防护等级 IP54
工作制 SI	绝缘等级 F	功率因数 0.82	效率 0.84
× × 电机厂			

图 6-11　Y2—200L—4 型电动机的铭牌

铭牌上的主要参数有：型号、额定功率、额定电流、额定电压、频率、接法（Y或△）、额定转速、绝缘等级和防护等级等。

6.3.2　三相异步电动机的运行与控制

1. 三相异步电动机的起动

三相异步电动机从接入电网开始转动，到转速达额定转速这一段过程，称为起动。在起动的瞬间，转子绕组电流通常可达到额定值的 4 ~ 7 倍，导致因电压损失过大而使电动机无法正常起动，发热导致绝缘老化、保护装置误动作，造成电网电压波动影响其他设备正常使用。因此在保证一定大小起动转矩的前提下，要限制起动电流在允许的范围内，必须根据具体情况选择不同的起动方法。笼型异步电动机的起动采用直接起动或减压起动两种方式。

（1）直接起动　直接起动是利用刀开关或接触器将电动机直接接到额定电压上的起动方式，又叫全压起动。这种起动方法简单，成本低，所需设备少，但起动电流大，将使线路电压下降，影响负载正常工作。

（2）减压起动　起动过程中降低电压，起动结束后，恢复到额定值。该法能降低起动

电流，但起动转矩也减小很多，一般只适用于空载或轻载起动。常见的有以下几种：

1）定子串电阻或电抗器减压起动，如图 6-12 所示。

起动时，定子串电阻或电抗器，减少起动电压和电流。它的优点是不受定子绕组接法形式的限制，而缺点是设备体积大，能耗大，已较少采用。

2）Y-△减压起动，如图 6-13 所示。

对正常运行是△联结的电动机，起动时改为Y联结，可将起动电压降为正常运行时的 $1/\sqrt{3}$倍。当转速升高到接近额定值时再换接成三角形。

对于有些不能采用Y-△换接起动方式的三相异步电动机，可采用定子串自耦变压器减压起动的方式，如图 6-14 所示。自耦变压器减压起动是利用三相自耦变压器将电动机在起动过程中的端电压降低，以达到减小起动电流的目的。自耦变压器备有 40%、60%、80% 等多种抽头，使用时要根据电动机起动转矩的具体要求进行选择。

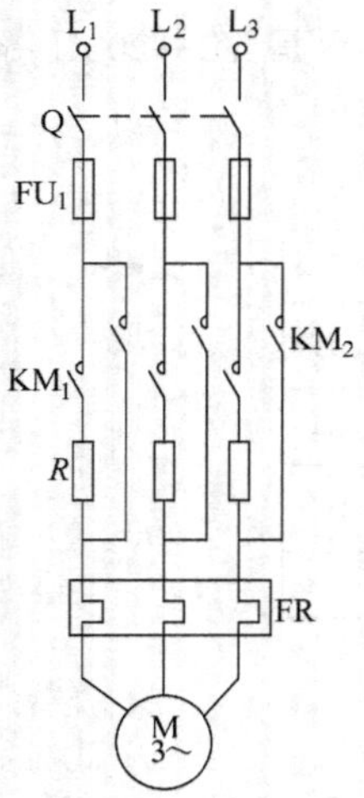

图 6-12 串电阻减压起动

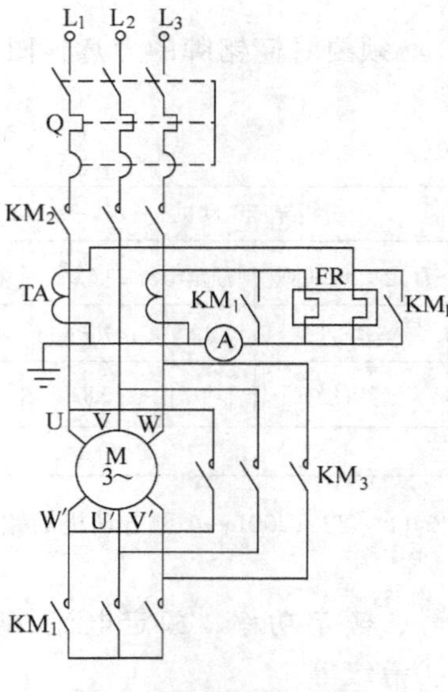

图 6-13 Y-△减压起动

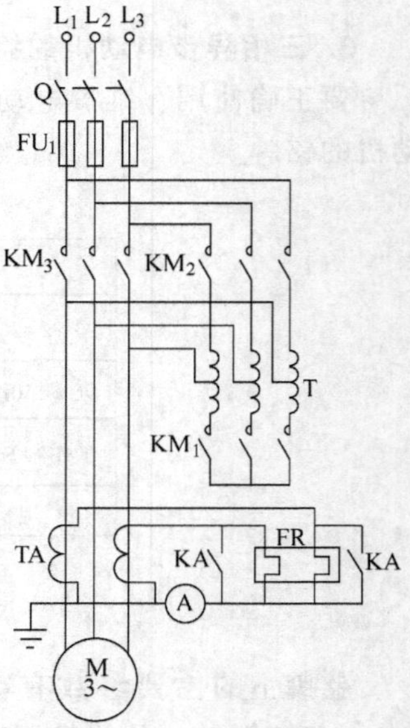

图 6-14 自耦变压器减压起动

2. 三相异步电动机的制动

由于电动机转动部分的惯性作用，断电后电动机并不会立即停止，而需要继续运行一段时间，这不利于安全用电和提高生产效率，因此应该采取一些特殊的方法使电动机尽快停稳。

电动机的制动是指电动机受到与转子运动方向相反的转矩作用，从而迅速降低转速，最后停止转动的过程。常用的制动方法有能耗制动和反接制动。

（1）能耗制动 能耗制动的接线图和原理图如图 6-15 所示。能耗制动原理是：制动时断开 KM_1，同时迅速将 KM_2 接通，桥式整流器产生直流电源接入定子绕组中。断交送直产生恒定磁场，转子切割恒定磁场产生感应电流，转子受力方向与原转速方向相反，产生制动转矩。由于该制动方法是将转子的动能转换成电能消耗在转子绕组的电阻上，故称为能耗制动。能耗制动的特点是制动准确、平稳，但需要额外的直流电源。

（2）反接制动　这种制动方式是在电动机停车时，将与电动机相连的三相电源中的任意两相对调，使作用在转子上的电磁转矩与电动机转子的运动方向相反，起到制动作用，如图 6-16 所示。当转速接近零时，利用某种控制电器将电源自动切断，使电动机停转。如果不能及时切断电源，就会使电动机反转。另外，必须在定子电路中接入限流电阻。

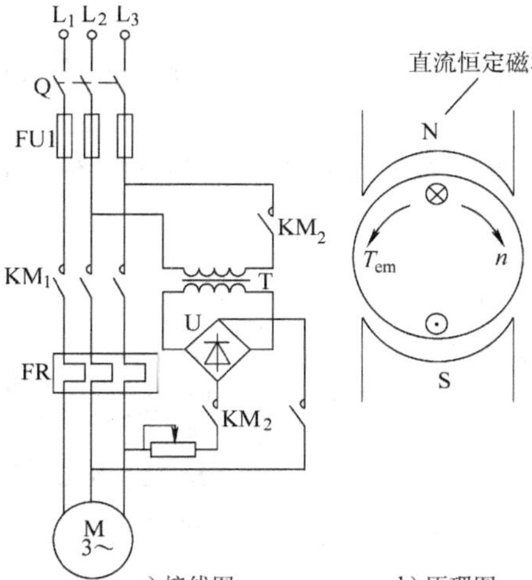

a) 接线图　　b) 原理图

图 6-15　能耗制动的接线图和原理图

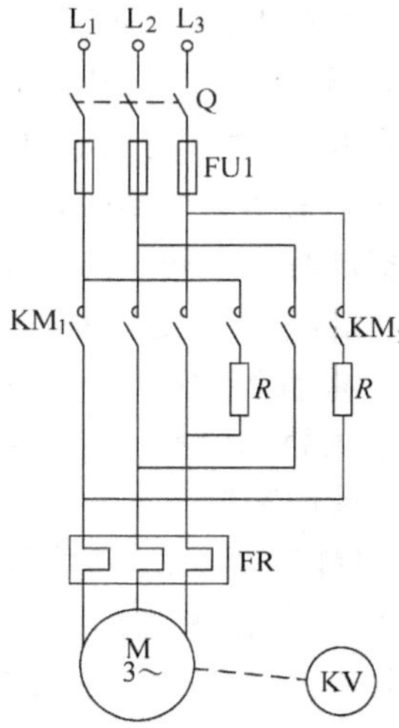

图 6-16　电源两相反接制动

3. 三相异步电动机的调速

电动机的调速是指在保持电动机电磁转矩一定的前提下，改变电动机的转动速度，以满足生产过程的需要。三相异步电动机的转速 $n = n_1(1-s) = \frac{60f_1}{p}(1-s)$。可见三相异步电动机的调速可通过改变磁极对数 p、改变电源频率 f_1 以及改变转差率 s 来实现。

（1）变极调速　如图 6-17 所示，通过改变电动机定子绕组的接线，改变电动机的磁极对数，从而达到调速的目的。用这种方法调速，不能连续、平滑地调节电动机的转速。但是稳定性较好，特别是低速起动转矩大。

（2）变频调速　变频调速是目前生产过程中使用最广泛的一种调速方法，如图 6-18 所示。变频调速主要是通过晶闸管整流器和晶闸管逆变器组成的变频器，把频率为 50Hz 的三相交流电源变换成频率和电压均可调节的三相交流电源，然后供给三相异步电动机，从而使电动机的转速得到调节。变频调速的优点是调速范围宽，稳定性好，平滑性好，能实现无级调速，能适应各种负载，效率较高，但它需要一套专门的变频电源，控制系统较复杂，成本较高。

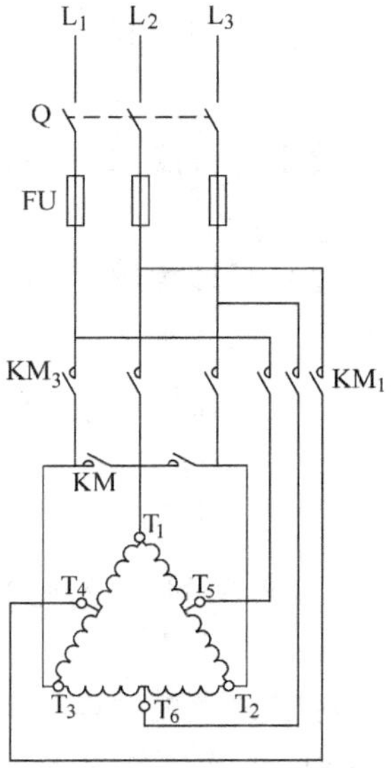

图 6-17　变极调速

(3) 改变转差率调速 这种方法只适用于绕线转子异步电动机，通过改变转子绕组中串接调速电阻的大小来调整转差率，从而实现平滑调速，又称为变阻调速。

变转差率调速使用设备简单，但能耗大，一般用于运输、起重设备。

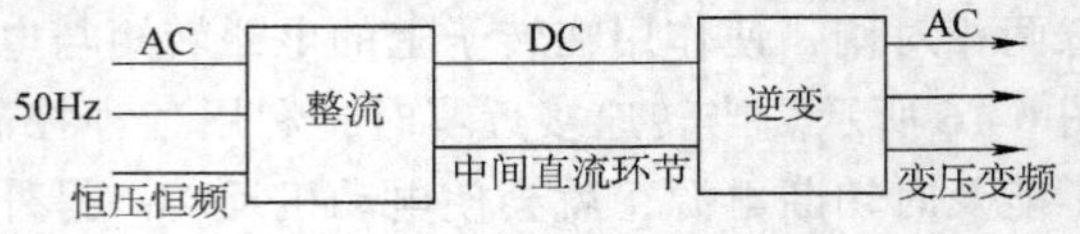

图 6-18 变频调速

4. 三相异步电动机控制电路实例

从前面的讨论可知：要实现电动机的正反转，只要将接至电动机的三相电源进线中的任意两相对调接线，即可达到反转的目的。下面以图 6-19 所示电动机接触器联锁的正反转控制电路为例，分析电路动作的原理。

在主回路中采用两个接触器，即正转接触器 KM_1 和反转接触器 KM_2。当接触器 KM_1 的三对主触头接通时，三相电源的相序按 U—V—W 接入电动机。当接触器 KM_1 的三对主触头断开，接触器 KM_2 的三对主触头接通时，三相电源的相序按 W—V—U 接入电动机，电动机就向相反方向转动。电路要求接触器 KM_1 和接触器 KM_2 不能同时接通电源，否则它们的主触头将同时闭合，造成 U、W 两相电源短路。为此在 KM_1 和 KM_2 线圈各自支路中相互串联对方的一对辅助常闭触头，以保证接触器 KM_1 和 KM_2 不会同时接通电源，KM_1 和 KM_2 的这两对辅助常闭触头在电路中所起的作用称为联锁或互锁，这两对辅助常闭触头就叫联锁或互锁触头。

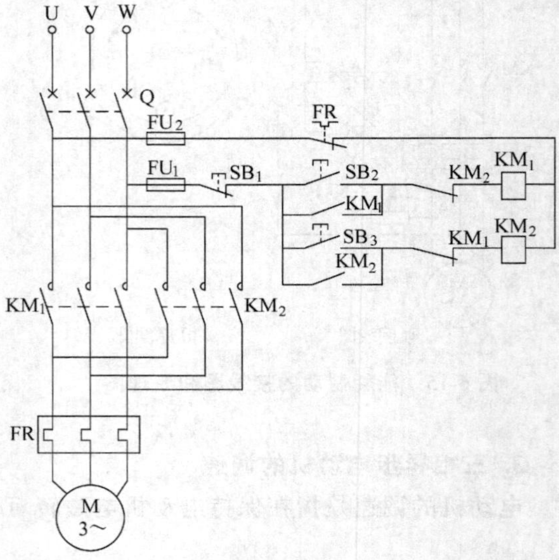

图 6-19 电动机接触器联锁的正反转控制电路

(1) 正转控制

合上 Q→按 SB_2→KM_1 线圈获电→
- →KM_1 联锁触头断开，使线圈 KM_2 不能得电
- →KM_1 主触头闭合→电动机 M 运转
- →KM_1 自锁触头闭合，保证电动机 M 继续运转

(2) 反转控制

先按 SB_1→KM_1 线圈断电→
- →KM_1 联锁触头闭合（为反转作准备）
- →KM_1 主触头断开→电动机 M 断电停止
- →KM_1 自锁触头断开

再按 SB_3→KM_2 线圈获电→
- →KM_2 联锁触头断开，使线圈 KM_1 不能得电
- →KM_2 主触头闭合→电动机 M 反转
- →KM_2 自锁触头闭合，保证电动机 M 继续运转

对于这种控制电路，当要改变电动机的转向时，就必须先按停止按钮 SB_1，再按反转按钮 SB_3，才能使电动机反转。如果不先按 SB_1，而是直接按 SB_3，那么电动机是不会反转的。

思考与练习

6-3-1 三相电源的相序对三相异步电动机旋转磁场的产生有何影响?

6-3-2 三相异步电动机有几种起动方法? 各有何特点?

6-3-3 三相异步电动机有几种调速方法? 什么方法是平滑调速? 什么方法调速性能最好?

6-3-4 三相异步电动机有几种制动方法? 各有何特点?

6-3-5 什么是自锁? 什么是联锁? 试举例说明如何实现自锁与联锁。

6.4 安全用电常识

电给人类带来巨大物质文明的同时也给人们带来了触电伤亡的危险。为了保证使用者人身安全和设备安全，保证电气设备正常运行，必须采取相应的安全措施，防止触电和设备事故的发生。

研究表明：触电所引起的伤害程度与人体电阻的大小、通过人体电流的大小及频率、电压的高低、触电时间的长短、电流流过途径等因素有关。

大量触电事故和实验表明：当人体的皮肤完好且干燥时，人体电阻为 10^4 ~ $10^5\Omega$；当外皮破损时，人体电阻为 800 ~ 1000Ω。在交流 50Hz 1mA 或直流 5mA 的电流下，人体就有麻、痛的感觉；对于 10mA 左右的电流，人体还能够自主摆脱电源，超过 30mA 人体就不能摆脱电源；当通过人体的电流超过 50mA 时，心脏就会停止跳动，出现昏迷及致命的伤害。我国规定安全电流为 30mA，安全电压为 36V。若在潮湿环境下，则安全电压应下降为 24V，甚至更低到 12V；而在人体部分浸水时，安全电压在 2.5V 以下。

为了人身和财产的安全，掌握安全用电常识非常重要，下面介绍几种触电方式和防触电的安全措施。

6.4.1 触电方式

人体触电的方式可分为直接触电和间接触电。

1. 直接触电及其防护

人体直接接触带电设备称为直接触电，其防护方法主要是给带电导体加上绝缘，给变电所的带电设备加上隔离栅栏或防护罩。直接触电又可分为单相触电和两相触电。

(1) 单相触电　当人体直接接触三相电源中的一根线时，电流通过人体流入大地，这种触电方式称为单相触电。单相触电的危险程度与电源中点是否接地有关。

在电源中点接地的情况下，作用在人体上的是电源的相电压，人触电时电流通过人体流经大地至电源中点构成回路，如图 6-20a 所示。因为人体电阻比中点直接接地电阻（R_d = 4Ω）大得多，所以相电压几乎全部加在人体上。此时，人若穿着鞋袜，并站在干燥地板上，则人体与大地之间电阻较大，通过人体的电流很小，或许不会造成触电危险。而若赤脚着地，则人体与大地之间电阻较小，这是很危险的，因此要绝对禁止赤脚站在地面上接触电气设备。

在电源中点不接地的情况下，接地短路电流通过人体流入大地，与三相导线对地分布电容构成回路，也会危及人身安全，如图 4-20b 所示。因为电流不直接构成回路，人体接触一

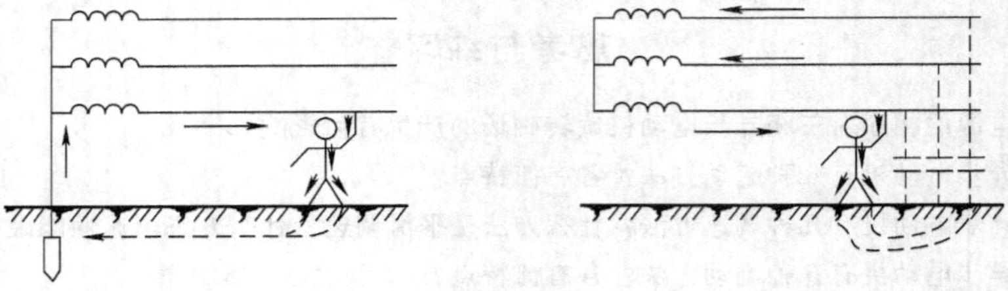

图 6-20　单相触电

根相线时，通过人体的电流很小，各相线对地绝缘电阻很大，所以不至于造成严重伤害。但当另一相接地绝缘损坏或绝缘降低时，触电的危险仍然存在，因为这时触电者承受的是电源的线电压，情况更危险。

（2）两相触电　如图 6-21 所示，人体同时接触三相电源中的两根相线，在人体上作用的是电源的线电压，这种触电方式最为危险。

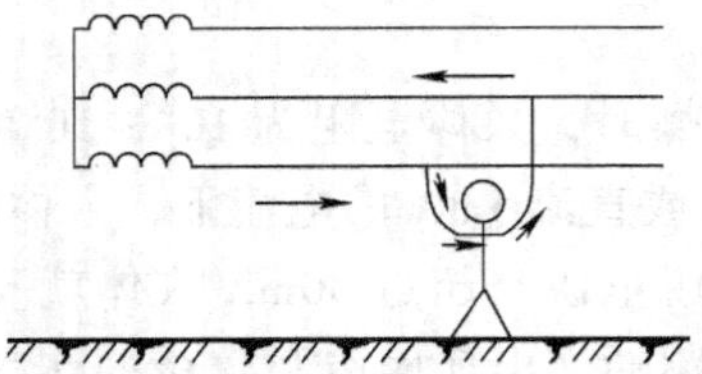

图 6-21　两相触电

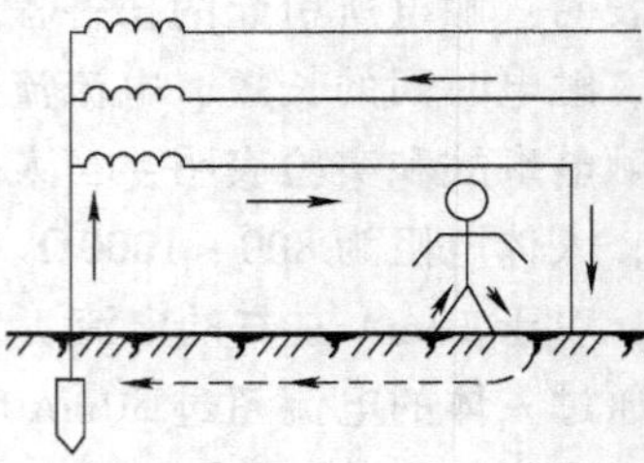

图 6-22　跨步电压触电

2. 间接触电及其防护

人体接触正常时不带电、事故时带电的导电体称为间接触电，如电气设备的金属外壳、框架等。防护的方法是将这些正常时不带电的外露可导电部分接地，并装设接地保护装置等。间接触电主要有跨步电压触电和接触电压触电。

1）跨步电压触电。当电气设备发生接地故障时，接地电流通过接地体向大地流散，在地面形成分布电位。人若站在接地短路点附近（为 15 ~ 20m 的区域内），两脚之间出现的电位差称为跨步电压。在这种电压作用下，电流从接触高电位的脚流进，从接触低电位的脚流出，形成触电，如图 6-22 所示。此时，人应双脚并拢或用单脚着地跳出危险区。

2）接触电压触电。当人站在发生接地短路故障设备的旁边时，手接触设备的外露可导电部分或由于绝缘损坏使机壳带电的部分，引起手、脚之间所承受的电压称为接触电压。由接触电压引起的触电称为接触电压触电。

3）触电的另一类情况是：人体接触正常情况下不应带电的部分，例如电机的外壳本来是不带电的，由于绕组绝缘损坏而与外壳接触，使它带电。当人手触及带电的电机外壳时，相当于单相触电。由于设备漏电引起的触电事故较多，因此应积极采取防触电的措施。

6.4.2　防触电的安全措施

电气设备的保护接地和保护接零是为了防止人体接触绝缘损坏的电气设备引起触电事故而采取的有效安全措施。

电气设备的金属外壳或框架与土壤之间作良好的电气连接称为接地，与土壤直接接触的金属物体称为接地体。连接接地体与电气设备接地部分的金属线称为接地线，接地体和接地线总称为接地装置。

1. 保护接地

为了防止电气设备正常运行时，不带电的金属外壳或框架因漏电致使人体发生触电事故而进行的接地称为保护接地，如图 6-23 所示。

采用保护接地后，若人体触到电气设备的金属外壳或框架，则人体就与接地装置的接地电阻并联。根据分流原理，只要接地电阻足够小（一般为 4Ω 以下），流过人体的电流就不会对人体造成伤害。

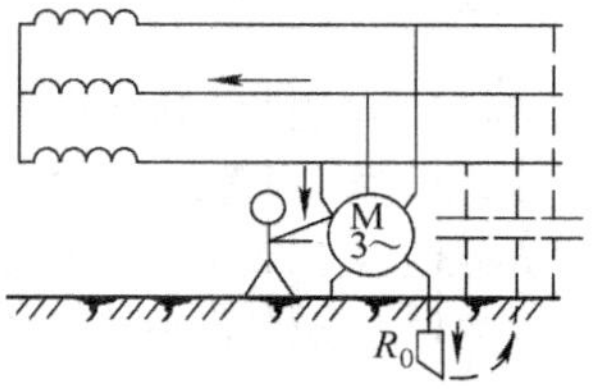

图 6-23　保护接地

保护接地适用于中点不接地的低压电网。在中点不接地的电网中，由于单相接地电流较小，利用保护接地即可避免发生人体触电事故。

2. 保护接零（TN-C 系统）

在中点 N 接地的电网中，由于相对电流较大，保护接地不能完全避免人体触电的危险，所以要采用保护接零。将电气设备的金属外壳或框架与电网的零线（中性线，即 PEN 线）相连接的保护方式称为保护接零，如图 6-24 所示。在这种情况下，当电气设备的绝缘损坏而使外壳漏电，即当一条相线与电气设备的金属外壳相碰时，由于金属外壳与零线相连，该相通过金属外壳对零线发生单相对地短路，短路电流能促使线路上的保护装置迅速动作，切除故障部分的电流，消除人体触及外壳时的触电危险。

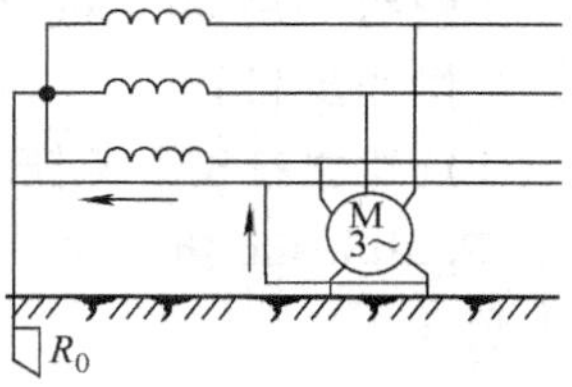

图 6-24　保护接零

保护接零装置适用于电压为 380V 或 220V，并且中点直接接地的三相四线制系统，且适用于三相负荷较平衡的场合。在这种系统中，除有另行规定外，凡是由于绝缘破坏或其他原因可能出现危险高压的金属部分，均应采取保护接零。为防止零线由于偶然事故出现断路，可在电网的零线上每隔一定距离进行重复接地。

3. 三孔插座与三极插头

为了保护人身安全，单相电气设备采用三孔插座和三极插头，其正确的接线方法是：根据三孔插座“左零右火”的原则来接线，如图 6-25 所示。设备外壳与保护地（PE）相连接，即使人体触及带电外壳，也不会有触电的危险。

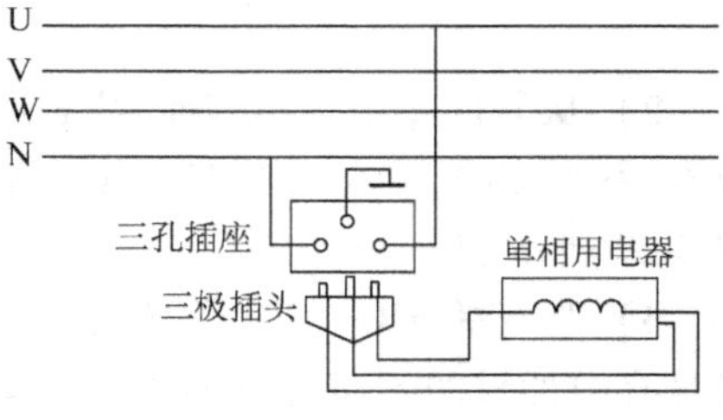

图 6-25　三孔插座和三极插头

目前，对于住宅低压配电系统在安全方面的要求主要有下列四点：

1）每户住宅总电源进线断路器应具有漏电保护功能。

2）除空调电源插座外，其他电源插座电路应设有漏电保护功能。

3）住宅楼配电系统的设计应采用 TT、TN-C-S 或 TN-S 接地方式，并进行等电位连接。

4）卫生间等潮湿场所宜采用局部等电位连接。

4. 发生了触电怎么办

1）迅速切断电源。

2）判断触电程度的轻重。

3）立即采取相应的急救措施：口对口（或口对鼻）人工呼吸、胸外心脏挤压。

思考与练习

6-4-1 电流对人体的伤害有几种？

6-4-2 常见的触电方式有哪些？介绍两种防触电技术。

6-4-3 为什么在中点不接地的系统中不采用保护接零？

6-4-4 试说明保护接地以及保护接零的原理与区别。

仿真模块：三相对称电路的仿真

三相电路由三相电源和三相负载组成，连接方式有星形和三角形两种，其中在星形联结时中性线对保证三相负载的正常工作发挥着重要作用，下面通过一个仿真例子说明中性线在三相电路中的作用。

[例题] 用 Multisim 仿真软件分析中性线在不对称三相电路中的作用。

[操作步骤]

1）建立三相电源模块。星形联结的三相对称电源如图 6-26a 所示，为了使电路图简洁，可以在 Multisim 仿真软件中对三相电源进行编辑，封装成四个引脚的三相电源模块，如图 6-26b 所示。

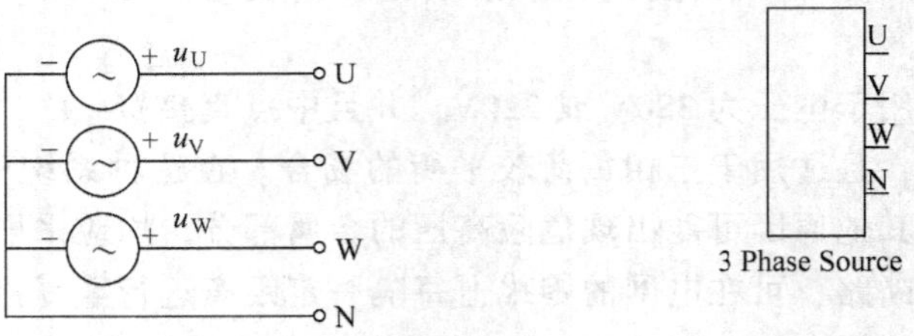

a) 电路　　b) 三相对称电源模块

图 6-26　三相对称电源

2）从元件库中选取熔断器 FU_1、FU_2 和 FU_3，其额定电流分别为 1.5A、3A 和 1.5A。选取四个 100W/100V 白炽灯 EL_1、EL_2、EL_3 和 EL_4，选取两个开关 SB_1 和 SB_2，组成电路如图 6-27 所示。

3）当开关 SB_1、SB_2 都闭合时，这里 U、W 两相不变，但 V 相上负载为 50Ω，此时电路是有中性线的不对称三相电路，运用已讲过的类似的分析方法可得到 U、V 和 W 相负载上电流的理论值为 $\dot{I}_U = \underline{/0°}$A，$\dot{I}_V = 2\ \underline{/-120°}$A，$\dot{I}_W = 1\ \underline{/120°}$A，中性线上的电流为 $\dot{I}_N = 1\ \underline{/-120°}$A，各相都可工作。

4）当开关 SB_1 闭合、SB_2 断开时，此时电路是无中性线的不对称三相电路，U、V 和 W 相负载上电流的理论值为 $\dot{I}_U = 1.146\ \underline{/11°}$A，$\dot{I}_V = 1.503\ \underline{/-120°}$A，$\dot{I}_W = 1.146\ \underline{/109°}$A，这里

U、W 两相上的电流超过灯泡的额定电流，用 Multisim 进行仿真，发现 U、W 两相负载的灯泡烧毁。

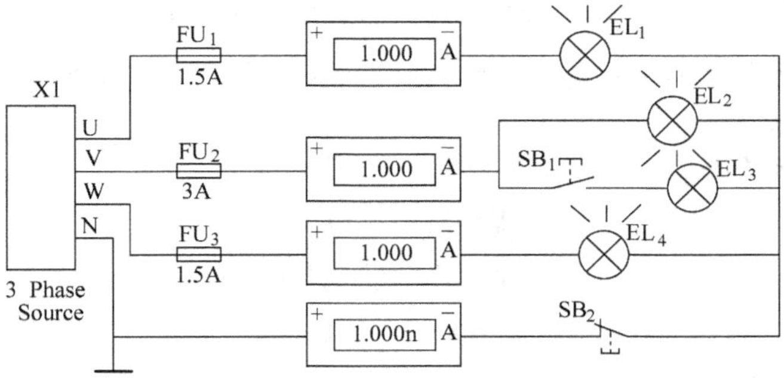

图 6-27　三相电路仿真图

对于三相对称电路，中性线是否存在不会影响到电路的正常工作，但对于负载不平衡的三相电路，若没有中性线，则三相负载会互相影响，可能使整个电路不能正常工作，甚至会损坏电路上的元件。因此，为了保证负载可以正常工作，在实际的生活用电中采用三相四线制进行供电；同时为了保证负载可以正常工作，在中性线上不能安装开关和熔断器。

本 章 小 结

1. 三相对称电压

三相交流发电机产生三个频率相同、幅值相等、对于选定的参考方向相位依次相差120°的一组正弦电压，即三相对称电压：

$u_U = U\sqrt{2}\sin\omega t \quad \Rightarrow \quad \dot{U}_U = U\angle 0°$

$u_V = U\sqrt{2}\sin(\omega t - 120°) \quad \Rightarrow \quad \dot{U}_V = U\angle -120°$

$u_W = U\sqrt{2}\sin(\omega t + 120°) \quad \Rightarrow \quad \dot{U}_W = U\angle 120°$

对于对称的三相正弦量，其瞬时值之和为零，相量之和也为零。

2. 三相对称电源的连接

Y联结：三相四线制中，有中性线，提供两组电压：线电压和相电压。线电压比相应的相电压超前 30°，其值是相电压的$\sqrt{3}$倍；三相三线制中，无中性线，提供一组电压。

△联结：只能是三相三线制，提供一组电压，线电压为电源的相电压。

3. 三相负载的连接

(1) Y联结　三相对称负载接成Y，供电电路只需三相三线制；三相不对称负载接成Y，供电电路必须为三相四线制。每相负载的相电压对称且为线电压的 $1/\sqrt{3}$。中性线电流 $\dot{I}_N = \dot{I}_U + \dot{I}_V + \dot{I}_W$，三相负载对称时 $\dot{I}_N = 0$，中性线可以省略。

三相负载星形联结的解题思路是：$\dot{U}_L \Rightarrow \dot{U}_P \Rightarrow \dot{I}_L = \dot{I}_P = \dfrac{\dot{U}_P}{Z}$。

(2) △联结　三相负载接成△，供电电路只需三相线制，每相负载的相电压等于电源的线电压。无论负载是否对称，只要线电压对称，每相负载相电压也对称。线电流为相电流的$\sqrt{3}$倍，且线电流比相应的相电流滞后30°。

三相负载三角形联结的解题思路是：$\dot{U}_P = \dot{U}_L \Rightarrow \dot{I}_P = \dfrac{\dot{U}_P}{Z} \Rightarrow \dot{I}_L$。

由三相对称电源和三相对称负载组成的三相电路称为三相对称电路。

4. 三相电路的功率

对于三相不对称负载：

$$P = P_U + P_V + P_W$$
$$Q = Q_U + Q_V + Q_W$$
$$S = \sqrt{P^2 + Q^2}$$

对于三相对称负载：

$$P = 3U_P I_P \cos\varphi = \sqrt{3} U_L I_L \cos\varphi$$
$$Q = 3U_P I_P \sin\varphi = \sqrt{3} U_L I_L \sin\varphi$$
$$S = \sqrt{P^2 + Q^2} = \sqrt{3} U_L I_L$$

三相电路的瞬时功率： $p = p_U + p_V + p_W$

特点：三相电路对称，瞬时功率 = 有功功率 = 常数。

5. 三相异步电动机的结构及工作原理

三相异步电动机是利用电磁感应原理，把电能转换成机械能的，它由定子和转子组成，定子是电动机的电路部分，它的作用是产生旋转磁场；转子是电动机的转动部分，其作用是输出机械能。旋转磁场的转速 $n_1 = \dfrac{60f}{p}$，三相异步电动机工作的必要条件是：$n \neq n_1$ 且 $n < n_1$，而转差率定义为 $s = \dfrac{n_1 - n}{n_1}$。

6. 三相异步电动机的起动、调速和制动

三相异步电动机直接起动时，起动电流大，起动转矩小。笼型异步电动机常采用减压起动来限制起动电流，减压起动有Y-△减压起动和定子串电阻或电抗器减压起动。减压起动一般只适用于空载或轻载起动。三相异步电动机的调速有变极、变频和变转差率调速三种。变极调速为有级调速，变频调速为无级调速。三相异步电动机的制动有能耗制动、反接制动等。能耗制动是在断开交流电源的同时把直流电源接入三相绕组中的两相，形成恒定磁场而产生制动转矩。反接制动是改变电流的相序，形成反向旋转磁场而产生制动转矩。

7. 三相异步电动机的控制电路

在三相异步电动机的各种控制电路中，点动控制、直接起动控制、正反转控制、自锁和联锁等是一些最基本的控制电路。任何一个复杂控制系统均是由这些控制电路再加上一些能满足特殊要求的控制电路构成的。

8. 安全用电

在一般情况下，人体的安全电压应在40V以下，规定为36V，按30mA来限定电流。当在潮湿环境下，安全电压应降低为24V，甚至更低到12V。

触电方式：触电方式有单相触电、两相触电、跨步电压触电、接触电压触电和设备漏电触电等。

防触电技术：防触电技术有保护接地、保护接零等。

习　题　6

6-1　下列结论中，哪个是正确的？哪个是错误的？为什么？

（1）负载星形联结时，必须要中性线。

（2）负载星形联结时，不论负载对称与否，线电流一定等于相电流。

（3）三相对称负载不论是△联结还是Y联结，三相有功功率均可按 $P=\sqrt{3}U_LI_L\cos\varphi$ 计算。

6-2　有一组三相对称负载，每相电阻 $R=12\Omega$，接在线电压为380V的三相电源上，试问下面两种接法时的线电流：（1）负载做三角形联结。（2）负载做星形联结。

6-3　三相对称负载，每相阻抗 $Z=(3-j4)\Omega$，每相负载的额定电压为380V。已知三相电源线电压为380V，问此三相负载应如何连接？并计算相电流和线电流。

6-4　三相电路中，电源线电压为380V，各端线阻抗忽略不计，三相对称负载星形联结（无中性线），每相阻抗 $Z_U=Z_V=Z_W=Z=38\Omega$，试分别求U相负载短路和断路时各相负载电压。

6-5　三相对称负载作△联结，接在三相对称电源上。电源线电压 $U_L=380V$，各相负载的电阻 $R=6\Omega$，感抗 $X_L=8\Omega$，输电线阻抗可忽略，试求：（1）负载的相电压 U_p 与相电流 I_p。（2）线电流 I_L 及三相总功率 P。

6-6　已知接在380V三相电源上的对称星形负载，测得消耗有功功率 $P=6kW$，线电流为11A，求每相负载阻抗的参数。

6-7　已知三相对称三角形负载每相的阻抗 $|Z|=100\Omega$，$\cos\varphi=0.8$，电源的线电压 $U_L=380V$。求三相总的 P、Q、S。

6-8　有一三相电动机，每相绕组的等效电阻 $R=29\Omega$，等效感抗 $X_L=21.8\Omega$，试求在下列两种情况下电动机的相电流、线电流以及从电源输入的功率，并比较所得结果：（1）绕组连成星形接于 $U_L=380V$ 的三相电源上。（2）绕组连成三角形接于 $U_L=220V$ 的三相电源上。

6-9　在负载三角形联结的三相三线制电路中，各相负载的阻抗 $Z=(6+j8)\Omega$，外加线电压 $U_L=380V$，试求正常工作时负载的相电流和线电流及功率因数。

6-10　有两台电动机 M_1 和 M_2 的联锁控制电路，要求按下起动按钮后 M_1 先起动，经一定延时后 M_2 自行起动。试画出满足以上要求的控制电路。

第7章　磁路及变压器

任务模块：变压器

变压器是根据电磁感应原理，将一种电压等级的交流电变换成同频率的另一种电压等级交流电的电气设备，在电力系统中起到传输、分配电能的作用。在远距离传输电能时，可以用变压器升高电压、减小电流，以降低输电线路的损耗。变压器除了能进行电压变换之外，还可以做成具有稳压、移相、变换阻抗、改变波形等性能的变压器。

变压器的种类繁多，用在测量系统中的仪用变压器，可以测量高电压、大电流，如图7-1所示；用于实验室的自耦变压器，可以在一定范围内任意调节电压；用于焊接的变压器，具有陡降输出特性；用于电子电路的变压器，可进行阻抗匹配；脉冲变压器可以传送脉冲波等。因此，变压器在电气、电子行业中得到广泛的应用。

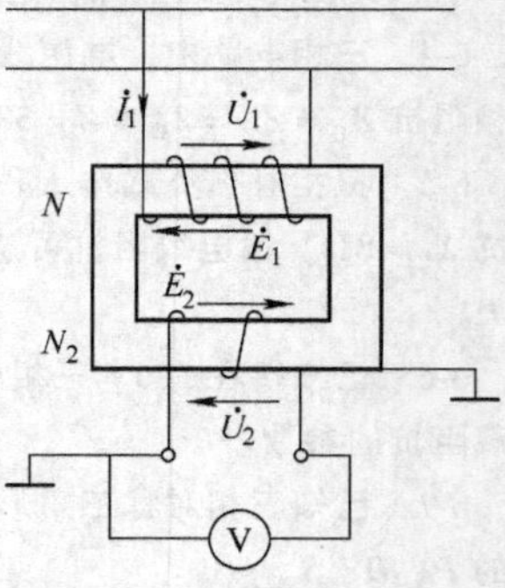

图7-1　变压器电路

由于变压器的工作原理是电磁感应，因此学习变压器的知识需要先对磁场有一定的了解，如磁场、磁场的基本物理量、磁路、磁路欧姆定律等。

【本章内容简介】

本章先介绍磁场、磁路及其相关定律，以及同名端的概念及判断方法，然后介绍变压器模型及变压器的功能。

【重点与难点】

磁场的基本物理量，磁路欧姆定律，互感耦合，变压器。

7.1　磁场及其基本物理量

7.1.1　磁场

生活中存在一些现象，如磁铁会吸引细铁屑，两块磁铁相互靠近时会相互吸引或相互排斥，通过实验还可以发现通电导线周围的小磁针会发生转动。这些现象表明：在磁铁或通电导线周围存在着一种特殊物质，该物质无法用肉眼直观观察到，但可以通过以上现象觉察到它的存在，这种特殊的物质就是磁场。磁场具有一定的质量和能量，磁场对处于其中的磁针、载流导体和运动电荷都有一定的电磁作用。磁场作用于其他带电的导体上，可使其移动，即磁场可以做功。

磁场具有方向，将小磁针放入磁场中的某一点上，当磁针静止时，其N极所指的方向即为该点磁场的方向。

为了方便地研究磁场，引入磁感应线的概念，磁感应线是闭合的假想曲线，在磁体外部，磁感应线由N极出来，绕向S极；在磁体内部，磁感应线的方向是从S极指向N极。任意两条磁感应线不相交，磁感应线的疏密程度表示磁场的强弱，切线方向表示磁场的方向。通电导体产生磁场的方向与电流的方向有关，其关系可用右手螺旋定则来决定。

7.1.2　磁场的基本物理量

1. 磁感应强度

描述磁场的一个基本物理量是磁感应强度 B，它是一个矢量，其定义如下：在磁场中某点有一小段导线 Δl，其中通过的电流为 I，且电流 I 与磁场方向垂直，该导线所受的磁场力为 ΔF，则磁场在该点的磁感应强度 B 的大小为

$$B = \frac{\Delta F}{I\Delta l} \tag{7-1}$$

B 的方向即该点的磁场方向，由右手螺旋定则确定：右手握拳，大拇指伸直，大拇指的方向与电流方向相同时，四指围绕的方向就是磁场的方向。B 的大小反映该点磁场的强弱，在某一个区域内，若各点的磁感应强度大小相等、方向相同时，则这部分磁场称为均匀磁场。

在国际单位制中，磁感应强度的单位为特斯拉，简称特，用符号T表示。地球的磁感应强度约为 5×10^{-5}T，一般永久磁铁附近的磁感应强度为0.2～0.7T。

2. 磁通

磁通是用来描述穿过某一个给定面积 S 的磁场强弱的物理量，用符号 Φ 表示，定义为

$$\Phi = \int_S B\mathrm{d}S \tag{7-2}$$

在均匀磁场中，若 B 与 S 垂直，则穿过该面积的磁通为

$$\Phi = BS \tag{7-3}$$

由上式可得 $B=\dfrac{\Phi}{S}$，即磁感应强度 B 在数值上等于与磁场垂直的单位面积上的磁通，因此又称 B 为磁通密度。

在国际单位制中，磁通的单位为韦伯，简称韦，用符号Wb表示。

3. 磁导率

不同材料的电阻率是不一样的，同样，不同介质的导磁性能也不相同，磁导率是一个用来描述介质导磁性能的物理量，用符号 μ 表示，单位是亨/米（H/m）。

由实验可以测定，真空的磁导率是个常数，用 μ_0 表示，即

$$\mu_0 = 4\pi\times10^{-7}\,\mathrm{H/m}$$

任一介质的磁导率 μ 与真空的磁导率 μ_0 的比值称为该介质的相对磁导率，用 μ_r 表示，即

$$\mu_r = \frac{\mu}{\mu_0} \tag{7-4}$$

相对磁导率 μ_r 没有单位，根据 μ_r 大小的不同，将物质分成以下三类。

顺磁性物质：μ_r 略大于1，如空气、铝、铬等。

逆磁性物质：μ_r 略小于1，如石墨、铜、水、金等，这类物质也称为抗磁性材料。

铁磁性物质：μ_r 远大于1，这类物质主要是铁、钴、镍等铁族元素以及它们的合金或化合物。在其他条件相同的情况下，铁磁性物质所产生的磁场要比真空中的磁场强成千上万倍，因此在电工技术中应用广泛。铁磁性物质的 μ_r 不是常数，在进行磁场计算时要注意。

4. 磁场强度

将磁介质放入磁场中，它将受到磁场的作用而被磁化，从而产生附加磁场，而附加磁场反过来又影响到原磁场，从而引起原有空间的磁感应强度 B 的变化，可见磁场中各点的磁感应强度的大小与介质的性质有关，这就使磁场的计算比较繁琐复杂。为了简单、方便地计算磁场，引入磁场强度这个物理量来描述磁场的性质，用符号 H 表示，即

$$H = \frac{B}{\mu} = \frac{B}{\mu_0 \mu_r} \tag{7-5}$$

磁场强度 H 也是一个矢量，其方向与该点磁感应强度的方向相同。在国际单位制中，磁场强度的单位是安/米(A/m)。

思考与练习

7-1-1 磁场的基本物理量有哪些？试说明它们各自的物理意义及相互关系。

7-1-2 磁感应强度和磁场强度在描述磁场上有什么不同？引入磁场强度的目的是什么？

7.2 磁路及磁路欧姆定律

7.2.1 磁路

在电工设备中为了得到较强的磁场，通常利用磁导率很高的铁磁性物质把电流所产生的磁通集中在一定的空间内。对于图7-2所示的铁心线圈，当线圈中通入电流时，由于铁心的磁导率比周围非铁磁性物质的磁导率高得多，故磁通基本上集中于铁心内，仅有少量经过周围的非铁磁性物质而闭合。前者称为主磁通，用 Φ 表示，如图中虚线所示，后者称为漏磁通，用 Φ_S 表示。相对于主磁通，在进行粗略分析时漏磁通可以忽略不计。铁心起到增加磁通和为磁通规定路线的作用，工程上把这种约束在铁心及其气隙所限定的范围内的磁通路径称为磁路。

磁路主要由铁磁性物质组成，也可以含有较短的空气隙，根据需要可做成各种不同的形状，图7-3所示为变压器磁路。

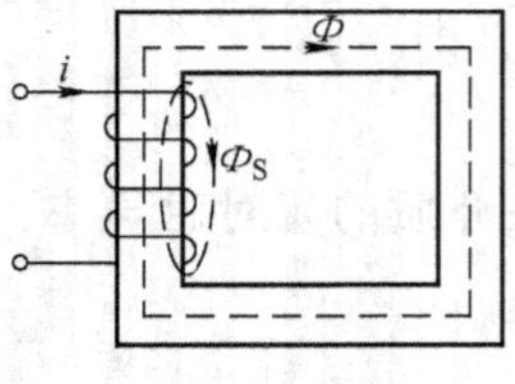

图7-2 铁心线圈

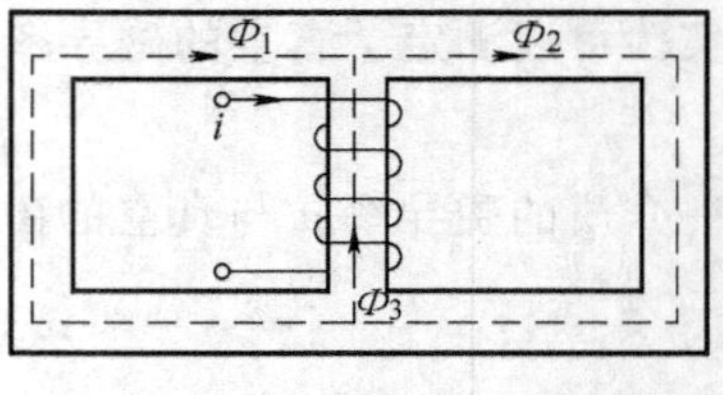

图7-3 变压器磁路

7.2.2　磁路欧姆定律

电路的计算主要依据元件特性约束与电路拓扑约束进行，在磁路中也有类似的约束关系，磁路欧姆定律相当于磁路中的元件特性约束。磁路欧姆定律用来描述磁路中磁通与磁通势之间的关系。

设图 7-2 所示磁路由磁导率为 μ 的材料构成，铁心的横截面积均匀，大小为 S，平均长度（中心线长度）为 l，线圈匝数为 N，通过的电流为 I。若平均长度比截面积的线性尺寸大得多，则可认为铁心中的磁场强度各处均匀。

1. 磁通势 F

$$F = NI \tag{7-6}$$

磁通势的单位为安培（A）。

2. 磁阻 R_m

$$R_m = \frac{l}{\mu S} \tag{7-7}$$

磁阻表示磁介质对磁通阻碍作用的大小，单位为每亨（H^{-1}）。

3. 磁路欧姆定律

实验发现：通过磁路的磁通 Φ 与磁通势 F 成正比，与磁阻 R_m 成反比，这称为磁路欧姆定律，即

$$\Phi = \frac{F}{R_m} = \mu S\frac{NI}{l} = F\Lambda_m \tag{7-8}$$

式中，$\Lambda_m = \frac{1}{R_m}$，称为磁导。与电路中的欧姆定律相类似，磁路中的磁通 Φ 对应于电路中的电流 I；磁通势 F 对应于电动势 E；磁阻 R_m 对应于电阻 R。

除了磁路欧姆定律之外，磁路中还有基尔霍夫磁通定律、基尔霍夫磁位差定律，本书不作阐述。

思考与练习

7-2-1　磁路中的空气隙很小，为什么磁阻却很大？

7-2-2　某磁路存在一个长 2mm、横截面积为 $30cm^2$ 的气隙，试求该气隙的磁阻。

7.3　互感与耦合

7.3.1　互感耦合现象

在匝数为 N_1 的线圈 1 附近放置另一个匝数为 N_2 的线圈 2，当线圈 1 中电流变化时，能在线圈 2 中产生感应电动势；反之，当线圈 2 中有电流存在，且该电流变化时，也能在线圈 1 中产生感应电动势，这种现象称为互感耦合，相互间能产生互感耦合现象的线圈称为耦合线圈，如图 7-4 所示。

互感在电气工程、电子通信工程中应用非常广泛，如输配电用的电力变压器，测量用的

电流互感器、电压互感器等。另一方面，互感也会产生干扰，给某些设备的工作带来负面影响。

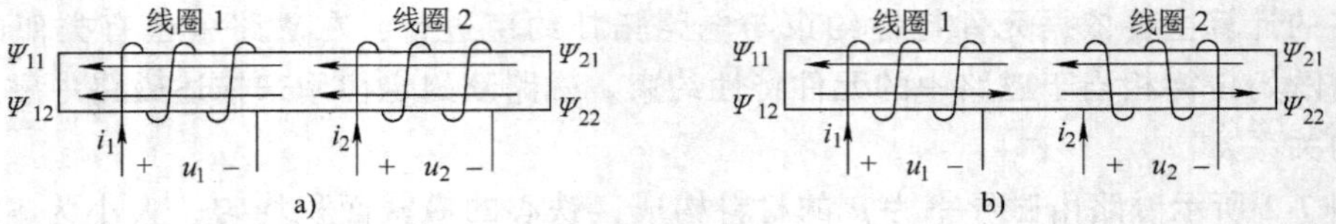

图 7-4 互感耦合

7.3.2 互感系数与耦合系数

1. 互感系数

在图 7-4 中，电流 i_1 在线圈 1 中产生的总磁通（磁链）记为 Ψ_{11}，它与电流 i_1 成正比，即 $\Psi_{11}=L_1 i_1$，L_1 称为线圈 1 的自感，它是一个与电流和时间无关的常量。电流 i_1 在线圈 2 中产生的总磁通（磁链）记为 Ψ_{21}，它也与电流 i_1 成正比，即 $\Psi_{21}=M_{21}i_1$，比例系数 M_{21} 称为线圈 1 对线圈 2 的互感系数，它也是一个与电流和时间无关的常量。

同样，电流 i_2 在线圈 2 中产生的总磁通（磁链）记为 Ψ_{22}，它与电流 i_2 成正比，即 $\Psi_{22}=L_2 i_2$，L_2 称为线圈 2 的自感，它是一个与电流和时间无关的常量。电流 i_2 在线圈 1 中产生的总磁通（磁链）记为 Ψ_{12}，它也与电流 i_2 成正比，即 $\Psi_{12}=M_{12}i_2$，比例系数 M_{12} 称为线圈 2 对线圈 1 的互感系数，它也是一个与电流和时间无关的常量。

可以证明，$M_{12}=M_{21}$，后面统一用 M 表示。互感的单位是亨利（H）。互感 M 与两个线圈的几何尺寸、匝数、相对位置有关。

若两个线圈中同时有电流 i_1 和 i_2，则每个线圈中的总磁链为本身磁链与另一个线圈互感形成的磁链的代数和，对图 7-4a 有

$$\left.\begin{aligned}\Psi_1 &= \Psi_{11}+\Psi_{12}=L_1 i_1+Mi_2\\ \Psi_2 &= \Psi_{22}+\Psi_{21}=L_2 i_2+Mi_1\end{aligned}\right\} \tag{7-9}$$

对图 7-4b 有

$$\left.\begin{aligned}\Psi_1 &= \Psi_{11}-\Psi_{12}=L_1 i_1-Mi_2\\ \Psi_2 &= \Psi_{22}-\Psi_{21}=L_2 i_2-Mi_1\end{aligned}\right\} \tag{7-10}$$

根据电磁感应定律，对图 7-4a 有

$$\left.\begin{aligned}u_1 &= \frac{d\Psi_1}{dt}=\frac{d\Psi_{11}}{dt}+\frac{d\Psi_{12}}{dt}=L_1\frac{di_1}{dt}+M\frac{di_2}{dt}\\ u_2 &= \frac{d\Psi_2}{dt}=\frac{d\Psi_{22}}{dt}+\frac{d\Psi_{21}}{dt}=L_2\frac{di_2}{dt}+M\frac{di_1}{dt}\end{aligned}\right\} \tag{7-11}$$

对图 7-4b 有

$$\left.\begin{aligned}u_1 &= \frac{d\Psi_1}{dt}=\frac{d\Psi_{11}}{dt}-\frac{d\Psi_{12}}{dt}=L_1\frac{di_1}{dt}-M\frac{di_2}{dt}\\ u_2 &= \frac{d\Psi_2}{dt}=\frac{d\Psi_{22}}{dt}-\frac{d\Psi_{21}}{dt}=L_2\frac{di_2}{dt}-M\frac{di_1}{dt}\end{aligned}\right\} \tag{7-12}$$

2. 耦合系数

两个线圈相耦合的程度如何，可以用耦合系数来表征，记作 k，则

$$k = \frac{M}{\sqrt{L_1 L_2}}$$

k 的大小与线圈的结构、两个线圈的相互位置以及周围磁介质的性质有关。当 $k=0$ 时，不存在耦合关系，此时两线圈的磁通不交链，互感为零。$k\approx0$ 时称为弱耦合，$k\approx1$ 时称为强耦合，$k=1$ 时称为全耦合。

7.3.3 耦合线圈的同名端

1. 同名端

耦合线圈中，无论某一线圈的电流如何变化，实际极性始终相同的端称为同名端，用符号“·”或“*”等标记，如图 7-5 所示。

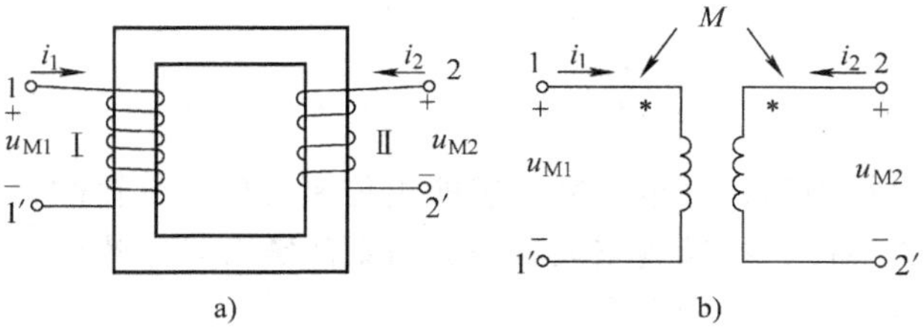

图 7-5　耦合线圈的同名端

2. 同名端的判断

当线圈的绕向已知时，可根据楞次定律来判断同名端，图 7-6 中，1、3 为同名端或 2、4 为同名端。

由于实际的线圈产品往往被外壳密封，看不出线圈的绕向，因此不能根据楞次定律确定互感电压的正负，这时可通过实验测定的方法来判定同名端。常采用的实验测定方法有如下两种：

(1) 直流判别法　如图 7-7 所示，若两线圈的绕向未知，则开关 S 闭合的瞬间，电流从 1 流入，在另一个线圈中产生互感电压。若电压表指针正偏，则说明 3 为高电位端，因此 1、3 为同名端；若电压表指针反偏，则说明 4 为高电位端，即 1、4 端为同名端。

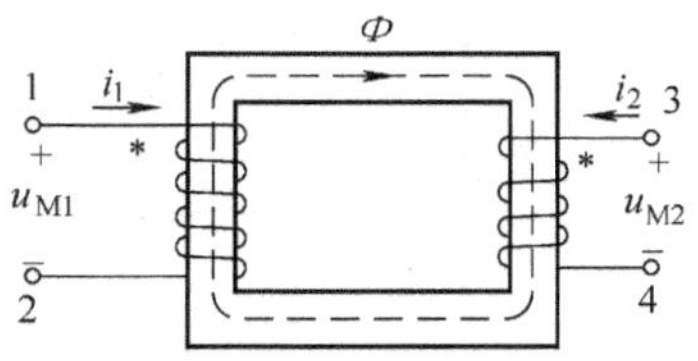

图 7-6　同名端的判断

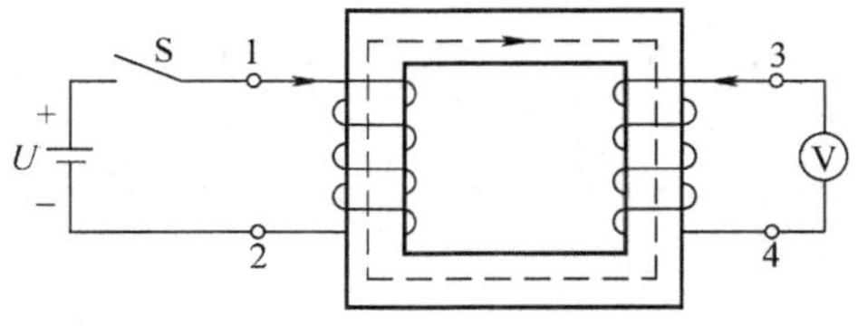

图 7-7　直流判别法

(2) 交流判别法　将两个线圈的任意两个接线端相连，如图 7-8 所示，将 1、3 相连，2、4 相连，用交流电压表测量电压 U_{12}、U_{34}、U_{24}。若 U_{24} 约等于 U_{12} 和 U_{34} 之差，则说明 1、

3 为同名端；若 U_{24} 约等于 U_{12} 和 U_{34} 之和，则说明 1、3 为异名端。

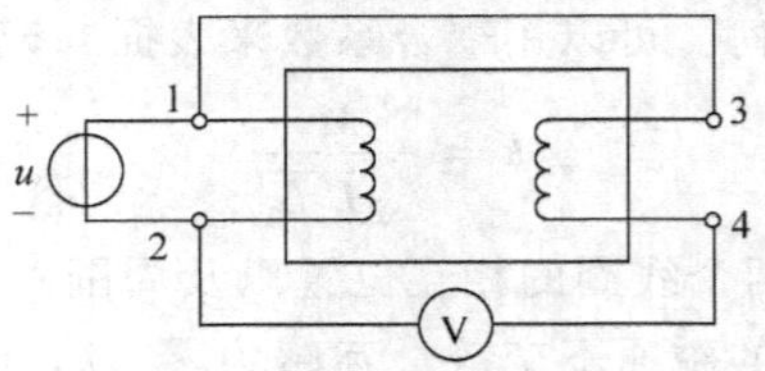

图 7-8 交流判别法

思考与练习

7-3-1 什么是互感？有人说“互感电动势的方向总是与原电流的方向相反”，这句话对吗？为什么？

7-3-2 互感系数 M 的大小与哪些因素有关？

7.4 变压器

变压器是利用耦合线圈间的磁耦合来实现能量传递或信号传输的元件。在电子设备中常用电源变压器改变市电电压，再通过整流和滤波得到所需要的直流电压；在放大电路中可利用变压器实现信号的传递或阻抗的匹配。

变压器通常由两个或两个以上具有互感作用的线圈构成，构成变压器的线圈又称为绕组。其中接电源的线圈称为一次绕组，接负载的线圈称为二次绕组。

实际常用的变压器有空心变压器和铁心变压器两种。典型的空心变压器由两个耦合线圈缠绕在非铁磁性材料的心架上构成，其耦合系数小。铁心变压器由两个绕在铁磁性材料制成的心架上且有互感作用的线圈构成，其耦合系数大。

7.4.1 空心变压器

空心变压器在电子、通信工程和测量仪器中得到广泛应用。空心变压器的相量模型如图 7-9a 所示，R_1 和 R_2 分别是一次绕组和二次绕组的电阻。可将互感电压用受控电压源表示，从而得到等效电路，如图 7-9b 所示。

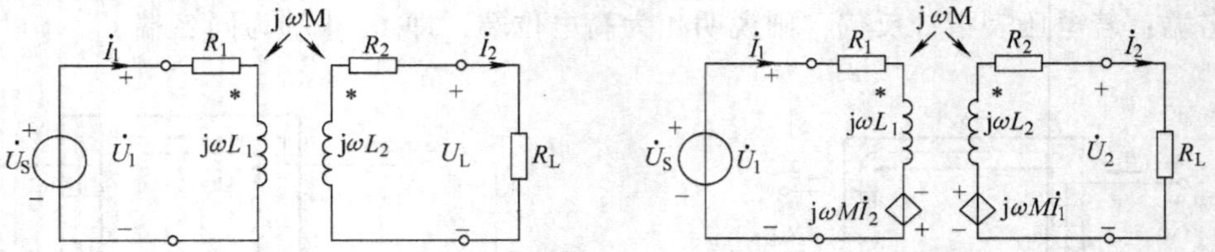

图 7-9 空心变压器

由此列出相应的回路方程：

$$\begin{cases}(R_1 + j\omega L_1)\dot{I}_1 - j\omega M\dot{I}_2 = \dot{U}_S \\ -j\omega M\dot{I}_1 + (R_2 + R_L + j\omega L_2)\dot{I}_2 = 0\end{cases}$$

由此可得出一次和二次电流 $\dot{I}_1$ 和 $\dot{I}_2$ 的大小。

7.4.2 铁心变压器

铁心变压器的铁心是由磁导率很高的材料，如硅钢片或铁氧体等铁磁性材料制成的，如图 7-10 所示。

由电流 i_1 和电流 i_2 产生的磁通集中在铁心内，其中的大部分与两个线圈相交链，这部分闭合磁通就是主磁通 Φ_0，另有一小部分仅与自身线圈相交链的磁通称为漏磁通，用 Φ_{S1} 和 Φ_{S2} 表示。当在一次绕组加交流电源时，由于线圈电阻的存在，铁心变压器会产生电损耗。铁磁性材料经反复磁化，磁畴将来回翻转，这一过程将产生磁滞现象并会产生磁滞损耗。另外，磁路中的交变磁通不仅会在线圈上产生感应电动势，也会在铁心内产生感应电动势，由于铁心是导体，感应电动势将在其中产生感应电流，称为涡流，涡流通过铁心时会产生涡流损耗时。当忽略漏磁通和损耗时，可以将铁心变压器当做理想变压器，它具有变换电压、变换电流、变换阻抗等作用。

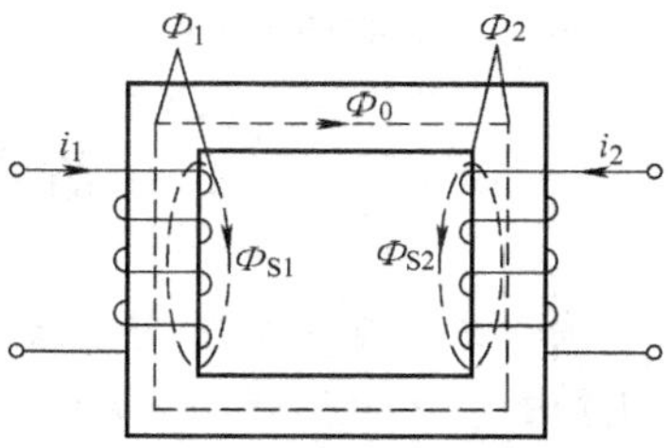

图 7-10 铁心变压器

1. 变压器的电压比 K_u

忽略漏磁通和损耗，当外加正弦交流电源时，在铁心中将产生交变磁通，在交变磁通的作用下，一次绕组和二次绕组将产生正弦交变感应电动势，一次绕组、二次绕组感应电动势的有效值为

$$\begin{cases} E_1 = 4.44fN_1\Phi_m \\ E_2 = 4.44fN_2\Phi_m \end{cases} \tag{7-13}$$

式中，N_1 和 N_2 分别是一次绕组、二次绕组的匝数；Φ_m 为铁心中的磁通。

由于 $U_1 \approx E_1$，$U_2 \approx E_2$，所以

$$\frac{U_1}{U_2} \approx \frac{E_1}{E_2} = \frac{4.44fN_1\Phi_m}{4.44fN_2\Phi_m} = \frac{N_1}{N_2} = K_u = n \tag{7-14}$$

式中，K_u 为变压器的电压比；n 为变压器的匝数比。可见，变压器的电压比等于匝数比。

当 $K_u > 1$ 时，$U_1 > U_2$，变压器为降压变压器；反之，当 $K_u < 1$ 时，$U_1 < U_2$，变压器为升压变压器。

2. 变压器负载运行时的电流比 K_i

当变压器接负载 Z 时，一次绕组中的电流为 i_1，二次绕组中的电流为 i_2，忽略变压器的损耗，则变压器的输入功率等于负载消耗的功率，即

$$U_1I_1 = U_2I_2$$

由上式可得，负载运行时变压器的电流比为

$$\frac{I_1}{I_2} = \frac{U_2}{U_1} = \frac{N_2}{N_1} = \frac{1}{K_u} = K_i \tag{7-15}$$

3. 变压器的阻抗变换

当变压器接电阻 R 时，用外加电源法可求得一次绕组的输入电阻为

$$R_i = n^2R \tag{7-16}$$

在实际应用中常常通过改变变压器的匝数比来改变输入电阻，以实现阻抗匹配，使负载获得最大功率。

思考与练习

7-4-1　什么是磁滞损耗和涡流损耗？引起这些损耗的原因有哪些？

7-4-2　变压器的主要功能有哪些？

仿真模块：变压器的仿真分析

从本章的知识可知变压器具有变换电压、变换电流、变换阻抗的作用，下面通过仿真对变压器的以上性能进行分析。

从元件库中选择交流电压源、电源变压器、电阻、电压表和电流表组成仿真电路，各元件的参数如图 7-11 所示，其中电压表和电流表要设置成交流模式，然后启动仿真。

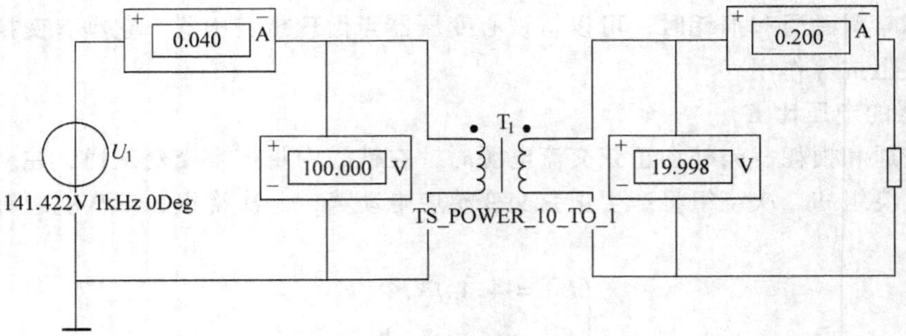

图 7-11　变压器仿真电路

从仿真结果可知，一次绕组电压、电流的有效值分别为 $U_1=100\text{V}$，$I_1=0.04\text{A}$。二次绕组电压、电流的有效值分别为 $U_2=19.998\text{V}$，$I_2=0.2\text{A}$。变压器的电压比为

$$K_u=\frac{U_1}{U_2}=\frac{100}{19.998}\approx 5$$

变压器的电流比为

$$K_i=\frac{I_1}{I_2}=\frac{0.04}{0.2}=\frac{1}{5}=\frac{1}{K_u}$$

一次绕组的输入阻抗为

$$R_i=\frac{100}{0.04}\Omega=2500\Omega=K_u^2R_L$$

本 章 小 结

本章介绍了磁场和磁场的基本物理量、磁路和磁路欧姆定律、互感、耦合、变压器等内容。

1）磁场和磁场基本物理量：磁感应强度 B 是描述磁场的一个基本物理量，它是一个矢量，其大小可用与磁场垂直的单位导体的受力大小表示：$B=\frac{\Delta F}{I\Delta l}$，$B$ 的方向为该点的磁场方向，由右手螺旋定则确定。磁场强度 H 是为了计算磁场而引入的另一个物理量，它也是矢量，H 与 B 的关系为 $B=\mu H$。

2）磁路和磁路欧姆定律：主磁场经过的路径称为磁路，磁路欧姆定律用来描述磁路中磁通与磁通势之间的关系：$F=R_m\Phi$，其中 R_m 为磁阻。

3）互感与耦合：两个通电线圈相互靠近时，一个线圈所产生的磁通会穿过另一个线圈产生互感，这时线圈上的电压为 $\begin{cases} u_1=\frac{d\Psi_1}{dt}=\frac{d\Psi_{11}}{dt}\pm\frac{d\Psi_{12}}{dt}=L_1\frac{di_1}{dt}\pm M\frac{di_2}{dt} \\ u_2=\frac{d\Psi_2}{dt}=\frac{d\Psi_{22}}{dt}\pm\frac{d\Psi_{21}}{dt}=L_2\frac{di_2}{dt}\pm M\frac{di_1}{dt} \end{cases}$。线圈的耦合程度用耦合系数 k 表征，$k=\frac{M}{\sqrt{L_1L_2}}$。对耦合电路的分析需要考虑同名端，同名端与两线圈绕向和它们的相对位置有关。

4）变压器：变压器具有变换电压、变换电流、变换阻抗的作用。没有损耗、没有漏磁通以及励磁电流可以忽略的变压器称为理想变压器。

习　题　7

7-1　一互感线圈如图 7-12 所示，已知互感系数 $M=0.01\text{H}$，电流 $i_1=5\sin(314t-30°)\text{A}$，试求电压 u_2。

7-2　一台变压器的一次绕组的匝数为 1200 匝，电压为 380V。要在二次绕组上获得 36V 的机床安全照明电压，求二次绕组的匝数。

7-3　一理想变压器一次、二次绕组的匝数分别为 1000 匝和 50 匝，一次绕组的电流为 0.1A，负载电阻 R_L 为 100Ω，试求一次绕组的电压和负载获得的功率。

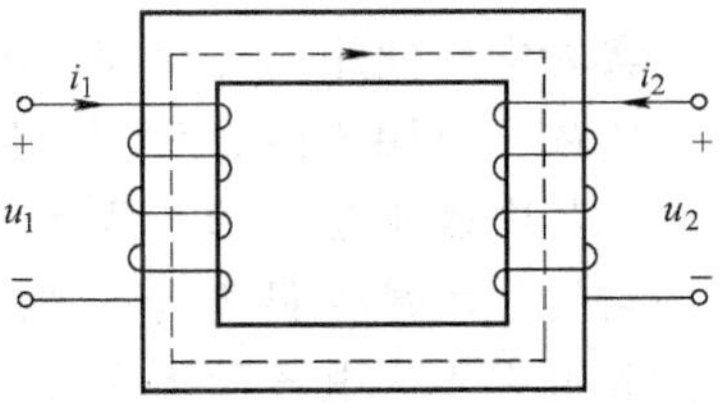

图 7-12　习题 7-1 电路图

7-4　某晶体管收音机原来接的是 4Ω 的扬声器，现改接 8Ω 的扬声器，已知输出变压器的一次绕组为 $N_1=500$ 匝，二次绕组为 $N_2=120$ 匝。若一次绕组匝数不变，则二次绕组的匝数应改成多少才能实现阻抗匹配？

7-5　电路如图 7-13 所示，若要使电阻 $R_L=8\Omega$ 的负载获得最大功率，则该理想变压器的匝数比应为多少？负载能获得的最大功率是多少？

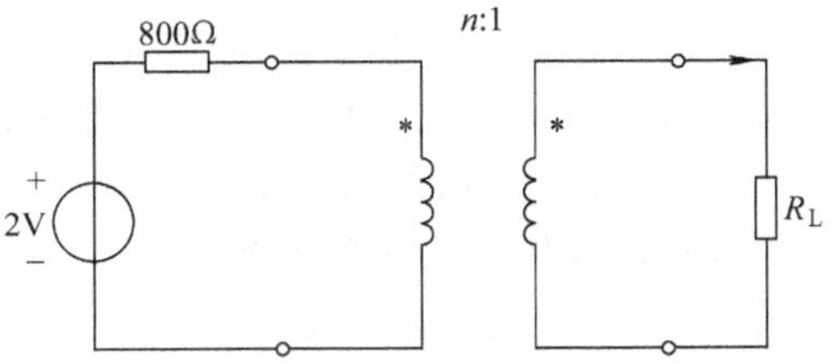

图 7-13　习题 7-5 电路图

第8章 技能训练

【目的要求】

巩固课程的理论知识，验证相应的电路定理，学习相关仪器仪表的使用，掌握电路的分析方法。

【重点与难点】

万用表的使用，戴维南定理，正弦电路的分析，荧光灯电路及提高功率因数的方法。

实验1 万用表及电压表和电流表量程的扩展

1. 实验目的

1）掌握指针式电压表、电流表、万用表的使用方法。

2）理解电压表、电流表的工作原理，掌握电压表、电流表量程的扩展原理。

3）学会用实验的方法扩展电压表和电流表的量程。

2. 实验原理

实验中所使用的万用表、电压表、电流表经常采用指针式的，即根据表头所指示的位置进行读数。万用表由表头、测量电路、选择开关和标度盘（习称刻度盘）等四个主要部分组成。其中表头是万用表测量各种电工量的公用部分，它是一个高灵敏度的磁电式直流微安表。它的作用是将眼睛看不到的电流转变为直观可见的指针偏转的角度。当指针指向满刻度时，通过表头的电流称为表头的灵敏度。满刻度时通过的电流越小，表头的灵敏度越高。表头的内阻和灵敏度是描述表头特性的两个重要参数。常用表头的灵敏度为几十至几百微安，表头内阻一般为几百至几千欧姆。

因为表头的满偏电流只有几十至几百微安，而电工测量电路中的电流则经常是几十至几百毫安，甚至可达几安培，该表头作为电流表使用时，其量程远远不够，所以要想办法扩大电流表的量程。当该表头作为电压表使用时，其量程通常也只有几十至几百毫伏，与电路中经常出现的电压相比也是远远不够的，所以也要想办法扩大电压表的量程。

（1）电压表量程的扩展　利用电阻串联的分压作用，将表头与一个或多个电阻串联，即可实现电压表量程的扩展。电阻串联扩展量程的原理为

$$U = I_G(R_G + R_D)$$

式中，U 为外加电压；I_G 为流过表头的电流；R_G 为表头内阻；R_D 为分压电阻。

由上式可知，I_G 与 U 成正比。

当 I_G 等于满偏电流时，电压表所测得的电压为这一量程的最大电压（即为该量程电压值）。

（2）电流表量程的扩展　利用电阻并联的分流作用，将表头与一个或多个电阻并联，

即可实现电流表量程的扩展。电阻并联扩展量程的原理为

$$I_G = I\frac{R_S}{R_G + R_S}$$

式中，I_G 为流过表头的电流；I 为被测电流；R_G 为表头内阻；R_S 为分流电阻。

当 I_G 等于满偏电流时，电流表所测得的电流为这一量程的最大电流（即为该量程电流值）。

3. 实验设备

实验设备见表 8-1。

表 8-1 实验设备

序号	名称	型号与规格	数量	备注
1	直流可调稳压电源	0 ~ 50V	1	
2	直流电流表	0 ~ 1A	1	
3	表头	100μA,5kΩ	1	
4	导线		若干	
5	电阻	1Ω、5Ω、50Ω、550Ω、5kΩ、45kΩ、195kΩ	若干	

4. 实验内容

（1）电压表量程的扩展

1）将内阻为 5kΩ、满偏电流为 100μA 的表头作为电压表使用，计算它的电压量程；再计算该表头分别串联 5kΩ、45kΩ、195kΩ 等电阻后的电压量程，并将计算结果填写到表 8-2 相应的栏目中。

2）用实验的方法测量内阻为 5kΩ、满偏电流为 100μA 表头的电压量程，再测量该表头分别串联 5kΩ、45kΩ、195kΩ 等电阻后的电压量程。测量电路如图 8-1 所示。

3）具体步骤如下：按图 8-1 所示连接电路，图中 R_G 为表头内阻，R_D 为串联的分压电阻。表头分别与不同的电阻 R_D 串联后，将电路的两端接在直流可调稳压电源的输出端，分别取 $R_D=0$，$R_D=5\text{k}\Omega$，$R_D=45\text{k}\Omega$，$R_D=195\text{k}\Omega$，并稳步调节电源电压输出的大小，记录表头指针满偏时的电源电压输出值，并将记录结果填写到表 8-2 相应的栏目中。

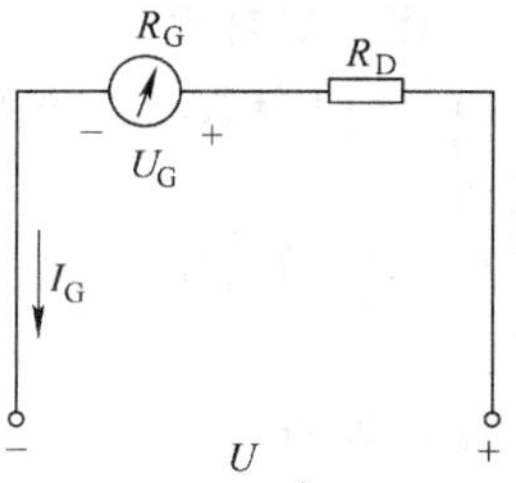

图 8-1 电压表量程的扩展

表 8-2 电压表量程的扩展

串联电阻 R_D 的值		0	5kΩ	45kΩ	195kΩ
电压表量程/V	计算值				
	测量值				

（2）电流表量程的扩展

1）使用内阻为 5kΩ、满偏电流为 100μA 的表头作为电流表使用，计算它分别并联 550Ω、50Ω、5Ω、1Ω 等电阻后的电流量程，并将计算结果填写到表 8-3 相应的栏目中。

2）用实验的方法测量内阻为5kΩ、满偏电流为100μA的表头分别并联550Ω、50Ω、5Ω、1Ω等电阻后的电流量程。测量电路如图8-2所示。

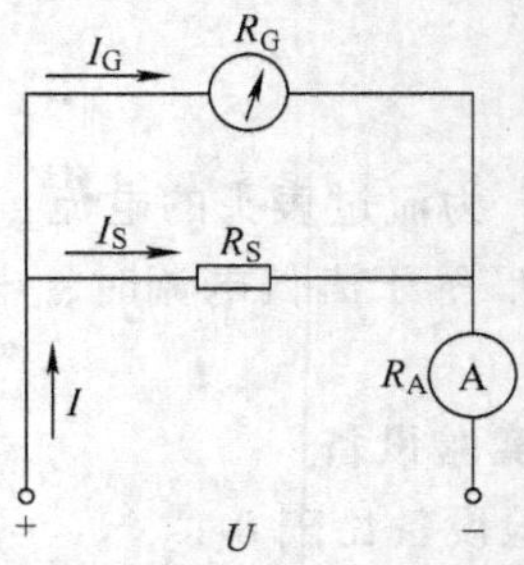

图8-2 电流表量程的扩展

3）具体步骤如下：按图8-2所示连接电路，图中R_G为表头内阻，R_S为并联的分流电阻，A为测量总电流I的直流电流表。表头分别与不同的电阻R_S并联后，将电路的两端接在直流可调稳压电源的输出端，分别取$R_S=550\Omega$，$R_S=50\Omega$，$R_S=5\Omega$，$R_S=1\Omega$，记录表头指针满偏时直流电流表A的指示数值，该数值即为扩大后的电流表的量程。将记录结果填写到表8-3相应的栏目中。

表8-3 电流表量程的扩展

并联电阻R_S的值		550Ω	50Ω	5Ω	1Ω
电流表量程/mA	计算值				
	测量值				

5. 实验注意事项

1）防止稳压电源两个输出端碰线短路。

2）测量时，若表头或直流电流表的指针反偏，则必须调换仪表极性，重新测量。此时指针正偏，可读得相应的电压或电流值。

3）改接电路时，要关掉电源。

6. 预习思考题

1）电路串联时，电路上的电压、电流、功率有什么特点？电路的串联网络有哪些应用方式？

2）电路并联时，电路上的电压、电流、功率有什么特点？电路的并联网络有哪些应用方式？

7. 实验报告

1）实验报告中要写清楚详细的实验过程。

2）完成表格中的数据计算，并将测量值与计算值进行必要的比较，得出实验结论。

3）写好实验心得体会及其他相关内容。

实验2 基尔霍夫定律

1. 实验目的

1）验证基尔霍夫定律的正确性，加深对基尔霍夫定律的理解。

2）通过实验加深对参考方向的理解。

3）学会用电流表、电压表测量各支路电流、电压。

2. 实验原理

基尔霍夫定律是电路的基本定律。测量某电路的各支路电流及每个元件两端的电压，应能分别满足基尔霍夫电流定律（KCL）和电压定律（KVL）。即对电路中的任一个节点而言，应有$\sum I=0$；对任何一个闭合回路而言，应有$\sum U=0$。

运用上述定律时必须注意各支路或闭合回路中电流的正方向，此方向可预先任意设定。

3. 实验设备

实验设备见表8-4。

表8-4 实 验 设 备

序 号	名 称	型号与规格	数 量	备 注
1	直流可调稳压电源	0～30V 双路	1	
2	万用表		1	
3	直流电压表	0～200V	1	
4	直流电流表	0～100mA	1	
5	实验电路板	DGJ—03	1	
6	电阻		若干	

4. 实验内容

实验电路如图8-3a所示，按图示电路正确选择元件，并连接好电路。图8-3b所示为测量电流用的电流表插头和电流表插座示意图。

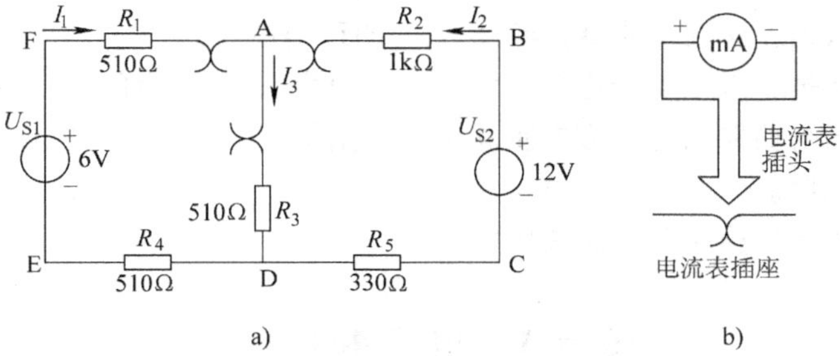

图8-3 基尔霍夫定律实验电路图

1）实验前先任意设定三条支路和三个闭合回路的电流参考方向。图8-3中I_1、I_2、I_3的参考方向已设定。三个闭合回路的回路电流参考方向可设为ADEFA、BADCB和FABCDEF。

2）分别将两路直流稳压电源接入电路，令$U_{S1}=6V$，$U_{S2}=12V$。

3）熟悉电流表插头的结构，将电流表插头的两端接至直流电流表的“+”、“−”两端。

4）将电流表插头分别插入三条支路的三个电流表插座中，读出电流值并记录在表8-5中。

5）用直流数字式电压表分别测量两个电源及电阻元件上的电压值，并记录在表8-5中。

表8-5 基尔霍夫定律实验电压、电流记录表

被测量	I_1/mA	I_2/mA	I_3/mA	U_{S1}/V	U_{S2}/V	U_{FA}/V	U_{AB}/V	U_{AD}/V	U_{CD}/V	U_{DE}/V
计算值										
测量值										
相对误差										

5. 实验注意事项

1）注意电流表插座的使用。

2）所有需要测量的电压值，均以电压表的读数为准。U_{S1}、U_{S2}也需测量，不应取电源本身的显示值。

3）防止稳压电源两个输出端碰线短路。

4）用指针式电压表或电流表测量电压或电流时，若仪表指针反偏，则必须调换仪表极性，重新测量。此时指针正偏，可读得电压或电流值。若用数字式电压表或电流表测量，则可直接读出电压或电流值。但应注意：所读得的电压或电流值的正、负号应根据设定的电流参考方向来判断。

6. 预习思考题

1）根据图 8-3 所示电路中的元件参数，计算出待测电流 I_1、I_2、I_3 的大小和各电阻上的电压值，记入表 8-5 中，以便实验测量时，可正确地选定直流电流表和电压表的量程。

2）实验中，若用指针式万用表的直流毫安档测各支路电流，则在什么情况下可能出现指针反偏，应如何处理？在记录数据时应注意什么？若用直流数字式毫安表进行测量时，则会有什么显示呢？

7. 实验报告

1）根据实验数据，选定节点 A，验证 KCL 的正确性。

2）根据实验数据，选定实验电路中的任一个闭合回路，验证 KVL 的正确性。

3）将支路和闭合回路的电流方向重新设定，重复 1）、2）两项验证。

4）分析误差原因。

5）写好实验心得体会及其他相关内容。

实验 3　电桥测量电路

1. 实验目的

1）掌握复杂电路的分析方法和测试方法。

2）掌握电桥平衡的原理。

3）掌握电桥电路参数测量的一般方法。

2. 实验原理

图 8-4 所示为单臂电桥电路，它是一种使用最为广泛的电桥电路。

在图 8-4 所示单臂电桥电路中，若有$\frac{R_1}{R_2}=\frac{R_3}{R_4}$，则无论电源 U_S、电阻 R_S、R_5 的大小为多少，都有 $U_{cd}=0$，$I_5=0$，此时称电桥处于平衡状态，这就是著名的电桥平衡原理，专门用来精确测量电阻用的直流单臂电桥就是利用该原理制成的。

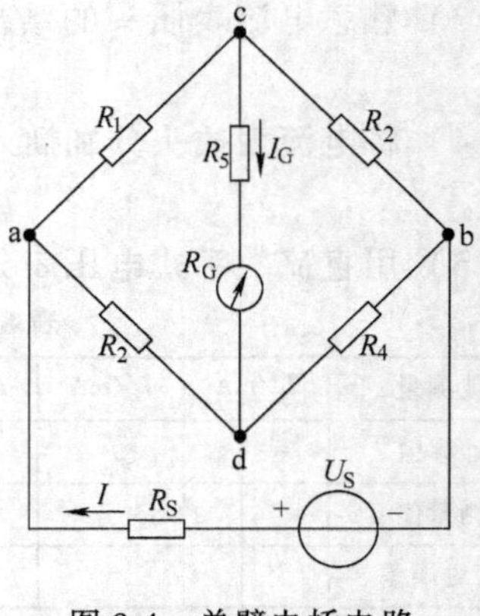

图 8-4　单臂电桥电路

3. 实验设备

实验设备见表 8-6。

表8-6 实验设备

序号	名称	型号与规格	数量	备注
1	直流可调稳压电源	0~30V	1	
2	直流电压表	0~200V	1	
3	直流电流表	0~100mA	1	
4	导线		若干	
5	电阻		若干	

4. 实验内容

实验电路如图8-4所示，按图示电路连接电路。

1）第一组数据取 $U_S=10V$，$R_S=300\Omega$，$R_1=500\Omega$，$R_2=100\Omega$，$R_3=1.5k\Omega$，$R_4=300\Omega$，$R_5=300\Omega$，将直流稳压电源的输出调节至10V，按图8-4所示正确连接电路，图中 R_G 为直流电流表的内阻（计算时取 $R_G=1k\Omega$）。分别测量 U_{ac}、U_{ad}、U_{cb}、U_{db}、U_{cd}、I_G 值，将这些数值记录到表8-7中，并与计算值作比较。

2）第二组数据取 $U'_S=20V$，$R'_S=500\Omega$，$R'_1=1k\Omega$，$R'_2=500\Omega$，$R'_3=2k\Omega$，$R'_4=1k\Omega$，$R'_5=100\Omega$，将直流稳压电源的输出调节至20V，按图8-4所示正确连接电路，图中 R_G 为直流电流表的内阻（计算时取 $R_G=1k\Omega$）。分别测量 U_{ac}、U_{ad}、U_{cb}、U_{db}、U_{cd}、I_G 值，将这些数值记录到表8-7中，并与计算值作比较。

3）第三组数据取 $U''_S=30V$，$R''_S=1k\Omega$，$R''_1=300\Omega$，$R''_2=1.2k\Omega$，$R''_3=200\Omega$，$R''_4=800\Omega$，$R''_5=500\Omega$，将直流稳压电源的输出调节至30V，按图8-4所示正确连接电路，图中 R_G 为直流电流表的内阻（计算时取 $R_G=1k\Omega$）。分别测量 U_{ac}、U_{ad}、U_{cb}、U_{db}、U_{cd}、I_G 值，将这些数值记录至表8-7中，并与计算值作比较。

表8-7 电桥测量电路实验电压、电流记录表

被测量		U_{ac}/V	U_{ad}/V	U_{cb}/V	U_{db}/V	U_{cd}/V	I_G/mA
第一组数据	计算值						
	测量值						
第二组数据	计算值						
	测量值						
第三组数据	计算值						
	测量值						

5. 实验注意事项

1）所有需要测量的电压值，均以电压表测量的读数为准。U_S 值也需测量，不应取电源本身的显示值。

2）防止稳压电源两个输出端碰线短路。

3）用指针式电压表或电流表测量电压或电流时，若仪表指针反偏，则必须调换仪表极性，重新测量。此时指针正偏，可读得电压或电流值。若用数字式电压表或电流表测量，则可直接读出电压或电流值。但应注意：所读得的电压或电流值的正、负号应根据设定的电流

参考方向来判断。

4）实验时，认真对照实验数据，要保证电桥是在平衡的状态下进行测量的，即$\frac{R_1}{R_2}=\frac{R_3}{R_4}$。

6. 预习思考题

1）根据图8-4所示电路中的元件参数，计算出待测的电压U_{ac}、U_{ad}、U_{cb}、U_{db}、U_{cd}和电流I_G的大小，并记入表8-7中，以便与实际的实验测量数据对比。

2）实验中，观察直流电流表的指针是否会偏转。为什么？

7. 实验报告

1）实验报告中要写清楚详细的实验过程。

2）完成表格中的数据计算，并将测量值与计算值进行必要的比较，得出实验结论。

3）对比三组实验数据，分析在电桥平衡$\left(即\frac{R_1}{R_2}=\frac{R_3}{R_4}\right)$的情况下，电源电压$U_S$、电源内阻$R_S$、$R_G$支路的电阻（$R_G+R_5$）的大小是否对实验结果有影响。

4）对计算值与测量值的差异进行原因分析。

5）写好实验心得体会及其他相关内容。

实验4　戴维南定理的验证

1. 实验目的

1）验证戴维南定理的正确性，加深对该定理的理解。

2）掌握测量有源二端网络等效参数的一般方法。

2. 实验原理

（1）实验原理概述　任何一个线性含源网络，如果仅研究其中一条支路的电压和电流，那么可将电路的其余部分看做是一个有源二端网络（或称为含源一端口网络）。

戴维南定理指出：任何一个线性有源网络，总可以用一个电压源与一个电阻的串联来等效代替，此电压源的电动势U_S等于这个有源二端网络的开路电压U_{OC}，其等效内阻R_0等于该网络中所有独立源均置零（理想电压源视为短接，理想电流源视为开路）时的等效电阻。

$R_{OC}(U_S)$和R_0或者$I_{SC}(I_S)$和R_0称为有源二端网络的等效参数。

（2）有源二端网络等效参数的测量方法

1）开路电压、短路电流法测R_0。在有源二端网络输出端开路时，用电压表直接测其输出端的开路电压U_{OC}，然后再将其输出端短路，用电流表测其短路电流I_{SC}，则等效内阻为

$$R_0=\frac{U_{OC}}{I_{SC}}$$

若二端网络的内阻很小，将其输出端口短路，则易损坏其内部元件，因此不宜用此法。

2）伏安法测R_0。用电压表、电流表测出有源二端网络的外特性曲线，如图8-5所示。根据外特性曲线求出斜率$\tan\phi$，则内阻为

$$R_0 = \tan\phi = \frac{\Delta U}{\Delta I} = \frac{U_{OC}}{I_{SC}}$$

也可以先测量开路电压 U_{OC}，再测量电流为额定值 I_N 时的输出端电压值 U_N，则内阻为

$$R_0 = \frac{U_{OC} - U_N}{I_N}$$

3）半电压法测 R_0。如图 8-6 所示，当负载电压为被测网络开路电压的一半时，负载电阻（由电阻箱的读数确定）即为被测有源二端网络的等效内阻值。

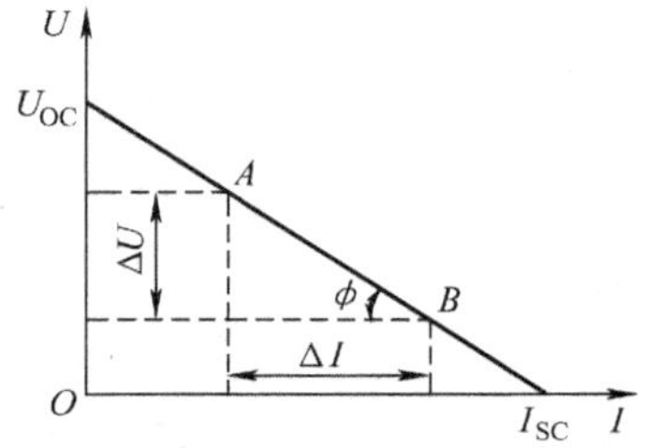

图 8-5　电压表、电流表测出的有源二端网络的外特性曲线

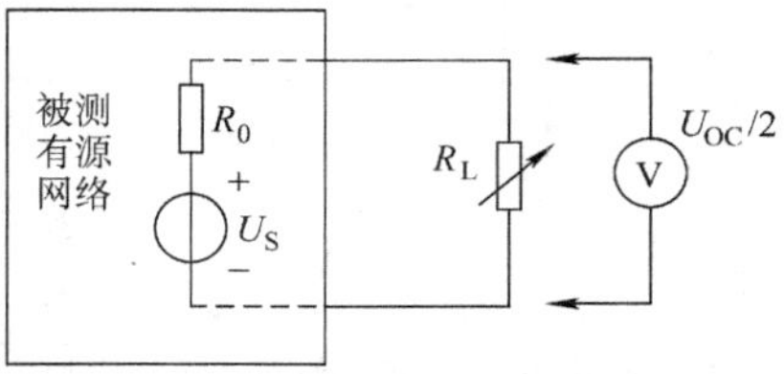

图 8-6　半电压法测 R_0

4）零示法测 U_{OC}。在测量具有高内阻有源二端网络的开路电压时，用电压表直接测量会造成较大的误差。为了消除电压表内阻的影响，往往采用零示法测量，如图 8-7 所示。

零示法测量原理是用一低内阻的稳压电源与被测有源二端网络进行比较，当稳压电源的输出电压与有源二端网络的开路电压相等时，电压表的读数将为“0”。然后将电路断开，测量此时稳压电源的输出电压，即为被测有源二端网络的开路电压。

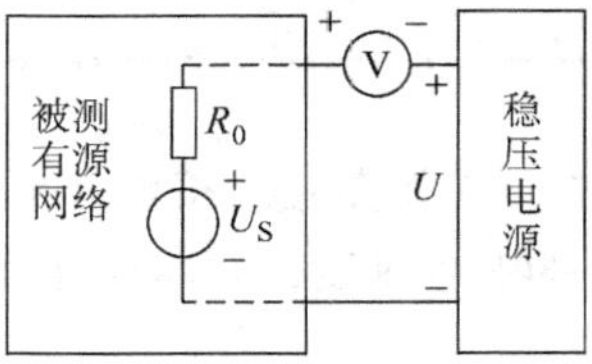

图 8-7　零示法测 U_{OC}

3. 实验设备

实验设备见表 8-8。

表 8-8　实验设备

序　号	名　称	型号与规格	数　量	备　注
1	可调直流稳压电源	0～30V	1	
2	可调直流恒流源	0～500mA	1	
3	直流数字电压表	0～200V	1	
4	直流数字毫安表	0～200mA	1	
5	万用表		1	自备
6	可调电阻箱	0～99999.9Ω	1	
7	电位器	1kΩ/2W	1	
8	戴维南定理实验电路板		1	

4. 实验内容

被测有源二端网络如图 8-8a 所示。

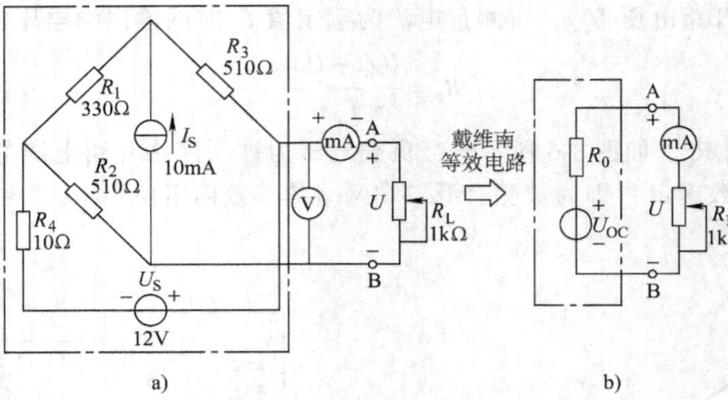

图 8-8　戴维南定理实验电路

1）用开路电压、短路电流法测定戴维南等效电路的 U_{OC}、R_0 和诺顿等效电路的 I_{SC}、R_0。按图 8-8a 接入稳压电源 $U_S=12V$ 和恒流源 $I_S=10mA$，不接入 R_L。测出 U_{OC} 和 I_{SC}，计算出 R_0，并将结果填入表 8-9 中（测 U_{OC} 时，不接入毫安表）。

表 8-9　开路电压、短路电流法测 R_0 数据表

U_{OC}/V	I_{SC}/mA	$R_0=\frac{U_{OC}}{I_{SC}}/\Omega$

2）负载实验。按图 8-8a 接入 R_L，按表 8-10 中的数据改变 R_L 的阻值，测量有源二端网络的外特性曲线，并将结果填入表 8-10 中。

表 8-10　有源二端网络的外特性曲线数据表

R_L 值	51Ω	100Ω	200Ω	300Ω	900Ω	1kΩ	2kΩ	3kΩ	8.2kΩ
U/V									
I/mA									

3）验证戴维南定理：从电阻箱上取得按实验内容“1）”所得的等效电阻 R_0 之值，然后令其与直流稳压电源（调到实验内容“1）”时所测得的开路电压 U_{OC} 之值）相串联，如图 8-8b 所示，按照实验内容“2）”测量该有源二端网络的外特性，对戴维南定理进行验证，并将结果填入表 8-11。

表 8-11　戴维南等效电路的外特性曲线数据表

R_L 值	51Ω	100Ω	200Ω	300Ω	900Ω	1kΩ	2kΩ	3kΩ	8.2kΩ
U/V									
I/mA									

4）有源二端网络等效电阻（又称入端电阻）的直接测量。如图 8-8a 所示，将被测有源网络内的所有独立源置零（去掉电流源 I_S 和电压源 U_S，并在原电压源所接的两点用一根短

路导线相连)，然后用伏安法或者直接用万用表的欧姆档去测定负载 R_L 开路时 A、B 两点间的电阻，此即为被测网络的等效内阻 R_0，或称为网络的入端电阻 R_i。

5）用半电压法和零示法测量被测网络的等效内阻 R_0 及其开路电压 U_{OC}，电路及数据表格自拟。

5. 实验注意事项

1）测量时应注意电流表量程的更换。

2）实验内容“4)”中，电压源置零时不可将稳压源短接。

3）用万表直接测 R_0 时，网络内的独立源必须先置零，以免损坏万用表。其次，欧姆档必须经调零后再进行测量。

4）用零示法测量 U_{OC}时，应先将稳压电源的输出调至接近于 U_{OC}，再按图 8-7 测量。

5）改接电路时，要关掉电源。

6. 预习思考题

1）在求戴维南等效电路时，作短路实验，测 I_{SC}的条件是什么？在本实验中可否直接作负载短路实验？请实验前对电路（见图 8-8a）预先作好计算，以便调整实验电路及测量时可准确地选取电表的量程。

2）说明测有源二端网络开路电压及等效内阻的几种方法，并比较其优缺点。

7. 实验报告

1）根据实验内容 2)、3）分别绘出曲线，验证戴维南定理的正确性，并分析产生误差的原因。

2）根据实验内容 1)、5）的几种方法测得的 U_{OC}与 R_0 与预习时电路计算的结果作比较，看能得出什么结论。

3）归纳、总结实验结果。

4）写好实验心得体会及其他相关内容。

实验 5 正弦电路分析

1. 实验目的

1）验证电阻、感抗、容抗与频率的关系，测定 R-f、X_L-f 及 X_C-f 的特性曲线。

2）加深理解 R、L、C 元件端电压与电流间的相位关系。

2. 实验原理

1）在正弦交变信号作用下，R、L、C 电路元件在电路中的抗流作用与信号的频率有关，它们的阻抗频率特性 R-f、X_L-f、X_C-f 曲线如图 8-9 所示。

2）R、L、C 电路元件阻抗频率特性的测量电路如图 8-10 所示。

图 8-10 中的 r 是提供测量回路电流用的标准小电阻，由于 r 的阻值远小于被测元件的阻抗值，因此可以认为 AB 之间的电压就是被测元件 R、L 或 C 两端的电压，流过被测元件的电流则可由 r 两端的电压除以 r 所得。

用双踪示波器同时观察 r 与被测元件两端的电压，就展现出被测元件两端的电压和流过该元件电流的波形，从而可在荧光屏上测出电压与电流的幅值及它们之间的相位差。

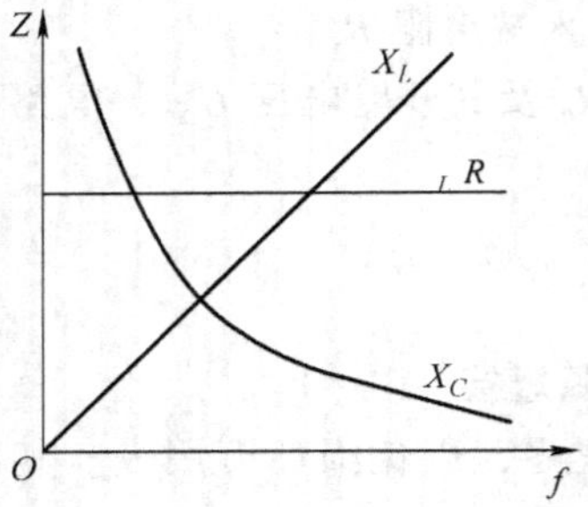

图 8-9 R、L、C 电路元件阻抗频率特性曲线图

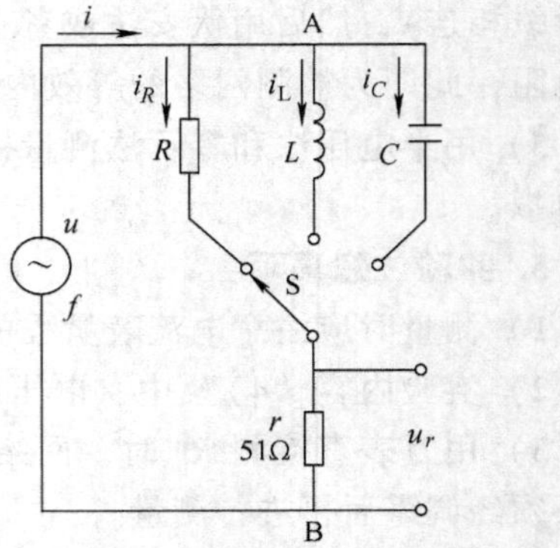

图 8-10 R、L、C 电路元件阻抗频率特性的测量电路

3）将元件 R、L、C 串联或并联相接，亦可用同样的方法测得 $Z_{串}$ 与 $Z_{并}$ 的阻抗频率特性 Z-f，根据电压、电流的相位差可判断 $Z_{串}$ 或 $Z_{并}$ 是感性还是容性负载。

4）元件的阻抗角（即相位差 φ）随输入信号频率的变化而改变，将各个不同频率下的相位差画在以频率 f 为横坐标、阻抗角 φ 为纵坐标的坐标纸上，并用光滑的曲线连接这些点，即得到阻抗角的频率特性曲线。

用双踪示波器测量阻抗角的方法如图 8-11 所示。从荧光屏上数得一个周期占 n 格，相位差占 m 格，则实际的相位差 φ（阻抗角）为

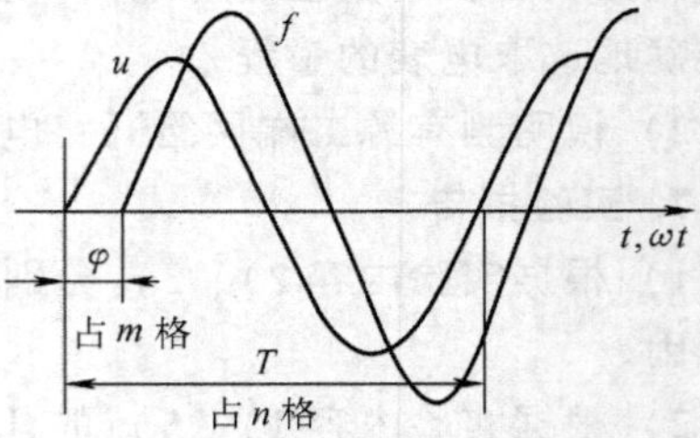

图 8-11 双踪示波器测量阻抗角示意图

$$\varphi = m\frac{360^\circ}{n}$$

3. 实验设备

实验设备见表 8-12。

表 8-12 实 验 设 备

序号	名　　称	型号与规格	数量	备注
1	函数信号发生器		1	
2	交流毫伏表	0～600mV	1	
3	双踪示波器		1	
4	频率计		1	
5	实验电路元件	R = 1kΩ，R = 51Ω，C = 1μF，L 约 10mH	1	

4. 实验内容

1）测量 R、L、C 元件的阻抗频率特性。通过导线将函数信号发生器输出的正弦信号接至图 8-10 所示电路，作为激励源 u，并用交流毫伏表测量，使激励电压的有效值为 U = 3V，并保持不变。

使信号源的输出频率从 200Hz 逐渐增至 5kHz（用频率计测量），并使开关 S 分别接通 R、L、C 三个元件，用交流毫伏表测量 U_r，并计算各频率点时的 I_R、I_L 和 I_C $\left(即\frac{U_r}{r}\right)$以及

$R=\dfrac{U}{I_R}$、$X_L=\dfrac{U}{I_L}$及$X_C=\dfrac{U}{I_C}$之值。

注意：在接通 C 测试时，信号源的频率应控制在200～2500Hz之间。

2）用双踪示波器观察在不同频率下各元件阻抗角的变化情况，按图8-11记录 n 和 m，算出 φ。

3）测量 R、L、C 元件串联的阻抗角频率特性。

5. 实验注意事项

1）交流毫伏表属于高阻抗电表，测量前必须先调零。

2）测 φ 时，示波器“V/div”和“t/div”的微调旋钮应旋置“校准位置”。

6. 预习思考题

测量 R、L、C 各个元件的阻抗角时，为什么要与它们串联一个小电阻？可否用一个小电感或大电容代替？为什么？

7. 实验报告

1）根据实验数据，在方格纸上绘制 R、L、C 三个元件的阻抗频率特性曲线，从中可得出什么结论？

2）根据实验数据，在方格纸上绘制 R、L、C 三个元件串联的阻抗角频率特性曲线，并总结、归纳出结论。

3）写好实验心得体会及其他相关内容。

实验6 荧光灯电路及提高功率因数的方法

1. 实验目的

1）研究正弦交流电路中电压、电流相量之间的关系。

2）掌握荧光灯电路的接线。

3）理解改善电路功率因数的意义并掌握其方法。

2. 实验原理

1）在单相正弦交流电路中，用交流电流表测得各支路的电流值，用交流电压表测得回路各元件两端的电压值，它们之间的关系满足相量形式的基尔霍夫定律，即 $\sum\dot{I}=0$ 和 $\sum\dot{U}=0$。

2）对于图8-12所示的 RC 串联电路，在正弦交流信号 $\dot{U}$ 的激励下，$\dot{U}_R$ 与 $\dot{U}_C$ 保持90°的相位差，即当 R 阻值改变时，$\dot{U}_R$ 的相量轨迹是一个半圆。$\dot{U}$、$\dot{U}_C$ 与 $\dot{U}_R$ 三者形成一个直角形的电压三角形，如图8-13所示。R 值改变时，可改变 φ 角的大小，从而达到移相的目的。

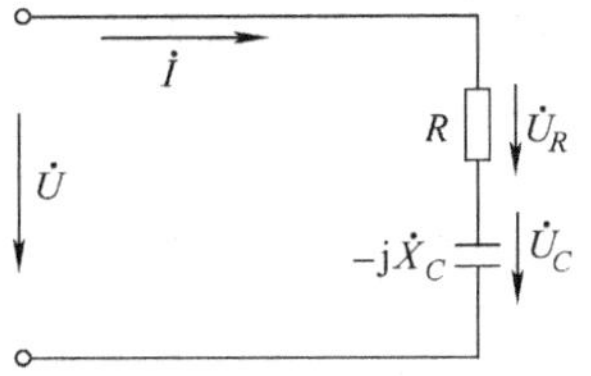

图8-12 RC 串联电路

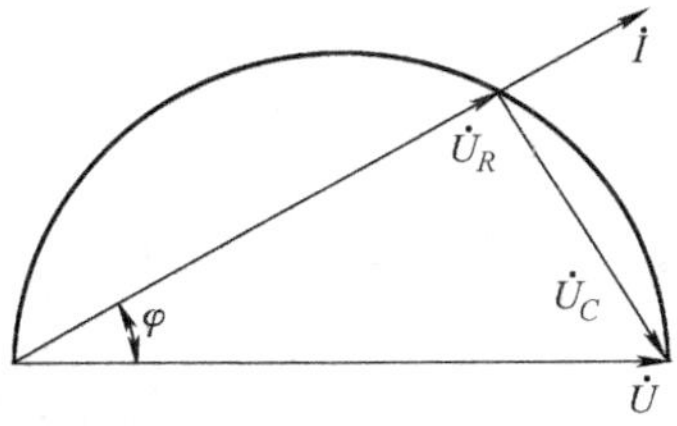

图8-13 RC 串联电路相量图

3）荧光灯电路如图8-14所示，图中A是荧光灯管，镇流器的电感为L，S是启动器，C是补偿电容，用以改善电路的功率因数（$\cos\varphi$值）。有关荧光灯的工作原理请自行翻阅有关资料。

3. 实验设备

实验设备见表8-13。

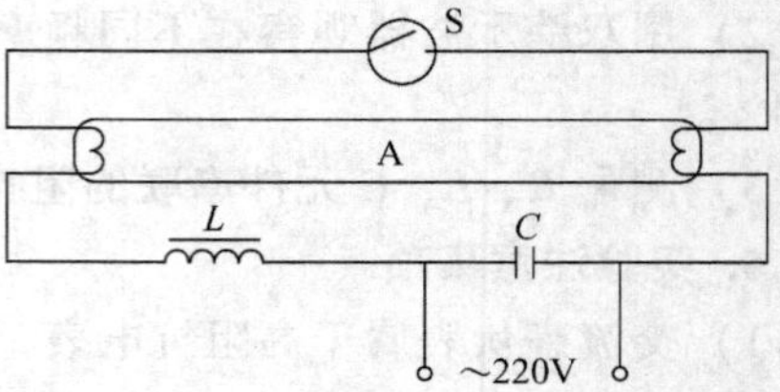

图8-14　荧光灯电路

4. 实验内容

1）按图8-12接线。R为220V、15W的白炽灯，电容为4.7μF/500V。经指导教师检查后，接通实验台电源，将自耦调压器输出（即U）调至220V。记录U、U_R、U_C值，验证电压三角形关系并将测量结果记录到表8-14中。

表8-13　实验设备

序号	名　称	型号与规格	数量	备注
1	交流电压表	0～500V	1	
2	交流电流表	0～5A	1	
3	功率表		1	
4	自耦调压器		1	
5	镇流器、启动器	与40W灯管配用	各1	
6	荧光灯灯管	40W	1	
7	电容	1μF, 2.2μF, 4.7μF/500V	各1	
8	白炽灯及灯座	220V, 15W	1～3	
9	电流插座		3	

表8-14　*RC*串联电路中各电压记录表

测量值			计算值		
U/V	U_R/V	U_C/V	U'（$\dot{U}$与$\dot{U}_R$、$\dot{U}_C$组成电压三角形，$U'=\sqrt{U_R^2+U_C^2}$）/V	$\Delta U(\Delta U=U'-U)$/V	$\frac{\Delta U}{U}$(%)

2）荧光灯电路接线与测量。按图8-15所示的荧光灯测量电路连接电路。经指导教师检查后接通实验台电源，调节自耦调压器的输出，使其输出电压缓慢增大，直到荧光灯刚被起动点亮为止，记下三表（电压表、电流表、功率表）的指示值。然后将电压调至220V，测量功率P，电流I，电压U、U_L、U_A等值，验证电压、电流的相量关系，并将数据记录到表8-15。

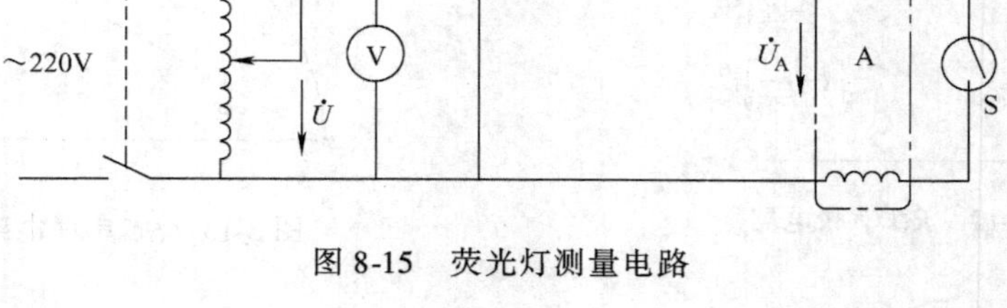

图8-15　荧光灯测量电路

表 8-15 电路参数测量表

	测量值						计算值	
	P/W	$\cos\varphi$	I/A	U/V	U_L/V	U_A/V	R/Ω	$\cos\varphi$
起动值								
正常工作值								

3）并联电路中功率因数的改善。按图 8-16 所示连接实验电路，经指导老师检查后，接通实验台电源，将自耦调压器的输出调至 220V，记录功率表、电压表读数。然后接入电容支路，通过一只电流表和三个电流插座分别测得三条支路的电流，改变电容值，进行三次重复测量。将数据记入表 8-16 中。

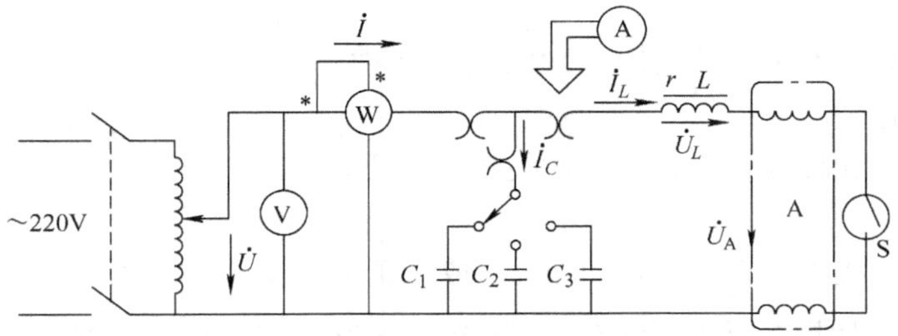

图 8-16 提高荧光灯电路功率因数的实验电路

表 8-16 提高荧光灯电路功率因数的实验数据表

电容值	测量值						计算值	
C/μF	P/W	$\cos\varphi$	U/V	I/A	I_L/A	I_C/A	I/A	$\cos\varphi$
0								
1								
2.2								
4.7								

5. 实验注意事项

1）本实验用交流市电 220V，务必注意用电和人身安全。

2）功率表要正确接入电路。

3）电路接线正确，荧光灯不能起动时，应检查启动器及其接触是否良好。

6. 预习思考题

1）参阅课外资料，了解荧光灯的起动原理。

2）在日常生活中，当荧光灯上缺少了启动器时，人们常用一根导线将启动器的两端短接一下，然后迅速断开，使荧光灯点亮（DGJ—04 实验挂箱上有短接按钮，可用它代替启动器做实验），或用一只启动器去点亮多只同类型的荧光灯，这是为什么？

3）为了改善电路的功率因数，常在感性负载上并联电容，此时增加了一条电流支路，试问电路的总电流是增大还是减小？此时感性元件上的电流和功率是否改变？

4）提高电路功率因数为什么只采用并联电容法，而不用串联法？所并联的电容是否越大越好？

7. 实验报告

1）完成数据表格中的计算，进行必要的误差分析。

2）根据实验数据，分别绘出电压、电流相量图，验证相量形式的基尔霍夫定律。

3）讨论改善电路功率因数的意义和方法。

4）写好装接荧光灯电路的心得体会及其他相关内容。

实验7　三相交流电路

1. 实验目的

1）掌握三相负载作星形联结、三角形联结的方法，验证这两种接法下线、相电压及线、相电流之间的关系。

2）充分理解三相四线供电系统中中性线的作用。

2. 实验原理

1）三相负载可接成星形（又称“Y”）或三角形（又称“△”）。当三相对称负载作Y联结时，线电压 U_L 是相电压 U_P 的$\sqrt{3}$倍，线电流 I_L 等于相电流 I_P，即

$$U_L=\sqrt{3}U_P \qquad I_L=I_P$$

在这种情况下，流过中性线的电流 $I_N=0$，所以可以省去中性线。

当三相对称负载作△联结时，有 $I_L=\sqrt{3}I_P$，$U_L=U_P$。

2）三相不对称负载作Y联结时，必须采用三相四线制接法，即 yn 联结。而且中性线必须牢固连接，以保证三相不对称负载的每相电压维持对称不变。

倘若中性线断开，会导致三相负载电压的不对称，致使负载轻的那一相的相电压过高，使负载遭受损坏；负载重的一相相电压又过低，使负载不能正常工作。尤其是对于三相照明负载，应无条件地一律采用 yn 联结。

3）当三相不对称负载作△联结时，$I_L\neq\sqrt{3}I_P$，但只要电源的线电压 U_L 对称，则加在三相负载上的电压仍是对称的，对各相负载的工作没有影响。

3. 实验设备

实验设备见表 8-17。

表 8-17　实验设备

序号	名称	型号与规格	数量	备注
1	交流电压表	0 ~ 500V	1	
2	交流电流表	0 ~ 5A	1	
3	万用表		1	
4	三相自耦调压器		1	
5	三相灯组负载	220V，15W 白炽灯	9	
6	电流插座		3	DGJ-04

4. 实验内容

(1) 三相负载星形联结（三相四线制供电）　按图 8-17 所示电路装接实验电路，三相灯组负载经三相自耦调压器接通三相对称电源。将三相调压器的旋柄置于输出为 0V 的位置(即逆时针旋到底)。经指导教师检查合格后，方可开启实验台电源，然后调节调压器的输出，使输出的三相线电压为 220V，并按下述内容完成各项实验，分别测量三相负载的线电压、相电压、线电流、相电流、中性线电流、电源与负载中点间的电压。将所测得的数据记入表 8-18 中，并观察各相灯组亮暗的变化程度，特别要注意观察中性线的作用。

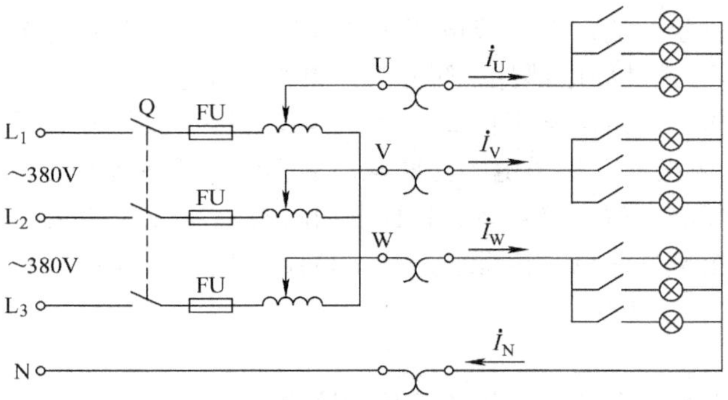

图 8-17　三相负载星形联结实验电路

表 8-18　三相负载星形联结实验记录表

测量数据 / 实验内容(负载情况)	开灯盏数/盏			线电流/A			线电压/V			相电压/V			中性线电流 I_N/A	中点电压 U_{ON}/V
	U 相	V 相	W 相	I_U	I_V	I_W	U_{UV}	U_{VW}	U_{WU}	U_{UN}	U_{VN}	U_{WN}		
yn 联结、平衡负载	3	3	3											
y 联结、平衡负载	3	3	3											
yn 联结、不平衡负载	1	2	3											
y 联结、不平衡负载	1	2	3											
yn 联结、B 相断开	1		3											
y 联结、B 相断开	1		3											

(2) 三相负载三角形联结（三相三线制供电）　按图 8-18 所示改接电路，经指导教师检查合格后接通三相电源，并调节调压器，使其输出线电压为 220V，并按表 8-19 中的内容进行测试。

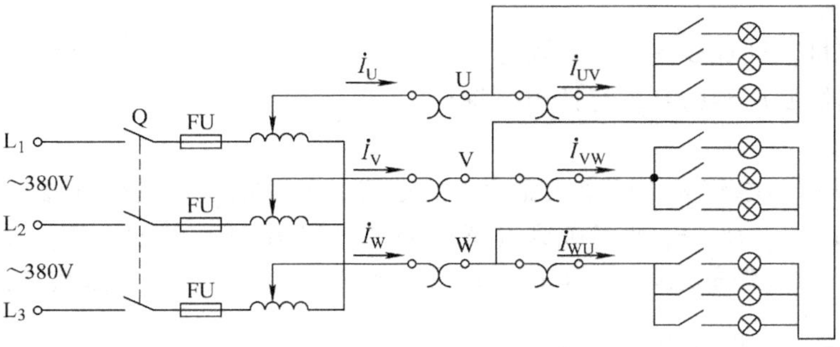

图 8-18　三相负载三角形联结实验电路

表 8-19 三相负载三角形联结实验记录表

负载情况＼测量数据	开灯盏数			线电压(相电压)/V			线电流/A			相电流/A		
	UV 相	VW 相	WU 相	U_{UV}	U_{VW}	U_{WU}	I_U	I_V	I_W	I_{UV}	I_{VW}	I_{WU}
三相平衡	3	3	3									
三相不平衡	1	2	3									

5. 实验注意事项

1）本实验采用三相交流市电，线电压为 380V 实验人员应穿绝缘鞋进实验室。实验时要注意人身安全，不可触及导电部件，防止意外事故发生。

2）每次接线完毕，同组同学应自查一遍，然后由指导教师检查后，方可接通电源，必须严格遵守先断电、再接线、后通电，先断电、后拆线的实验操作原则。

3）为避免烧坏灯泡，DGJ—04 型实验挂箱内设有过电压保护装置。当任一相的相电压大于 250V 时，声光报警并跳闸。因此，采用Y联结，做不平衡负载实验或缺相实验时，所加的相电压最高不要超过 240V。

6. 预习思考题

1）三相负载根据什么条件作星形或三角形联结？

2）复习三相交流电路有关内容，试分析三相星形联结不对称负载在无中性线情况下，当某相负载开路或短路时会出现什么情况？如果接上中性线，情况又将如何？

3）本次实验中为什么要通过三相调压器将 380V 的市电线电压降为 220V 的线电压使用？

7. 实验报告

1）用实验测得的数据验证三相对称电路中的$\sqrt{3}$关系。

2）用实验数据和观察到的现象，总结三相四线供电系统中中性线的作用。

3）三相不对称三角形联结的负载能否正常工作？实验是否能证明这一点？

4）根据三相不对称负载三角形联结时的相电流值作相量图，并求出线电流值，然后与实验测得的线电流作比较，并分析具体原因。

5）写好实验心得体会及其他相关内容。

实验 8 变 压 器

1. 实验目的

1）通过测量，计算变压器的各项参数。

2）学会测绘变压器的空载特性与外特性。

2. 实验原理

1）图 8-19 所示电路为测试变压器参数的电路。由各仪表读出变压器一次侧（图中 AX 端，低压侧）的 U_1、I_1、P_1 及二次侧（图中 ax 端，高压侧）的 U_2、I_2，并用万用表 $R\times1$ 档测出一次、二次绕组的电阻 R_1 和 R_2，即可算出变压器的以下各项参数值：

电压比 $K_u=\dfrac{U_1}{U_2}$，电流比 $K_i=\dfrac{I_2}{I_1}$；

一次阻抗 $Z_1=\frac{U_1}{I_1}$，二次阻抗 $Z_2=\frac{U_2}{I_2}$；

阻抗比为$\frac{Z_1}{Z_2}$，负载功率 $P_2=U_2I_2\cos\varphi_2$；

损耗功率 $P_0=P_1-P_2$，其中，P_1 为一次侧（AX端）的功率；

功率因数为 $\lambda=\frac{P_1}{U_1I_1}$；

一次绕组铜耗 $P_{Cu1}=I_1^2R_1$，二次绕组铜耗 $P_{Cu2}=I_2^2R_2$，铁耗 $P_{Fe}=P_0-(P_{Cu1}+P_{Cu2})$。

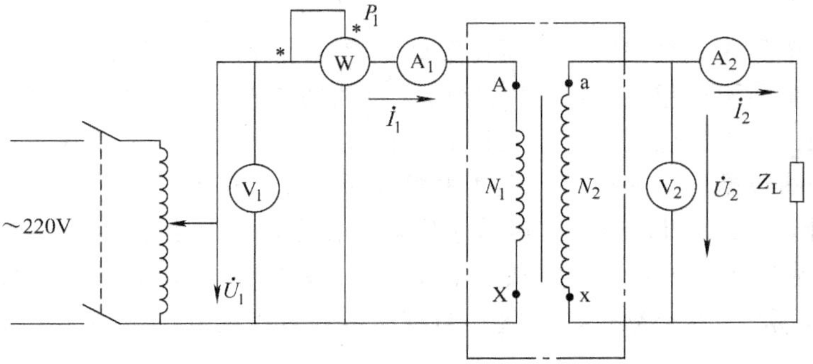

图 8-19 变压器测试电路

2）铁心变压器是一个非线性元件，铁心中的磁感应强度 B 决定于外加电压的有效值 U。当二次侧开路（即空载）时，一次侧的励磁电流 I_{10}与磁场强度 H 成正比。在变压器中，二次侧空载时，一次电压与电流的关系称为变压器的空载特性，这与铁心的磁化曲线（B-H 曲线）是一致的。

空载实验通常是将高压侧开路，由低压侧通电进行测量，又因空载时功率因数很低，故测量功率时应采用低功率因数的功率表。此外因变压器空载时阻抗很大，故电压表应接在电流表外侧。

3）变压器外特性测试。为了满足三组灯泡负载额定电压为220V的要求，以变压器的低压（36V）绕组作为一次侧，220V的高压绕组作为二次侧，即当做一台升压变压器使用。

在保持一次电压 U_1（36V）不变时，逐次增加灯泡负载（每只灯为15W），测定 U_1、U_2、I_1 和 I_2，即可绘出变压器的外特性，即负载特性曲线 $U_2=f(I_2)$。

3. 实验设备

实验设备见表8-20。

表 8-20 实验设备

序号	名称	型号与规格	数量	备注
1	交流电压表	0~450V	2	
2	交流电流表	0~5A	2	
3	单相功率表		1	
4	实验变压器	220V/36V 50V·A	1	
5	自耦调压器		1	
6	白炽灯	220V,15W	5	

4. 实验内容

1）用交流法判别变压器绕组的同名端。

2）按图 8-19 所示电路接线，其中 AX 为变压器的低压绕组，ax 为变压器的高压绕组。电源经自耦调压器接至低压绕组，高压绕组 220V 接 Z_L，即 15W 的灯组负载（3 只灯泡并联），经指导教师检查后方可进行实验。

3）将调压器手柄置于输出电压为零的位置（逆时针旋到底），合上电源开关，并调节调压器，使其输出电压为 36V。逐次增加灯泡负载（最多亮 5 个灯），分别记下 5 个仪表的读数，记入自拟的数据表格，绘制变压器外特性曲线。实验完毕将调压器调回零位，断开电源。

当负载为 4 个和 5 个灯泡时，变压器已处于超载运行状态，很容易烧坏。因此，测试和记录应尽量快，总共不应超过 3min。实验时，可先将 5 只灯泡并联安装好，断开控制每个灯泡的相应开关，通电且电压调至规定值后，再逐一打开各个灯的开关，并记录仪表读数。待 5 只灯泡全开的数据记录完毕后，立即用相应的开关断开各灯。

4）将高压侧（二次侧）开路，确认调压器处在零位后，合上电源，调节调压器输出电压，使 U_1 从零逐次上升到 1.2 倍的额定电压（1.2×36V），分别记下各次测得的 U_1、U_{20}（空载二次电压）和 I_{10}（空载一次电流）数据，记入自拟的数据表格，用 U_1 和 I_{10}绘制变压器的空载特性曲线。

5. 实验注意事项

1）本实验是将变压器作为升压变压器使用，并用自耦调压器提供一次电压 U_1，故使用调压器时应首先调至零位，然后才可合上电源。此外，必须用电压表监视调压器的输出电压，防止被测变压器输出过高电压而损坏实验设备，且要注意安全，以防高压触电。

2）由负载实验转到空载实验时，要注意及时变更仪表量程。

3）遇异常情况，应立即断开电源，待处理好故障后，再继续实验。

6. 预习思考题

1）为什么本实验将低压绕组作为一次侧进行通电实验？此时，在实验过程中应注意什么问题？

2）为什么变压器的励磁参数一定是在空载实验加额定电压的情况下求出？

7. 实验报告

1）根据实验内容，自拟数据表格，绘出变压器的外特性和空载特性曲线。

2）根据额定负载时测得的数据，计算变压器的各项参数。

3）计算变压器电压整率 $\Delta U\% = \dfrac{U_{20}-U_{2N}}{U_{20}}\times100\%$，其中，$U_{2N}$为二次侧的额定电压。

4）写好实验心得体会及其他相关内容。

附录　Multisim 8.0 软件简介

1. Multisim 8.0 的特点

Multisim 8.0 仿真软件的前身是 EWB（Electronics Workbench），该软件是加拿大 IIT（Interactive Image Technologies）公司在 20 世纪 80 年代后期推出的用于电子电路设计和仿真的 EDA 软件，软件版本从 EWB 5.0 发展到升级版 Multisim 2001、Multisim 7，以及 Multisim 8.0。与之前的版本相比，Multisim 8.0 版本还增加了一些元器件库品种、一台“泰克”示波器和其他一些功能。

目前的 Multisim 8.0 包含有电路仿真设计模块 Multisim、PCB 设计软件 Ultiboard、布线引擎 Ultiroute 和通信电路分析与设计模块 Commsim 四个部分，这四个部分相互独立，可以分别使用，能完成从电路仿真设计到电路版图生成的全部工作。

Multisim 8.0 的元器件库提供近万种电子元器件供实验选用，同时用户也可以新建或扩充已有的元器件库，而且建库所需的元器件参数可以从生产厂商的产品使用手册中查到，并且还支持网络元器件库的升级，因此几乎涵盖了目前市场上绝大多数的电子元器件，可以很方便地在工程设计或实践教学中使用。

Multisim 8.0 还提供了多达 18 种虚拟仪器仪表和一个实时测量探针，可以满足一般电子电路的测试和实验。有一般实验用的通用仪器，如万用表、信号发生器、双通道示波器、直流电源；还有一般实验室少有或没有的仪器，如波特图示仪、字信号发生器、逻辑分析仪、逻辑转换器、失真度测量仪、频谱分析仪和网络分析仪等。

Multisim 8.0 具有 18 种电路分析功能，可以完成电路的瞬态分析和稳态分析、时域和频域分析、元器件的线性和非线性分析、电路的噪声分析和失真分析、离散傅里叶分析、电路零极点分析、交直流灵敏度分析等电路分析，并可以根据用户需要同时进行多种电路分析的批处理，以帮助设计人员分析电路的性能。

Multisim 8.0 可以设计、测试和演示各种电子电路，包括电工电路、模拟电路、数字电路、射频电路及部分微机接口电路等。可以对被仿真的电路中的元器件设置各种故障，如开路、短路和不同程度的漏电等，从而观察不同故障情况下的电路工作状况。在进行仿真的同时，软件还可以存储测试点的所有数据，列出被仿真电路的所有元器件清单，以及存储测试仪器的工作状态、显示波形和具体数据等。

总之，Multisim 系列软件与其它电子电路设计软件相比具有界面直观、操作方便等优点。创建电路、选用元器件和测量仪器等均可直接从屏幕上的元器件库和仪器库中选取。电子电路的分析、设计与仿真工作都可以通过点击鼠标实现，大大提高了电子设计工作的质量和效率。

2. Multisim 8.0 软件使用简介

一般而言，Multisim 8.0 进行仿真分析的基本步骤为：创建仿真电原理图→设置电路图选项→使用仿真仪器→设定仿真分析方法→启动 Multisim 8.0 仿真等五大步骤。

下面以一个纯电感电路电流和电压关系的测试为例，来简要说明如何使用 Multisim 8.0

软件。纯电感电路电流和电压关系的测试如附录图 1 所示。

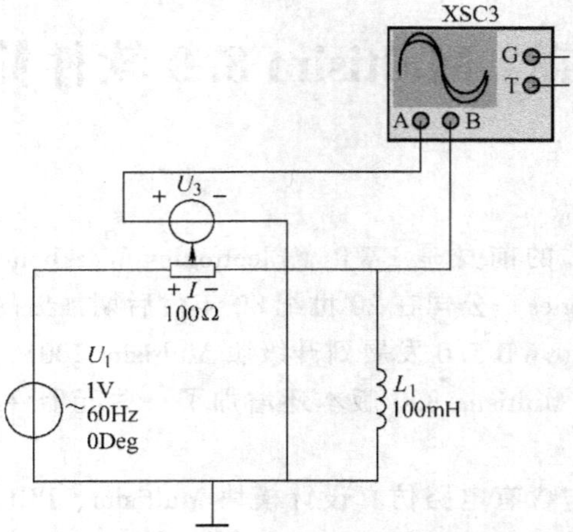

附录图 1　纯电感电路电流和电压关系的测试

(1) 建立电路文件　依次执行“开始/程序/ELectronics Workbench/ Multisim 8.0”程序后，系统将自动建立名为“Circuit1”的空白电路文件，保存该文件并重新命名。

设置电路工作区的颜色、尺寸、显示模式等页面基本参数，一般均采用软件默认设置。

(2) 放置元件　在“元件”工具栏上单击按钮，将弹出元件选择对话框，根据需要调用的元件选择“Family”栏中的选项即可，如附录图 2 所示。

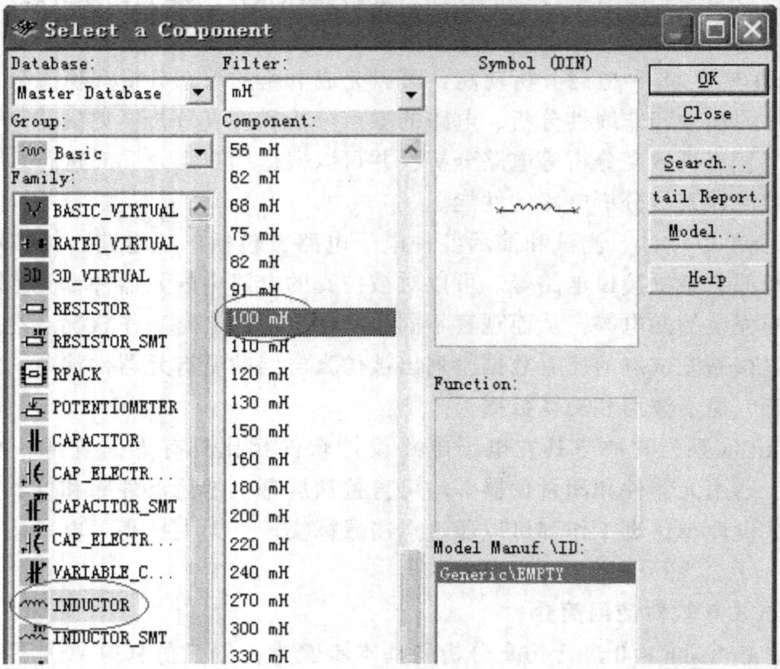

附录图 2　电感元件的选择

对于重复出现的元件可以通过工具栏中的 --- In Use List --- 下拉选项来快速放置。

如果需要改变元件的放置方式，那么可在电路工作区内，点击所需要改变放置方式的元件，然后点击菜单 Edit，选择“90Clockwise”或“90Countercw”命令来将所选的元件旋转±90°就可以了。

选择接地端和电源的步骤是：点击元件工具栏中的打开电源元件库，在打开的对话框中选择“CONTROLLED_ VO...”选项，再选择“CURRENT_ CONTROLLED_ V...”选项，如附录图 3 所示。单击 OK 按钮，即可将流控电压源元件拖入工作界面，该元件的功能是输出电压与流过元件的电流成正比。

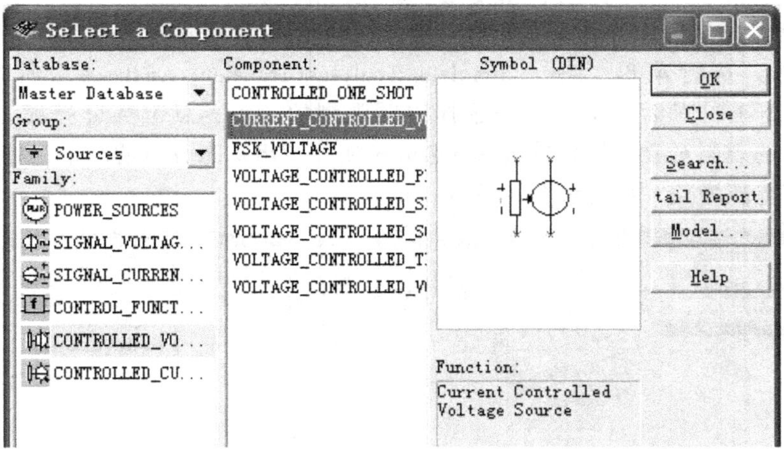

附录图 3　流控电压源元件的选择

(3) 放置仪器　单击仪器栏里的双踪示波器图标，将其拖放到电路工作区合适的位置摆放。双击图标弹出参数设置对话框。附录图 4 为信号源和双踪示波器的参数设置图(圈内为仿真观测需要设置和调节的参数)。

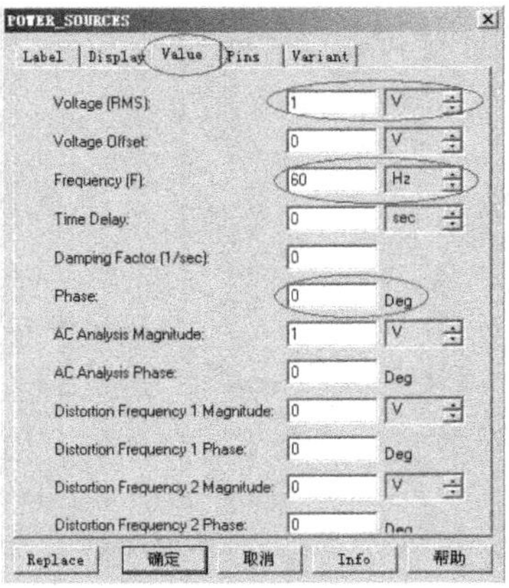

a) 信号源参数

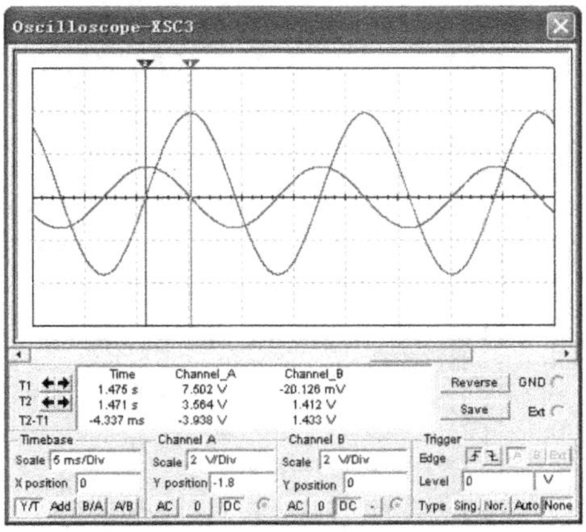

b) 双踪示波器的参数及波形

附录图 4　信号源和双踪示波器的参数设置

(4) 连线　元件与元件之间的连线步骤：将鼠标指向需要连接的元件引脚上，鼠标指针会变成十字形小圆点，单击该元件引脚并拖动鼠标，即可拉出一条虚线，到达要连接的元件引脚上再次单击该元件引脚，即完成两引脚之间的连线。

元件与导线之间的连线、元件与仪器之间的连线参考元件与元件之间的连线。

(5) 电路仪器仪表仿真　电路连接完毕后，此时电路并未工作，因此，需要按下工具栏上的  仿真按钮，电路才能开始工作。电路工作后，双击示波器，调整示波器的横坐标和纵坐标参数才能得到波形。

从附录图 4b 中可以看出，双踪示波器清晰地显示出纯电感电路电流和电压的相位差为 90°。

(6) 电路仿真分析　若需要更加精确地分析该电路交流电压的增益，则还可以对电路进行瞬态分析，执行菜单栏中"Simulate/Analyses/Transient Analyses"命令，在弹出的"Transient Analysis"对话框中的左侧选择需要观测的节点，点击 Add 按钮，添加到右侧，作为本次分析的观测对象，然后单击 Simulate 按钮，得出瞬态分析的结果，并根据结果计算该电路的交流电压增益，如附录图 5 所示。

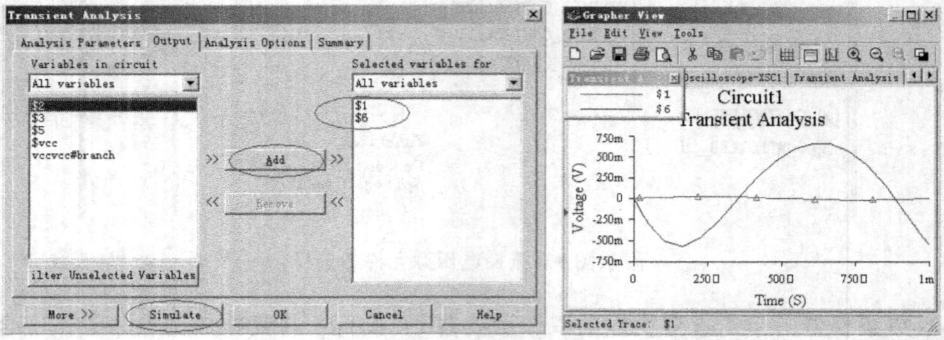

附录图 5　电路仿真分析

参 考 文 献

[1] 李翰荪．电路分析基础［M］．北京：高等教育出版社，1993.
[2] 刘守义，张永瑞．应用电路分析［M］．西安：西安电子科技大学出版社，2001.
[3] 邱光源．电路［M］.4版．北京：高等教育出版社，1999.
[4] 牛金生．电路分析基础［M］．西安：西安电子科技大学出版社，2003.
[5] 李中发．电工技术基础［M］．北京：中国水利水电出版社，2004.
[6] 李树燕．电路基础［M］.2版．北京：高等教育出版社，1994.
[7] 秦曾煌．电工技术［M］.4版．北京：高等教育出版社，1990.
[8] 张恩沛．电路分析实训教程［M］．北京：机械工业出版社，2008.
[9] 夏承铨．电路分析［M］．武汉：武汉理工大学出版社，2006.